JN099382

第3版

Google Apps Script

目的別リファレンス

実践サンプルコード付き

SBモバイルサービス
株式会社

近江幸吉
佐藤香奈
一政汐里

本書サポートページ

●秀和システムのウェブサイト

https://www.shuwasystem.co.jp/

●本書ウェブページ

本書の学習用サンプルデータなどをダウンロード提供しています。

https://www.shuwasystem.co.jp/support/7980html/6991.html

はじめに

2018年、私たちは肥大化した社内業務を効率化するプロジェクトを立ち上げました。私自身、それまで経験してきたのは営業職や企画職のみで、RPAやプログラミングについては全くの素人でした。当時、RPAツールの導入を模索していた中で、社内で頻繁に利用されていたGoogleサービスを効率化するため、Google Apps Script（GAS）を使うことになりました。

最初は変数やif文などプログラミングの基礎知識から、GASでどう業務効率化ができるかなど、一から新しいことを学ぶことになりました。1日中エラーに悩まされる日もありましたが、とにかく実践を繰り返し、共同執筆者である仲間に教えてもらいながら徐々に習得でき、今では楽しくコードを記述をしています。本書ではサンプルコードをたくさん用意しています。GASの魅力である、クラウド環境で記述でき、実行結果がすぐに反映される手軽さを生かして、トライアンドエラーでどんどん手を動かして実行してみることをおすすめします。

本書は、GASやJavaScriptの基礎から解説しているため、プログラミング初心者の方にも読みやすい内容になっています。現在も現場で業務効率化を実現している著者たちによる、GASを使う上でのコツやノウハウを紹介するコラムや、ダウンロード増補コンテンツも収録しました。

現在、DX化やリスキリングといった言葉が広まる中、プログラミング知識を含むIT知識はもはやエンジニアだけの領域ではなくなっています。このような時代の背景のもと、業務効率化を行う方やスキルアップを目指す方、そしてプログラミングを楽しみたい方にとって、本書が一助となれば幸いです。

2023年3月

SBモバイルサービス株式会社 事業開発本部 事業開発部 DX事業課

一政汐里

本書の前提と利用方法

本章では、Google Apps Scriptの活用経緯や、想定読者、動作環境/条件、構成、利用方法など、事前準備について説明しています。また、サンプルコードの格納先も掲載しているため、必ず一読してください。

Google Apps Script活用の経緯

2018年初頭に『詳解! Google Apps Script 完全入門』が出版されたことがひとつのきっかけになりました。それまで非エンジニア部門の私たちは、インターネット検索中心の表面的な知識で開発を進めていましたが、書籍から本質的なGoogle Apps Script（以下GAS）への理解を深めることができました。結果的に、様々なGASの事例創出につながったり、またはGASについての社内勉強会も頻繁に開催されるようになりました。勉強会開催が、インプットやアウトプットの機会を創出することで、学びを飛躍的に増加させたことは言うまでもありません。

ナレッジを蓄積する過程で実感したことは、アイディア次第でGASの可能性は無限に広がることです。「こんなことできたりしませんか?」などの会話が生まれてくると非常に良い傾向です。

そういった背景もあり、GASはRPAと並び業務自動化を推進していく上で、有効な手段として確固たる地位を築いてきました。特に、RPAではリーチしづらいGoogleサービス間の連携では、絶大なる効果をもたらしてくれます。

本書は**GAS活用のためのポイント**や**業務でよく利用する構文**を中心に、**354**項目にまとめました（さらにダウンロード版の増補とTOPICを含めると**407**項目）。会社/業種などにより業務現場は異なるため、本書の全項目が読者の方に当てはまるとは限りません。リファレンスであるため、興味のあるところから使っていく方法で問題ないでしょう。

『詳解！ Google Apps Script 完全入門』著者 タカハシ様の社内講演会を実施

想定読者

GASの利用経験がある、またはGASは未経験ながらも、プログラミング言語に触れたとがあることを想定しております。また、1，2章は初学者にも配慮した内容のため、プログラミング完全初心者の方もある程度は理解できると考えています。

動作環境/条件

- Windows 10
- Google Chrome 91
- Googleアカウント 無料版
- V8ランタイム
- タイムゾーン："Asia/Tokyo"（設定方法は「9(1-9) マニフェストファイル」参照）
- 2023年3月時点

本書の構成

下表を参照してください。1章から順番に読み進める必要はありません。例えば、全くGASに触ったことがない初心者の方であれば、1章から読み進めることをおすすめします。逆に、業務でGASを利用中なのであれば、その必要はありません。ただし、17章以降は実践編になります(PDFによるダウンロード増補コンテンツです)。17章のライブラリと18,19章は、16章以前の内容を前提知識としています。冒頭のTOPICは応用的な内容です。初学者の方は、何ができるのか眺めるだけで問題ありません。

章番号	章名	主な内容	カテゴリ
1章	Google Apps Script 基礎	GASの基礎知識	基礎構文
2章	JavaScript 基礎	JavaScriptの基礎構文	
3章	Spreadsheet	Spreadsheetサービスの理解	Google Workspace services
4章	Gmail	Gmailサービスの理解	
5章	Google Drive	Driveサービスの理解	
6章	Google Calendar	Calendarサービスの理解	
7章	Google Document	Documentサービスの理解	
8章	Google Slides	Slidesサービスの理解	
9章	Google Forms	Formsサービスの理解	
10章	UI	Baseサービス	Utility services
11章	Web	URL Fetchサービス、HTMLサービス	
12章	Script	Scriptサービス、Lockサービス	
13章	Blob	Baseサービス	
14章	Properties	Propertiesサービス	
15章	日付・文字列・数値	Dateクラス、Stringクラス Numberクラス	組み込みオブジェクト
16章	配列	Arrayクラス	
※17章、18章、19章は、PDFによるダウンロード増補コンテンツです。			
17章	社内推進	GASを社内で推進する方法、ライブラリ	実践テクニック
18章	ワンポイントテクニック	実務で役に立ったノウハウ	
19章	サンプルスクリプト	実務で利用されたサンプルコード	

本書の利用方法

構文の理解を深めるために例文を用意しています。頭で理解しようとするより、実際に手を動かして身に着けることを推奨します。例文のコードを入力していく際には、決してコピー＆ペーストすることなく、スクリプトエディタの入力補完機能を利用してください。入力補完機能は「13(1-13) 入力補完機能」を参照してください。

重要なポイントは、例文のコードがどういう動きになるか予測しながら進めることです。例文のコードをご自身で少し変えてみて、動きを予測するのも良いでしょう。予測通りの実行結果が増えてくれば、それだけGASの特性をつかんできていることになります。実務での活用のアイディアが広がってくると考えられます。

例文に関しては、紙面の都合上、変数名や関数名などの長い文字列は、可読性より一行表示を優先している場合があります。あらかじめご了承ください。

略称

本書で頻出する一部のサービスや機能は略称を利用します。

- Google Apps Script： GAS
- Google Spreadsheet： スプレッドシート
- Gmail： メール
- Google Document： Googleドキュメント、またはドキュメント
- Google Slides： Googleスライド、またはスライド
- Google Calendar： Googleカレンダー、またはカレンダー
- Google Form： Googleフォーム、またはフォーム
- Google Drive： Googleドライブ、またはドライブ
- スクリプトエディタ： エディタ

サンプルコード

本書の学習用サンプルデータなどをご覧いただけます。

https://www.shuwasystem.co.jp/support/7980html/6991.html

※ 本書で利用されているメールアドレスにお問い合わせいただいても回答することはできません。また、業務影響のあるアカウントでの例文スクリプト実行は極力避けてください。Gmail、Google Calendarなどのサービスに影響があります。

カテゴリ
逆引き要素の分類
Chapter 3 Spreadsheet
117
[3-34]
共通
シート/セルのアクティブ化
activate()
逆引き要素
GASでできること
キーワード
メソッドやクラス など
構文
クラス + メソッド(引数)
構文
Sheetオブジェクト.activate()
SpreadsheetApp.setActiveSheet(sheet, restoreSelection)
戻り値
データ型(オブジェクト名)
※ [] は一次元配列、
[][] は二次元配列
戻り値
Sheetオブジェクト
引数
引数の使い方
タイプは対応する引数名のデータ型(オブジェクト名)です。
※ [] は一次元配列、
[][] は二次元配列
引数
引数名
タイプ
説明
sheet
Sheet
シート
restoreSelection
boolean
true:セル範囲復元する
false:セル範囲復元しない
※ 省略時の規定値:false
解説
構文の解説
解説
引数で指定したシート(Sheetオブジェクト)をアクティブにします。
構文
Rangeオブジェクト.activate()
戻り値
Rangeオブジェクト
引数
なし
解説
セル範囲(Rangeオブジェクト)をアクティブにします。
例文
逆引き要素を用いた例文スクリプト
実行ログは末尾、または行下に以下のように表記。
// 実行ログ:●●
例文
3-i.gs シートとセルのアクティブ化
01 function myFunction3_i() {
02

共通

```
    // ※ 「3_c」シートを選択した状態で実行
    // シートのアクティブ化
    console.log(SpreadsheetApp.getActiveSheet().getName());
    // 実行ログ：3_c

    const ss    = SpreadsheetApp.getActiveSpreadsheet();
    const sh3_i = ss.getSheetByName('3_i');
    sh3_i.activate();
    console.log(SpreadsheetApp.getActiveSheet().getName());
    // 実行ログ：3_i

    // セルのアクティブ化
    const activeRng = sh3_i.getRange('A1:F10');
    activeRng.activate();
    console.log(activeRng.getA1Notation());
    // 実行ログ：A1:F10

}
```

2

3

解説

指定したシート（Sheetオブジェクト）、セル範囲（Rangeオブジェクト）をアクティブ化します。

解説
例文の解説

実行結果

3_cシートを選択した状態でスクリプトを実行すると、3_iシート、セル範囲（A1:F10）がアクティブ化されます。

図3-23 myFunction3_i() 実行結果

①3_cシート選択した状態でスクリプト実行

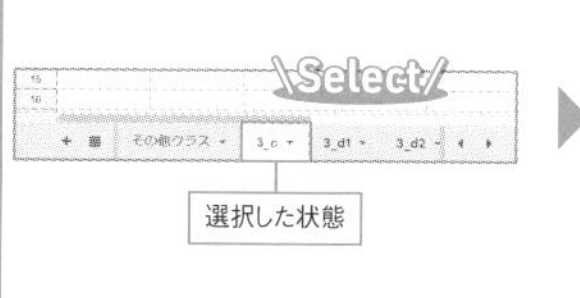

②指定したシートとセル範囲がアクティブ化

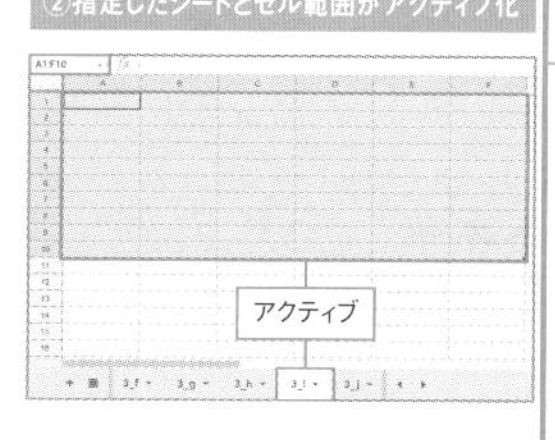

実行結果
例文のスクリプトを実行した際の挙動の説明。主に画面上動きのあるもの。

263

Contents

目次

Part 1

Chapter 1 Google Apps Script 基礎 1

関数

クラス

ES6

Part 2

Chapter 3 Spreadsheet 203

Spreadsheet サービス

Chapter 4 Gmail 287

Gmail サービス

メール作成

スレッド

共通

メッセージ

Chapter 6 Google Calendar 377

Calendar サービス

共通

カレンダー

カレンダーイベント

ゲスト

Chapter 7 Google Document 443

Document サービス

ドキュメント

Chapter 8 Google Slides 457

Slides サービス

プレゼンテーション

Chapter 9 Google Forms 495

Forms サービス

フォーム

設問

Chapter 11 Web 551

Chapter 12 Script 577

時間

排他制御

トリガー

Chapter 13 Blob 599

ファイル

Chapter 14 Properties 613

プロパティストア

Chapter 15 日付・文字列・数値 627

日付

文字列

TOPIC 最新トレンド i

※ TOPIC は最新の話題として目次の後に配置しています。

TOPIC
最新トレンド

— Google Apps Script × AI —
ChatGPT - 人工知能
OCR - 文字認識

ここでは、Google Apps ScriptでAIを操作する方法を紹介しています。紹介ですので、まずは実行は考えずに何ができるのか眺めてみてください。

昨今ChatGPTを始めとするAI技術が飛躍的に進化し、近い将来さまざまな職業がAIに置き換わるのが現実的になってきました。

Google Apps ScriptはそんなAIとの相性もよく、手軽に連携して操作することができます。是非お手元で動かしてみてAIの面白さを体感し、活用してみてください。

注意

オープンに公開されたAPIを使っています。新しいサービスのAPIは改良のため変更されることがよくあります。APIが変わると動作しないかもしれません。
ここでは、公開されたAPIを使って、様々なことができることを紹介することを目的にしていますので、そのように読んでいただけると幸いです。

格納先

TopicCode（第3版）>
【TOPIC】Google Apps Script × AI >
【TOPIC】Google Apps Script × AI（スプレッドシート）

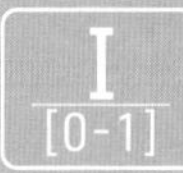

ChatGPT

ChatGPT

ChatGPT, OpenAI

概要

ChatGPTは対話型で質問して、オリジナルのテキストが生成できる人工知能ツールです。2022年11月にOpenAI社より公開されました。次図のように質問を入力することで、自然な文章が返ってきます。無償で利用することもできますが、より快適に利用できる有償プランも用意されています。プロンプトと呼ばれる質問のようなものを作り、いかに回答を引き出すかが重要になってきますが、本書ではChatGPTの詳細な解説は行わずに、GASを使った利用方法に絞って解説します。

図0-1 ChatGPTとの対話

ChatGPTとは？

ChatGPTは、OpenAIによってトレーニングされた、大規模な自然言語処理モデルです。ChatGPTは、GPT-3.5アーキテクチャに基づいており、英語を含む多数の言語を理解し、回答することができます。ChatGPTは、自然言語処理タスクの多くを実行し、ユーザーとの対話や文章生成などの応用に役立てることができます。

利用手順

ChatGPTの基本的な利用方法を解説していきます。まずは、以下URLにアクセスします。次図のような画面が表示されたら、**Try ChatGPT**をクリックしてください。

ChatGPT
https://openai.com/blog/chatgpt

図0-2 OpenAIのトップ画面

下記手順はGoogleアカウントがある前提で進めています。電話番号の認証もあるのでご注意ください。

図0-3 アカウント作成の手順

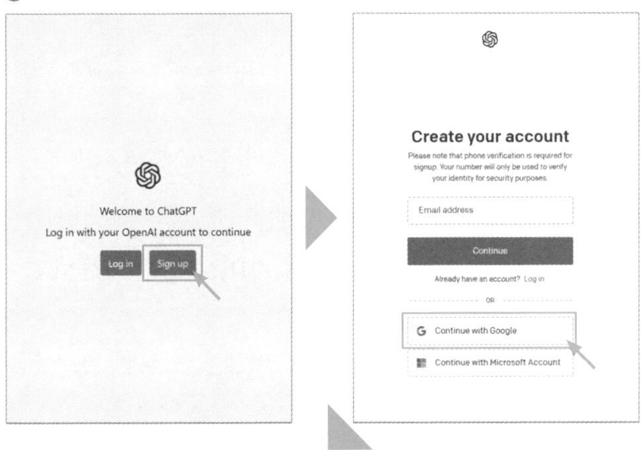

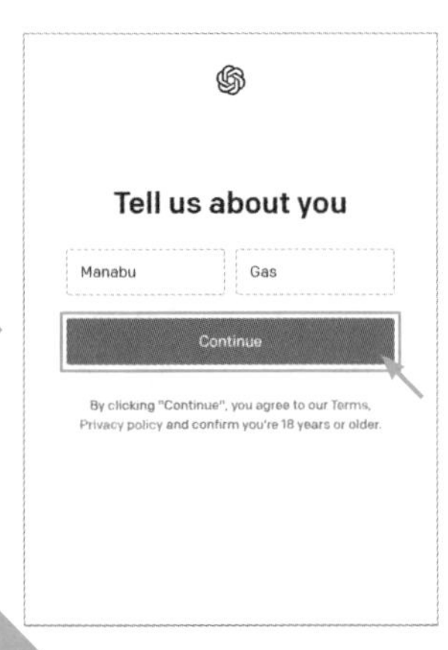

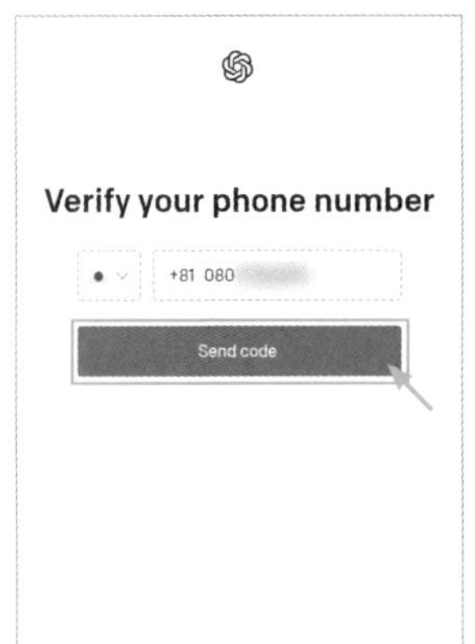

認証コードを受信したら、アカウント作成画面の対象項目に入力してください。

図 0-4 認証コード

無料の調査プレビュー版となるため、今後変更になる可能性があります。

図0-5 注意事項①

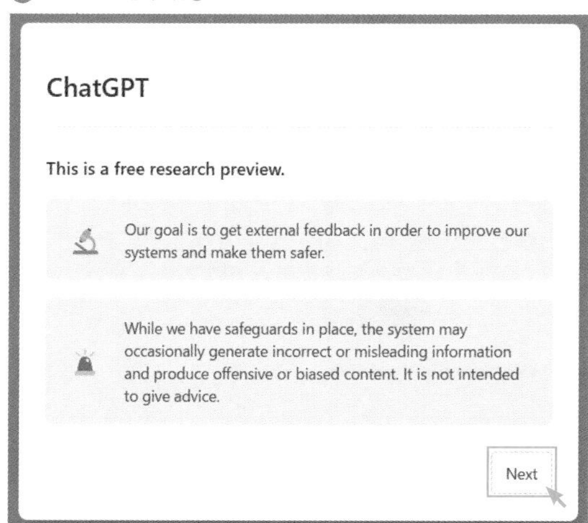

品質向上のため入力データは確認される可能性があるため、機密情報などの入力は避けましょう。

図0-6 注意事項②

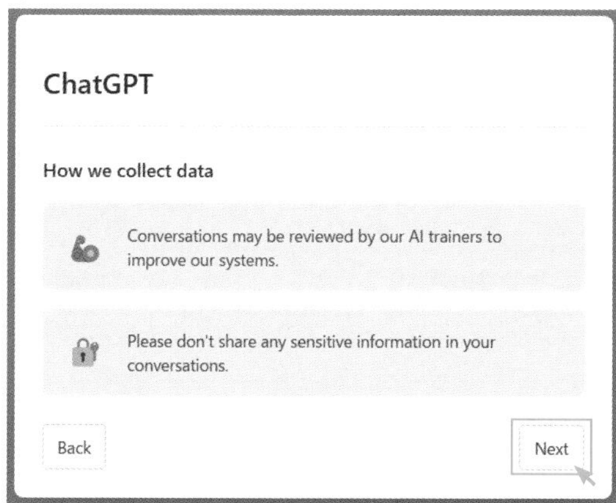

必要に応じて回答結果についてのフィードバックをくださいとのことです。

図0-7 注意事項③

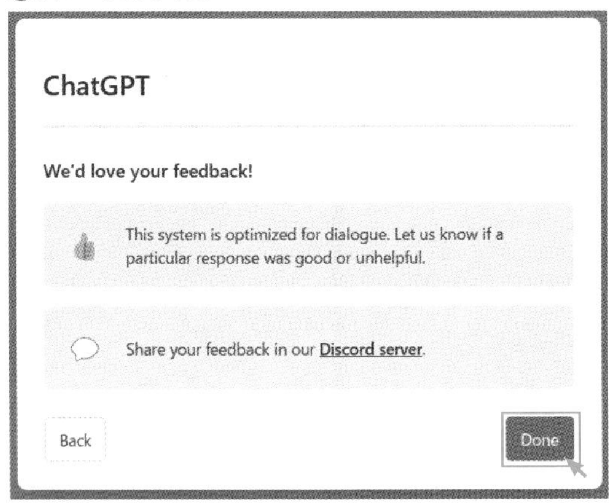

早速準備ができたのでChatGPTを使ってみましょう。今回は、「Google Apps Scriptの活用法を教えてください」と入力してみます。

図0-8 お試し利用

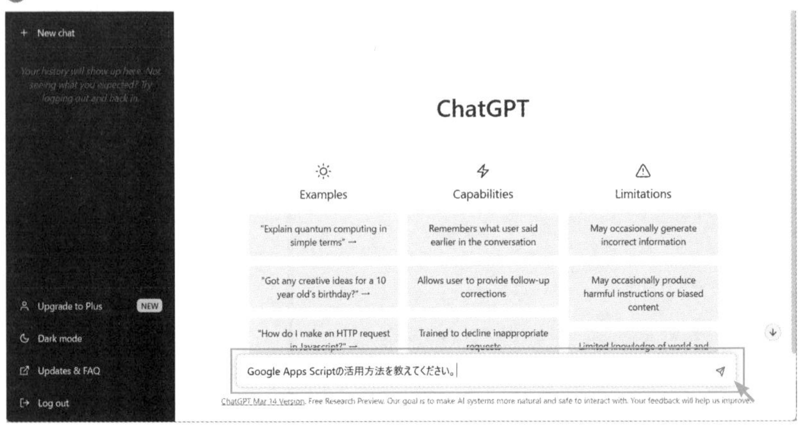

無事回答が返ってきました。

図0-9 最初の質問と回答

Google Apps Scriptの活用方法を教えてください。

Google Apps Scriptは、Googleが提供するJavaScriptベースのスクリプト言語であり、Googleのさまざまな製品（Gmail、Googleドキュメント、Googleスプレッドシートなど）で使用できます。以下は、Google Apps Scriptの活用方法の例です。

1. Googleフォームを作成する
   Google Apps Scriptを使用して、簡単にGoogleフォームを作成できます。フォームの作成と共有が簡単になり、集めたデータをGoogleスプレッドシートに直接保存することができます。
2. 自動化されたメールの送信
   Google Apps Scriptを使用して、Gmailの自動化されたメールを送信することができます。これは、たとえば新しい注文や予約の確認メールを送信する場合に便利です。
3. Googleドキュメントの自動作成
   Google Apps Scriptを使用して、自動的にGoogleドキュメントを作成することができます。たとえば、契約書や見積書を自動的に作成し、カスタマイズすることができます。
4. カスタム関数の作成
   Googleスプレッドシートでカスタム関数を作成することができます。これにより、自分が作成した関数を使って、スプレッドシート内の計算や処理を簡単に行うことができます。

この文脈でGoogleドキュメントについて追加の質問をしてみます。

図0-10 追加の質問と回答

Googleドキュメントの自動作成するコードを教えてください。

Google Apps Scriptを使用して、Googleドキュメントを自動作成することができます。以下は、Googleドキュメントを自動作成するための基本的なコード例です。

javascript　Copy code

```javascript
function createDocument() {
  // Googleドキュメントを作成するためのテンプレートドキュメントのIDを設定する
  var templateDocId = 'TEMPLATE_DOCUMENT_ID';

  // 新しいGoogleドキュメントを作成する
  var newDoc = DocumentApp.create('NEW_DOCUMENT_NAME');

  // テンプレートドキュメントを取得する
  var templateDoc = DocumentApp.openById(templateDocId);

  // テンプレートドキュメントからコンテンツをコピーする
  var templateBody = templateDoc.getBody();
  var newDocBody = newDoc.getBody();
  var totalElements = templateBody.getNumChildren();
  for (var i = 0; i < totalElements; i++) {
    var element = templateBody.getChild(i).copy();
    var type = element.getType();
    if (type == DocumentApp.ElementType.PARAGRAPH) {
      newDocBody.appendParagraph(element);
    }
    else if (type == DocumentApp.ElementType.TABLE) {
      newDocBody.appendTable(element);
    }
    // 他の要素を追加する場合は、必要に応じてelse if文を追加する
  }
}
```

上記のコードでは、まず新しいGoogleドキュメントを作成します。次に、テンプレートドキュメントを取得し、テンプレートドキュメントからコンテンツをコピーして新しいドキュメントに追加します。

`TEMPLATE_DOCUMENT_ID`と`NEW_DOCUMENT_NAME`は、それぞれテンプレートドキュメントのIDと新しいGoogleドキュメントの名前に置き換えてください。また、テンプレートドキュメントからコピーする要素の種類がパラグラフやテーブルである場合は、上記のコードに従って、必要に応じてelse if文を追加してください。

重ねて質問をすると、文脈から前回の質問の続きとして、追加の質問にも回答をしてくれます。このように、人間と会話しているかのような対話ができるのが、ChatGPTの特徴です。変数宣言でvarが使われていたり、必ずしも適切なコードが返ってくるわけではありませんのでご注意ください。

注意点

2023年3月時点の情報です。今後サービスの仕様やUIが変わる可能性があります。また、必ずしも正しい情報が返ってくる仕様ではありません。時には誤った情報が含まれることもあります。会社内の機密情報や個人情報などを入力することも避けましょう。OpenAIの公式サイトのFAQでも「機微情報は（ChatGPTとの）会話で共有しないでください」と記載されています（2023年3月26日現在）。

ChatGPT

ChatGPTのAPI key

API, API Key

概要

ChatGPTのAPIは、2023年3月に公開されました。現在APIの利用には、無償枠が設定されています。無償枠を超える場合は、従量課金の有償利用になります。また、GASを使ってChatGPTのAPIを利用するためには、API keyを取得する必要があります。

取得方法

まずは以下のリンクにアクセスします。

OpenAI
https://openai.com/product

Get startedを押下します。

図 0-11 トップ画面

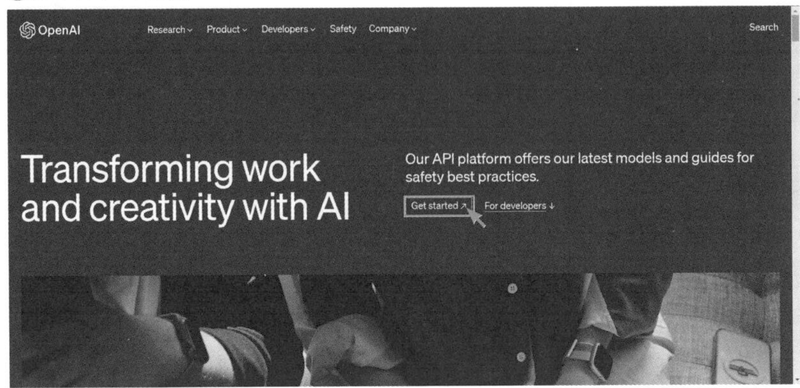

任意の方法でログインしてください。

図 0-12 ログイン画面

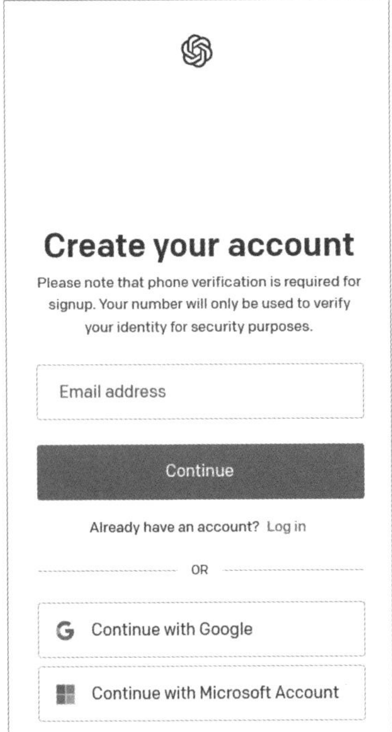

ログイン後、次図を参考に**View API keys**を押下してください。

図0-13 View API keys

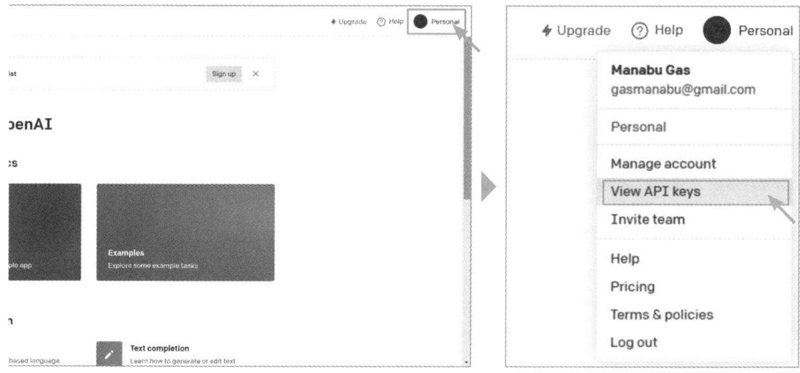

View API Keys画面に遷移後、**Create new secret key**を押下して、API Keyを発行します。

図0-14 API Keyの発行

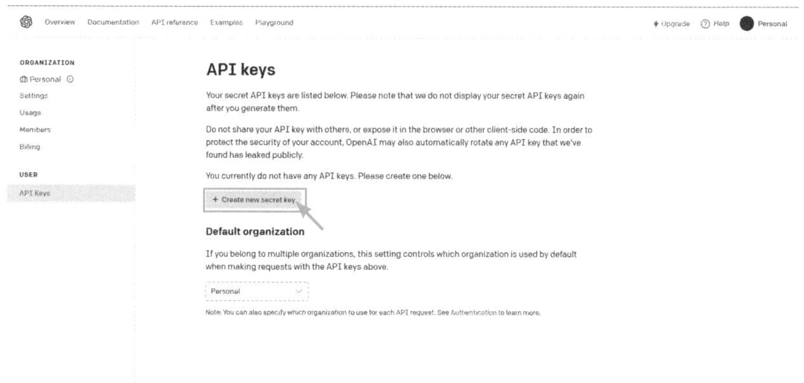

次図のようにダイアログボックスにAPI keyが表示されます。右のアイコンを押下してコピーしてください。処理に成功すると画面上部に、コピー成功のメッセージが表示されます。この画面は二度と表示されないため、この段階で必ずコピーして厳重に保管してください。また、API keyはセキュアに管理する必要があるため、**プロパティストア**を利用するのが良いでしょう。詳しくは14章 Propertiesを参照してください。

図0-15 コピー

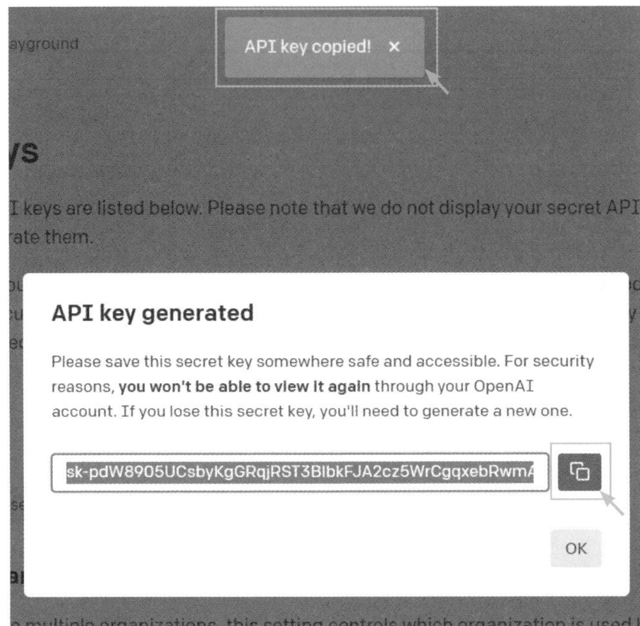
API key copied!
API key generated
Please save this secret key somewhere safe and accessible. For security reasons, you won't be able to view it again through your OpenAI account. If you lose this secret key, you'll need to generate a new one.
OK

ChatGPT

ChatGPT × GAS

maxTokens, プロパティストア

概要

API keyを利用すると、ChatGPTをGASから呼び出すことができます。APIとは、サービス提供元の指定した方法に従ってリクエストを送ると、定義されたレスポンスを受け取ることができる仕組みです。

例文で前項で取得したAPI Keyを使ってChatGPTを利用してみます。WebのAPIは13章で詳しく解説しています。

例文

0-a.gs ChatGPTのAPIを利用

```
/**
 * ChatGPTをサンプルで動かすスクリプト
 *
 */
function sampleChatGPT( maxTokens = 100 ) {
  // スクリプトプロパティからAPIキー取得
  const apiKey = ScriptProperties.getProperty('API_KEY');
  // リクエスト先のURL
  const apiUrl = 'https://api.openai.com/v1/chat/completions';
  // 質問の定義
  const messages = [{'role': 'user', 'content': 'おすすめのプログラミング言語は？'}];
  // レスポンスのトークン最大値を再定義
  maxTokens = 150;
  // オプションのヘッダー情報を定義
  const headers = {
    'Authorization':'Bearer '+ apiKey,
    'Content-type': 'application/json',
  };
  // リクエストのオプションを定義
```

```
20   const options = {
21     'muteHttpExceptions' : true,
22     'headers': headers,
23     'method': 'POST',
24     'payload': JSON.stringify({
25       'model': 'gpt-3.5-turbo',
26       'max_tokens' : maxTokens,
27       'temperature' : 0.7,
28       'messages': messages,
29     })
30   };
31   // リクエストを送りレスポンスを取得
32   const response = JSON.parse(UrlFetchApp.fetch(apiUrl, options).getContentText());
33   // レスポンスをログ出力
34   console.log(response);
35   // テキストのみ取得
36   console.log(response.choices[0].message.content);
37 }
```

解説

プロパティストアの設定画面は次図を参照してください。

デフォルト引数でmaxTokensの初期値を指定しています。maxTokensは、レスポンスで受け取る最大文字数のようなものです。英語よりも日本語の方がトークンを消費するといわれています。ここが多くなればなるほど、無償の利用可能枠が少なくなります。

一方、maxTokensを指定することで利用枠を節約できますが、回答が途中で切れてしまうところがネックです。言うまでもなく、maxTokensを設定しなければ長文回答になります。今回はデフォルト引数で設定しつつ、スクリプトの中でmaxTokensを設定し直しています。

25行目のmodelでChatGPT、27行目のtemperatureでは、多様性を示すパラメーターを設定します。temperatureは0から1の間で設定して、0に近ければより厳格で正確、1に近ければより柔軟な回答を返します。

利用状況は以下リンクからも確認できます。

利用状況

https://platform.openai.com/account/usage

図0-16 プロパティストアの設定画面

実行結果

次図のように質問（リクエスト）に対しての回答（レスポンス）が確認できればOKです。

図 0-17 実行結果①

```
/**
 * ChatGPTをサンプルで動かすスクリプト
 *
 */
function sampleChatGPT( maxTokens = 100 ) {
  // スクリプトプロパティからAPIキー取得
  const apiKey = ScriptProperties.getProperty('API_KEY');
  // リクエスト先のURL
  const apiUrl = 'https://api.openai.com/v1/chat/completions';
  // 質問の定義
  const messages = [{'role': 'user', 'content': 'おすすめのプログラミング言語は？'}];
  // レスポンスの最大文字数を定義
  maxTokens = 150;
  // オプションのヘッダー情報を定義
  const headers = {
    'Authorization':'Bearer '+ apiKey,
    'Content-type': 'application/json',
  };
```

質問

実行ログ

17:07:55	お知らせ	実行開始
17:08:05	情報	{ id: 'chatcmpl-70QZ9rKGDTkWivRhDobMT9R2Uiac5', object: 'chat.completion', created: 1680336475, model: 'gpt-3.5-turbo-0301', usage: { prompt_tokens: 24, completion_tokens: 149, total_tokens: 173 }, choices: [{ message: [Object], finish_reason: 'length', index: 0 }] }
17:08:05	情報	私の場合、おすすめのプログラミング言語はPythonです。 Pythonは、シンプルで読みやすく、学習するのが容易であるため、初心者にもおすすめです。また、データサイエンスや機械学習、Webアプリケーションの開発など、多くの分野で使われているため、汎用性が高いと言えます。さらに、豊富なライブラリやフレーム
17:08:06	お知らせ	実行完了

回答

注意点

無償の利用枠を使い切ると以下のようなエラーメッセージが表示されます。

図 0-18 実行結果②

実行ログ

11:11:07	お知らせ	実行開始
11:11:08	情報	{ error: { message: 'You exceeded your current quota, please check your plan and billing details.', type: 'insufficient_quota', param: null, code: null } }
11:11:08	お知らせ	実行完了

ChatGPT

ChatGPT×カスタム関数

カスタム関数

概要

カスタム関数とは、GASで自作可能なオリジナルの関数で、スプレッドシートから呼び出し利用することができます。ChatGPTのAPIを利用してGASでカスタム関数を作成すると、スプレッドシート上で手軽にChatGPTを利用することが可能になります。

以下はカスタム関数の簡単な例文です。

例文

0-b.gs カスタム関数のサンプル

```
/**
 * 引数で指定した名前宛にメッセージを表示
 *
 * @param {string} name - 名前
 * @customfunction
 */
function Hello(name) {
  return `Hello! ${name}!! 今日もがんばろう★`;
}
```

解説

名前を引数に設定して、メッセージを表示するカスタム関数です。

実行結果

次図のようにA2セルをHello関数の引数の値として、B2セルにメッセージが適切に表示されていることが分かります。

図0-19

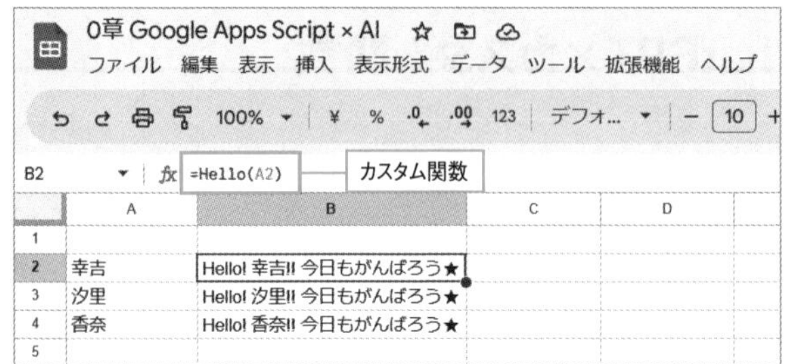

例文

0-c.gs

```
/**
 * スプレッドシートからChatGPTを呼び出すカスタム関数
 *
 * @param {string} messsage - 質問内容
 * @param {number} maxTokens - トークン最大値
 * @customfunction
 */
function CallChatGPT(message, maxTokens = 100) {
  // スクリプトプロパティからAPIキー取得
  const apiKey = PropertiesService.getScriptProperties().getProperty('API_KEY');
  // リクエスト先のURL
  const apiUrl = 'https://api.openai.com/v1/chat/completions';
  // 質問の定義
  const messages = [{'role': 'user', 'content': message}];
  // オプションのヘッダー情報を定義
  const headers = {
    'Authorization':'Bearer '+ apiKey,
    'Content-type': 'application/json',
  };
  // リクエストのオプションを定義
  const options = {
    'muteHttpExceptions' : true,
    'headers': headers,
```

```
      'method': 'POST',
      'payload': JSON.stringify({
        'model': 'gpt-3.5-turbo',
        'max_tokens' : maxTokens,
        'temperature' : 0.9,
        'messages': messages,
      })
    };
    // リクエストを送りレスポンスを取得
    const response = JSON.parse(UrlFetchApp.fetch(apiUrl, options).getContentText());
    return response.choices[0].message.content;
  }
```

解説

基本的には、0-a.gsの例文と同じです。カスタム関数として、セルから質問内容を参照できます。メインとなる質問内容に加えて、変動値として国名や文字数を組み合わせることで自然な回答を得ることができます。0-a.gsの例文では不自然に回答が途中で切れていましたが、今回のように質問に最大文字数を入れることで自然な回答を得ることができます。

実行結果

次図のようにいくつかのセルを組み合わせて（①～③）質問を作ると使い勝手がよくなります。①が国名、②が制限文字数、③がメイン質問です。

次図の例でいうと、カスタム関数、CallChatGPT()の引数、『**B2**&"字以内で"&**A2**&"としての"&**C1**』が『**70**（②）字以内で**アメリカ**（①）としての**主食を教えてください。**』という意味になります。

図0-20 スプレッドシートでChatGPTを利用

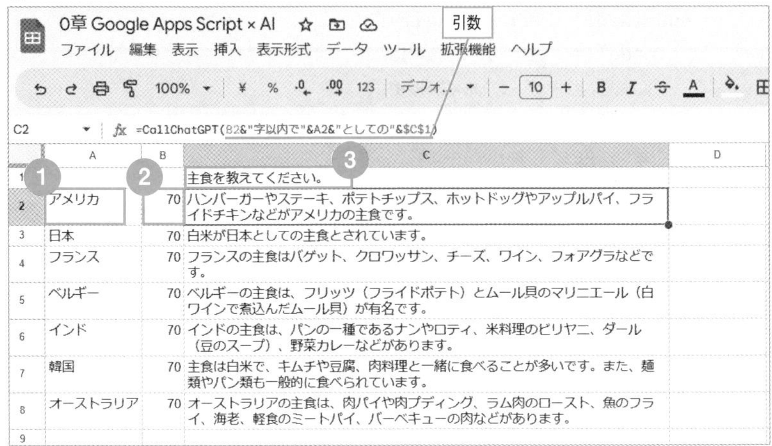

	A	B	C	D
1			主食を教えてください。	
2	アメリカ	70	ハンバーガーやステーキ、ポテトチップス、ホットドッグやアップルパイ、フライドチキンなどがアメリカの主食です。	
3	日本	70	白米が日本としての主食とされています。	
4	フランス	70	フランスの主食はバゲット、クロワッサン、チーズ、ワイン、フォアグラなどです。	
5	ベルギー	70	ベルギーの主食は、フリッツ（フライドポテト）とムール貝のマリニエール（白ワインで煮込んだムール貝）が有名です。	
6	インド	70	インドの主食は、パンの一種であるナンやロティ、米料理のビリヤニ、ダール（豆のスープ）、野菜カレーなどがあります。	
7	韓国	70	主食は白米で、キムチや豆腐、肉料理と一緒に食べることが多いです。また、麺類やパン類も一般的に食べられています。	
8	オーストラリア	70	オーストラリアの主食は、肉パイや肉プディング、ラム肉のロースト、魚のフライ、海老、軽食のミートパイ、バーベキューの肉などがあります。	
9				

C1の質問を変更することで、C2～C8の回答が変更されます。

図0-21 質問変更

C2 =CallChatGPT(B2&"字以内で"&A2&"としての"&C1)

	A	B	C
1			GDPを教えてください。
2	アメリカ	70	アメリカのGDPは2020年で約21.4兆ドルです。
3	日本	70	現在の日本のGDPは約5兆ドル程度です。
4	フランス	70	フランスの2020年のGDPは2兆6400億ドルでした。
5	ベルギー	70	ベルギーのGDPは2019年に約5,092億ドルでした。
6	インド	70	インドの2021年のGDPは約3131億ドルです。
7	韓国	70	韓国のGDPは2020年には1兆6329億ドル(約172兆円)となっています。
8	オーストラリア	70	オーストラリアの2021年のGDPは、2兆7,140億ドルです。

質問変更

注意点

カスタム関数は使い勝手は良いのですが、30秒以上処理が続くとエラーが発生します。

図0-22 エラーメッセージ

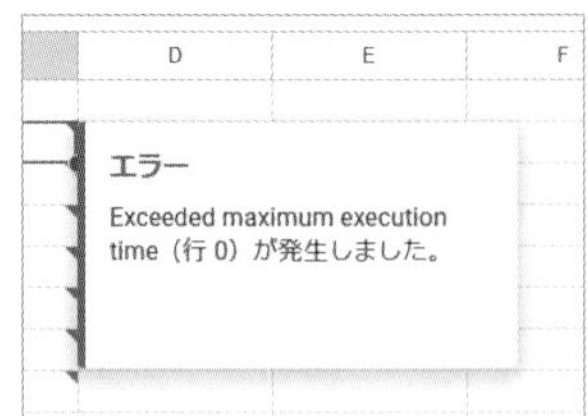

OCR

文字認識（OCR）

OCR

概要

OCR（Optical Character Recognition）とは、画像データの文字部分を読み取り、テキストデータに変換する技術のことです。

従来、請求書や帳票などの紙に記載されていた文字をデータ化のために手作業で行っていたことを、OCRを使うことでスピーディーかつ正確に自動で処理することができるため、業務効率化を図ることできます。

GoogleドライブのOCR機能

GoogleドライブにはOCR機能があります。Googleドライブにアップロードした画像やPDFファイルをテキストに変換し、Googleドキュメントに保存してくれます。Googleアカウントを持っていれば誰でも無料で利用可能です。

GASと組み合わせて複数のファイルを自動でOCRの処理を実行させることができます。ここではその方法について扱います。

注意点

GoogleドライブのOCRを利用するにあたっての注意点は以下です。

① 形式

PDF（マルチページ ドキュメント）または写真ファイル（.jpeg、.png、.gif）が変換対象です。

② ファイルサイズ

ファイルは 2 MB 以下である必要があります。複数ページあるものも読み込むことが可能ですが、容量が2MBをオーバーする場合は、ファイルを分割するなどの工夫が必要です。また、無料アカウントの場合、Googleドライブ自体のストレージ容量は15GBですので、注意が必要です。

③ 解像度

テキストの高さは 10 ピクセル以上にする必要があります。

④ ファイルの向き

読み込むファイルは正しい向きにしてアップロードする必要があります。

⑤ フォントと文字セット

Arial や Times New Roman などの一般的なフォントに置き換わります。

⑥ 画質

画質が悪いとOCRの精度が落ちるため、明るさが均一でコントラストがはっきりした画像を使用する必要があります。

詳細と最新の情報はGoogle公式HPにてご確認ください。

Googleドライブヘルプ
https://support.google.com/drive/answer/176692?hl=ja&topic=2375187&ctx=topic

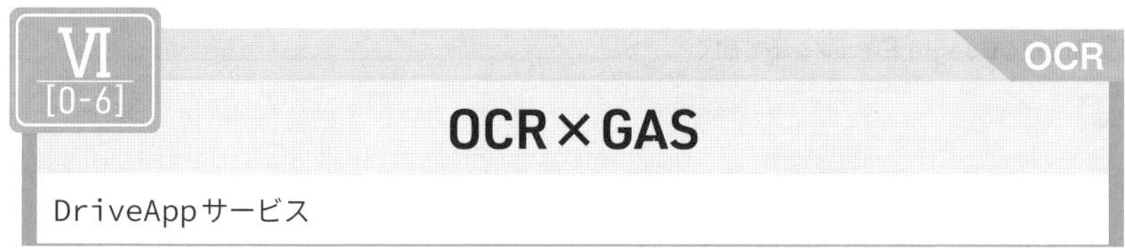

OCRの基本操作

Googleドライブの OCR は以下の2 STEPで簡単に利用することができます。以下は手動での操作方法です。

①ファイルをアップロード

GoogleドライブにOCRを使用したいファイルをアップロードします。

図0-23 ファイルをアップロード

②Googleドキュメントで開く

アップロードしたファイルを右クリックし、「アプリで開く」→「Googleドキュメント」を押下

図0-24 Googleドキュメントで開く

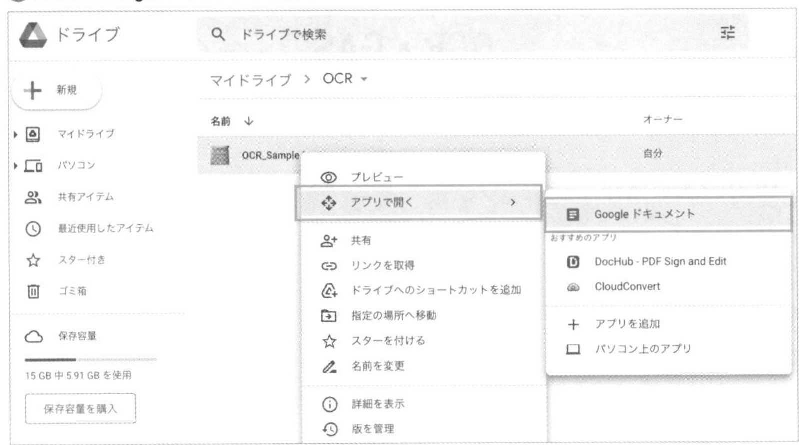

生成されたGoogleドキュメントを開くと、次図のように元画像とテキストが上下で表示されます。ドキュメント上ではテキストの見出しが自動で設定されていたり、一部改行されているため、整形は必要であるものの、ほとんど正確にテキストデータが取得されていることがわかります。

図0-25 OCR出力結果

処理対象の画像データ

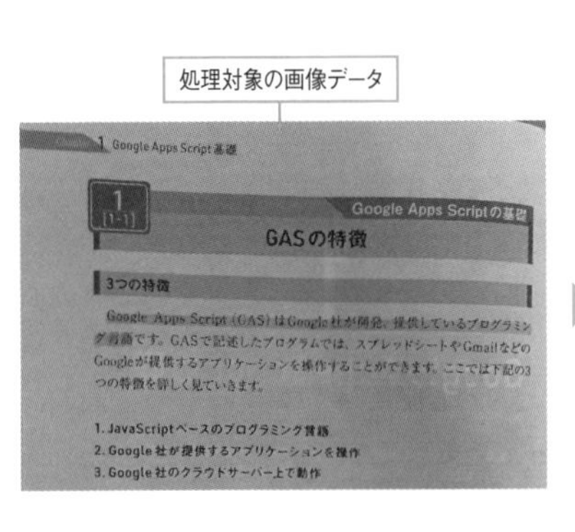
1 Google Apps Script基礎

1 [1-1] Google Apps Scriptの基礎

GASの特徴

3つの特徴

Google Apps Script (GAS) はGoogle社が開発、提供しているプログラミング言語です。GASで記述したプログラムでは、スプレッドシートやGmailなどのGoogleが提供するアプリケーションを操作することができます。ここでは下記の3つの特徴を詳しく見ていきます。

1. JavaScriptベースのプログラミング言語
2. Google社が提供するアプリケーションを操作
3. Google社のクラウドサーバー上で動作

OCR実行で生成されたGoogleドキュメント

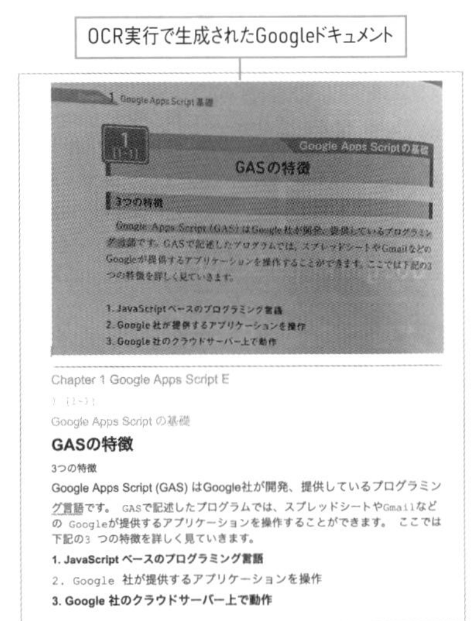
Chapter 1 Google Apps Script E

1 [1-1]

Google Apps Script の基礎

GASの特徴

3つの特徴

Google Apps Script (GAS) はGoogle社が開発、提供しているプログラミング言語です。 GASで記述したプログラムでは、スプレッドシートやGmailなどの Googleが提供するアプリケーションを操作することができます。 ここでは下記の3 つの特徴を詳しく見ていきます。

1. JavaScript ベースのプログラミング言語

2. Google 社が提供するアプリケーションを操作

3. Google 社のクラウドサーバー上で動作

GAS利用の事前設定

OCRの利用をGASで自動化することができます。そのためには、事前設定としてGASのプロジェクトでDriveAPIを追加する必要があります。次図のように、「サービス」からDriveAPIを追加します。

Google Worksapceを利用している企業では、セキュリティの観点でDriveAppクラスの利用を制限している場合があります。その場合は、GASでのDrive操作ができません。

図0-26 DriveAPIの追加

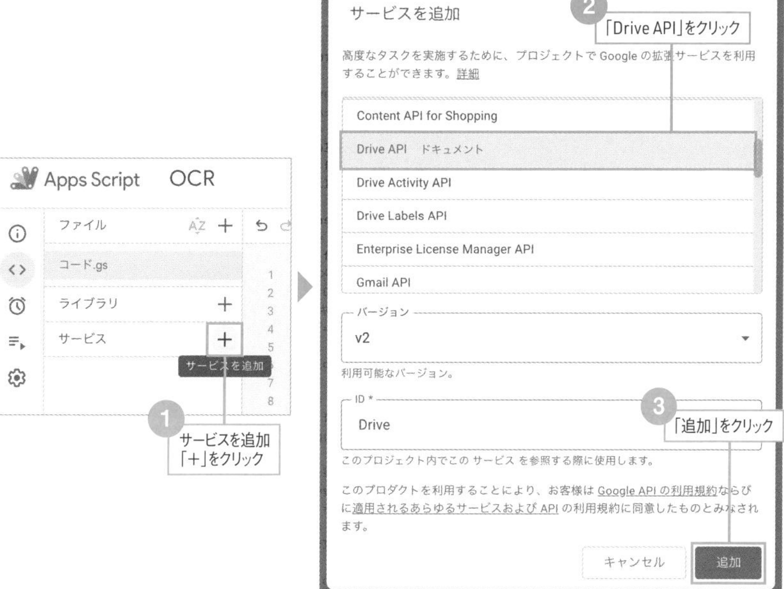

次図のようにサービスの下に「Drive」と表示されていれば準備完了です。

図0-27 DriveAPI追加後画面

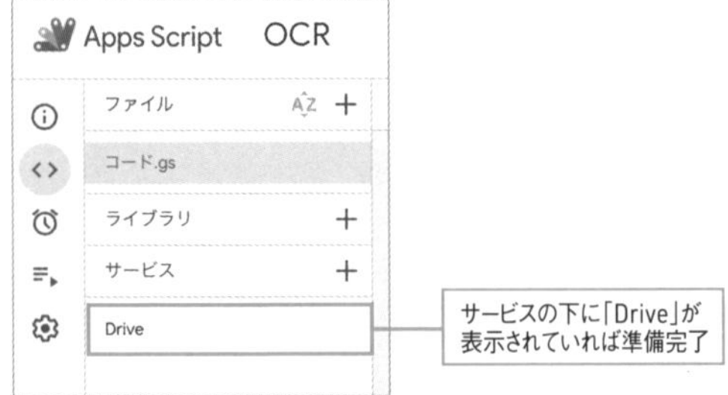

例文

0-d.gs 複数ファイルのOCR操作

```
/**
* 特定フォルダの複数ファイルのテキストをOCR抽出してログ出力
* ※ファイルの拡張子は、.pdf、.jpeg、.png、.gifのいずれかである前提
*/
function myFunction0_d() {

  // 指定フォルダよりFileIteratorオブジェクトの取得
  // ※↓サンプルOCR画像を格納したフォルダID（学習用サンプルデータのため、参照いただけます）
  const folderId = '1QybkHGDvJf7lPkGF1N3zeoQOMG2cqSbn';
  const folder = DriveApp.getFolderById(folderId);
  const files = folder.getFiles();
    // OCRのオプション設定
  const option = {
    'ocr': true,          // OCRを行う設定
    'ocrLanguage': 'ja',// OCRを行う言語の設定
  };

  // 1ファイルずつ処理
  while(files.hasNext()){
    // Fileオブジェクトの取得
    const file = files.next();
    // ファイル名を取得
    const fileName = file.getName();
    // ファイルコピー時に利用するリソース
```

```
    const resource = {
      title : fileName
    };
    // 対象のファイルをコピーすると同時にOCRを実行
    const image = Drive.Files.copy(resource, file.getId(), option);
    // DocumentAppクラスでコピーした画像からテキストを取得
    const text = DocumentApp.openById(image.id).getBody().getText();
    // 抽出したテキストを表示
    console.log(`ファイル名：${fileName}`);
    console.log(text);

    // OCR実行時に作成されたドキュメントデータを削除
    Drive.Files.remove(image.id);
  }
}
```

解説

複数ファイルを格納したフォルダを指定し、1ファイルずつ処理します。そのため、ファイルの拡張子はOCRが可能な、.pdf、.jpeg、.png、.gifのいずれかである必要があります。

冒頭で取得しているFileiteretorオブジェクトは、複数のファイルの集合をコレクションとして扱い、反復処理を行うことができます。詳しくは5章を参照してください。

ファイルを1つずつ取得し、**Drive.Files.copy()**で対象のファイルをコピーすると同時にOCRを実行しています。その後、**DocumentApp.openById().getBody().getText()**で前処理でコピーした画像をドキュメントで開き、テキストを取得しています。

また、手動で実行した際にドキュメントが生成されたように、GASでOCRを実行した際もドキュメントが1ファイル毎に生成されるため、最後のコード **Drive.Files.remove()**でドキュメントの削除を行います。ドキュメントを残したい場合は、最後のコードは不要です。

例文ではOCRで読み取ったテキストを実行ログで出力しているだけですが、実務で利用する際には、テキストに対して特定の文字列が含まれているかどうかを判定して、スプレッドシートに書き出すなどのように、後続の処理を追加することで業務効率化につなげることができます。

実行結果

次図のように、OCRで抽出されたテキストが実行ログで表示されます。読み取っているファイルは、PDFデータ、GASのコードキャプチャ、手書きの文章、活字の写真データの4種類です。いずれのデータも大きな差分がなくテキストを抽出できています。

図0-28 実行ログ

実行ログ

11:38:12	お知らせ	実行開始
11:38:18	情報	ファイル名：Sample④手書きのデータ.jpg
11:38:18	情報	GASの3つの特徴は以下です。 1 Java Script ベースのプログラミング言語 2Google社が提供するアプリケーションを操作 3 Googleのクラウドサーバー上で動作 GASを使うと業務を効率化することができます!
11:38:23	情報	ファイル名：Sample①活字の写真データ.jpg
11:38:23	情報	Chapter 1 Google Apps Script E 1 [1-1] Google Apps Script の基礎 GASの特徴 3つの特徴 Google Apps Script (GAS) はGoogle社が開発、提供しているプログラミン グ言語です。 GASで記述したプログラムでは、スプレッドシートやGmailなどの Googleが提供するア プリケーションを操作することができます。 ここでは下記の3 つの特徴を詳しく見ていきます。 1. JavaScript ベースのプログラミング言語 2. Google 社が提供するアプリケーションを操作 3. Google 社のクラウドサーバー上で動作
11:38:28	情報	ファイル名：Sample③GASコード.png

11:38:28	情報	// 関数名例 function checkLog() {
		}
		console.log('Hello world!');
		// コメントと無効化
		function myFunction2_a1() {
		// Hello world! の文字列をログに出力 console.log('Hello world!');
		}
		// const name
		=
		'Manabu' ;
		// const comment = 'コードの無効化'; // const example = '';

11:38:32	情報	ファイル名：Sample②PDFデータ.pdf
11:38:32	情報	OCRサンプル株式会社 000-1111 東京都港区 (+81) 000-0000 no_reply@example.com 2023 年 9 月 4 日 山田 様 222-3333 東京都目黒区 山田 様 先日は大変お世話になりました。私たちは、OCRという新商品の発表会見を行う運びとなりました。 以 下に、発表会見の詳細をお知らせいたします。 【日時】2023年10月11日（水） 14時～15時 【場所】東京中央ホテル Aホール 【内容】弊社社長による新商品の発表およびデモンストレーションを行います。 OCRは、今までにない画期的な商品であり、業界に大きなインパクトを与えることが期待されていま す。貴社には、今回の新商品発表会見にぜひご出席いただき、その魅力をご覧いただければ幸いで す。 ご多忙中恐縮ではございますが、ぜひご出席いただけますようお願い申し上げます。 賀須学 GASサンプル株式会社 取締役社長
11:38:33	お知らせ	実行完了

1

Google Apps Script 基礎

本章では、Google Apps Scriptを扱うにあたっての事前知識や注意点について解説しています。GASを初めて触る方は必ず確認しておきましょう。また、普段GASを触っている方でも新たな発見があるかもしれません。ご自身の習熟度に合わせて必要な箇所をチェックしてみてください。

例文スクリプト確認方法

以下フォルダのスクリプトファイルとスプレッドシートをコピー作成して、例文スクリプトを確認してください。

格納先

```
SampleCode >
  01章 Google Apps Script　基礎 >
    1章 Google Apps Script 基礎（スプレッドシート）
```

1 [1-1] Google Apps Scriptの基礎

GASの特徴

3つの特徴

Google Apps Script（GAS）はGoogle社が開発、提供しているプログラミング言語です。GASで記述したプログラムでは、スプレッドシートやGmailなどのGoogleが提供するアプリケーションを操作することができます。ここでは下記の3つの特徴を詳しく見ていきます。

1. JavaScriptベースのプログラミング言語
2. Google社が提供するアプリケーションを操作
3. Google社のクラウドサーバー上で動作

特徴①JavaScriptベースの言語

GASはJavaScriptをベースとしたプログラミング言語です。GASを学ぶことでJavaScriptも同時に習得できることは、GASの魅力的なポイントの1つです。JavaScriptの詳細は「26(2-1) JavaScript」の基礎知識で解説します。

GASでJavaScriptを実行するためのエンジンを**ランタイム**とよびます。2020年2月より、**V8ランタイム**という新しいエンジンが実装されたことで、**ECMAScript2015（ES6）対応**のより効率的なコード記述ができるようになりました。

図1-1 GASとJavaScript

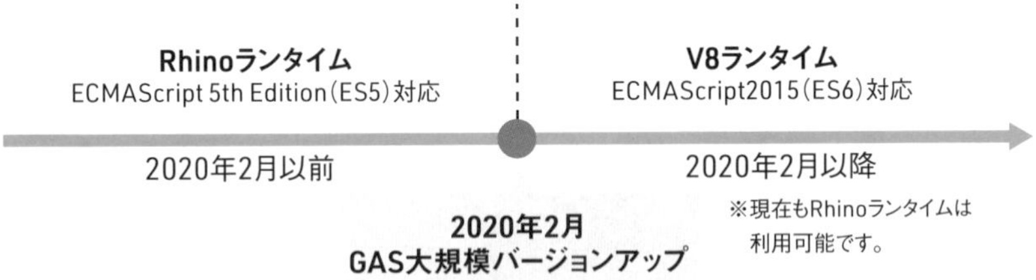

特徴②Googleアプリケーションの操作

GASを使うことで、スプレッドシート、Gmail、Googleフォームなどの、Googleが提供するアプリケーションを操作できます。1つのアプリケーションの操作だけでなく、Googleフォームの回答情報を取得してGmailで自動返信を行う、といった複数のアプリケーションを組み合わせた操作も可能です。

図1-2 GASでのアプリケーション操作イメージ

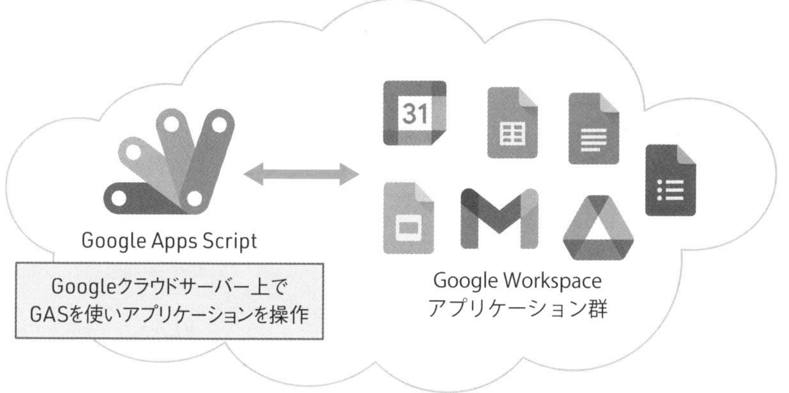

特徴③クラウド志向

GASで記述したプログラムや、操作対象のアプリケーション、実行環境はすべてGoogle社のクラウドサーバー上にあります。そのため、GASはスクリプトを実行するタイミング（トリガー）をあらかじめ設定しておけば、PCを閉じた状態でも動かすことができます。

Column ランタイムの互換性

Rhinoランタイムで記述したスクリプトを、V8ランタイムで実行することは、基本的に問題ありません。しかし、その逆の、V8ランタイムで動かせるES6で記述したスクリプトをRhinoランタイムで実行することはできません。

筆者も、2020年以前に作成したスクリプトを修正した際、ES6の構文が利用できず、予期せぬエラーが起きたことがあります。現在、スクリプトエディタを起動すると、自動的にV8ランタイムが選択されていますが、2020年2月以前に作成したスクリプトを開くと、Rhinoランタイムが選択されたスクリプトエディタが立ち上がります。そのことに気づかず、RhinoランタイムでES6の構文を実行したために起きたエラーだったのです。

2020年2月以前のRhinoランタイム時代に作成したスクリプトを扱う際は注意が必要です。

Column VBA（Visual Basic for Applications）との違いは？

実務で広く使われているExcelにも、Excelを自動で動かせる言語があります。マイクロソフト社が開発・提供しているVBAです。よく実務でGASとVBAとの違いについて聞かれることがありますが、次図のように、操作可能なサービスが違うことに加えて、実行環境にも大きな違いがあります。

大きな違いの1つは、GASにはスケジューリング機能（トリガー設定）が標準搭載されているという点です。実行環境がクラウドであることから、24時間、任意の時間にスクリプトを実行することができます。時間設定だけでなく、Googleフォーム「送信時」やスプレッドシート「編集時」など特定のタイミングで処理を実行させることも可能です。

図1-3 GASとVBAの違い

	GAS	VBA
言語	Google社が開発・提供するプログラミング言語（JavaScriptベース）	マイクロソフト社が開発・提供するプログラミング言語（Visual Basicベース）
操作対象	Googleサービス（スプレッドシートやGmail）	MicrosoftOfficeサービス（ExcelやAccess）
実行環境	クラウド	ローカル
アップデート	頻繁	少

GASは頻繁に構文の追加などのアップデートが行われます。最新情報は公式のリリースノートを参照してください。

QR1-1 公式リリースノート

https://developers.google.com/apps-script/releases

Google Apps Scriptの基礎

GASを利用するための準備物

3つの準備物

GASは下記3点があればすぐにでも利用できます。

① **Googleアカウント**
無償のGoogleアカウント、有償のGoogle Workspaceアカウントのどちらでも利用可能です。

② **ブラウザ**
Google Chromeを推奨しますが、一般的なブラウザであれば利用可能です。本書はGoogle Chromeバージョン91を使っています。

③ **インターネットに接続しているPC**
Windows、Mac、もちろんChromebookでも利用可能です。

3つの準備物が揃えばすぐにGASを始めることができるのは、GASがクラウド志向だからです。例えば、プログラミング言語の1つであるPythonは、開発環境をPCのローカル環境に構築する際、数時間かかるケースもあります。気軽に始められることはGASの大きな魅力の1つです。

無償/有償アカウント

無償/有償のGoogleアカウントには、次図のような違いがありますが、GASに限っては、機能差はほとんどありません。ただし、GASを実行する際の制限と割当において、一部有償アカウントの方が優遇されている面があります。

図1-4 無償Googleアカウントと有償Google Workspaceのプラン

	無償アカウント	Bussiness	Enterprise
月額料金/ユーザー	無料	680~2,040円	非公開
メールアドレス	gmail.com	独自ドメイン	
ストレージ容量/ユーザー	15GB	30GB~5TB	無制限
セキュリティと管理	なし	・高度なセキュリティ ・管理機能	・高度なセキュリティ ・管理機能 ・コンプライアンスの制御機能

詳細と最新情報はGoogle公式HPにてご確認ください。

QR1-2 Google Workspaceアカウントプラン
https://workspace.google.com/intl/ja/pricing.html

3
[1-3]

Google Apps Scriptの基礎

制限と割当

6分 / 実行

概要

GASはクラウドサービスであるため、特定のユーザーが著しく負荷をかけることがないよう、**制限**と**割当**が設定されています。前述の通り、制限と割当については、無償/有償アカウントで差があります。

特に、スクリプト実行時間が6分/実行に制限されていることは忘れてはなりません。6分以内におさまるように効率的なコードを記述することが求められます。

主な項目

次表は主な制限と割当です。最新の情報は公式ページを確認してください。

図1-5 GASの制限と割当

項目	制限 / 割当	無料アカウント	有償アカウント
スクリプト実行時間	制限	6分 / 実行	6分 / 実行
同時実行	制限	30	30
メール本文サイズ	制限	200KB/メッセージ	**400KB/メッセージ**
トリガー作成数	制限	20/ユーザ/スクリプト	20/ユーザ/スクリプト
トリガーによる総実行時間	割当	90分 / 日	**6時間 / 日**
メール受信者数	割当	100/日	**1,500/日**
URLフェッチ呼び出し	割当	20,000/日	**100,000/日**
スプレッドシート作成数	割当	250/日	**3,200/日**
カレンダーイベント作成数	割当	5,000/日	**10,000/日**
ドキュメント作成数	割当	250/日	**1,500/日**
スライド作成数	割当	250/日	**1,500/日**

機能面においては、無償アカウントに対応していないものがあります。例えば、GmailAppクラスのメソッドsendEmail()の第四引数のオプション「noReply」は、有償アカウントでのみ利用可能です。

QR1-3 Googleサービスの制限と割当

https://developers.google.com/apps-script/guides/services/quotas#current_limitations

4 [1-4] Google Apps Scriptの基礎

Apps Scriptサービス

Google Workspace services, Utility services, Other Google services

3つのサービス群

スプレッドシートは**Spreadsheetサービス**、Gmailは**Gmailサービス**というように、**操作可能な対象物をサービス**と呼び、それらは大きく3つのグループに分類されます。本書では業務で頻出する、**Google Workspace services**と**Utility services**を中心に取り扱います。

図1-6 サービス群一覧

グループ	概要	例
Google Workspace services	GoogleWorkspaceの標準アプリケーションを操作するサービス群※	スプレッドシート、Gmail、スライド、ドライブなど
Utility services	標準アプリケーションを横断して利用できるサービス群	API、HTML、ファイルなど
Other Google services	Google Workspace services以外のアプリケーションを操作するサービス群※	アナリティクス、YouTubeなど

※ 一部Advanced servicesを含む
Google Workspace Services ・・・Classroom、Tasks
Other Google services ・・・Google Analytics、You Tube、Google Tables、Google Tag Manager

Google Workspace services

Google Workspace servicesは、Google Workspaceの標準アプリケーションを操作するサービス群のことです。本書では特に業務で頻出するサービスを3～9章で取り扱います。

図1-7 Google Workspace services 一覧

サービス	日本語表記	本書取り扱い
Admin Console*	管理コンソール	—
Calendar	カレンダー	6章
Docs	ドキュメント	7章
Drive	ドライブ	5章
Forms	フォーム	9章
Gmail	Gメール	4章
Sheets	スプレッドシート	3章
Slides	スライド	8章
Classroom*	クラスルーム	—
Contacts	連絡先	—
Group	グループ	—
Sites	サイト	—
Tasks*	グーグルタスク	—

* はAdvanced services

Utility services

Utility servicesは、アプリケーションを横断して利用できるサービス群です。イメージしやすいものでいうと、メニューやサイドバーを追加する**Uiクラス**や、GmailやWebサービスで利用できる**HtmlServiceクラス**などが該当します。

本書10～14章では、業務でよく利用するUtility servicesをピックアップして解説します。

図1-8 Utility services 一覧

カテゴリー	サービス	概要	本書取り扱い
API & database connections (APIとデータベース接続)	BigQuery	Googleの拡張サービス BigQueryのAPI操作	-
	JDBC	JDBCデータベースへの接続操作	-
	URL Fetch	URLフェッチの操作	11章

Data usability&optimization（データの使用と最適化）	Optimization	コードの最適化処理	-
	Utilities	文字の書式設定/JSON操作	12章/13章/15章
	XML	XMLドキュメント操作	-
HTML&content（HTMLとコンテンツ）	Charts	グラフの作成など	-
	Content	様々なファイルのテキスト操作	-
	HTML	HTML操作	11章
	Mail	メール送信の操作	-
Script execution&information（スクリプトの実行と情報）	Base	ユーザー情報の取得や、標準アプリのUIなどの操作	10章/13章
	Cache	キャッシュに関する操作	-
	Lock	スクリプト同時実行防止のための操作	12章
	Properties	プロパティストアの操作	14章
	Script	スクリプト/トリガーの操作	12章

Column **GmailAppとMailAppの違い**

GASのメール送信方法を調べていると、Google Workspace servicesの**GmailApp**とUtility servicesの**MailApp**の2つが出てきます。どちらもメールを扱うクラスであり、メール送信の処理を行うことができます。

2つの決定的な違いは、ユーザーのGmailアカウントにアクセスするかどうかです。GmailAppは、ユーザーのGmailアカウントにアクセスして、特定の受信メール本文を取得したり、下書きを保存できたりと、アカウントに紐づいた操作ができます。一方で、MailAppはメールの送信に特化したクラスで、ユーザーのGmailアカウントへはアクセスしません。基本的にメール関連の操作に関しては、GmailAppの利用で問題ないでしょう。

開発環境

プロジェクト

プロジェクトとスクリプトエディタ

スクリプトエディタとはコードを記述/実行する場所です。プロジェクトはスクリプトエディタやメニューを含む全体をさします。

図1-9 プロジェクトとスクリプトエディタ

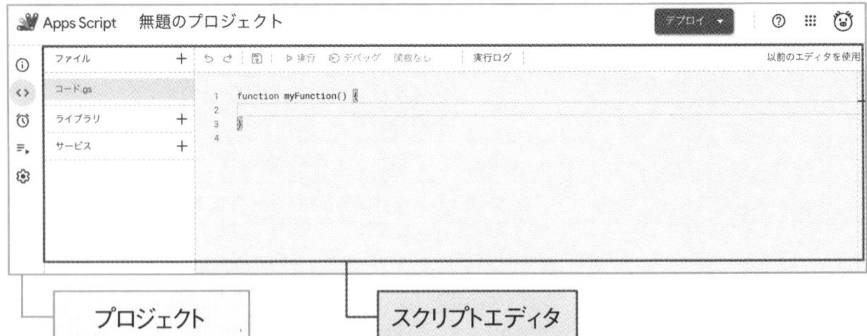

プロジェクトの種類

プロジェクトは作成方法により、**コンテナバインドプロジェクト**と**スタンドアロンプロジェクト**の2つに分類されます。次図のように、コンテナバインドプロジェクトは、Google Workspaceのアプリケーションである、スプレッドシート、フォーム、ドキュメント、スライドに紐づいたプロジェクトをさし、スタンドアロンプロジェクトは、紐づくアプリケーションがないプロジェクトをさします。同様に、スクリプトエディタのことを、それぞれ**コンテナバインドスクリプト**、**スタンドアロンスクリプト**とよびます。

図1-10 コンテナバインドとスタンドアロン

<コンテナバインドプロジェクト>

アプリケーションに紐づくプロジェクト

<スタンドアロンプロジェクト>

独立したプロジェクト

6 [1-6] コンテナバインドプロジェクト

特徴

- 各アプリケーションから作成する
- Googleドライブには表示されない
- 作成したスクリプトはApps Scriptダッシュボードから開くことができる
- アプリケーションにコンテナバインドプロジェクトでのみ使えるメソッドがある（getActiveSpreadsheet()など）
- スプレッドシート上の図形に関数を埋め込むことができる（次図参照）
- シンプルトリガーが使える
- イベントオブジェクトが使える

コンテナバインドプロジェクトに紐づくアプリケーションは、**コンテナバインドされたアプリケーション**とよばれることもあります。本書では、統一して**紐づくアプリケーション**とよびます。

次図は、スプレッドシート上で作成した画像に関数を埋め込む方法です。実務では、スクリプトを実行させるボタンとして作成しておくことがあります。

図1-11 スプレッドシート上での関数埋め込み

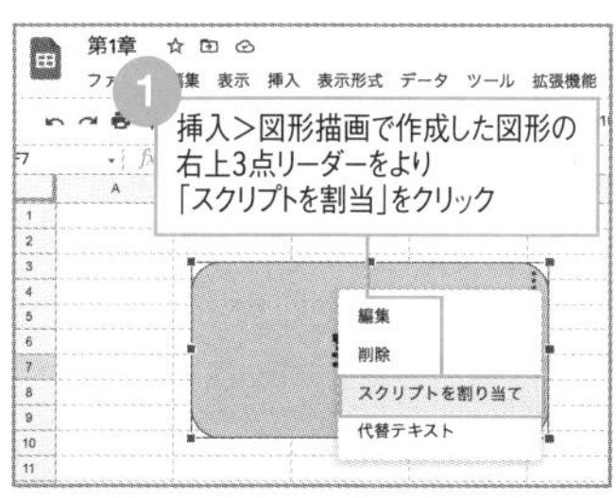

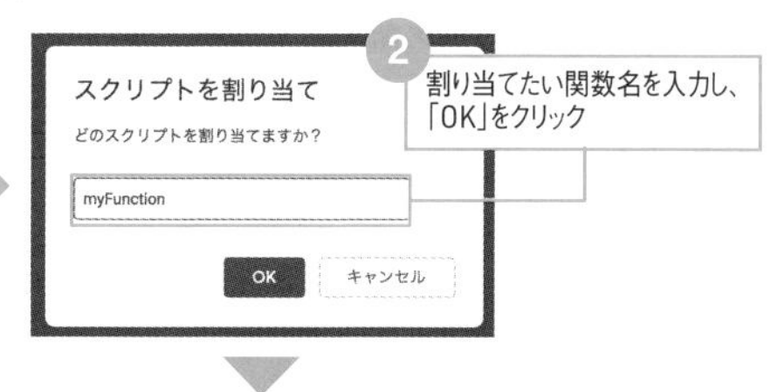

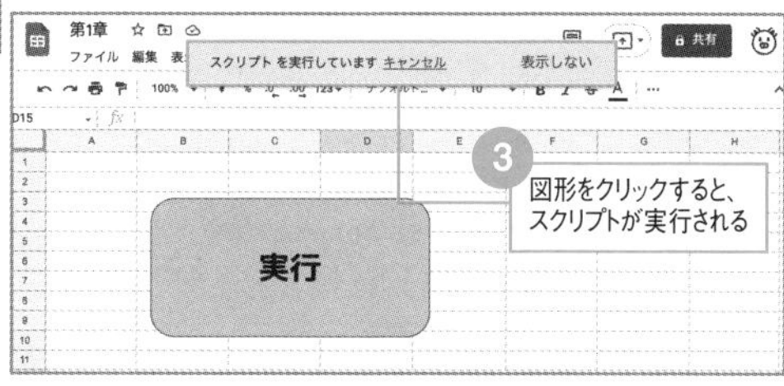

開き方

各アプリケーション（スプレッドシート、フォーム、ドキュメント、スライド）からのコンテナバインドプロジェクトの開き方を確認します。UIは変更になることがあるため、ご注意ください。

スプレッドシート

メニューバー「拡張機能」>「Apps Script」

図1-12 スプレッドシートからの開き方

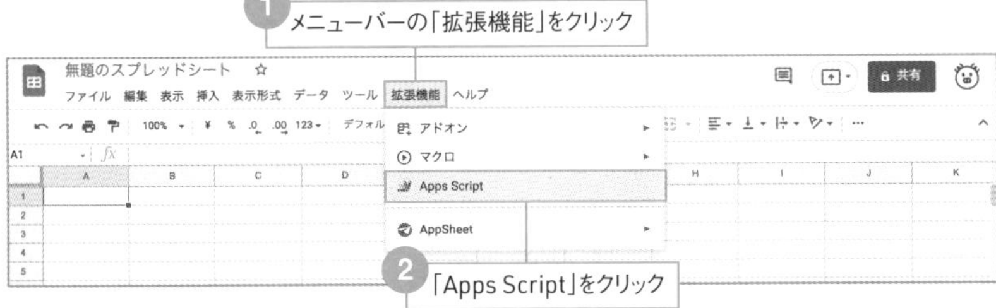

フォーム

三点リーダーアイコン>「スクリプト エディタ」

図1-13 フォームからの開き方

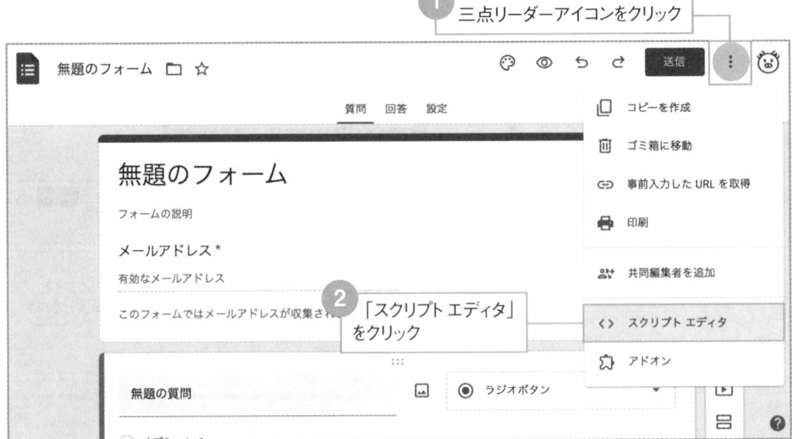

スライド

メニューバー「ツール」＞「スクリプト エディタ」

図1-14 スライドからの開き方

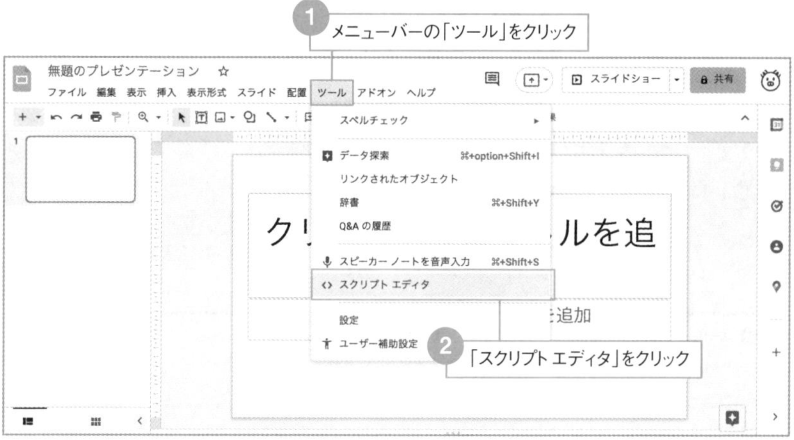

ドキュメント

メニューバー「ツール」＞「スクリプト エディタ」

図1-15 ドキュメントからの開き方

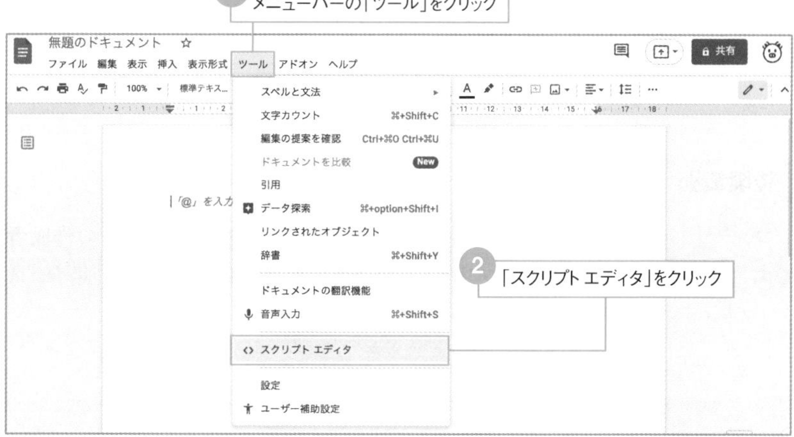

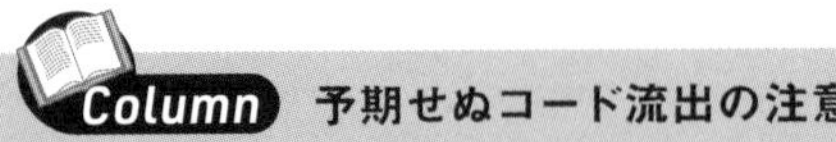

Column 予期せぬコード流出の注意

コンテナバインドプロジェクトは、アプリケーションを操作するためのメソッドが用意されていたり、イベントオブジェクトを利用できたりと、便利な面が多くあります。一方で、アプリケーションをコピー作成する際には注意が必要です。

紐づくアプリケーションのファイルをコピーすると、コンテナバインドプロジェクト自体もコピーされます。それにより、予期せぬコード流出につながる可能性があります。次図のように、権限設定でコピーメニューを非活性にして、コードの流出を防ぐこともできます。

図1-16 コピーメニュー非表示の設定方法

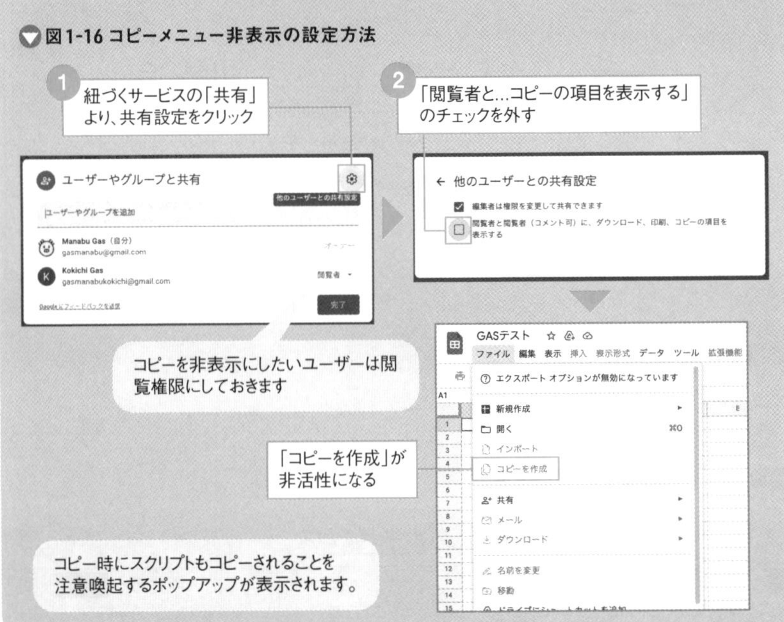

権限範囲

コンテナバインドプロジェクトのオーナーは、紐づくアプリケーションの作成者です。共有する際は、紐づくアプリケーションから行います。閲覧権限の場合、スクリプトエディタは開けません。

図1-17 コンテナバインドプロジェクトの権限範囲

操作	編集者	閲覧者
スクリプトの閲覧	○	×
スクリプトの実行	○	×
トリガーの設定	○	×
スクリプトの編集	○	×
他ユーザーへの権限設定	○	×

共有方法

スプレッドシートのコンテナバインドプロジェクトでの共有方法です。

①アプリケーション上の共有ボタンを押下

図1-18 共有ボタン押下

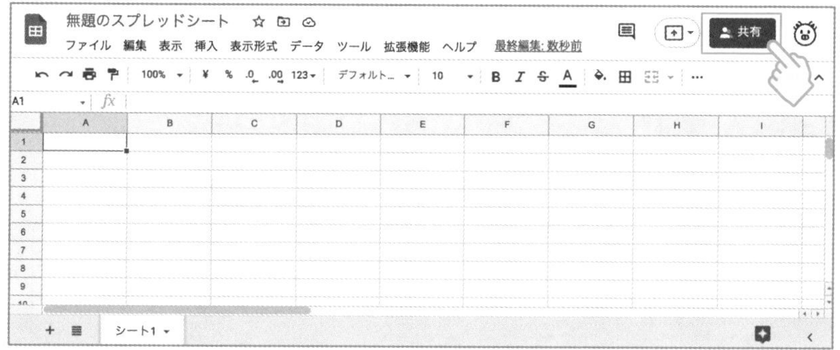

②共有ユーザー、権限を指定して送信

図1-19 ユーザー / 権限指定

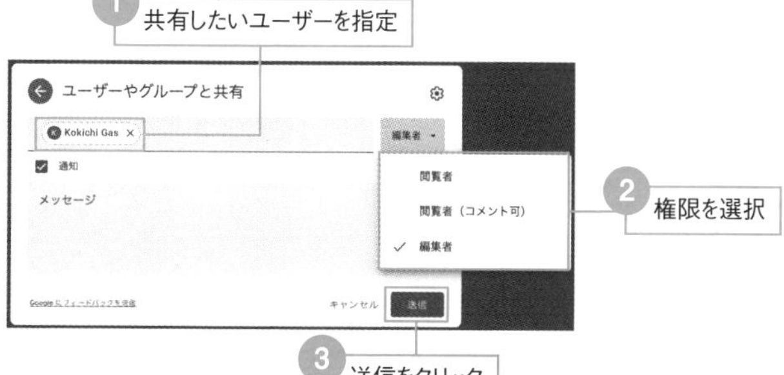

Column 同時編集時の注意点

複数人でスクリプトエディタを編集した際に、保存したはずのコードが消えてしまった？！という大変な事態が発生したことがあります。実は、スクリプトは排他処理ではないため、同時に複数人で編集した場合、最後に保存をした人の編集内容のみが残るのです。同時編集の可能性がある場合は、あらかじめ編集作業時のルールを決めるのがよいでしょう。

2021年10月に開催されたGoogle Cloud Next'21では、変更履歴に相当する機能がリリースされる発表がありました。時期、詳細は未定なので続報を待ちたいところです。

図1-20 同時編集時の注意点

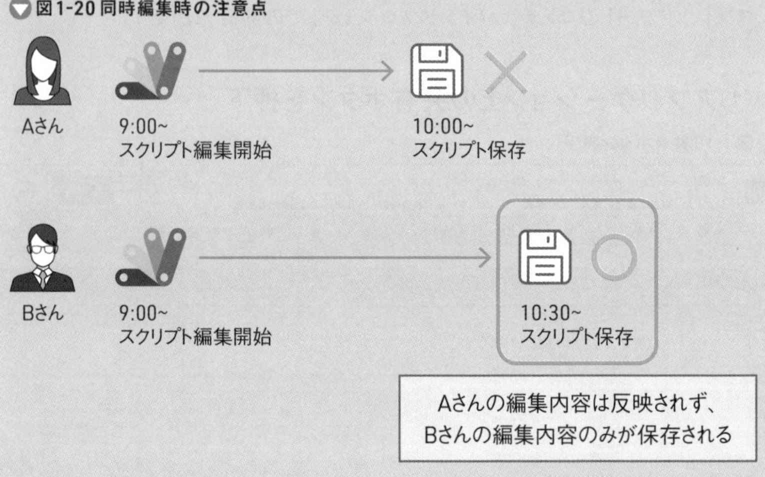

7 [1-7] スタンドアロンプロジェクト

開発環境

特徴

- 独立したプロジェクトで、各アプリケーションに紐づかない
- ドライブにファイルとして保存される
- アプリケーション側からスタンドアロンスクリプトにはアクセスできない
- コンテナバインドプロジェクトのみで利用可能なメソッドが使えない

開き方

スタンドアロンプロジェクトの開き方は、Googleドライブからと Apps Script ダッシュボードからの2つの方法があります。

方法① ドライブからの開き方

Googleドライブ「新規」>「その他」>「Google Apps Script」を押下

図1-21 ドライブからの開き方

方法② Apps Script ダッシュボードからの開き方

Apps Script ダッシュボードの「新しいプロジェクト」を押下

図1-22 Apps Scriptダッシュボードからの開き方

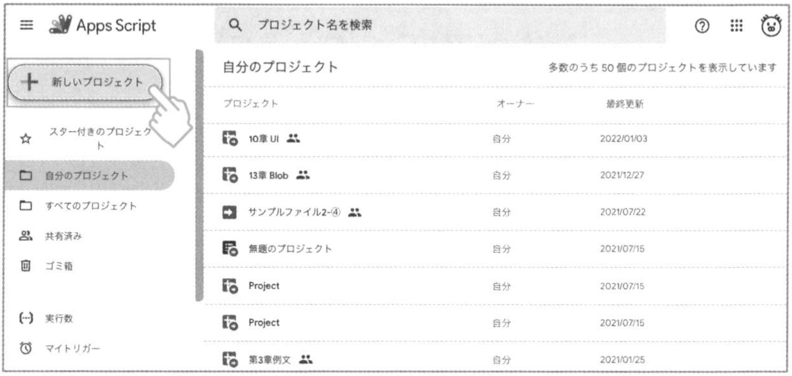

Apps Script
プロジェクト名を検索
新しいプロジェクト
スター付きのプロジェクト
自分のプロジェクト
すべてのプロジェクト
共有済み
ゴミ箱
実行数
マイトリガー
自分のプロジェクト
多数のうち 50 個のプロジェクトを表示しています
プロジェクト
オーナー
最終更新
10章 UI
自分
2022/01/03
13章 Blob
自分
2021/12/27
サンプルファイル2-④
自分
2021/07/22
無題のプロジェクト
自分
2021/07/15
Project
自分
2021/07/15
Project
自分
2021/07/15
第3章例文
自分
2021/01/25

権限範囲

スタンドアロンプロジェクトのオーナーは、スクリプトの作成者本人です。共有する際は、共有するユーザーに「編集権限」または「閲覧権限」をつけます。閲覧権限でも、スクリプトの実行やトリガー設定ができるため注意が必要です。

図1-23 スタンドアロンプロジェクトの権限範囲

操作	編集者	閲覧者
スクリプトの閲覧	○	○
スクリプトの実行	○	○
トリガーの設定	○	○
スクリプトの編集	○	×
他ユーザーへの権限設定	○	×

図1-24 閲覧権限時のスクリプト編集画面

Apps Script
スタンドアロンの閲覧権限
ファイル
コード.gs
ライブラリ
サービス
実行
デバッグ
myFunction
実行ログ
読み取り専用のエディターは編集できません
console.log('Hello world!');
編集しようとすると、
編集できませんと表示される

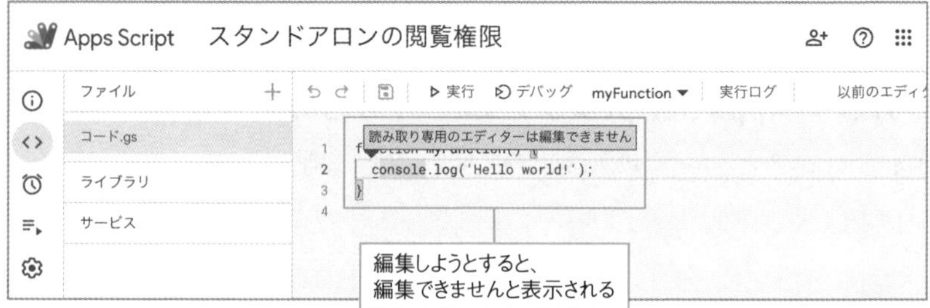

共有方法

スタンドアロンプロジェクトの共有は、プロジェクトから行います。

①プロジェクトから共有ボタンを押下

図1-25 共有ボタンを押下

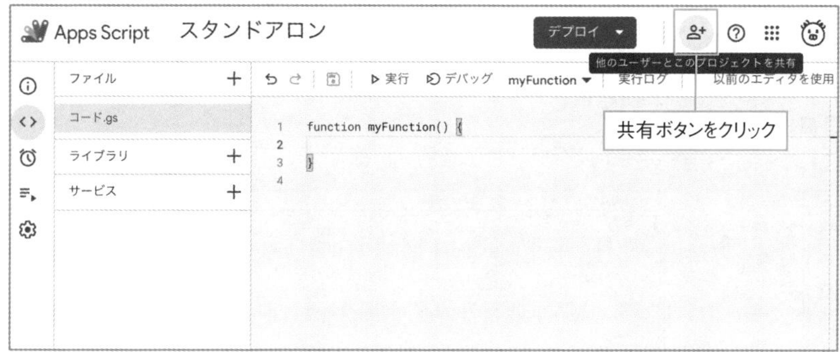

②共有ユーザー、権限を指定して送信

図1-26 ユーザー / 権限指定

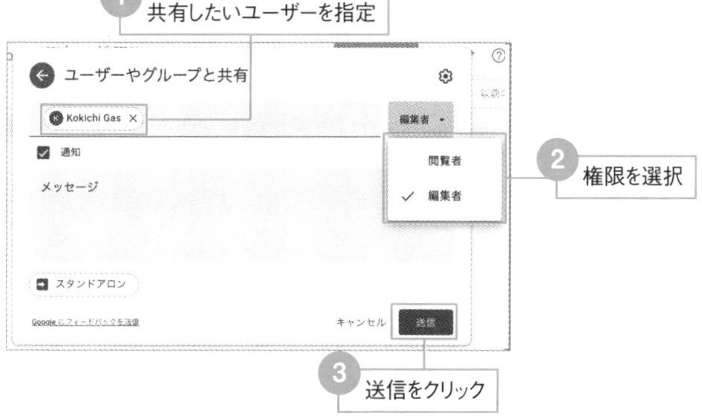

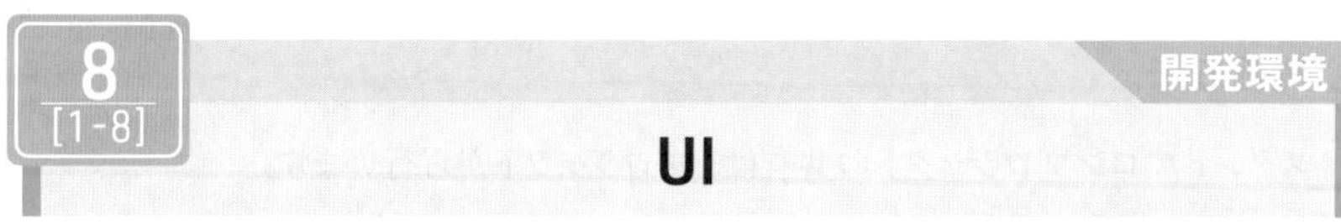

UI

画面構成

プロジェクトとスクリプトエディタの画面はシンプルです。次図の画面構成と照らし合わせながら、それぞれの役割を確認しましょう。

図 1-27 画面構成

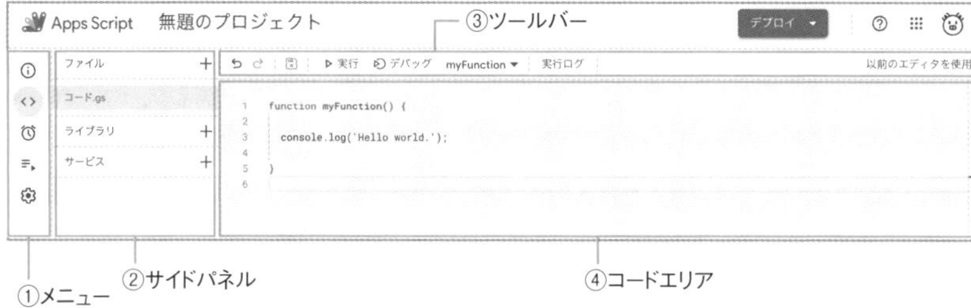

①メニュー	プロジェクト全体に関するメニュー
②サイドパネル	スクリプトファイル、ライブラリ、サービス一覧が表示される領域
③ツールバー	スクリプトエディタを操作するためのツールバー
④コードエリア	選択しているファイルのスクリプトを編集するエリア

メニュー

プロジェクトのメニューを構成する5つの画面を確認してみましょう。

概要

プロジェクトの作成日やオーナーなど基本的な情報と、実行数やエラー発生率などの利用状況や、権限承認したOAuthスコープが確認できます。

図1-28 概要画面

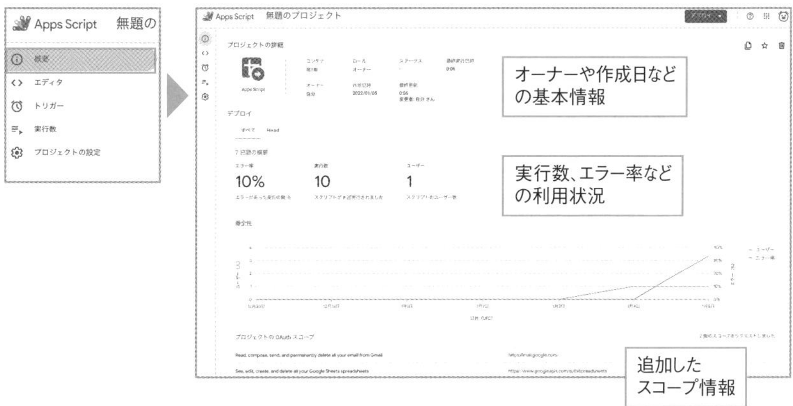

エディタ

コードを記述して開発を行う画面です。

図1-29 エディタ画面

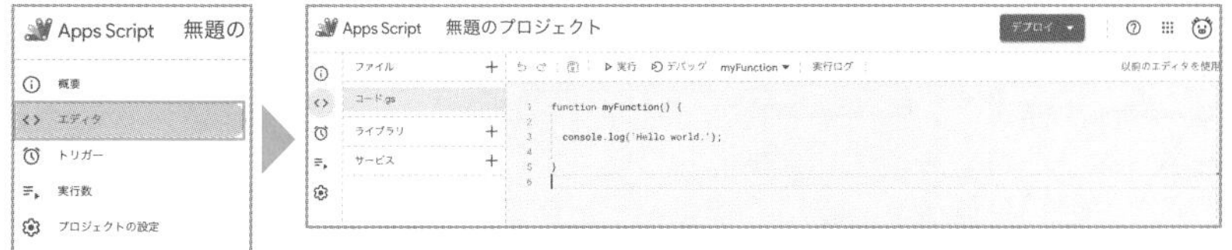

トリガー

トリガーを設定する画面です。

図1-30 トリガー設定画面

実行数

実行結果とログを表示する画面です。過去7日間のログを表示します。

図 1-31 実行数画面

プロジェクトの設定

プロジェクト全体の設定画面です。主にランタイムの切り替えやマニフェストファイルを表示したい場合に利用します。

図 1-32 プロジェクトの設定画面

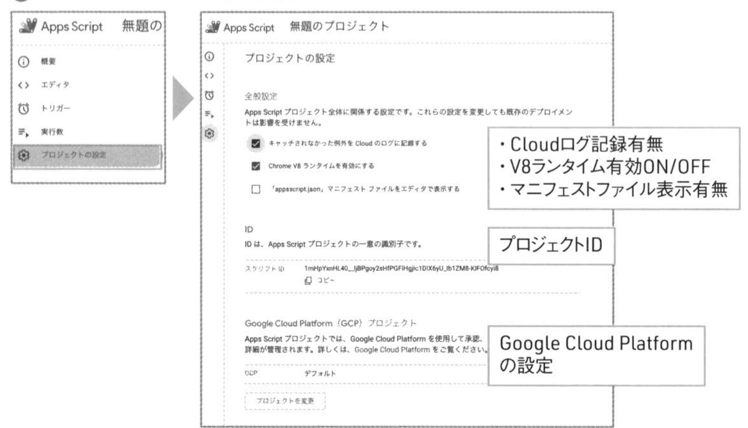

※2022年4月にタイムゾーンとプロパティストアの画面設定がリリースされました。

旧エディタとの比較

2020年12月から順次プロジェクトのUIが大幅に変更されました。ログの表示速度が速くなったり、入力補完の自動表示が加わるなど、旧UIに比べ、新UIではより効率的にスクリプトを記述することができるようになりました。一部なくなった機能もあります。次表は主な変更点です。

図1-33 新旧スクリプトエディタ比較（主な変更点）

変更点	旧		新	
入力補完の自動表示	×	なし ショートカットキーで 入力補完表示	○	あり 頭文字を入力で 自動入力補完表示
変更履歴	○	あり	×	現時点はなし ※今後追加予定
実行ログ表示場所	×	別画面表示	○	同一画面に表示
ライブラリの登録	△	プロジェクトキー	△	スクリプトID

9 [1-9]

開発環境

マニフェストファイル

appsscript.json, タイムゾーン

役割

マニフェストファイルとは、スクリプトを実行するために必要な基本情報を指定するJSON形式のファイルです。代表的なものに、**タイムゾーン**や**ランタイム**の設定情報があります。基本的に直接編集することは少ないですが、タイムゾーンのように設定画面にないものは、直接JSONファイルを編集します。

※タイムゾーンついては、2022年4月に画面での設定がリリースされました。

Note

JSONとは、JavaScript Object Notationの略で、JavaScriptのオブジェクト記法を用いたテキスト形式のデータフォーマットです。一般的には、Webアプリケーションでデータの受け渡しの際によく利用されます。

Column 正しい時刻が取得できない!?

マニフェストファイルのtimeZoneの初期値が**America/New_York**になっていることがあります。日本は、**Asia/Tokyo**です。スクリプトはtimeZoneで設定された国の日時で動きます。例えば、現在日時の取得をすると、その国の現在日時が取得されるといったような具合です。

timeZoneは、カレンダー操作のように、日時が関連する処理に影響がでます。筆者も、カレンダーの情報更新のスクリプトが予期しない挙動になり、四苦八苦したことがあります。コードは正しいのになかなか解決できず、結局、timeZoneがAmerica/New_Yorkになったまま実行していたことに気づきました。

日時が関連するような処理で挙動がおかしいと思った場合には、timeZoneを確認してみましょう。

表示方法

プロジェクト設定の「appsscript.json」マニフェストファイルをエディタで表示するにチェックを入れます。

図1-34 マニフェストファイル表示方法

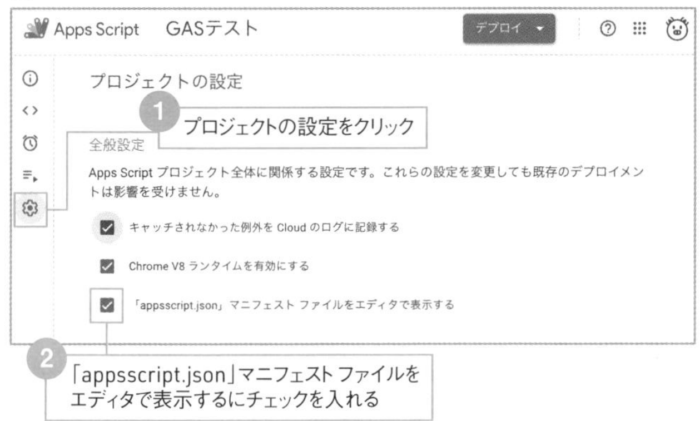

チェックを入れた後、スクリプトエディタに戻ると、「appsscript.json」ファイルが表示されます。タイムゾーンは次図のように確認し、他国になっている場合は直接修正します。

図1-35 表示されたマニフェストファイル

設定項目

次表はJSON構造の一番上の階層であるトップレベルの情報です。詳細の情報については、リファレンスを確認してください。

図1-36 appsscript.jsonの中身

プロパティ	内容	指定方法
addOns	拡張機能のGoogle Workspaceアドオンの追加 デプロイされていることが前提	Object
dependencies	拡張サービス（enabledAdvancedServices[]）とライブラリ（libraries[]）の設定	Object
exceptionLogging	ログが記録される場所	string
executionApi	実行可能APIの設定 デプロイされていることが前提	Object
oauthScopes[]	スクリプトで使用される承認スコープの設定	string
runtimeVersion	ランタイムバージョンの設定	string
sheets	スプレッドシートにマクロを定義	Object
timeZone	タイムゾーンの設定	string
urlFetchWhitelist[]	URL Fetch ServiceでアクセスできるURLの設定	string
webapp	Webアプリ構成 スクリプトプロジェクトがWebアプリとしてデプロイされていることが前提	Object

QR1-4 マニフェスト構造
https://developers.google.com/apps-script/manifest

操作方法

直接編集する場合は、appsscript.jsonファイルの中身を前表の指定方法で設定します。それぞれのプロパティストアの詳細指定方法については、GASのリファレンスから確認してください。

多くの場合は、画面上で設定できます。例えば、拡張サービスのDriveAPIを追加したい場合、次図のように、スクリプトエディタ上の「サービス」より追加できます。

図1-37 拡張サービスの設定画面

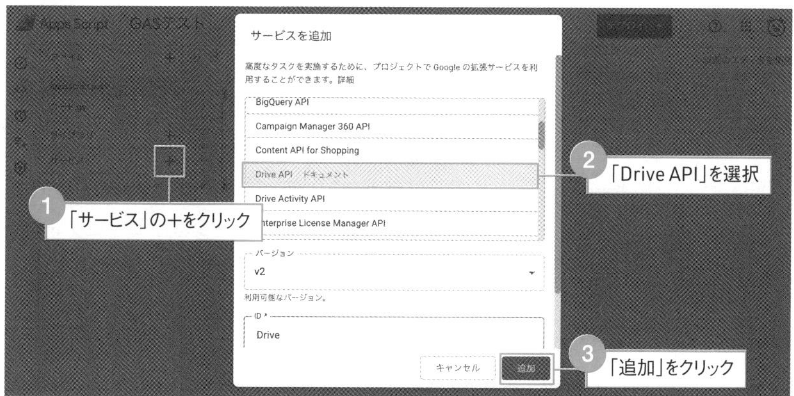

追加後、appsscript.jsonを確認すると自動的にJSONファイルの内容が更新されています。

図1-38 GUIでの設定後のappsscript.json

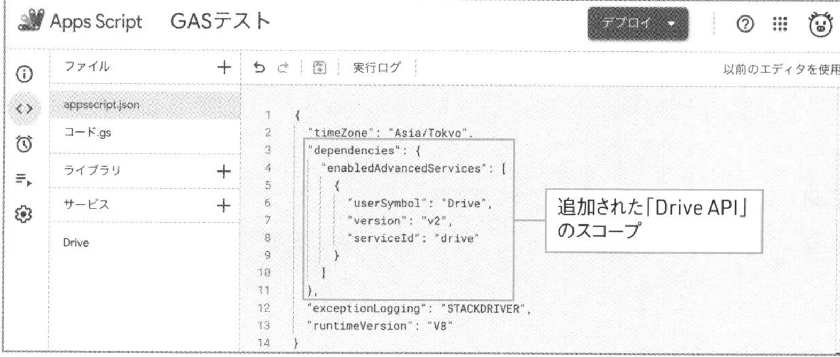

10 [1-10] Apps Script ダッシュボード

開発環境

役割

Apps Script ダッシュボードでは、アカウントに紐づくプロジェクトを一元管理できます。Googleドライブ上には表示されないコンテナバインドプロジェクトも確認可能です。

Apps Script ダッシュボードでできること

- プロジェクトの検索 / 表示 / 操作
- スターをつけたプロジェクトの実行状況を監視
- スタンドアロンプロジェクトの新規作成
- インストーラブルトリガーの設定
- 実行数とログの確認
- Google Apps Script API の ON/OFF

開き方

プロジェクトの左上のアイコンからアクセスできます。

図1-39 Apps Script ダッシュボードの開き方

画面構成

Apps Script ダッシュボードを開くと、次図の画面が表示されます。各プロジェクトにスプレッドシートやフォームなどのアイコンが表示されているため、紐づくアプリケーションがひと目でわかります。プロジェクトを押下すると、スクリプトエディタへ遷移します。

図1-40 Apps Script ダッシュボードの画面

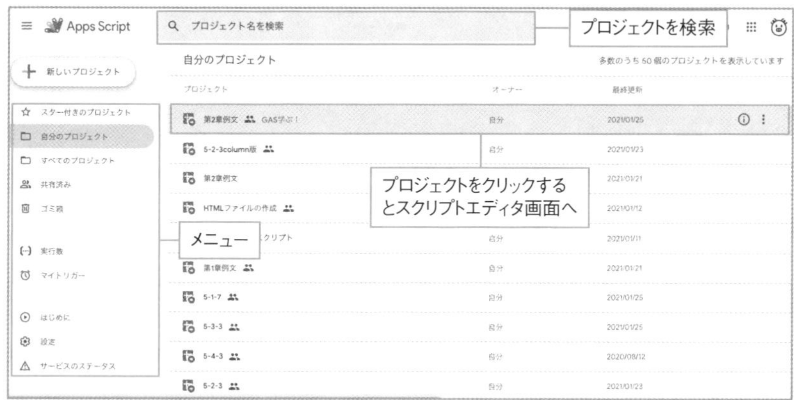

メニューに対応するプロジェクト

Apps Script ダッシュボードには、プロジェクトが一覧で表示される画面が5つあります。それぞれ表示されるプロジェクトは次表のようになっています。

図1-41 表示されるプロジェクト

メニュー	説明
☆ スター付きのプロジェクト	スターを付けたプロジェクト
自分のプロジェクト	自身がオーナーのプロジェクト
すべてのプロジェクト	自身がオーナー、または編集/閲覧権限を持っているプロジェクト
共有済み	自分以外がオーナーで自身に共有されているプロジェクト
ゴミ箱	Googleドライブから削除したプロジェクト

スター付きプロジェクト

プロジェクトにスターを付けると、総使用量やエラー率を確認できます。

図1-42 スター付きプロジェクトの画面

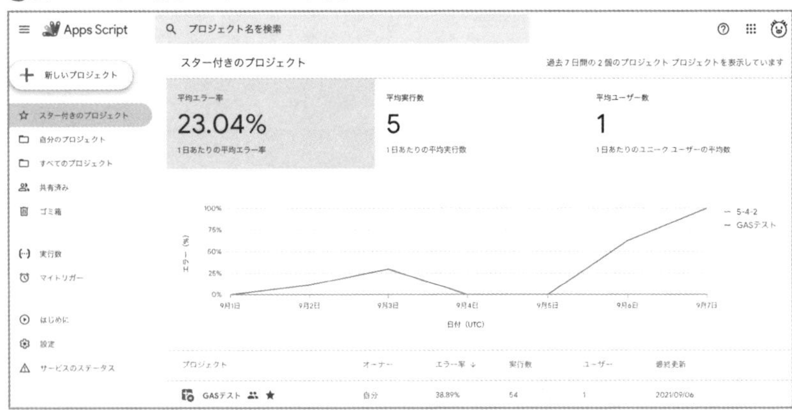

スターを付ける手順は次図の通りです。スターはApps Scriptダッシュボードの画面からのみ付けられます。

図1-43 プロジェクトにスターを付ける

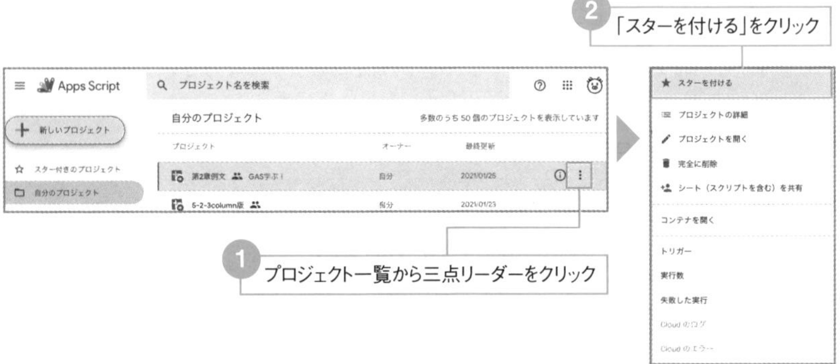

スクリプト

スクリプト作成

スクリプトエディタ

スクリプトエディタの準備

スプレッドシートのコンテナバインドスクリプトにコードを記述してみましょう。スクリプトエディタの初期表示は、次図のようになっています。

図1-44 スクリプトエディタの初期表示

```
function myFunction() {

}

```

Note

本書では、スクリプト、関数、コードを以下のような用語定義で使います。

スクリプト	1つ以上の関数の集合体であるプログラム
関数	function内に記述された一連の処理をひとまとめにしたもの
コード	GAS（プログラミング言語）で記述した命令

コード記述

コードは「function myFunction(){～}」の波括弧の中に記述します。

下記のコードを記述してみてください。スプレッドシート上にダイアログボックスで「Hello world!」と表示させる処理です。

1-a.gs 初めてのコード実行

```
function myFunction1_a() {
  Browser.msgBox('Hello world!');
}
```

コードは基本的に関数の中に記述します。初期表示は、functionキーワードで関数宣言されており、myFunctionという関数名がセットされています。関数については「67(2-42) 関数宣言」で詳しく解説しています。

スクリプトを保存

コードの入力が完了すると、次図の状態になります。保存前の状態では、スクリプトファイル「コード.gs」の左に黄色い丸が表示されます。この表示は、保存がされていないという印です。

スクリプトは自動保存されませんが、黄色い丸印が表示されたまま実行すると、自動保存された後にスクリプトが実行されます。ただし、基本的にはこの黄色い丸が表示されていたら保存をするという癖付けをしておきましょう。

保存は、アイコンから、またはショートカットキー Ctrl + S、またはcommand + Sを使います。

図1-45 保存前のスクリプトエディタ

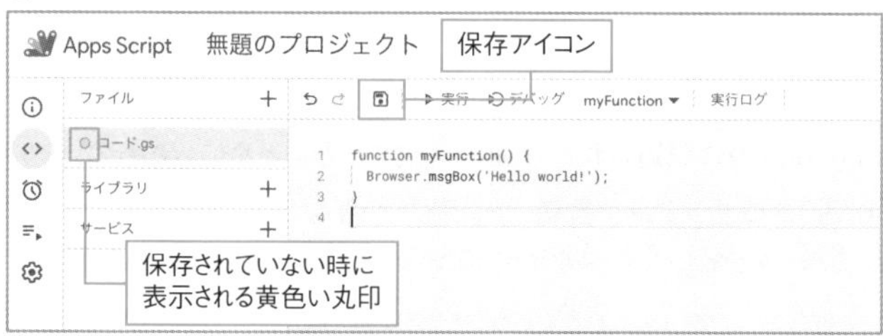

プロジェクト名の変更

初期値の「無題のプロジェクト」を変更します。「無題のプロジェクト」を押下すると、変更できます。プロジェクト名はいつでも変更可能です。

図1-46 プロジェクト名の変更

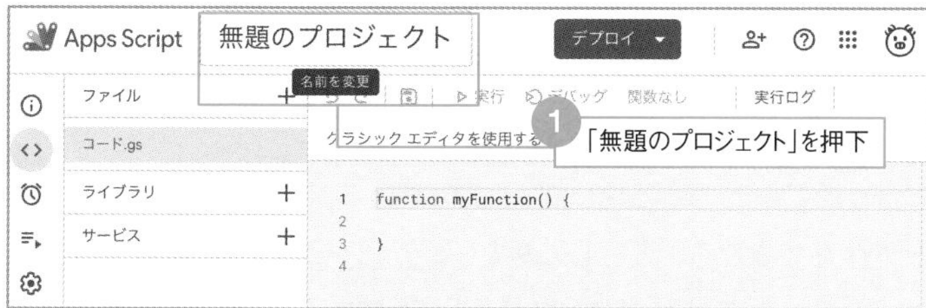

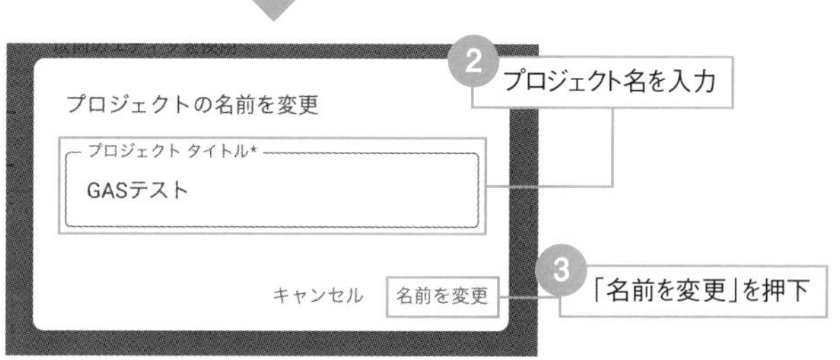

12 [1-12] スクリプト実行

スクリプト

実行

スクリプトが保存できたら、実行してみましょう。ツールバーに実行する関数「myFunction」が表示されていることを確認して、実行ボタンを押下します。

図1-47 実行

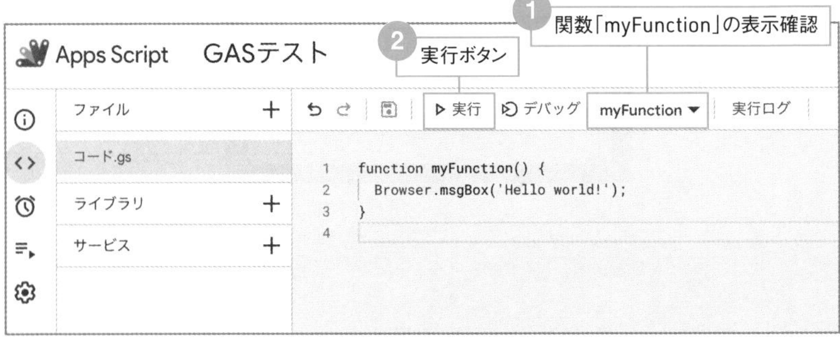

承認

実行ボタン押下後、次図のように、承認が必要なダイアログボックスが表示されます。これは、実行ユーザーの代わりに、スクリプトがスプレッドシートを操作することの許可を求めています。

このように、スクリプトが各アプリケーションを操作する場合、必ず初回に承認が求められます。承認の手順は、無償/有償アカウントで少し異なります。

①「権限を確認」を押下

図1-48 承認ダイアログボックス

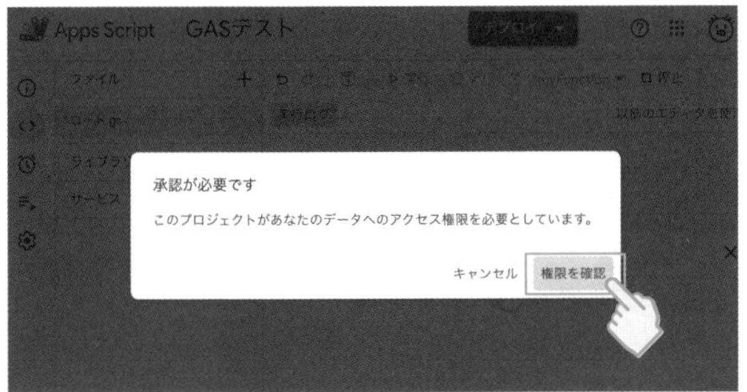

②対象のアカウントを選択

図1-49 アカウント選択画面

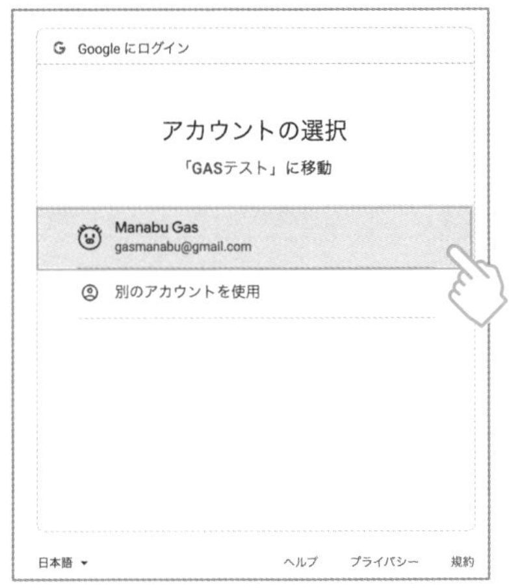

ここから、画面遷移が異なります。有償アカウントの場合は、次図は表示されません。図1-51まで進んでください。ただし、無償アカウントで作成したスクリプトを有償アカウントで実行する場合には、次図が表示されます。

③「詳細」＞「プロジェクト名（安全ではないページ）に移動」を押下

図1-50「このアプリはGoogleで確認されていません」ダイアログボックス画面

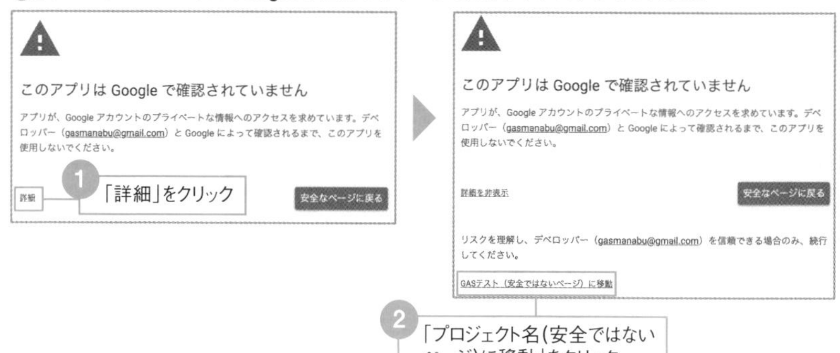

④「許可」を押下

図1-51 アクセスリクエスト画面

権限の承認手順は以上です。

実行結果

承認が完了したら、スクリプトが実行されます。スプレッドシートを開いてみると、「Hello world!」のダイアログボックスが表示されます。

図1-52 スクリプト実行結果

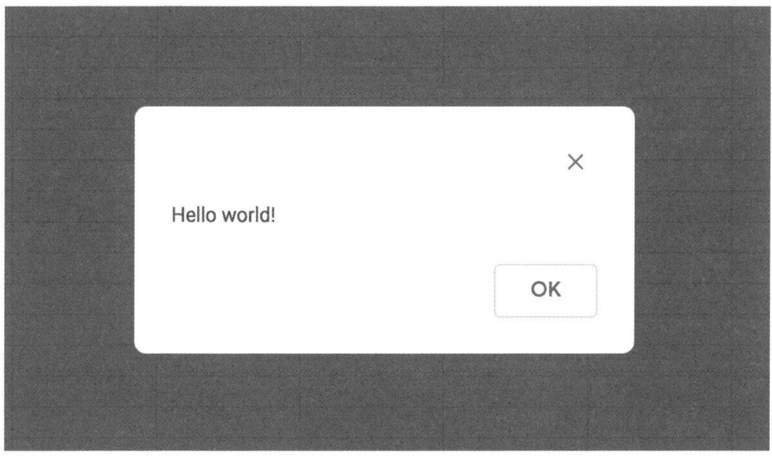

スクリプト

入力補完機能

コピペはNG

スクリプトエディタには入力補完機能があります。先ほど記述したコードの例では、スクリプトエディタに半角アルファベットで**Br**（またはbr）と記述したところで、次図のように入力候補が出てきます。

図1-53 コードの入力補完

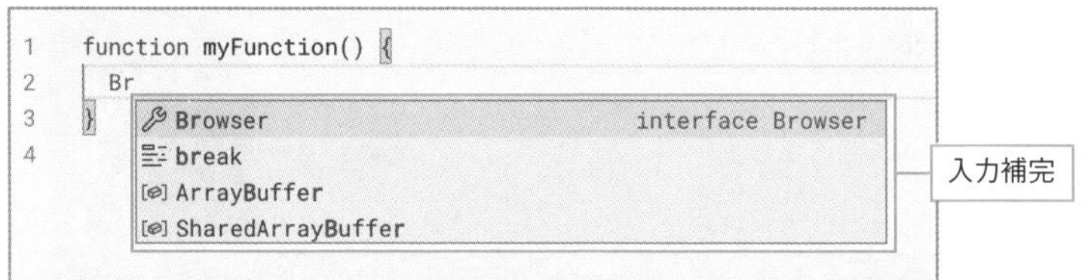

メソッドの後に半角括弧を入力すると、メソッドや引数の説明が表示されます。この入力補完機能のおかげで、メソッドの使い方を調べる手間を省くことができます。表示されている入力補完を閉じる際は、Escキーを押下します。

図1-54 メソッドや引数の説明

```
function myFunction() {

  GmailApp.sendEmail();

}
```

```
sendEmail(recipient: string, subject: string, body: string): GmailApp
comma separated list of email addresses
Sends an email message. The size of the email (including headers) is quota limited.
// The code below will send an email with the current date and time.
var now = new Date();
GmailApp.sendEmail("mike@example.com", "current time", "The time is: " + now.toString());
1/2
```

メソッドや引数の説明など

入力補完機能を使うことでスペルミスや、引数の設定ミスを各段に減らすことができます。ケアレスミスをなくすためにも、全ての文字を手入力することや、コピペをするのではなく、必ず入力補完を活用しましょう。

14 [1-14] スクリプト

ショートカットキー

開発効率向上の必須アイテム

ショートカットキーは開発効率を良くするための必須アイテムです。積極的に活用しましょう。他ソフトウェアと競合して、ショートカットキーが正常に動作しない場合は、ご自身のPC環境を確認してください。

図1-55 ショートカットキー一覧

操作内容	Windows	Mac
スクリプトファイルを保存	Ctrl+S	command+S
選択している関数の実行	Ctrl+R	command+R
元に戻す	Ctrl+Z	command+Z
やり直す	Ctrl+Y	command+Y
検索	Ctrl+F	command+F
行を下に挿入	Ctrl+Enter	command+enter
行のインデント	Tab または Ctrl+]	tab または command+]
全選択	Ctrl+A	command+A
ドキュメントのフォーマット	Shift+Alt+F	shift+option+F
行コメントの切り替え ※複数行選択可	Ctrl+/	command+/
ブロックコメントの切り替え	Shift+Alt+A	shift+option+A
行の削除	Ctrl+Shift+K	command+shift+K
行を下（上）へコピー	Shift+Alt+↓（↑）	shift+option+↓（↑）
コマンドパレット	F1	F1

※ Macでのドキュメントのフォーマットについては、入力モードが全角の場合などはフォーマットが効きません。半角英数の場合のみ有効です。

スクリプト

プロパティストア

役割

APIトークンやパスワードなど、スクリプトエディタに直接書きたくないセキュアな情報を保存管理する際に利用するのがプロパティストアです。詳細は、14章Propertiesで解説しています。

設定方法

スクリプトプロパティに限っては、次図の手順でプロジェクトの設定画面より値を定義できます。コードを記述して設定することもできます。

図1-56 プロパティストア設定画面表示手順

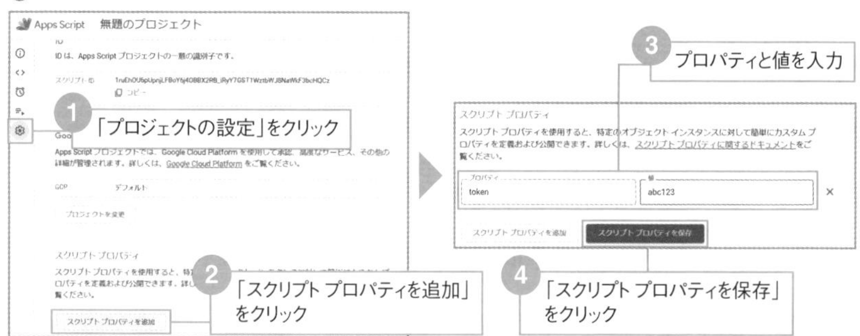

Column 2022年4月にリリースされたプロパティストアの設定画面

現在のプロパティストアの設定画面は、2022年4月13日にリリースされました。それまでは、旧エディタに戻して設定するか、またはコードを記述して設定する方法しかありませんでした。今回のプロパティストア設定画面のリリースはGASユーザーにとって嬉しいニュースとなりました。なお、現在は旧エディタを利用することはできなくなっています。

16 [1-16] デプロイ

スクリプト

役割

デプロイとは、作成したプログラムをインターネット上に公開して利用できるようにすることです。GASでデプロイを利用するシーンは、ライブラリやWebアプリを公開するときです。Webアプリとは、ブラウザ上から操作できるアプリケーションをさします。スプレッドシートやGmailなども、Webアプリです。

ここでは、かんたんなWebアプリを作成する際のデプロイの方法を解説します。

デプロイを利用するシーン

- ライブラリ公開時
- Webアプリ公開時
- 実行可能API公開時
- アドオン公開時

下準備

デプロイするコードを記述します。

①HTMLファイルの作成

スタンドアロンスクリプトからHTMLファイルを選択してください。

図1-57 HTMLファイルの選択方法

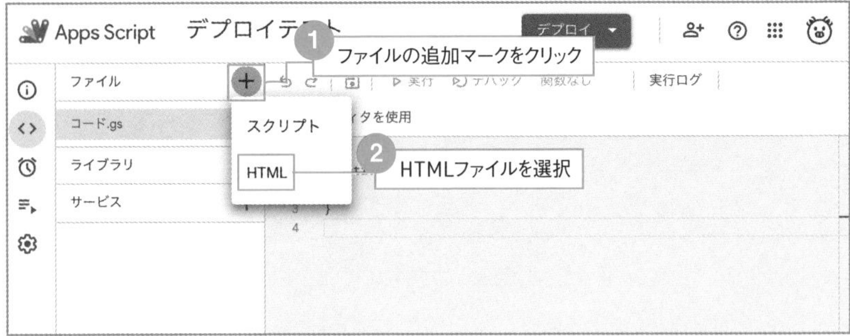

HTMLファイルが準備できたら、下記のように、<body>と</body>の間に、<h1>Hello world!</h1>を記述します。

index.html

```
<!DOCTYPE html>
<html>
  <head>
    <base target="_top">
  </head>
  <body>
    <h1>Hello world!</h1>
  </body>
</html>
```

ファイル名はindexとします。

図1-58 コードを記述したHTMLファイル

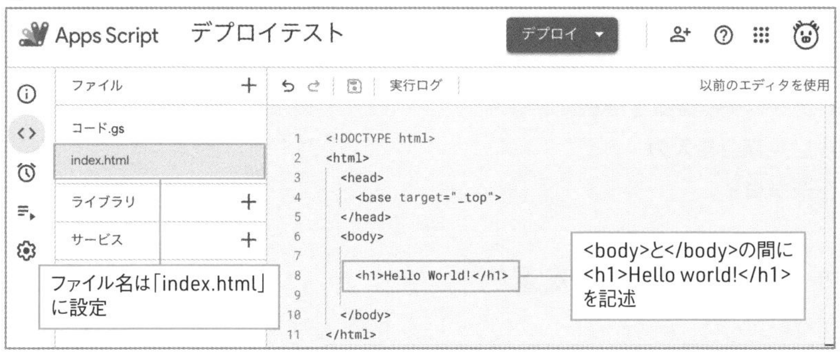

②スクリプトファイルの準備

スクリプトファイル（コード.gs）に下記のコードを記述します。doGet()は、公開したWebアプリケーションのURLにアクセスがあったときに、自動的にスクリプトを実行させるシンプルトリガーです。

1-b.gs サンプルコード

```
function doGet() {
```

```
  return HtmlService.createHtmlOutputFromFile('index');
}
```

図1-59 コードを記述したスクリプトファイル

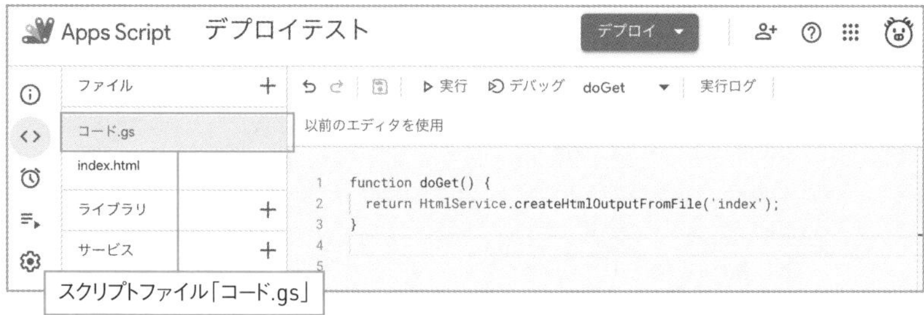

これでデプロイするコードの準備が完了しました。

実行手順

デプロイは下記の手順で実施します。

デプロイ手順

1. **デプロイの種類を選択**
2. **設定項目を入力**
3. **デプロイ**

①デプロイの種類を選択

「新しいデプロイ」から「ウェブアプリ」を選択します。

図1-60 新しいデプロイ

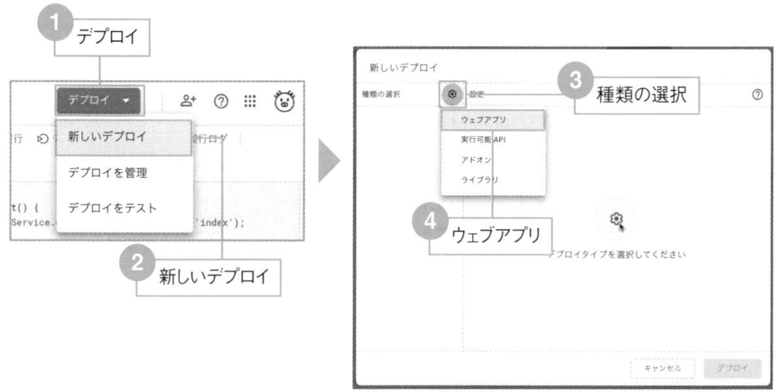

②設定項目を入力

③デプロイ

次図のように設定項目を入力し、デプロイを実行します。

図1-61 デプロイ設定画面

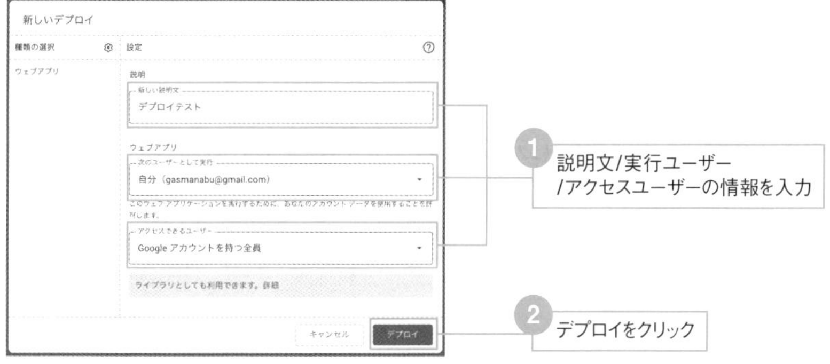

設定する項目の詳細は次表をご確認ください。

図1-62 デプロイ設定一覧

設定項目	選択肢	説明
説明文	―	デプロイする内容を記載
実行ユーザー	①自分（XXXX@gmail.com）	・アクセスするユーザーに関係なく、スクリプトはオーナーの実行になる
	②ウェブアプリケーションにアクセスしているユーザー	・アクセスするユーザー＝実行ユーザーとなる ・実行の際にユーザーは承認が必要 ・スクリプト内にオーナーのみアクセス可能なファイルなどがある場合はエラーとなるため注意が必要
アクセスできるユーザー	①自分のみ	・オーナーのみがアクセス可能
	②Googleアカウントを持つ全員	・アクセスユーザーはGoogleアカウントへのログインが必要 ・Webhookリクエストやサーバーリクエストなどのシステム的なアクセスの場合、この設定にしておくとエラーとなるため、③の設定が必要
	③全員	・世界中の誰でもアクセス可能

有償版のGoogle Workspaceを利用している場合は、アクセスできるユーザーを契約ドメイン内に限定することも可能です。

結果

デプロイすると、次図のようにバージョンと、デプロイID、URLが生成されます。

図1-63 デプロイ後画面

URLにアクセスすると、下準備したHTMLファイルの内容が表示されます。

図1-64 デプロイしたWebページ(URL遷移先)

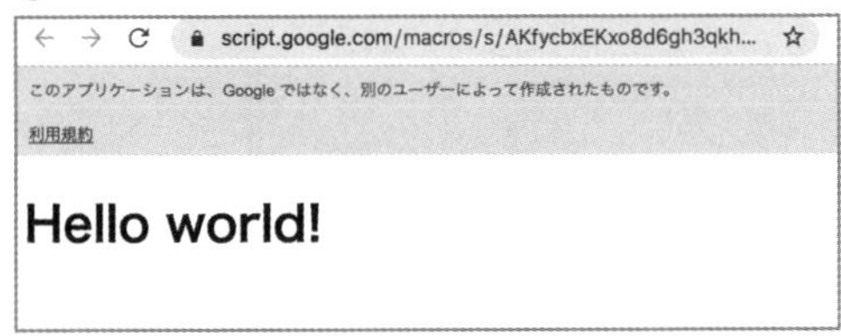

デプロイをテスト

デプロイをした後にコードを修正しテストしたい場合は、次図のように「デプロイをテスト」します。ここで発行されたURLは「dev/」で終わり、スクリプトへの編集権限を持つユーザーのみがアクセスできます。

図1-65 デプロイをテストする画面

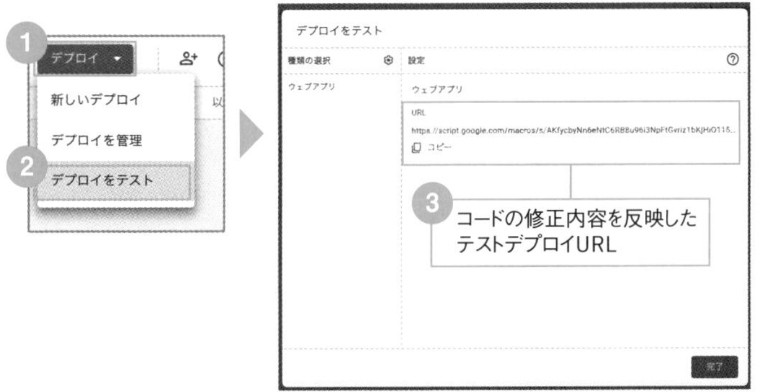

更に修正した内容をバージョン2として正式にデプロイをしたい場合は、次図のように、「デプロイを管理」からデプロイします。この方法であれば、URLが変わることはありません。「新しいデプロイ」からデプロイする方法もありますが、URLが変わるので注意が必要です。

また、「デプロイを管理」からデプロイした場合、前バージョンはアーカイブされます。完全に削除するには、現時点では旧エディタに戻して削除するしか方法はありません。

図1-66 デプロイを管理

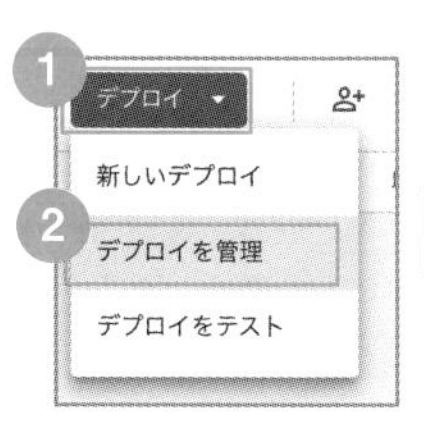

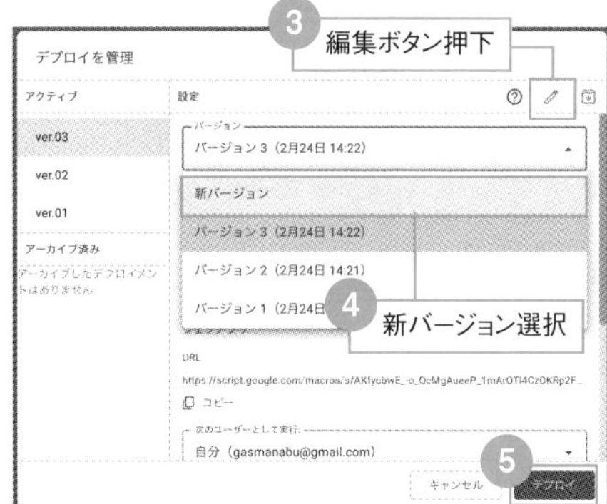

17 [1-17] ログ

実行ログ，Cloudログ

役割

ログとは一般的に、スクリプトの実行結果のことです。プログラムを完成させるまでには、ログを確認する作業を何度も繰り返します。このログを確認しながらプログラム完成させる作業が、GASおよびプログラミング上達の近道と言っても過言ではありません。

ログは、意図的に確認する変数の中身やデータ型、オブジェクト名のほかに、エラー発生時にエラーの内容を表示します。

ログで確認できること

- 変数
- データ型
- オブジェクト名
- エラー内容（エラー発生時に表示される）

2つのログ確認方法

GASのログには、**実行ログ**と**Cloudログ**があります。次表のように、確認できる画面やログ内容に一部違いがあります。

図1-67 2つのログ

種類	確認場所	表示されるログ	保持期間	利用シーン
実行ログ	スクリプトエディタ画面	エディタ画面で実行したログ	短時間	主に開発時
Cloudログ	プロジェクト実行数画面 Apps Script dashboard実行数画面 Google Cloud Platform（GCP）	すべてのログ	過去7日間分	日々の運用時

Google Cloud Platform（GCP）でログを見るためには、プロジェクトとGCPを紐づける設定が必要です。設定方法については本書では扱いません。

実行ログ

スクリプトエディタ上で「実行」を押下して表示されるのが、実行ログです。

図1-68 実行ログ画面

Cloudログ

Cloudログは、プロジェクトとApps Scriptダッシュボードの2つの画面から確認できます。

プロジェクトの実行数画面

プロジェクトのメニューの実行数から確認できます。

図1-69 各プロジェクトの実行数画面

Apps Scriptダッシュボードの実行数画面

Apps Scriptダッシュボードの実行数画面では、自身が実行したり、トリガー設定をしている複数のプロジェクトを横断してログを確認できます。

図1-70 Apps Script dashboardの実行数画面上

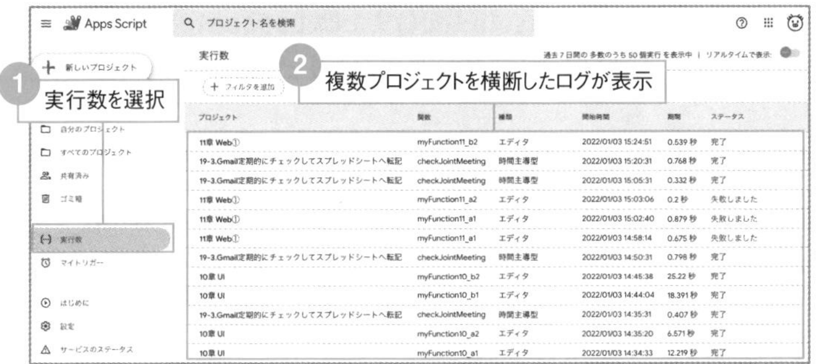

console.log()とLogger.log()

ログ

比較

ログ出力には、基本的には**console.log()**または、**Logger.log()**を使います。2つは、次表のように、一部出力される内容に差があります。

図1-71 console.log()とLogger.log()の比較表

出力内容	console.log()	Logger.log()
オブジェクト名	{オブジェクトのメソッド名羅列...}	オブジェクト名 (Sheet,Presentationなど)
整数	整数(10)	小数点第一位まで(10.0)
オブジェクト	{ name: 'Manbu', age: 30 }	{name=Manabu, age=30.0} ※順番担保なし
複数引数設定	可	不可

例文

console.log()とLogger.log()の出力結果の違いを確認してみましょう。

1-c.gs 出力結果の違い確認

```
function myFunction1_c() {
  // スプレッドシートオブジェクトの出力結果
  const ss  = SpreadsheetApp.getActiveSpreadsheet();
  console.log(ss);
  // 実行ログ:{toString: [Function],isReadable: [Function]…
……}
  Logger.log(ss);
  // 実行ログ:Spreadsheet

  // 整数の出力結果
  const num = 10;
  console.log(num); // 実行ログ:10
  Logger.log(num);  // 実行ログ:10.0

```

```
  // オブジェクトの出力結果
  const obj = { name: 'Manbu', age: 30 };
  console.log(obj); // 実行ログ：{ name: 'Manbu', age: 30 }
  Logger.log(obj);  // 実行ログ：{age=30.0, name=Manbu}

  // カンマ区切りの出力結果
  console.log('こんにちは', 'さようなら'); // 実行ログ：こんにちは さようなら
  Logger.log('こんにちは', 'さようなら');  // 実行ログ：こんにちは
}
```

解説

Spreadsheetオブジェクトの出力結果は、Logger.log()の方がわかりやすく「Spreadsheet」と表示されます。実務でオブジェクト名を確認する際は、Logger.log()を多用します。

オブジェクトの出力結果では、Logger.log()は順番が担保されません。表示順は実行毎に変わります。

複数引数設定の出力結果では、Logger.log()は1つ目の値しか表示されないため、console.log()を利用します。

19 [1-19] デバッグ

ログ

役割

デバッグとは一般的にプログラム内のバグを見つけて修復する作業のことです。デバッグ機能を使うことで、任意の箇所でコードの実行を一時停止して、変数や配列の中身など、さまざまな情報を確認することができます。ログ出力の解説では、選択した関数を実行した最終的な結果のみを表示させましたが、デバッグ機能では、一時停止した箇所までの断面的な情報を確認することができます。

また、for文などの繰り返し処理を一時停止しながら実行させることもできます。デバッグ機能は、プログラムの完成や不具合の解決に大いに役に立ちます。

デバッグ方法

スクリプトエディタ上で一時停止したい場所に「ブレークポイント」をセットして、「デバッグ」を押下します。各ブレークポイントで一時停止します。

図1-72 デバッグの実行

デバッグボタンを押下した際に出現する「デバッガ」には、ブレークポイントまでの変数の情報などが表示されます。コールスタックでは、停止しているファイル名と

行数、関数の呼び出し履歴を確認できます。

また、デバッグ実行後は、実行を再開させたり、1行1行実行することができます。呼び出す関数がなければ、ステップインもステップオーバーも同様の挙動になります。本書3章以降ではステップインを使って解説しています。

図1-73 デバッガ機能名称と動き

画面	名称	動き
	再開	デバッグの実行を再開する
	ステップオーバー	1行ずつ実行 呼び出した関数は実行しない
	ステップイン	1行ずつ実行 呼び出した関数も実行する
	ステップアウト	次のブレークポイントまで実行または、現在の関数を最後まで実行

Note

手っ取り早くすべての変数を確認したい場合は、スクリプトの最後の波括弧にブレークポイントを設置します。デバッガにスクリプト内すべての最終的な変数の値が表示されます。

トリガー

トリガー

役割

トリガーとは、スクリプトを実行する特定の条件を設定する機能です。トリガーはGASならではの機能で、指定した日時や特定の動作が起こったときにスクリプトを実行させることができる非常に便利な機能です。トリガーには大きく2つ種類があります。

2つのトリガー

シンプルトリガー	特定の関数名で設定されるトリガー
インストーラブルトリガー	画面上で設定するトリガー

次の項目で、それぞれ詳細と使い方を見ていきます。

使い分けのポイント

シンプルトリガーにはさまざまな制限が存在するため、複雑な処理のトリガーには不向きといえます。詳細は次項目を参照してください。

ただし、ファイルを開いたときに実行される`onOpen()`というシンプルトリガーはメニューバーにカスタムしたメニューを追加したいときによく活用します。このようなシンプルな処理を除いては、できる限りインストーラブルトリガーの利用を推奨します。

21 [1-21] トリガー

シンプルトリガー

種類

シンプルトリガーは6種類あります。スタンドアロンスクリプトでは動作しないものもあります。

図1-74 シンプルトリガー一覧

関数名	説明	利用可能な紐づくアプリケーション	スタンドアロンスクリプト利用
onOpen(e)	スプレッドシート、ドキュメントなどを開いたときに実行される	スプレッドシート ドキュメント フォーム スライド	×
onInstall(e)	スプレッドシート、ドキュメントなどにアドオンをインストールしたときに実行される		×
onEdit(e)	スプレッドシートの値を変更したときに実行される	スプレッドシート	×
onSelectionChange(e)	スプレッドシートでの選択場所を変更したときに実行される		×
doGet(e)	Webアプリにアクセスしたとき、または外部からHTTP GETリクエストをを受信したときに実行される	スプレッドシート ドキュメント フォーム スライド サイト	○
doPost(e)	外部からHTTP POSTリクエストを受信したときに実行される		○

※引数の(e)はイベントオブジェクトです。

利用上の注意点

シンプルトリガーでの実行には以下のような制限があります。予期せぬ挙動とならないよう、制限を理解した上で使いましょう。

- doGet/doPost以外はコンテナバインドスクリプトのみで動作する
- 紐づくアプリケーションが読み取り専用の場合は動作しない
- アプリケーションへの権限の承認は手動で追加が必要

22 [1-22] トリガー

インストーラブルトリガー

種類

インストーラブルトリガーは6種類あります。シンプルトリガーと同じく、種類によってスタンドアロンスクリプトでの利用が限定されます。

図1-75 インストーラブルトリガー一覧

トリガー	説明	利用可能アプリケーション	スタンドアロンスクリプト利用
起動時	スプレッドシート、ドキュメント、フォームの起動時に実行	スプレッドシート ドキュメント フォーム	×
編集時	スプレッドシート編集時（値変更時）に実行	スプレッドシート	×
変更時	スプレッドシート変更時（行列の挿入/削除など）に実行	スプレッドシート	×
フォーム送信時	Googleフォーム送信時に実行	スプレッドシート フォーム	×
時間主導型	指定した時刻に実行	スプレッドシート ドキュメント フォーム スライド	○
カレンダー更新時	カレンダーイベント更新時に実行		○

時間主導型の詳細

時間主導型のトリガーは、下記の内容で時間を指定します。

図1-76 時間主導型で設定できるトリガー内容

トリガーのタイプ	説明
特定の日時	特定の日時（YYYY-MM-DD HH:MM）を指定
分ベースのタイマー	1,5,10,15,30分おきに指定
時間ベースのタイマー	1,2,4,6,8,12時間おきに指定
日付ベースのタイマー	毎日実行する時間を1時間単位で指定
週ベースのタイマー	曜日と実行する時間を1時間単位で指定
月ベースのタイマー	月中1日の日付と実行する時間を1時間単位で指定

設定方法

「時間主導型で毎朝10時〜11時に実行されるトリガー」を設定してみましょう。

手順

1. トリガー設定画面を開く
2. 設定内容を入力
3. 保存

①プロジェクトからトリガー設定画面を開く

「トリガーを追加」を押下します。

図1-77 トリガー追加ボタンを押下

②設定内容を入力

実行する関数を選び、時間主導型、日付ベースのタイマー、時間を指定します。「実行するデプロイを選択」は、デプロイしたスクリプトの場合のみ利用します。通常のスクリプトの場合は、「Head」です。

エラー通知設定では、エラーが発生した場合の通知のタイミングを選べます。「今すぐ通知を受け取る」にすると、リアルタイムでエラー情報がメールで届きます。

▼図1-78 トリガー設定

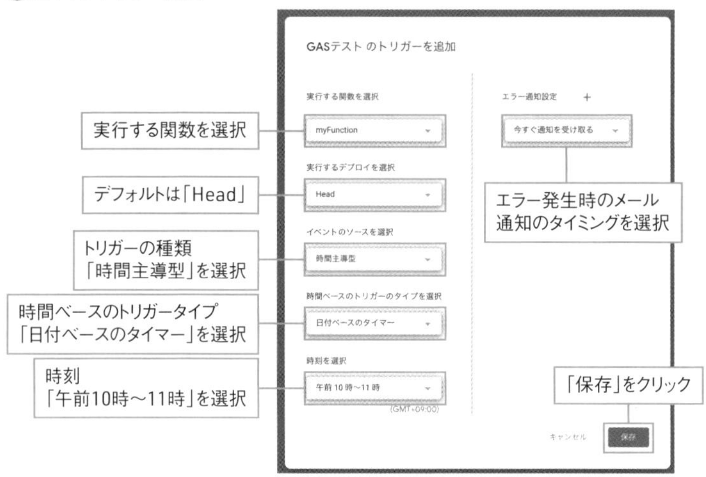

③保存

保存を押下後、トリガー一覧に作成したトリガーが表示されていれば設定完了です。これで、毎朝10時～11時の間にmyFunctionに記載した処理が自動実行されるようになります。

▼図1-79 トリガー設定完了

利用上の注意点

- トリガーを設定したアカウントで実行される
- トリガーの設定者情報は画面上で確認できない

例えば、メール送信処理をトリガーで実行した場合、トリガーを設定したアカウントから送信されます。そのため、運用時に誰がトリガー設定者になるのが良いかをしっかり考える必要があります。トリガー設定者の情報は自分以外のユーザーが設定した場合、画面上で確認できないため、コード上にコメントとして記載するか、運用資料などに残しておくことを推奨します。

23 [1-23] イベントオブジェクトの役割

トリガー

役割

イベントオブジェクトとは、シンプルトリガーまたはインストーラブルトリガーにより、関数が実行される際に取得できるデータの集合体のことです。

次図のようなイメージで、スプレッドシートの**起動時**、**編集時**、フォームの**送信時**などのイベントが発生した際にトリガーが発動し、同時にイベントオブジェクトが取得できます。イベントによって取得できるデータはさまざまです。例えば、起動時には起動したユーザー、編集時には編集前後の値やセル範囲、フォーム送信時には送信したユーザーや日時などが取得できます。

図1-80 イベントオブジェクトのイメージ

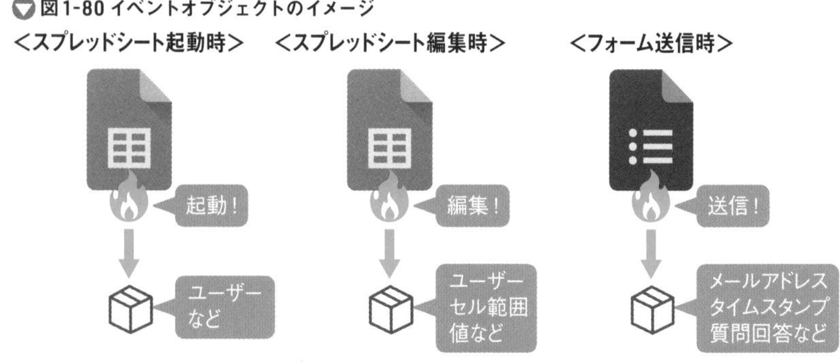

主な種類

次表はイベントオブジェクトの主なイベントとプロパティ（取得できる値）です。イベントによって、利用可能なアプリケーションが異なります。

図1-81 イベントオブジェクトと主なプロパティ一覧

イベント	アプリケーション	主な プロパティ	データ型/ オブジェクト名	説明	トリガー
起動時 (Open)	スプレッドシート ドキュメント スライド フォーム	sourse	Spreadsheetオブジェクトなど	スクリプトが紐づくサービスを表すオブジェクト	シンプルトリガー インストーラブルトリガー ※スライドはシンプルトリガーのみ対応
		user	Object	実行したユーザーのメールアドレスなど	
編集時 (Edit)	スプレッドシート	sourse	Spreadsheetオブジェクト	スクリプトが紐づくサービスを表すオブジェクト	シンプルトリガー インストーラブルトリガー
		range	Rangeオブジェクト	編集されたセル範囲を表すオブジェクト	
		oldValue	string	編集前のセル値 編集した範囲が単一セルの場合のみ使用可能	
		value	string	編集後のセル値 編集した範囲が単一セルの場合のみ使用可能	
		user	Object	実行したユーザーのメールアドレスなど	
変更時 (Change)	スプレッドシート	changeType	string	変化のタイプ (INSERT_ROW,REMOVE_COLUMNなど)	インストーラブルトリガー
		user	Object	実行したユーザーのメールアドレス	
フォーム送信時(Form submit)	スプレッドシート	namedValues	Object	フォームの質問と回答の値がkey:valueになったオブジェクト	インストーラブルトリガー
		range	Rangeオブジェクト	編集されたセル範囲を表すオブジェクト	
		values	Object[]	スプレッドシートに表示される順番と同じ値の配列	
	フォーム	source	Formオブジェクト	スクリプトが紐づくサービスを表すオブジェクト	
		response	FormResponseオブジェクト	フォームへのユーザーの応答を表したFormResponseオブジェクト	
カレンダー更新時 (Calendar event)*	スプレッドシート ドキュメント フォーム スライド	calendarId	string	イベントの更新がされたカレンダーID	インストーラブルトリガー

* カレンダー更新時のみスタンドアロンスクリプトでも利用可能です。

24 [1-24] トリガー

イベントオブジェクトの使い方

手順

スプレッドシートのコンテナバインドスクリプトに、**onEdit()**という編集時に発動されるシンプルトリガーを記述してみます。

一般的に、イベントオブジェクトの引数には、eventの**e**が使用されます。

実行手順

1. **スプレッドシートのコンテナバインドプロジェクトを準備**
2. **シンプルトリガー「onEdit()」を使った下記のコードを記述し保存**
3. **セルの値を編集**
4. **実行数画面よりログを確認**

コード記述

1-d.gs イベントオブジェクトの使い方

```
function onEdit(e) {
 Browser.msgBox(`編集前：${e.oldValue}→編集後：${e.value}`);
 console.log(e); // イベントオブジェクトのログは実行数画面より確認
}
```

イベントオブジェクト（e）からプロパティの値を取得します。編集前の値を「e.oldValue」、編集後の値を「e.value」で取得し、メッセージボックスで表示させる処理を記述します。

実行

スプレッドシートの値を編集すると、次図のように、編集前後の値がメッセージボックスに表示されます。

編集する際は、編集前後に値が存在することと、編集したセルが単一セルである必要があります。編集前の値をDeleteキーで削除する操作も編集時とみなされ、編集後の値は「undefined」が出力されます。

図1-82 実行結果

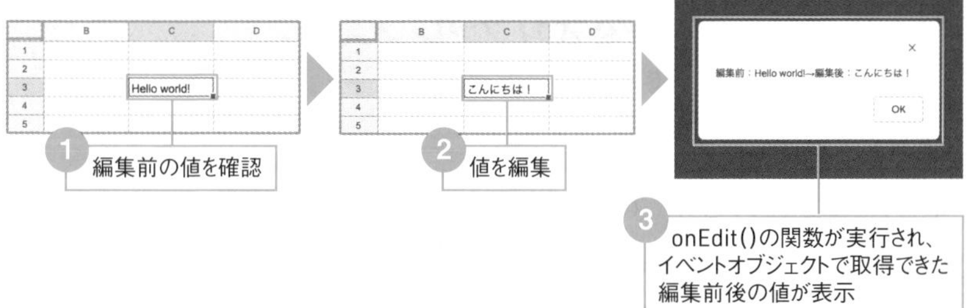

イベントオブジェクトの中身

console.log(e)で取得したイベントオブジェクトの中身を見てみましょう。編集時に実行されるため、実行ログではなく、実行数画面のCloudログを確認します。

次図がイベントオブジェクトの中身です。一部省略した内容ですが、イベントオブジェクトはその名の通りオブジェクト型で取得されます。例文1-d.gsでは、この中の「oldValue」と「value」を使っています。ドット（ . ）つなぎでオブジェクトの値を取り出す方法は「51(2-26) オブジェクトの値取得」で解説しています。。

図1-83 イベントオブジェクトの中身

```
{ authMode:
   { toString: [Function: toString],
     name: [Function: toString],
     toJSON: [Function: toString],
     ordinal: [Function: ordinal],
     compareTo: [Function: compareTo],
                    ・
                    ・        ※一部省略
                    ・
     },
  user: { email: '', nickname: '' },
  range: { columnEnd: 2, columnStart: 2, rowEnd: 3, rowStart: 3 },
  oldValue: 'Hello world!',
  value: 'こんにちは！',
  source: {} }
```

例文1-d.gsで使用した値

Note

oldValue、valueで取得できる値は、すべて文字列型です。スプレッドシート上では、数字や真偽値型（true/false）であっても、すべて文字列型で取得されます。

25 [1-25] 公式リファレンス

Google Apps Script Reference

アクセス方法

GASには多くのクラス、メソッドが用意されていますが、それらが公式にまとめられているのがGoogle Apps Script Referenceです。プロジェクト右上のサポートメニューのトレーニングから閲覧できます。

インターネット上には、ブログなどでGASの情報は多く存在しますが、公式リファレンスの情報が最新かつ正確です。リファレンスの内容を確認しながらGASを作成することでより効率良く開発を進めることができます。

図1-84 リファレンスページへのアクセス方法

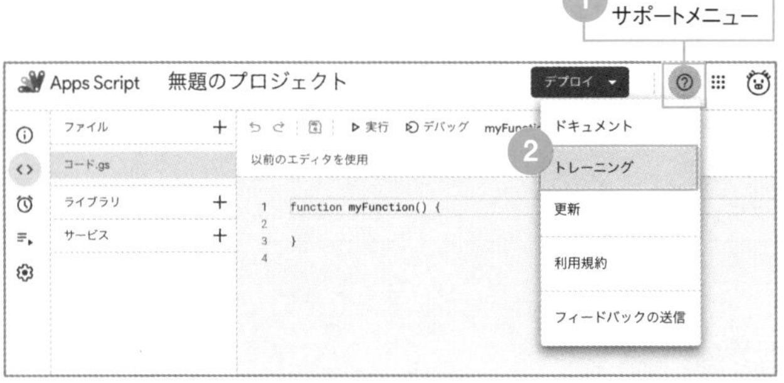

QR1-5 Google Apps Script Reference

https://developers.google.com/apps-script/reference

ページ構成

リファレンスのページ構成は次図のようになっています。次図はSpreadsheetクラスのページを表示させていますが、画面左側から各サービス/クラスを選択できます。また、検索窓にメソッド名などのキーワードを入力して調べることもできます。

図1-85 リファレンスページ：クラス概要

リファレンスは英語で書かれていますが、次図のように翻訳機能を利用して、日本語に変換して読むこともできます。ただし、左側のクラス名も翻訳されてしまったり、直訳されてしまう文章もあるため、英語表記と照らし合わせながら読むと理解が深まります。

図1-86 日本語に翻訳

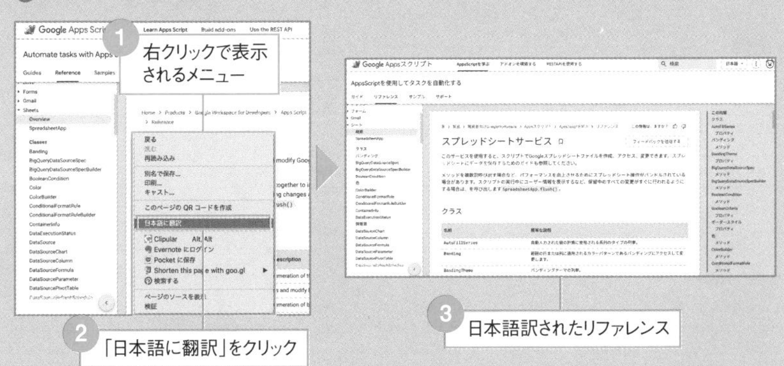

読み方

リファレンスのメソッド解説ページでは、説明文、例文、引数、戻り値を確認できます。次図はSpreadsheetクラスのcreateメソッドについて調べた例です。リファレンスの表記構造を把握しておけば、必要な情報を見つけやすくなります。

図1-87 リファレンスページ：SpreadsheetAppクラスのcreateメソッド例

引数(括弧の中)

const newSs = SpreadsheetApp.create('新規スプレッドシート');

戻り値　クラス　メソッド

2

JavaScript 基礎

本章では、GASのベースとなるJavaScriptの基礎構文を解説しています。プログラミング自体初心者の方はまずはJavaScriptを知ることから始めましょう。経験者の方は、必要な箇所のみ確認する程度で良いでしょう。

例文スクリプト確認方法

以下フォルダのスクリプトファイルとスプレッドシートをコピー作成して、例文スクリプトを確認してください。

格納先

```
SampleCode >
  02章 JavaScript 基礎 >
    2章 JavaScript 基礎（スクリプトファイル）,
    2-54.クラス活用例（スプレッドシート）
```

JavaScriptの基礎

JavaScriptの基礎知識

ECMAScript

JavaScriptとGoogle Apps Script

Google Apps Script（GAS）はJavaScriptベースのプログラミング言語です。しかし、世間一般でいわれるJavaScriptと完全に一致するわけではありません。次図のように、基本構文と組み込みオブジェクトがGASとJavaScriptの共通する部分です。本章では、共通部分である基本構文について解説します。

図2-1 JavaScriptとGAS

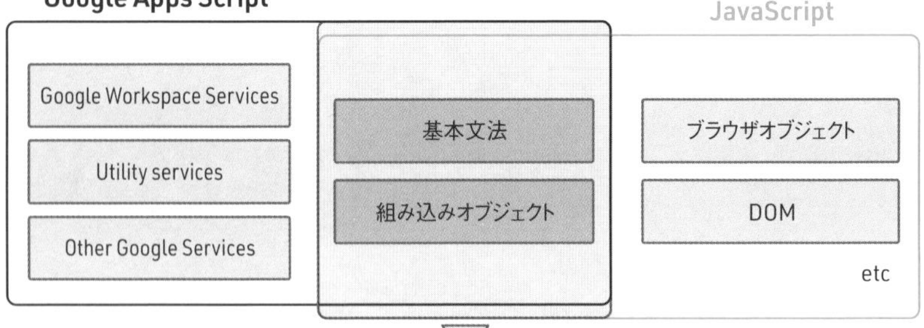

JavaScriptのブラウザオブジェクトはブラウザを操作するためのもので、DOMはHTMLやXMLを自由に操作するためのものです。GASで動きのあるWebページを作る際には、HTMLサービスを使うことがあります。

JavaScriptでできること

JavaScriptとは一般的に、Webブラウザ上で動作するプログラミング言語です。動きのあるWebページを作る際に使われます。Webページを構成する言語には他にHTMLやCSSがあります。それぞれの役割は、次図の通りです。

図2-2 Webページを構成する言語(JavaScript/HTML/CSS)の役割

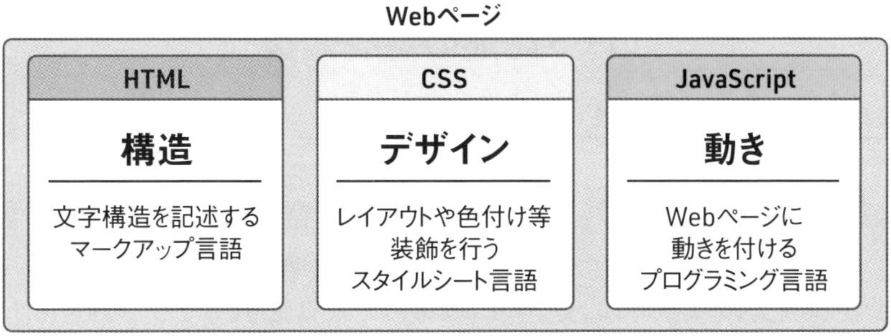

Webページ

HTML	CSS	JavaScript
構造	デザイン	動き
文字構造を記述する マークアップ言語	レイアウトや色付け等 装飾を行う スタイルシート言語	Webページに 動きを付ける プログラミング言語

バージョン

JavaScriptの言語仕様はEcma Internationalという団体により、**ECMAScript**という規格が作られています。2015年にリリースされた、**ECMAScript2015(別名ES2015/ES6)は次世代JavaScript**とよばれ、それまでにはなかった、より効率的な記述ができる構文が多く追加されました。GASは2020年2月の大規模アップデートにより、ECMAScript2015を実行させる**V8ランタイム**が実装されました。

27 [2-2]

JavaScriptの基礎

コード記述の基礎知識

関数， ステートメント， セミコロン， インデント

使用可能な文字

一般的にJavaScriptでのコード記述には、**半角英数字と一部の半角記号**を使います。全角文字は、慣例的に文字列とコメント以外では使用しません。大文字と小文字は区別されるため、ケアレスミスに注意が必要です。また、識別子には使えない文字も一部存在します。詳細は「32(2-7) 命名ルール」を参照してください。

- 大文字と小文字は区別される
- 一部識別子で利用できない文字がある

コードの記述場所

```
function 関数名() {
  // 処理を記述する場所
}
```

実行したい処理は、**関数**の中に記述します。functionで関数を宣言して、あとに続けて関数名を記述します。関数名は次の例文のように、処理の内容を表す関数名にすることが一般的に良いとされています。関数についての詳細は「67(2-42) 関数宣言」で解説しています。

2-a.gs 関数名例

```
function checkLog() {
  console.log('Hello world!');
}
```

同一プロジェクト内で関数名が重複していても、エラーにはなりません。その場合、後述した関数のみ実行されます。新しくスクリプトファイルを作成すると、関数名はデフォルトで「myFucntion」になっているため、名前を変更せずにいると、予期せず重複してしまうことがよくあります。基本的に関数名はすぐに変更しましょう。

ステートメント

1つの処理を記述した文を**ステートメント**とよびます。ステートメントの終わりには、セミコロン（；）をつけます。実際はセミコロンを省略しても、ステートメントが自動で判別され、正しく実行されることが多いですが、予期せぬエラーの原因になるため、つけ忘れないようにしましょう。

Column　セミコロン論争

JavaScriptの世界ではセミコロン（;）をつけるべきかどうかの論争があります。多くは、セミコロンをつけるべきと認識している一方で、より効率的な記述を求め、改行による自動判別があるためにつける必要はないという意見もあります。

しかし、自動判別は完璧ではなく、即時関数や配列リテラルのように、( ) または [ ] が文頭にくるようなものは自動判別の対象外となります。予期せぬエラーにつながる可能性もあるため、基本的にはセミコロンはつけておく方が無難と言えるでしょう。

例文では、const name = 'Manabu'の文末のセミコロンが抜けており、その後に即時関数を記述しています。セミコロンがないために、ManabuがFunctionと認識されてしまい、「TypeError: "Manabu" is not a function」とエラー表示されます。

column.gs セミコロン無しエラー

```
function nonSemicolon() {
  // セミコロンなしのステートメント
  const name = 'Manabu'

  // 即時関数
```

```
  (function () {
      console.log('GAS')
  })();

  // 実行ログ：TypeError: "Manbu" is not a function
}
```

インデント

インデントとはTabキーで字下げをすることです。次図のように、ブロック毎にインデントを入れて、視覚的にわかりやすく、流れを理解しやすいスクリプトにします。

また、GASのスクリプトエディタ上では、インデントを入れることで、ブロック毎に表示/非表示を切り替えることができ、効率的な開発にもつながります。

プログラミングは資料や文章と同じで、第三者が見たときに書いてある内容を理解しやすいスクリプトにすることがとても重要です。

図2-3 インデント有無比較

<インデント有り>

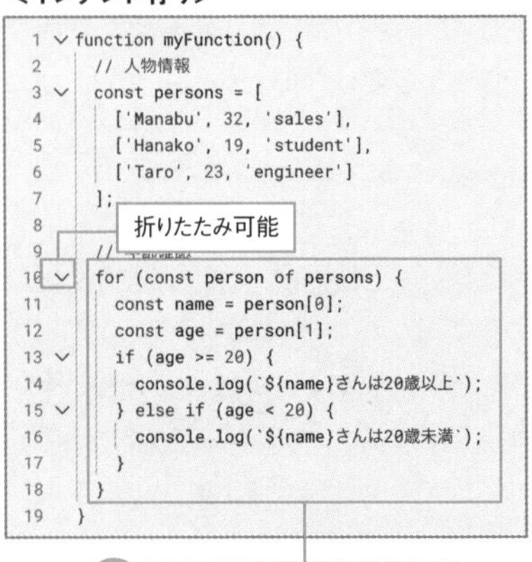

<インデント無し>

```
function myFunction() {
// 人物情報
const persons = [
['Manabu', 32, 'sales'],
['Hanako', 19, 'student'],
['Taro', 23, 'engineer']
];

// 年齢確認
for (const person of persons) {
const name = person[0];
const age = person[1];
if (age >= 20) {
console.log(`${name}さんは20歳以上`);
} else if (age < 20) {
console.log(`${name}さんは20歳未満`);
}
}
}
```

× 処理ブロックがわかりづらい

Note

インデントを揃えるショートカットキーはShift＋Alt＋F、またはshift＋option＋Fです。

28
[2-3]

JavaScriptの基礎

コメント

コメントアウト， ドキュメンテーションコメント， JSDoc

3つの表記方法

コメントは、スクリプト内に記述できるメモ書きです。開発中のメモ書きや、コードの内容がわかるようにメモを残します。また、一時的に実行させたくないコードを無効化する用途でもよく活用します。**コメントアウト**ともよばれます。

次表のように、コメントの表記方法は3つあり、それぞれ決まった用途があります。

図2-4 コメントの表記方法一覧

表記方法	用途	対応行数	ショートカットキー
//	メモ書き コードの無効化	1行	(Win) Ctrl + / (Mac) command + /
/* */で囲う	メモ書き コードの無効化	1行～複数行	(Win) Shift + Alt + A (Mac) shift + option + A
/** */で囲う	ドキュメンテーション コメント	複数行	なし

例文「//」

2-a.gs コメントと無効化

```
function myFunction2_a1() {
  // Hello world!の文字列をログに出力
  console.log('Hello world!');

  // const name    = 'Manabu';
  // const comment = 'コードの無効化';
  // const example = '例';
}
```

解説

複数行にわたるコードを無効化したい場合は、複数行を選択したうえで、ショートカットキー Ctrl + /、または command + / を使います。

例文「/* */」

2-a.gs 複数行と行中コメント

```
function myFunction2_a2() {
  /*
  複数行の
  コメント
  */
  console.log(/*` Hello!`*/ ); // 実行ログは空
}
```

解説

複数行にわたるコメントは、「/* */」で囲います。文中に挿入することも可能です。

ドキュメンテーションコメント

ドキュメンテーションコメントとは、関数の冒頭につける説明文です。ドキュメンテーションコメントで、次表のJSDocで指定されているタグを利用すると、入力補完の詳細説明が表示されます。

図2-5 タグ一覧

タグ	内容	書き方
@param	引数	{データ型}仮引数名 - 説明
@return	戻り値	{データ型}説明
@customfunction	スプレッドシートのカスタム関数として使う (スプレッドシートのコンテナバインドのときのみ)	

引数や戻り値のデータ型は次表のように記述します。

図2-6 主なデータ型表記方法

データ型	表記方法
数値	{number}
文字列	{string}
真偽値	{boolean}
配列	{Object[]}

オブジェクト	{Object}
Spreadsheetオブジェクト	{SpreadsheetApp.Spreadsheet}
Sheetオブジェクト	{SpreadsheetApp.Sheet}

JSDocとは、JavaScriptのコードに注釈をつけるために使われるマークアップ言語です。図2-5のように、GASで利用できるJSDocは3つに限られます。

例文

2-a.gs ドキュメンテーションコメント例

```
/**
 * 金額、税率、通貨単位をcalculate_()へ渡して、税込価格算出結果を表示
 */
function priceInfo() {
  // 各種情報
  const price    = 100;
  const taxRate  = 0.1;
  const currency = '円';

  // 計算結果
  const result = calculate_(price, taxRate, currency);
  console.log(result);
}

/**
 * 引数の値で税込金額を算出
 * @param {number} price - 金額
 * @param {number} taxRate - 税率
 * @param {string} currency - 通貨単位
 * @return {string} 税込金額
 */
function calculate_(price, taxRate, currency) {
  // 税込金額計算
  const sum = Math.floor(price + (taxRate * price));
```

```
  const result = sum + currency;
  return result;
}
```

解説

priceInfo()の関数から、calculate_()を呼び出して、税込価格を計算します。それぞれドキュメンテーションコメントで、処理内容の説明文や引数情報などを記述しています。

JSDoc指定のタグで入力した引数や戻り値の情報は次図のように、入力候補として表示されます。効率的な開発につながりますので、活用しましょう。

図2-7 入力補完

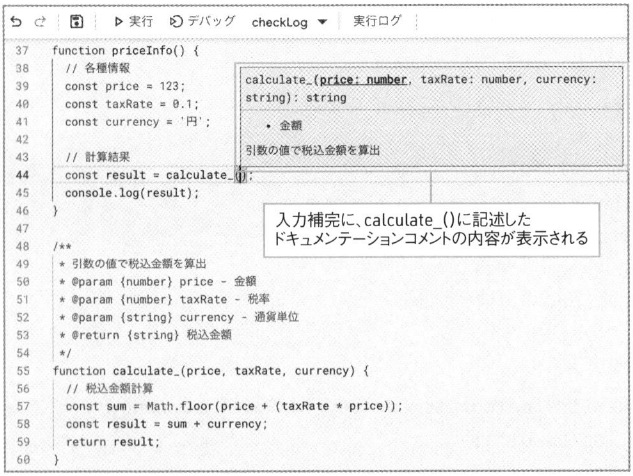

実行　デバッグ　checkLog　実行ログ

```
function priceInfo() {
  // 各種情報
  const price = 123;
  const taxRate = 0.1;
  const currency = '円';

  // 計算結果
  const result = calculate_();
  console.log(result);
}

/**
 * 引数の値で税込金額を算出
 * @param {number} price - 金額
 * @param {number} taxRate - 税率
 * @param {string} currency - 通貨単位
 * @return {string} 税込金額
 */
function calculate_(price, taxRate, currency) {
  // 税込金額計算
  const sum = Math.floor(price + (taxRate * price));
  const result = sum + currency;
  return result;
}
```

calculate_(**price: number**, taxRate: number, currency: string): string

- 金額

引数の値で税込金額を算出

入力補完に、calculate_()に記述した
ドキュメンテーションコメントの内容が表示される

Column ドキュメンテーションコメントに残すと役立つ情報

管理や引き継ぎがされていないスクリプトがあると、数年運用して突然何かのエラーが発生した際に、関連資料もなく誰に聞けばいいのかもわからず、途方に暮れる……といった状況を見かけます。そんなときに役に立つのが、ドキュメンテーションコメントです。誰がいつメンテナンスしたのか、トリガー設定者は誰か、スクリプトに関連するドキュメントは残っているのか、などの情報が助けてくれます。

下記の項目は、一例ですが、プロジェクトやチームの中で、統一した項目を使うと良いでしょう。ドキュメンテーションコメントは、メイン処理の関数の冒頭に記述することを推奨します。

作成日	スクリプトが完成した日
最終更新日	メンテナンスをした最終更新日
作成者	作成 / メンテナンスをした人
トリガー	トリガー設定情報
設定者	トリガー設定者
URL	フロー図などが記載されたドキュメントURL
備考	申し送り事項

変数・定数

変数と定数

概要

変数/定数とは、値を入れておく箱のようなものです。箱に名前をつけて、数値、文字列などの値を格納して、スクリプト上で利用します。例えば、「123456789」という値を同一スクリプト内で利用するたびに「123456789」と記述するのは大変です。次図のように、「number」という名前をつけた変数に入れると、「123456789」の代わりに「number」を使うことができるようになります。

図2-8 変数/定数のイメージ

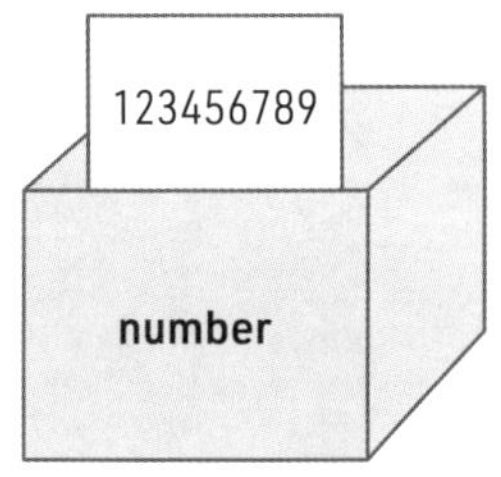

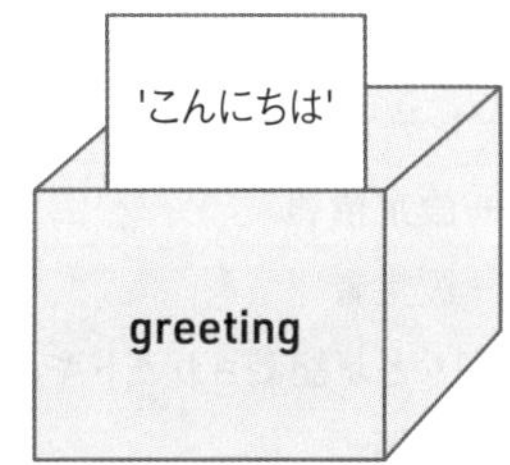

変数と定数の違いは、箱の中身の値が変更可能かどうかです。変数は変更できますが、定数は変更できません。

変数と定数の違い

変数	一度代入した値を後から変更できる
定数	一度代入した値は変更できない

一般的に、文献などでは定数も含めて変数と表現されることが多くあります。本書でも、厳密に区別すべき場合を除いては、総称して変数と記載しています。

宣言

```
var 変数名 = 値
let 変数名 = 値
const 定数名 = 値
```


変数はlet、var、定数はconstで宣言します。定義した名前を、変数名/定数名とよびます。代入演算子（ = ）で、宣言した変数/定数に値を代入します。前図のイメージをコードで記述すると、次図のようになります。

図2-9 変数/定数宣言

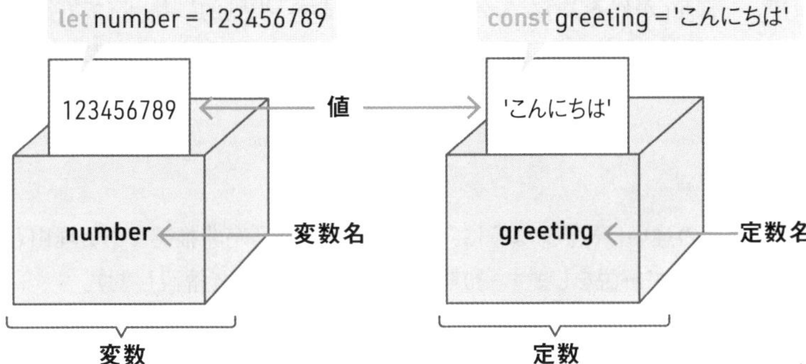

変数・定数

var/let/const

利用優先順位

1. **基本はconstで宣言**
2. **値が再代入される場合のみletで宣言**
3. **非推奨のためvarは利用しない**

const/letはES6から使えるようになった宣言文です。現在varの利用は非推奨のため、const/letを利用します。上記の優先順位で記述すると、結果的に大部分がconstで、一部letが残るようなスクリプトになります。視覚的にも、letで宣言されている変数の値のみ変更されると理解することができ、可読性の向上につながります。

比較

var/let/constの違いは次表のように、4つあります。varが非推奨である理由も含め、各項目について解説をします。初期値に関してはコラムで解説します。

図2-10 var/let/constの違い

	再宣言	再代入	スコープ	初期値
var	○	○	関数スコープ	undefined
let	×	○	ブロックスコープ	×
const	×	×	ブロックスコープ	×

Column ホイスティング・宣言の巻き上げ

varで変数宣言をすると、常に関数の冒頭で宣言されたものとみなされる現象が発生します。この現象のことを**ホイスティング**、または**宣言の巻き上げ**とよびます。

次の例文のように、ホイスティングにより、varで宣言する前であっても変数の値を出力することができます。宣言前に取得できる値はundefinedです。一方、letやconstはホイスティングが起こらないため、宣言前にログ出力をしようとするとエラーになります。

意図しないホイスティングは、予期せぬエラーにつながる可能性があります。ホイスティングは、varの利用が非推奨になっている理由の1つです。

column.gs ホイスティング

```
function hoisting() {
  console.log(a); // 実行ログ：undefined
  console.log(b); // 実行ログ：エラー
  console.log(c); // 実行ログ：エラー

  var a   = 1;
  const b = 2;
  let c   = 3;

  console.log(a); // 実行ログ：1
  console.log(b); // 実行ログ：2
  console.log(c); // 実行ログ：3
}
```

再宣言

再宣言とは、一度宣言した変数を改めて宣言することです。varのみ再宣言ができます。

2-b.gs 再宣言

```
function myFunction2_b1() {
  var num = 10;
  console.log(num); // 実行ログ：10
  var num = 20;
  console.log(num);  // 実行ログ：20
}
```

varで宣言したnumを再宣言すると、エラーが出ることなく値が変わっていることがわかります。letやconstで再宣言を記述すると、保存時にエラーになります。

意図しない再宣言により、値が変わってしまい、予期せぬバグやエラーが発生する可能性が非常に高くなります。再宣言可能なことは、varの利用が非推奨となっている理由の1つです。

再代入

再代入とは、一度代入した値を変更することです。var/letで宣言する変数は、再代入が可能です。

2-b.gs 再代入

```
function myFunction2_b2() {
  let num = 10;
  console.log(num);  // 実行ログ：10
  num = 20;
  console.log(num);  // 実行ログ：20

  const num1 = 10;
  console.log(num1);  // 実行ログ：10
  num1 = 20;
  console.log(num1);  // 実行エラー
}
```

letでの変数宣言後、別の値を再代入すると、エラーが出ることなく値が変わります。varでも同様の挙動となります。constは定数で再代入はできないため、実行時にエラーが発生します。

31 [2-6] スコープ

変数・定数

概要

スコープとは、変数が参照できる範囲のことです。GASで扱うスコープの種類は4つあります。大きくはグローバルスコープとローカルスコープの2つのカテゴリに分けられます。

図2-11 スコープの種類

カテゴリ	スコープ	概要
グローバルスコープ	グローバルスコープ	・どの関数にも属さない領域 ・グローバル領域で宣言した変数をグローバル変数という ・グローバル変数はプログラム全体のどこからでもアクセスできる
	スクリプトスコープ	・どの関数にも属さない領域 ・let/constで宣言したグローバル変数の呼び出し有効範囲 ・通常の利用ではほとんど違いがないためグローバルスコープと同じと考えて良い
ローカルスコープ	関数スコープ	・functionで宣言する関数毎に作られるスコープ ・関数内で宣言した変数をローカル変数という ・関数内で宣言したローカル変数はその関数内でのみアクセス可能 ・varと仮引数が関数スコープを持つ
	ブロックスコープ	・{}で区切られたスコープ ・ブロック内で宣言した変数もローカル変数という ・ブロック内で宣言したローカル変数はブロック内でのみアクセス可能 ・letとconstがブロックスコープを持つ

スクリプト上でのそれぞれのスコープの場所は次図の通りです。

図2-12 スコープの場所

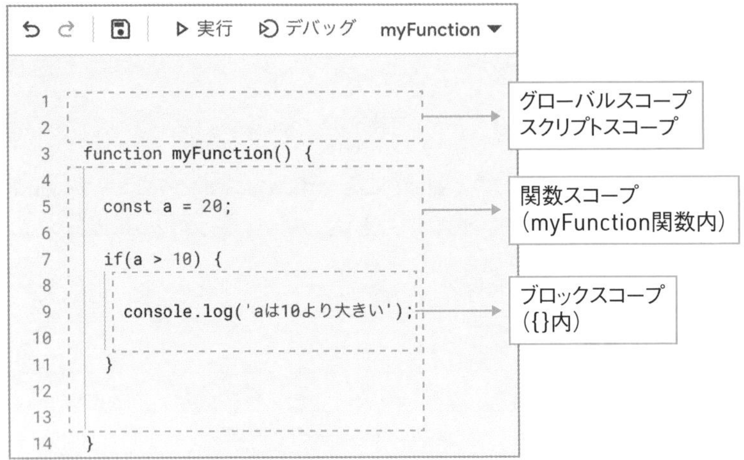

ブロックスコープはES6から新しく追加されました。それまではローカルスコープは関数スコープだったため ローカルスコープ=関数スコープ として解説している文献が多くあります。現在はローカルスコープには、関数スコープとブロックスコープの2種類あるということを認識しておきましょう。

例文

2-c.gs スコープの検証

```
function myFunction2_c() {
  {
    // ブロックスコープ
    var a   = 100;
    let b   = 200;
    const c = 300;
    console.log(a); // 実行ログ：100
    console.log(b); // 実行ログ：200
    console.log(c); // 実行ログ：300
  }
  // 関数スコープ
```

```
console.log(a); // 実行ログ：100
console.log(b); // 実行ログ：エラー
console.log(c); // 実行ログ：エラー
}
```

解説

ブロック内外から変数を呼び出した際の挙動です。

varは関数スコープを持つため、ブロックスコープで宣言した変数をブロック外から呼び出すことができます。一方、let/constはブロック外での呼び出し時にエラーになります。これは、let/constはブロックスコープを持ち、変数の有効範囲はブロック内のみだからです。

役割

スコープには、主に2つの役割があります。どちらもスコープの範囲が狭い方が良いとされています。

① **変数名の競合回避**

スコープの範囲が狭い方が、変数名の競合の可能性が低くなります。

② **不要なメモリーの消費回避**

変数宣言をしたと同時に割り当てられるメモリーは、値を使用する際に消費されます。変数が不要になった際に自動でメモリーを解放する**ガベージコレクション**という仕組みです。スコープの範囲が狭いほど、ガベージコレクションが行われるため、メモリーの消費が少なくて済みます。
例えば、全ての変数をグローバルスコープで宣言してしまうと、メモリーが消費され続け、結果的に処理速度の遅延につながります。

グローバル領域利用の注意点

関数外（グローバル領域）で変数宣言すると、グローバル変数になります。グローバル変数は、どの関数からも参照することができるため、参照先の管理が煩雑になります。こういった理由から、大規模なWebアプリ開発などでは、グローバル変数の利用を避けるべきというのが一般的です。

ただし、GASはコードが数十から数百行の小中規模の開発が多いため、影響が限られるケースも多いです。グローバル変数の利用は規模に応じて検討しましょう。本書では、グローバル変数を使うメリットも考慮して、最低限のものだけ利用しています。

スコープ確認方法

変数が属するスコープの確認には、デバッグ機能を利用します。グローバルスコープとスクリプトスコープについては、実行している関数だけでなく、プロジェクトに存在するすべてのスクリプトファイルを参照します。

図2-13 スクリプト上でのスコープ確認

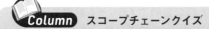

Column スコープチェーンクイズ

【問題】

次の例文のスクリプトのfn2()の実行結果は何になるでしょうか？

【ヒント】

ヒント① スコープのたどる順番が関係します。

ヒント② 最終的にグローバルスコープまで探す際には、スクリプトスコープ⇒グローバルスコープの順番でたどります。

column.gs スコープチェーン

```
let a = 2; // スクリプトスコープ
globalThis.a = 1; // グローバルスコープ
function fn1() {
```

```
  function fn2() {
    console.log(a);
  }
  fn2();  // fn2()の実行結果は・・?
}
```

【解説】

スコープチェーンとは、スコープが複数階層で連なっている状態です。スコープチェーンになっているスクリプト内で変数の値を探す際には、次図のように内側のスコープから外側のスコープへ順番に探します。

変数aの値は、fn2()内⇒fn1()内⇒スクリプトスコープ⇒グローバルスコープという順番で探されます。よって、スクリプトスコープで最初に見つかった値である「2」が答えです。

また、通常varで宣言するとグローバルスコープの変数になりますが、今回は変数名の重複エラー回避のため、globalThisというグローバルプロパティを利用しています。これを使うことでグローバル変数に設定できます。

図2-14スコープチェーン

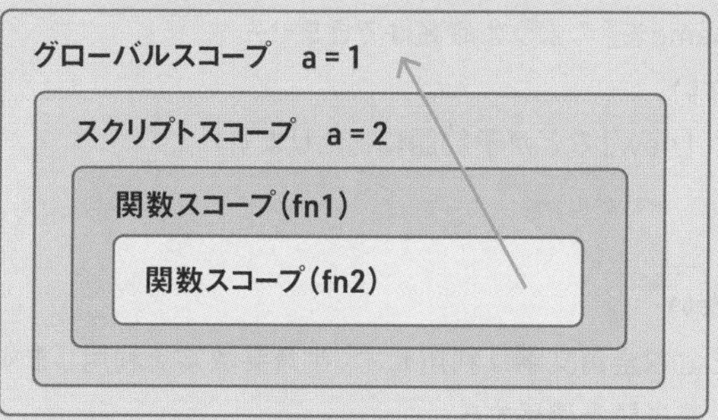

内側のスコープから外側のスコープへ順番にたどる

【答え】

fn2()の実行結果は「2」です。

32
[2-7]

変数・定数

命名ルール

識別子，予約語

命名時の注意点

変数、関数、プロパティに付ける名前のことを**識別子**とよびます。識別子の命名時には、守らなければエラーが発生する注意点と、可読性を上げるための守るべき慣例が存在します。

注意点

① **大文字と小文字は区別される**
（例）「name」と「Name」は別の識別子として扱います

② **先頭文字を数字にすることはできない**
（例）「1name」のような命名はできません

③ **使える記号はアンダースコア（_）、ドル記号（$）のみ**
（例）「name#」「name%」のような命名はできません

④ **予約語は使用できない**
（例）「const」「if」「new」などが予約語にあたります

慣例

① **全角文字は利用しない**
ひらがなカタカナを含む全角文字は利用せず、半角英数字を利用します

② **日本語は使用せず、英単語を使用する**
（例）suujiではなくnumberのように英単語を使います

③ **値の内容や役割がわかるように命名する**
（例）a1やxxxのようなそれだけでは値の内容が判別できない文字の並びは使用しません

④ **キャメルケース、パスカルケース、アッパースネークケースの記法を使い分ける**
詳細は後述の「3つの記法」を参照してください

予約語

予約語とは、ECMAScriptにより定義されている、特別な意味を持つキーワードです。例えば、宣言文の「const」や条件分岐で使う「if」などが予約語にあたります。予約語は識別子として使用できません。

次表に現在の予約語の一覧をまとめていますが、将来予約語になる可能性のあるキーワードも存在します。

図2-15 現在の予約語一覧

break	case	catch	class	const	continue	debugger
default	delete	do	else	export	extends	finally
for	function	if	import	in	instanceof	new
return	super	switch	this	throw	try	typeof
var	void	while	with	enum	implements*	interface*
let*	package*	private*	protected*	public*	static*	yield*

上記予約語一覧はMDNの情報を参照しています。一部、GASでの挙動とは異なることがあります。
* はstrictモードの場合のみ予約語となる

Column strictモード

strictモードとは、コードのエラーチェックをより厳しく行うことができる仕組みです。設定方法はスクリプト内に'use strict';と記述するだけです。プロジェクト全体に適応したい場合にはグローバルスコープに、関数のみに適用したい場合は、関数内の先頭に記述します。

strictモードにすることで、バグの早期発見につながったり、より最適化された記述になるため、処理速度も上がるといわれます。また、将来予約語になるキーワードは、strictモードのときのみ予約語として認識されます。処理速度が気になる場合や、今後何年も運用するようなスクリプトについてはstrictモードにしておくと良いでしょう。

次の例文は、interfaceがstrictモードの場合のみ予約語となるため、保存時にエラーが発生します。

column.gs strictモード

```
// 'use strict'; // プロジェクト全体に設定
function useStrict() {
  'use strict'; // 関数内に設定
  const interface = 'strictモードの場合のみ予約語になる';
  console.log(interface); // 保存時エラー発生
}
```

3つの記法

識別子命名の3つの記法は次表の通り、識別子によって使い分ける慣例がありますが、絶対守らなければならないというわけではありません。重要なのは、統一した記法を使い、視覚的に読みやすいスクリプトにすることです。

次表は、3つの記法を「user」と「name」を組み合わせた複合語の例で解説しています。

図2-16 識別子の命名記法一覧

記法	例	説明	使用対象識別子
キャメルケース	userName	2単語目以降の頭文字のみ大文字にする記法。 大文字部分がラクダのこぶのように見えることが名前の由来。	・関数名 ・関数内の変数名 ・定数名
パスカルケース	UserName	キャメルケースの最初の単語も大文字にする記法。 プログラミング言語のPascalで使用されていたことが名前の由来。	・クラス名
アッパースネークケース	USER_NAME	全てを大文字で、単語をアンダースコア（_）で連結する記法。 小文字で記述する記法は、スネークケースとよばれる。 アンダースコアで繋がっている様子がへびのように見えることが名前の由来。	・グローバル定数名 ・プロパティストアのキー

33
[2-8]

データ型

データ型の種類

PART 1

概要

データ型とは、データの種類のことです。例えば、人が計算をするときは数字を、文章を書くときは文字を使うように、プログラミング言語も、数字を「数値型」、文字を「文字列型」などと分類します。データ型はプログラミングの基礎であり、非常に重要です。

2

種類

次表はGASで扱う主なデータ型です。

図2-17 データ型一覧

型（英名）	説明	例	typeof	種別
文字列型 (String)	文字列	'Hello'：シングルクォーテーション利用 "Hello"：ダブルクォーテーション利用 `Hello`：バッククォート利用	string	プリミティブ型
数値型 (Number)	整数、小数値	12345 1.5	number	プリミティブ型
真偽値型 (Boolean)	true、false	TRUE FALSE	boolean	プリミティブ型
undefined (Undefined)	値が未定義なことを表す特殊な値	undefined	undefined	プリミティブ型
null (Null)	値が存在しないことを表す特殊な値	null	object	プリミティブ型
長整数型 (BigInt)	任意精度演算で表現される整数数値型の一種	BigInt(9007199254740991) 9007199254740991n 2つ目の記法はGASでは利用できません	bigint	プリミティブ型
シンボル型 (Symbol)	一意の値	Symbol('Hello')	symbol	プリミティブ型
配列型 (Array)	インデックスをキーとするデータの集合	[1,2,3,4,5] ['Hello','こんにちは','Bonjour']	object	オブジェクト型
オブジェクト型 (Object)	プロパティをキーとするデータの集合	{name:'Tom', greeting:'Hello', age:20}	object	オブジェクト型

データ型確認方法

次の構文で、データ型を確認できます。属するスコープの確認には次の例文のように、配列はオブジェクトの一種のため、objectと出力されます。

```
console.log(typeof 値)
```

例文

2-d.gs typeof

```
function myFunction2_d1() {
  // 文字列型
  const greeting = 'Hello';
  console.log(typeof greeting); // 実行ログ:string

  // 数値型
  const num = 10;
  console.log(typeof num); // 実行ログ:number

  // 真偽値型
  const judge = true;
  console.log(typeof judge); // 実行ログ:boolean

  // 配列型
  const array = [1, 2, 3, 4, 5];
  console.log(typeof array); // 実行ログ:object
}
```

プリミティブ型とオブジェクト型

ミュータブル， イミュータブル

前提

9つのデータ型は、大きく**プリミティブ型**と**オブジェクト型**に分類されます。2つの違いは、データが不変性か可変性かという点です。プリミティブ型のデータは不変という意味の**イミュータブル**、オブジェクト型は可変という意味の**ミュータブル**といわれます。2つの違いを理解するにあたり、前提となる変数の値の持ち方について確認しましょう。

変数宣言を行うと、次図のように、メモリー空間に値を格納するためのアドレス（領域）が割り当てられます。変数の値は、アドレスの参照値となります。

図2-18 変数の値の持ち方

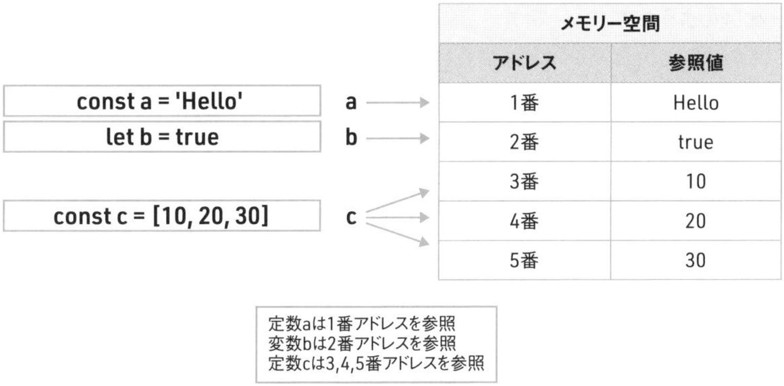

宣言	変数	アドレス	参照値
const a = 'Hello'	a →	1番	Hello
let b = true	b →	2番	true
const c = [10, 20, 30]	c →	3番	10
		4番	20
		5番	30

（メモリー空間）

定数aは1番アドレスを参照
変数bは2番アドレスを参照
定数cは3,4,5番アドレスを参照

プリミティブ型の特徴

- 文字列型、数値型、真偽型、undefined、null、長整数型、シンボル型がプリミティブ型
- メソッドを持たないデータ型
- メモリー空間で保持する値は変更不可
  ※変数の再代入のことではない

上記の特徴から、プリミティブ型はイミュータブル（不変）といわれます。

例文

2-d.gs プリミティブ型

```
function myFunction2_d2() {
  const a = 10;
  // 変数aを変数bにコピー
  let b = a;
  // bに20を再代入
  b = 20;
  console.log(a); // 実行ログ：10
  console.log(b); // 実行ログ：20
}
```

解説

定数aをコピーした変数bに値の再代入を行った結果、コピー元の定数aの値には変化がありません。これが、イミュータブル（不変）の特徴です。この結果となる理由は、コピーした変数bの参照値のみに再代入が行われるからです。例文の動きは、次図のようなイメージです。

図2-19 例文図解

1 変数コピー

bに参照値＋アドレスが
割り当てられる

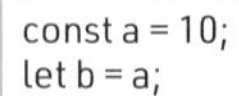

	メモリー空間	
	アドレス	参照値
a →	1番	10
b →	2番	10

2 再代入

bの参照値のみ再代入が
行われる

b = 20;

	メモリー空間	
	アドレス	参照値
a →	1番	10
b →	2番	20

★ 結果

コピー元である
変数aの値は変化しない

再代入ができないconstは、言い換えると、参照先の変更が禁止されているということです。一方、再代入ができるletは、参照先の変更が可能ということになります。

オブジェクト型の特徴

- プリミティブ型以外のデータ型（主に配列型とオブジェクト型）が該当
- 格納後の値変更可能

上記の特徴から、オブジェクト型はミュータブル（可変）といわれます。

例文

2-d.gs オブジェクト型

```
function myFunction2_d3() {
  const a = [10, 20, 30];
  // 定数aを定数bにコピー
  const b = a;
  // 10の値を500に変更
  b[0] = 500;
  console.log(a); // 実行ログ：[ 500, 20, 30 ]
  console.log(b); // 実行ログ：[ 500, 20, 30 ]
}
```

解説

定数aをコピーした定数bの配列の要素を変更した結果、コピー元の定数aの値も変化します。これが、ミュータブル（可変）の特徴です。この結果となる理由は、コピーした定数bにはaの参照が共有され、共有している参照値が変更されるからです。例文の動きは、次図のようなイメージです。

図2-20 例文図解

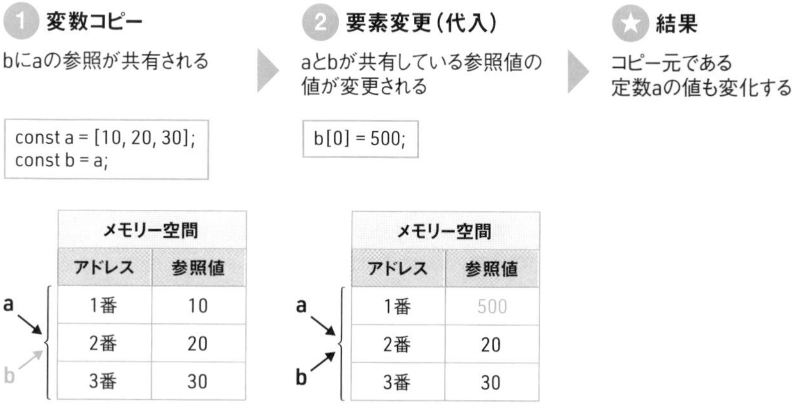

1 変数コピー

bにaの参照が共有される

```
const a = [10, 20, 30];
const b = a;
```

a → / b →

メモリー空間	
アドレス	参照値
1番	10
2番	20
3番	30

2 要素変更（代入）

aとbが共有している参照値の値が変更される

```
b[0] = 500;
```

a → / b →

メモリー空間	
アドレス	参照値
1番	500
2番	20
3番	30

★ 結果

コピー元である
定数aの値も変化する

役割

この仕組みにより、メモリーの消費軽減ができ、処理速度の向上につながったり、バグの発生抑止になります。配列やオブジェクトをコピーして記述するような場合にはオブジェクト型の特性を理解しておく必要があります。

35
[2-10]

データ型

データ型の変換

暗黙的な型変換，組み込み関数，ラッパーオブジェクト

暗黙的な型変換

型変換とは、データ型を別のデータ型に変換することです。暗黙的な型変換とは、型変換が自動的に行われることです。変数が使われる状況によって、暗黙的な型変換は発生します。

例文

2-d.gs 暗黙的な型変換

```
function myFunction2_d4() {
  // Case1：文字列型 + 数値型 = 文字列型
  const a = '1' + 0;
  console.log(a); // 実行ログ：10
  console.log(typeof a); // 実行ログ：string

  // Case2：数値型 - 文字列型 = 数値型
  const b = 15 - '5';
  console.log(b); //実行ログ：10
  console.log(typeof b); //実行ログ：number

  // Case3：数値型 + 真偽型 = 数値型
  const c = 10 + true;
  console.log(c); //実行ログ：11
  console.log(typeof c); //実行ログ：number

  // Case4：文字列型→数値型
  console.log(1 == '1'); //実行ログ：true
}
```

解説

Case1は、数値型の「0」が文字列型に変換され、結果が文字列型の「10」になっています。

Case2は、文字列型の「5」が数値型に変換され、結果が数値型の「10」になっています。

Case3は、真偽型の「true」が数値型の「1」に型変換され、結果が数値型の「11」になっています。

Case4は、数値型と文字列型を比較する場合、文字列型が数値型に変換され、比較した結果「true」と出力されています。

JavaScriptは通常、変数宣言時に型の宣言を行わない**動的型付け言語**であるため、暗黙的な型変換が発生します。一方、JavaやC言語のように、変数宣言時に型の宣言を明示的に行う、**静的型付け言語**では、暗黙的な型変換が発生することはありません。ただし、JavaScriptでも次項で解説する**組み込み関数**を利用すれば、明示的な型変換を行うことができます。

また、暗黙的な型変換が行われるパターンは例文のパターン以外にも多く存在します。予期せぬエラーの原因になりうるため、異なる型を1つの式で扱うような場合は、明示的な型変換を行うことを推奨します。

組み込み関数

組み込み関数とは、JavaScriptで初めから組み込まれている関数のことです。ここでは、型変換を行うための組み込み関数のみを扱います。

図2-21 型変換の組み込み関数

構文	説明	戻り値
String(値)	値を文字列に変換する	文字列
Boolean(値)	値を真偽値型に変換する	真偽値
Number(値)	値を数値型に変換する	数値
parseInt(文字列型の値)	文字列型の値を数値型（整数）に変換する	数値
parseFloat(文字列型の値)	文字列型の値を数値型（浮動小数点）に変換する	数値

例文

2-d.gs 型変換

```
function myFunction2_d5() {
  // 数値型⇒文字列型
  const a = String(10);
  console.log(a); // 実行ログ：10
  console.log(typeof a); // 実行ログ：string

  // 文字列型⇒真偽値型
  const b = Boolean('Hello');
  console.log(b); // 実行ログ：true
  console.log(typeof b); // 実行ログ：boolean

  // 真偽値型⇒数値型
  const c = Number(false);
  console.log(c); // 実行ログ：0
  console.log(typeof c); // 実行ログ：number

  // 文字列型⇒数値型（整数）
  const d = parseInt('3.14');
  console.log(d); // 実行ログ：3
  console.log(typeof d); // 実行ログ：number

  // 文字列型⇒数値型（浮動小数点）
  const e = parseFloat('3.14');
  console.log(e); // 実行ログ：3.14
  console.log(typeof e); // 実行ログ：number
}
```

解説

真偽値の変換で、falseと判定される値は**数値型の0**や**空文字**、trueと判定される値は**falseと判定される値以外**と、明確に分かれています。詳細は「55(2-30) if文」のコラムを参照してください。

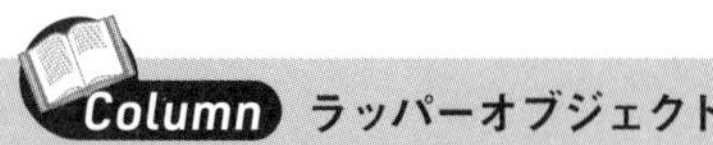

ラッパーオブジェクト

new String()と記述するラッパーオブジェクトというものがあります。その見た目は組み込み関数と似ていますが、別物です。ラッパーオブジェクトとは、プリミティブ型を内包するオブジェクトという意味で、プリミティブ型をオブジェクトとして振舞えるようにします。

オブジェクトにすることで、メソッドを使用できるようにするという目的があります。ただし、例文のように、プリミティブ型の値が格納された変数でもオブジェクトメソッドは利用できるため、わざわざラッパーオブジェクトを利用することはほとんどありません。

例文の「str」はプリミティブ型なのに、なぜオブジェクトのメソッドが利用できるのかというと、JavaScriptの機能がプリミティブ型を自動でオブジェクトのように振舞えるようにしてくれているからです。

column.gs ラッパーオブジェクト

```
function wrapperObj() {
  // 文字列型をStringオブジェクトに変換
  const str = 'hello';
  console.log(typeof str); // 実行ログ：string
  const strObj = new String(str);
  console.log(typeof strObj); // 実行ログ：object

  // Stringオブジェクトのメソッドを使用
  console.log(str.toUpperCase()); // 実行ログ：HELLO
  console.log(strObj.toUpperCase()); // 実行ログ：HELLO
}
```

36
[2-11]

演算子

演算子の種類

種類

演算子とは、値の加算を表す「+」や、変数宣言時に値の代入を行う「=」など、変数や値に対して何らかの処理を行う際に使う記号です。JavaScriptには様々な演算子が用意されていますが、本書ではその中でも業務でよく利用する、次表の演算子について解説します。

図2-22 演算子一覧

演算子	説明	主な例
インクリメント/デクリメント演算子	オペランドの値を1だけ加算/減算する演算子	++, --
単項演算子	オペランドが1つである演算子	typeof, delete, !
算術演算子	加減乗除の計算をする演算子	+, -, *
関係演算子	比較して真偽値を返す演算子 2つをまとめて比較演算子ともいう	instanceof, <, >
等値演算子		===, !==
論理演算子	複数の条件式を同時に判定する演算子	&&, ||, ??
代入演算子	左辺の変数に値を代入する演算子	=, /=, +=

オペランド

オペランドとは、式を構成する要素のうち、演算の対象となる値や変数のことをさします。日本語では被演算子とよばれます。

図2-23 オペランド図解

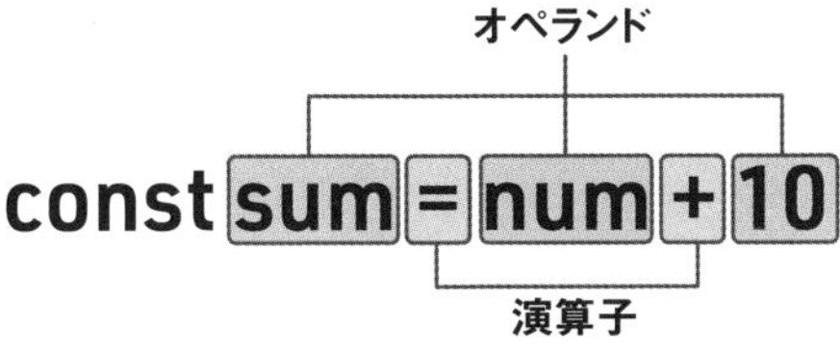

37 [2-12]

演算子

インクリメント/デクリメント演算子（++, --）

特徴

図2-24 インクリメント演算子とデクリメント演算子

演算子	名称	説明	例
++	インクリメント演算子	オペランドに1を加算する	（前置）++num （後置）num++
--	デクリメント演算子	オペランドを1減算する	（前置）--num （後置）num--

インクリメント演算子の式「num++」は「num = num + 1」と、デクリメント演算子の式「num −−」は「num = num − 1」と同じ処理で、オペランド自体の値に変更を加えます。そのため、constで宣言した定数がオペランドの場合はエラーになります。

前置/後置の挙動の違い

前置/後置の違いは、オペランドに変更を加えるタイミングです。例えば、前置インクリメント演算子「++num」の場合は1を加算した後の値を返します。一方、後置インクリメント演算子「num++」の場合は値を返してから1を加算します。例文で動きを確認しましょう。

例文

2-e.gs インクリメント演算子

```
function myFunction2_e1() {
  // 前置インクリメント演算子
  let preNum = 1;
  console.log(++preNum); // 実行ログ：2
  console.log(preNum);   // 実行ログ：2

  // 後置インクリメント演算子
  let postNum = 1;
  console.log(postNum++); // 実行ログ：1
  console.log(postNum);   // 実行ログ：2
}
```

解説

前置の式は加算した結果である2を返していますが、後置の式は変更前の値1を返してから、加算しているという動きがわかります。これらのタイミングの差異の理由は、演算子の優先順位が関係しています。あまり大きな違いではないので、使い分けるタイミングはほとんどありませんが、後置の方を利用するのが一般的です。

演算子

単項演算子（typeof, !...etc）

種類

図2-25 単項演算子一覧

演算子	名称	説明
delete	delete 演算子	オブジェクトからプロパティを削除する
void	void 演算子	式の戻り値を破棄する
typeof	typeof 演算子	オペランドのデータ型を判定する
+	単項正値演算子	オペランドを数値型に変換する
-	単項負値演算子	オペランドを数値型に変換して正負を反転する
~	ビット否定演算子	オペランドの各ビットを反転する
!	論理否定演算子	真値を取ると偽値になり、その逆も同様になる

単項演算子はオペランドが1つである演算子です。次の例文で、delete演算子と論理否定演算子について挙動を確認してみましょう

例文

2-e.gs 単項演算子

```
function myFunction2_e2() {
  // delete演算子
  const person = {name: 'Manabu',age: 30};
  delete person.age;
  console.log(person); // 実行ログ：{ name: 'Manabu' }

  // 論理否定演算子
  console.log(!(10 > 0)); // 実行ログ：false
  console.log(!(10 < 0)); // 実行ログ：true
}
```

解説

delete演算子は、指定したプロパティをオブジェクトから取り除きます。オブジェクト「person」からプロパティ「age」を削除すると、「age」のプロパティが取り除かれていることがわかります。

論理否定演算子ではオペランドの判定が真でない場合に、trueを返す演算子です。「10 < 0（10は0より小さい）」は真ではないため、trueを返しています。

39 [2-14] 演算子

算術演算子（+, -, /, *...etc）

種類

図2-26 算術演算子一覧

演算子	名称	説明	例
+	加算演算子	数値型オペランドを加算または 文字列型を連結	1 + 2 //3 'Hello!' + 'Manabu' // 'Hello!Manabu'
-	減算演算子	数値型オペランドを減算	2 - 1 // 1
/	除算演算子	数値型オペランドを除算	6 / 3 //2
*	乗算演算子	数値型オペランドを乗算	2 * 3 //6
%	剰余演算子	数値型オペランドを剰余 剰余とは割り算の余りのこと	3%2 //1
**	べき乗演算子	数値型オペランドをべき乗 左のオペランドを右のオペランド 分乗算すること	2 ** 3 //8

算術演算子は、加減乗除の計算をする演算子です。スプレッドシートやExcelで利用する記号とほとんど同じであるため、馴染みのある演算子です。

優先順位

図2-27 算術演算子の優先順位

優先順位	演算子	説明
1	()	()で括ったグループ化
2	**	べき乗
3	/	除算
	*	乗算
	%	剰余
4	+	加算
	-	減算

算術演算子の優先順位は、基本的には算数と同じ考え方です。べき乗と剰余は算数にはない演算子です。1つの式に複数の演算子を使う場合は、記述する順番によって結果が変わるため、優先する部分については必ずグループ化を行います。可読性を上げるためにもグループ化は重要です。

例文

2-e.gs 算術演算子の優先順位挙動確認

```
function myFunction2_e3() {
  //  () が優先
  console.log((10 + 5) / 3); // 実行ログ：5
  // べき乗が優先
  console.log(2 * 2 ** 3); // 実行ログ：16
}
```

解説

(10 + 5) / 3の式は、グループ化が優先されるため、15 / 3 = 5 となります。
2 * 2 ** 3の式は、べき乗が優先されるため、2 * 8 = 16 となります。

全ての演算子に、処理される順番の優先順位が存在します。下記MDNで優先順位を確認することができます。

QR2-1 演算子の優先順位

https://developer.mozilla.org/ja/docs/Web/JavaScript/Reference/Operators/Operator_Precedence

比較演算子（<, >, ===...etc）

演算子

種類

図2-28 比較演算子一覧

演算子	名称	説明
<	小なり演算子	左辺が右辺より小さい場合にtrueを返す
>	大なり演算子	左辺が右辺より大きい場合にtrueを返す
<=	小なりイコール演算子	左辺が右辺以下の場合にtrueを返す
>=	大なりイコール演算子	左辺が右辺以上の場合にtrueを返す
==	等値演算子	左辺と右辺が等しい場合にtrueを返す
!=	不等値演算子	左辺と右辺が等しくない場合にtrueを返す
===	同値演算子 厳密等値演算子	左辺と右辺がデータ型も含め等しい場合にtrueを返す
!==	非同値演算子 厳密不等価演算子	左辺と右辺がデータ型も含め等しくない場合にtrueを返す

比較演算子は、2つの式や値を比較して、その結果を真偽値（trueまたはfalse）で返す演算子です。主に制御構文の条件分岐（if文）で利用します。

例文

2-e.gs 比較演算子

```
function myFunction2_e4() {
  console.log(10 > 0); // 実行ログ：true
  console.log(10 < 0); // 実行ログ：false
  console.log(10 <= 10); // 実行ログ：true
  console.log(10 >= 10); // 実行ログ：true
  console.log(10 == '10'); // 実行ログ：true
  console.log(10 != '10'); // 実行ログ：false
  console.log(10 === '10'); // 実行ログ：false
  console.log(10 !== '10'); // 実行ログ：true
}
```

解説

等値演算子（==）は、数値型の「10」と文字列型の「10」を等しい（true）と判断しています。一方で、厳密等値演算子（===）は、等しくない（false）と判断しています。これは、データ型まで含め一致するかどうかを判断するという違いがあるためです。このとき、等値演算子では暗黙的な型変換が行われています。

実務で利用する際は、予期せぬエラーやバグを防ぐために、基本的に厳密等値演算子を使います。

演算子

論理演算子（&&, ||）

種類

図2-29 論理演算子一覧

演算子	名称	説明
&&	論理積（AND）	複数条件式がすべてtrueの場合にtrueを返す
||	論理和（OR）	複数条件式のうち1つ以上がtrueの場合にtrueを返す

論理演算子は、「条件式Aがtrue、かつ条件式Bもtrue」のように複数の条件式を同時に判定して、結果を真偽値（trueまたはfalse）で返します。

例文

2-e.gs 論理演算子

```
function myFunction2_e5() {
  // 論理積（&&）
  console.log(1 > 0 && 2 > 0); // 実行ログ：true
  console.log(1 === 0 && 2 > 0); // 実行ログ：false

  // 論理和（||）
  console.log(1 > 0 || 2 > 0); // 実行ログ：true
  console.log(1 === 0 || 2 > 0); // 実行ログ：true
  console.log(1 < 0 || 2 < 0); // 実行ログ：false
}
```

解説

1 === 0（false）と 2 > 0（true）を使った例文では、論理和（ || ）ではどちらかがtrueであるため、trueを返しています。一方、論理積（ && ）は、すべてがtrueの場合に限りtrueを返すため、この例文はfalseと判定されています。

Column ショートサーキット評価（短絡評価）

ショートサーキット評価（短絡評価）とは、論理演算子の評価法のことで、左から右へと評価を行い、結果が確定した時点で、評価を途中でやめます。

次の例文では、論理積（&&）で、1番左の値「0」が**falsy**であり、この時点で評価が確定したため、0を返しています。一方、論理和（||）では、1番右の値「1」のみが**truthy**であり、この時点で評価が確定したため、1を返しています。falsy/truthyについては「55(2-30)if文」のコラムで解説しています。

この仕組みを利用して、例文のように、論理和（||）を利用して、値が定義されているかどうかを確認するのに使うことがあります。デフォルト引数が登場する前は、引数の初期値を設定するために利用されていました。

column.gs ショートサーキット評価

```
function shortCircuit() {
  // ショートサーキット評価挙動
  console.log(0 && 1 && 1); // 実行ログ：0
  console.log(0 || 0 || 1); // 実行ログ：1

  // 活用事例
  // valを宣言
  let val;
  console.log(val); // 実行ログ：undefined
  const a = val || '値は未定義です';
  console.log(a); // 実行ログ：値は未定義です
  // valに値を代入する
  val = 'Hello!';
  const b = val || '値が未定義です';
  console.log(b); // 実行ログ： Hello!
}
```

演算子

代入演算子（=, +=...etc）

種類

図2-30 代入演算子一覧

演算子	名称	説明
=	代入演算子	変数/定数に値を代入する
*=	乗算代入演算子	右辺の値を乗算し、結果を変数に代入する
**=	べき乗代入演算子	右辺の値をべき乗し、結果を変数に代入する
/=	除算代入演算子	右辺の値を除算し、結果を変数に代入する
%=	剰余代入演算子	右辺の値を除算し、剰余を変数に代入する
+=	加算代入演算子	右辺の値を加算し、結果を変数に代入する
-=	減算代入演算子	右辺の値を減算し、結果を変数に代入する

代入演算子は、右辺のオペランドに基づいて左辺のオペランドに値を代入する演算子です。代表的なものは、これまで何度も出てきた、変数に値を代入する際に利用する「=」です。

例文

2-e.gs 代入演算子

```
function myFunction2_e6() {
  let a = 10;
  a *= 2;
  console.log(a); // 実行ログ：20

  let b = 'Hello!';
  b += 'world';
  console.log(b); // Hello!world
}
```

解説

「a *= 2」は「a = a * 2」、「b += 'world'」は「b = b + 'world'」という処理をしています。左辺の値に計算をする代入演算子の場合、左辺はletで宣言した変数である必要があります。特に、加算代入演算子（+=）は文字列の結合でよく利用します。

43 [2-18] 演算子

エスケープシーケンス（\n, \"...etc）

種類

図2-31 主なエスケープシーケンス

エスケープシーケンス	説明
\n	改行
\t	タブ
\b	バックスペース
\\	バックスラッシュ
\'	シングルクォーテーション
\”	ダブルクォーテーション

エスケープシーケンスとは、改行やタブなどのような、コード上に直接表現できない文字を表現する方法です。「バックスラッシュ（＼）＋指定文字」で記述します。エスケープシーケンスは、演算子ではありません。

例文

2-e.gs エスケープシーケンス

```
function myFunction2_e7() {
  console.log('GAS\n学ぶ');
  // 実行ログ：
  // GAS
  // 学ぶ
  console.log('GAS\t学ぶ'); // 実行ログ：GAS 学ぶ
  console.log('GAS\b学ぶ'); // 実行ログ：GAS 学ぶ
  console.log('GAS\\学ぶ'); // 実行ログ：GAS\学ぶ
  console.log('GAS\'学ぶ'); // 実行ログ：GAS'学ぶ
  console.log("GAS\"学ぶ"); // 実行ログ：GAS"学ぶ
}
```

特に改行「\n」は、業務で頻繁に利用します。

「\'」「\"」は、文字列をシングルクォーテーションで表記している場合と、ダブルクォーテーションで表記している場合によって使い分けます。

Note

バッククォート（`）で文字列を記述するテンプレートリテラルを利用すると、エスケープシーケンスを利用せずとも文字列の中で直接表現することが可能になります（スラッシュを除く）。詳細は「82(2-57) テンプレートリテラル」で解説しています。

44 [2-19] 配列

一次元配列

概要

配列とは、インデックスを持つデータの集合体です。変数に格納して利用します。複数の値を格納し持ち運ぶことができるため、非常に使い勝手が良く、頻繁に利用します。配列には、一次元配列と二次元配列（多次元配列）があります。

構文

```
[値1, 値2, 値3,....]
```

図2-32 一次元配列のイメージ

const colors = ['red', 'green', 'blue', 'yellow']

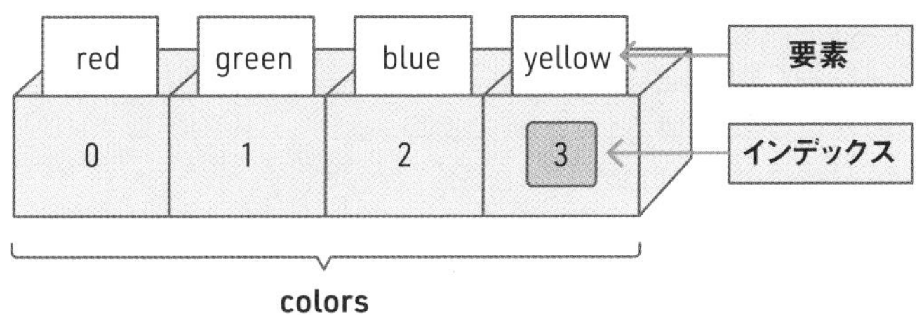

一次元配列は、全体を角括弧（ [] ）で囲い、要素をカンマ区切りで記述します。変数は1つの箱に1つの値を格納するイメージでしたが、配列は前図のように複数の箱が連結し、それぞれ番号がふられた箱の中に値が格納されているようなイメージです。番号のことを**インデックス**、格納されている値のことを**要素**とよびます。インデックス番号は0始まりです。

45 [2-20]

配列

一次元配列の要素取得

構文

配列名[インデックス]

配列名にインデックスを指定して要素を取得します。

Point

- インデックスは0始まり
- 要素が存在しないインデックスを指定すると「undefined」が返ってくる

例文

2-f.gs 一次元配列の要素取得

```
function myFunction2_f1() {
  const colors = ['red', 'green', 'blue', 'yellow'];
  console.log(colors[0]); // 実行ログ：red
  console.log(colors[1]); // 実行ログ：green
  console.log(colors[2]); // 実行ログ：blue
  console.log(colors[3]); // 実行ログ：yellow
  console.log(colors[4]); // 実行ログ：undefined
}
```

解説

colorsという配列名にインデックスを指定して要素を取得しています。インデックス4（5番目の要素）は存在しないため、「undefined」が返ってきます。

46 [2-21] 配列

一次元配列の要素代入（更新）

構文

```
配列名[インデックス] = 値
```

配列名にインデックスを指定して要素にしたい値を代入します。

Point

- 指定したインデックスの要素が存在する場合、要素は上書きされる
- 要素が存在しないインデックスを指定して代入することができる
- 途中のインデックスを飛ばして要素を代入することができる

例文

2-f.gs 一次元配列の要素代入

```
function myFunction2_f2() {
  const colors = ['red', 'green', 'blue', 'yellow'];
  // インデックス0に'white'を代入
  colors[0] = 'white';
  console.log(colors);
  // 実行ログ：['white','green','blue','yellow']
  // インデックス7に'black'を代入
  colors[7] = 'balck';
  console.log(colors);
  // 実行ログ：['white','green','blue','yellow',,,,'balck']
}
```

解説

インデックス0に値を代入すると、要素が「'red'」から「'white'」に上書きされています。

インデックス7に値を代入すると、5,6,7番目の要素を飛ばして、8番目に「'blue'」が代入されています。

図2-33 存在しないインデックスへの値代入イメージ

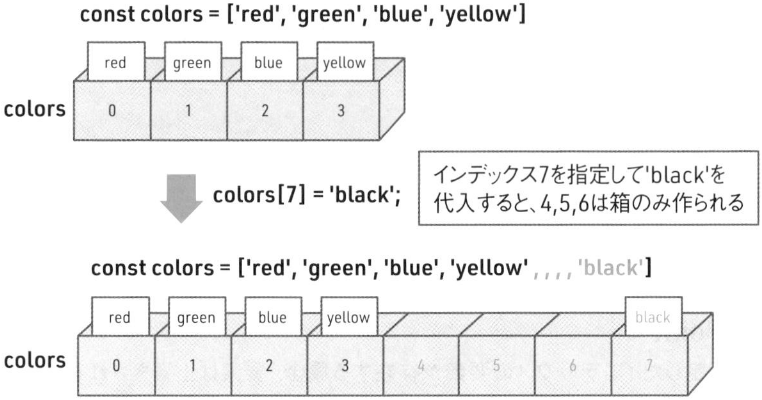

const colors = ['red', 'green', 'blue', 'yellow']

red green blue yellow

colors 0 1 2 3

colors[7] = 'black';

インデックス7を指定して'black'を
代入すると、4,5,6は箱のみ作られる

const colors = ['red', 'green', 'blue', 'yellow' , , , , 'black']

red green blue yellow black

colors 0 1 2 3 4 5 6 7

例文のcolorsはconstで宣言されているのにも関わらず、配列の要素を変更できるのは、配列がミュータブル（可変）なオブジェクト型だからです。詳細は「36(2-9) プリミティブ型とオブジェクト型」で解説しています。

47 [2-22] 二次元配列

配列

概要

二次元配列とは、配列を要素にもつ配列です。スプレッドシートの行列データやGmailのスレッドなど、さまざまなデータを二次元配列として扱います。そのため、二次元配列の理解はGASの習得にとって非常に重要です。

構文

```
[配列1, 配列2, 配列3,....]
```

図2-34 二次元配列のイメージ

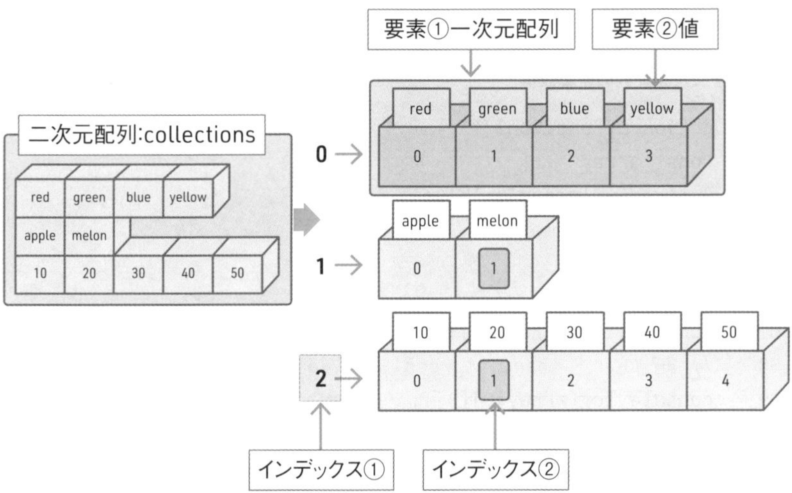

二次元配列は、複数の配列をカンマ区切りで格納します。一次元配列のイメージでは箱が複数連結しているような構造で説明しましたが、二次元配列はさらに上下に箱が重なっているようなイメージです。上下に重なった行（要素①一次元配列）のインデックス①と、箱（要素②値）のインデックス②の2つを持ちます。

48 [2-23] 二次元配列の要素取得

配列

構文

二次元配列名[インデックス①]
二次元配列名[インデックス①][インデックス②]

Point

- インデックスは0始まり
- インデックスを1つ指定すると、一次元配列が取得できる
- インデックスを2つ指定すると、一次元配列の中の要素が取得できる
- 要素が存在しないインデックスを指定すると「undefined」が返ってくる

例文

2-f.gs 二次元配列の要素取得

```
function myFunction2_f3() {
  const array =  [
    ['red', 'green', 'blue', 'yellow'],
    ['apple', 'melon'],
    [10, 20, 30]
  ];
  console.log(array[0]);
  // 実行ログ：[ 'red', 'green', 'blue', 'yellow' ]
  console.log(array[0][3]); // 実行ログ：yellow
  console.log(array[1]); // 実行ログ：[ 'apple', 'melon' ]
  console.log(array[1][1]); // 実行ログ：melon
  console.log(array[2]); // 実行ログ：[ 10, 20, 30 ]
  console.log(array[2][4]); // 実行ログ：undefined
}
```

解説

インデックスを1つ指定した場合は、一次元配列が取得でき、2つ指定した場合は一次元配列の要素が取得できたことがわかります。array[2][4]は指定した要素が存在しないため、「undefined」が返ってきます。

次図は二次元配列の要素取得のイメージです。

図2-35 二次元配列の要素取得

const collections = [['red','green','blue','yellow'],['apple','melon'],[10,20,30,40,50]]

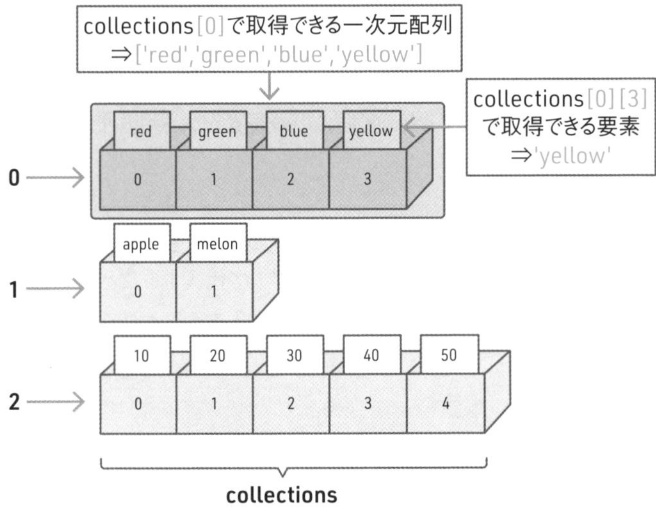

二次元配列は多次元配列の1つです。実際には、三次元配列などのように、二次元以上の配列も存在しますが、構造が複雑で扱いづらいため、利用することはほとんどありません。三次元以上になる場合は、後述するオブジェクトを利用します。

配列

二次元配列の要素代入（更新）

構文

```
二次元配列名[インデックス①] = 値
二次元配列名[インデックス①][インデックス②] = 値
```

二次元配列名にインデックスを指定して要素にしたい値を代入します。
インデックスを1つ指定すると、配列を要素ととらえ、値が代入されます。
インデックスを2つ指定すると、配列の中の要素が代入されます。

Point

- 指定したインデックスの要素が存在する場合、要素は上書きされる
- 要素が存在しないインデックスを指定して代入することができる
- 途中のインデックスを飛ばして要素を代入することができる

例文

2-f.gs 二次元配列の要素代入

```
function myFunction2_f4() {
  const array =  [
    ['red', 'green', 'blue', 'yellow'],
    ['apple', 'melon'],
    [10, 20, 30]
  ];

  // インデックス0に値を代入
  array[0] = ['white', 'black'];
  console.log(array);
  // 実行ログ：[ [ 'white', 'black' ],
  //           [ 'apple', 'melon' ],
  //           [ 10, 20, 30 ] ]

```

```
    // インデックス1-1に値を代入
    array[1][1] = 'peach';
    console.log(array);
    // 実行ログ：[ [ 'white', 'black' ],
    //            [ 'apple', 'peach' ],
    //            [ 10, 20, 30 ] ]

    //インデックス5に値を代入
    array[5] = ['a'];
    console.log(array);
    // 実行ログ：[ [ 'white', 'black' ],
    //             [ 'apple', 'peach' ],
    //             [ 10, 20, 30 ],,,[ 'a' ] ]

    //インデックス5-2に値を代入
    array[5][2] = 'b';
    console.log(array);
    // 実行ログ：[ [ 'white', 'black' ],
    //            [ 'apple', 'peach' ],
    //            [ 10, 20, 30],,,[ 'a',,'b' ] ]
}
```

解説

インデックス[0]に値を代入し、要素を「['red', 'green', 'blue', 'yellow']」から「['white', 'black']」に更新しています。

インデックス[1][1]に値を代入し、「['apple', 'melon']」の「'melon'」を「'peach'」に更新しています。

インデックス[5]に値を代入すると、4,5番目の要素を飛ばして、6番目に「['a']」が代入されています。

インデックス[5][2]に値を代入すると、6番目の配列の3番目の要素が「'b'」になります。

50 [2-25] オブジェクト

オブジェクト

プロパティ , key, value

概要

オブジェクトとは、プロパティ名をキーにしたデータの集合体です。複数の値をまとめて管理できる点は配列と同じですが、データの持ち方と呼び出し方が異なります。

オブジェクトはプロパティに名前をつけることで、そのプロパティ名をキーとして値にアクセスします。配列と比較してより可読性が高いデータの集合といえます。

構文

```
{プロパティ名1 : 値1, プロパティ名2 : 値2, プロパティ名3 : 値3… }
```

図2-36 オブジェクトのイメージ

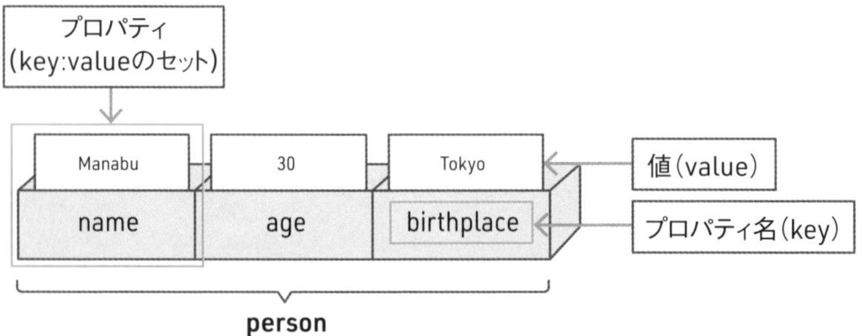

オブジェクトは全体を波括弧（ {} ）で囲い、プロパティ名と値をコロン（ : ）でつなぎます。プロパティ名と値はそれぞれ、key/valueともよばれ、2つを合わせて**プロパティ**とよびます。プロパティは、**キーバリュー形式**のデータとよばれることもあります。プロパティが複数ある場合は、カンマ区切りで記述します。

51 [2-26] オブジェクト

オブジェクトの値取得

ドット記法，ブラケット記法

構文

```
オブジェクト名.プロパティ名
オブジェクト名['プロパティ名']
```

オブジェクトの値取得の記法は、2つあります。

1つは**ドット記法**で、オブジェクト名にドット（ . ）をつなぎ、取得したいプロパティ名を指定します。

2つは**ブラケット記法**で、オブジェクト名に角括弧（ [] ）をつなぎ、取得したいプロパティ名を文字列で指定します。

Point

- ドット記法はプロパティ名をそのまま指定する
- ブラケット記法はプロパティ名を文字列で指定する
- ドット記法はプロパティ名を文字列や変数名で指定できない
- 存在しないプロパティ名を指定するとundefinedが出力される

例文

2-g.gs オブジェクトの値取得

```
function myFunction2_g1() {
  const person =  {name : 'Manabu', age : 30, birthplace : 'Tokyo'};
  console.log(person.name); // 実行ログ：Manabu
  console.log(person['age']); // 実行ログ：30
  console.log(person.hobby); // 実行ログ：undefined
}
```

解説

「Manabu」「30」はそれぞれドット記法、ブラケット記法で値を取得しています。「hobby」というプロパティ名は存在しないため、undefinedが出力されています。

ドット記法は変数名で指定できない？

ドット記法で指定するプロパティ名を、変数名で記述することはできません。次の例文のように、ドット記法で値を取得する際、'name'を格納した変数「a」を指定すると、undefinedが出力されていることがわかります。これは、「a」という変数名がプロパティ名であると判断されたためです。この挙動を知らずに使ってしまうと、予期せぬ挙動になることがあるため気を付けましょう。

column.gs ドット記法の注意点

```
function dotNotation() {
  const person =  {name : 'Manabu', age : 30};
  const a = 'name';
  console.log(person.a); // 実行ログ：undefined
 console.log(person[a]);// 実行ログ：Manabu
}
```

52 [2-27] オブジェクト の値代入（更新）

オブジェクト

構文

```
オブジェクト名.プロパティ名 = 値
オブジェクト名['プロパティ名'] = 値
```

値を代入したいプロパティ名を、ドット記法またはブラケット記法で指定して値（value）を代入します。

Point

- ドット記法はプロパティ名をそのまま指定する
- ブラケット記法はプロパティ名を文字列で指定する
- ドット記法はプロパティ名を文字列や変数名で指定できない
- 指定したプロパティ名が存在する場合、値は上書きされる
- 存在しないプロパティ名を指定し代入すると、プロパティが追加される

例文

2-g.gs オブジェクトの値代入

```
function myFunction2_g2() {
  const person = {
    name : 'Manabu',
    age : 30,
    birthplace : 'Tokyo'
  };

  person.name = 'Gas';
  console.log(person);
  //実行ログ：
  // { name: 'Gas',
  //   age: 30,
  //   birthplace: 'Tokyo' }

```

```
  person['age'] = 40;
  console.log(person);
  //実行ログ：
  // { name: 'Gas',
  //   age: 40,
  //   birthplace: 'Tokyo' }

  person.hobby = 'movie';
  console.log(person);
  //実行ログ：
  // { name: 'Gas',
  //   age: 40,
  //   birthplace: 'Tokyo',
  //   hobby: 'movie' }
}
```

解説

ドット記法で、プロパティ名「name」の値が、「'Manabu'」から「'Gas'」に更新されています。

ブラケット記法で代入した、プロパティ名「age」の値が、「30」から「40」に更新されています。

存在しないプロパティ名「hobby」を指定して、値「'movie'」を代入すると、新しくプロパティ「hobby: 'movie' 」が追加されています。

Column オブジェクトの省略記法

オブジェクトは、keyとvalueの変数名が同じ場合、省略記法を利用することができます。これはES6での書き方です。

業務では、次の例文のように、Gmailを送信、下書きするメソッド「sendEmail()/createDraft()」のCcやBccなどの詳細パラメータを設定する場合に、オブジェクトの省略記法を利用することがあります。効率的な記述ができるので、覚えておくと便利です。

column.gs オブジェクト省略記法

```
function omitObj() {
  const a   = 10;
```

```
  const b   = 20;
  const obj = {a, b};
  console.log(obj.a); // 実行ログ：10
  console.log(obj.b); // 実行ログ：20

  // メール送信の事例
  const to   = 'aaa@gas.com';
  const cc   = 'bbb@gas.com';
  const bcc  = 'ccc@gas.com';
  const sub  = '件名';
  const body = '本文';

  // 一般的な記述方法
  GmailApp.createDraft(to, sub, body, {cc : cc, bcc : bcc});
  // 省略記述方法
  GmailApp.createDraft(to, sub, body, {cc, bcc});
}
```

53 [2-28] オブジェクトのメソッド定義

オブジェクト

概要

オブジェクトのプロパティには関数を設定することができます。このとき、プロパティに設定された関数のことを**メソッド**とよびます。メソッドは、次の構文のように、functionキーワードやコロンを省略して記述します。

構文

```
メソッド名(仮引数1, 仮引数2…) {
  // 処理
}
```

functionキーワードなどは不要です。仮引数は省略可能です。

Note

メソッド定義はクラス構文でよく使われます。

例文

2-g.gs メソッド定義

```
function myFunction2_g3() {
  const person = {
    name : 'Manabu',
    greeting() {
      return 'Hello!'
    }
  };

  console.log(person);
  //実行ログ：
```

```
  // { name: 'Manabu',
  //   greeting: [Function: greeting] }

  console.log(person.greeting());
  //実行ログ：Hello!
}
```


解説

personというオブジェクトに、greeting()というメソッドを定義しています。メソッドを実行させる際は、必ず後ろに丸括弧を付けます。

Note

ES6より前のバージョンでは、次の例文のように他のプロパティと同様の形で、プロパティ名を記述して、コロンで結びfunctionキーワードで定義する書き方でした。

▼ ES6以前のメソッド定義方法

```
const person = {
  name: 'Manabu',
  greeting: function () {
    return 'Hello!'
  }
};
```

54 [2-29]

制御構文

制御構造

順次実行， 条件分岐， 繰り返し

3つの制御構造

制御構造とは、プログラムの命令が実行される流れのことです。多くのプログラミングと同様に、JavaScriptも下記の3つの制御構造で成り立っています。

これら3つの制御構造をコードで表現するための構文を、制御構文とよびます。

順次実行	命令文を上から順番に実行
条件分岐	条件に基づいて実行の流れが分岐
繰り返し	同じ処理の流れを繰り返し実行

図2-37 制御構造のイメージ

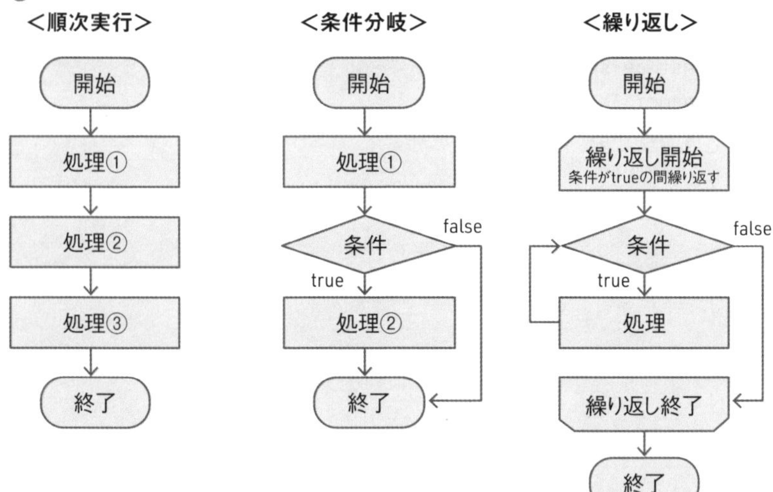

条件分岐

条件分岐は**if文**で記述します。分岐させる数によって、3つの構文を使い分けます。

3つの条件分岐構文

if文	1つの条件をtrue/falseで判定し、tureの場合のみ処理を実行
if...else文	二者択一。1つの条件をtrue/falseで判定し、どちらか一方の処理を実行
if...else if文	複数条件。分岐が2つ以上存在し、条件がtrueの処理を実行

if文では主に、比較演算子、論理演算子を利用して条件を記述します。

繰り返し

繰り返しは**for文**で記述します。繰り返し構文は種類がいくつか存在しますが、本書では下記の3つの構文を取り扱います。

3つの繰り返し構文

for文	指定した回数繰り返し実行
for...of文	反復可能オブジェクト（配列型や文字列型）の要素分繰り返し実行
for...in文	列挙可能プロパティ（オブジェクトのkeyや配列のインデックス）に対して繰り返し実行。主にオブジェクトで利用

GASではスプレッドシートやGmailなどのデータを配列として使うことが非常に多いため、for...of文を多用します。

制御構文

if文

構文

```
if(条件式) {
  // 条件式がtrueの場合に実行させる処理
}
```

「もし＜条件式＞がtrueならば＜処理＞を実行する」という命令です。丸括弧の中に条件式を記述し、条件がtrueの場合のみ波括弧（ブロック）の中を通り、処理を実行します。falseの場合はブロックの中は通りません。

例文

2-h.gs if文

```
function myFunction2_h1() {
  const time = 8;
  if(time < 12) {
    console.log('Good morning'); // 実行ログ：Good morning
  }
}
```

解説

timeの値は8です。条件式「time < 12」はtrueのため、「console.log('Good morning')」が実行されています。次図は例文のフローです。

図2-38 if文図解

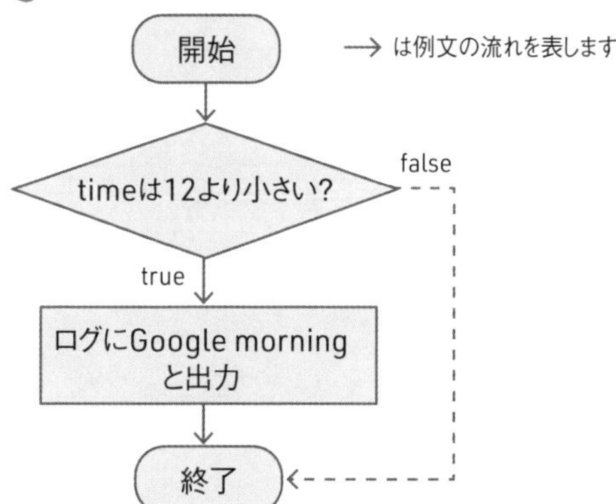

Column falsyとtruthyの活用

条件式は、必ずしも「式」である必要はありません。true/falseで判断されるため、例えば「0」を条件式に設定した場合、falseと判定されます。これは、「0」がfalsyな値であるからです。下記がfalsyとtruthyの値です。

falsyな値	false/0/''（空の文字列）/null/undefined/NaN
truthyな値	falsyな値以外の全て

業務では、次の例文のように、論理否定演算子（!）を用いて変数に値が格納されているかどうかの判断でよく活用します。また、配列が空かどうかを確認するにはlengthを利用します。戻り値が0であれば、false（空）と判定されます。

falsyとtruthy

```
function judge() {
  let val;
  if(!val) {
    console.log('valは未定義です'); // 実行ログ：valは未定義です
  }
}
```

56 [2-31]

制御構文

if...else文

構文

```
if(条件式) {
  // 条件式がtrueの場合に実行させる処理
} else {
  // 条件式がfalseの場合に実行させる処理
}
```

if...else文では、条件式がfalseだった場合にも実行させる処理を記述します。true/falseの**二者択一**の処理です。

例文

2-h.gs if...else文

```
function myFunction2_h2() {
  const time = 13;
  if(time < 12) {
    console.log('Good morning'); // 実行ログなし
  } else {
    console.log('Hello'); // 実行ログ：Hello
  }
}
```

解説

timeの値は13です。条件式「time < 12」はfalseのため、「console.log('Hello')」が実行されています。次図は例文のフローです。

図2-39 if...else文図解

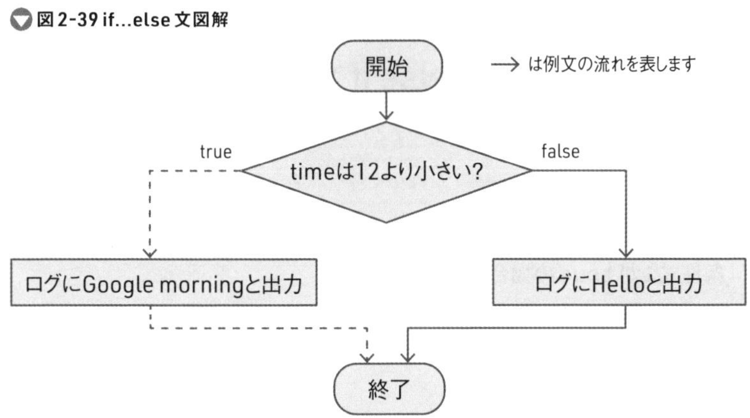

注意点

if...else文の利用で気を付けるべきポイントは、結果は本当に二者択一かという点です。例えば、例文のtimeの値に文字列が入ってきた場合、条件式の判定はエラーは起きずfalseとなり、ログにHelloが出力されます。このように、falseになる値が予期せぬ値だったということは良くあるため、falseと判定される値が何かを、しっかり考慮する必要があります。

57 [2-32]

制御構文

if...else if文

構文

```
if(条件式1) {
  // 条件式1がtrueの場合に実行させる処理
} else if(条件式2) {
  // 条件式2がtrueの場合に実行させる処理
} else if(条件式3) {
  // 条件式3がtrueの場合に実行させる処理
}....
```

if...else if文では、条件式を複数設定することができます。条件式はいくつでも設定可能です。また、if...else文と組み合わせて、最後にelse{～}を記述すると、どの条件もfalseだった場合に実行させる処理を記述することができます。

例文

2-h.gs if...else if文

```
function myFunction2_h3() {
  const time = 15;
  if(time < 12) {
    console.log('Good morning'); // 実行ログなし
  } else if(time < 16) {
    console.log('Hello'); // 実行ログ：Hello
  } else {
    console.log('Good evening'); // 実行ログなし
  }
}
```

解説

timeの値は15です。1つ目の条件式「time < 12」はfalseのため、次の条件を見にいきます。2つ目の条件式は「time < 16」でtureのため、「console.

log('Hello')」が実行されています。例文は次図の矢印の流れで実行されます。

図 2-40 if...else if 文図解

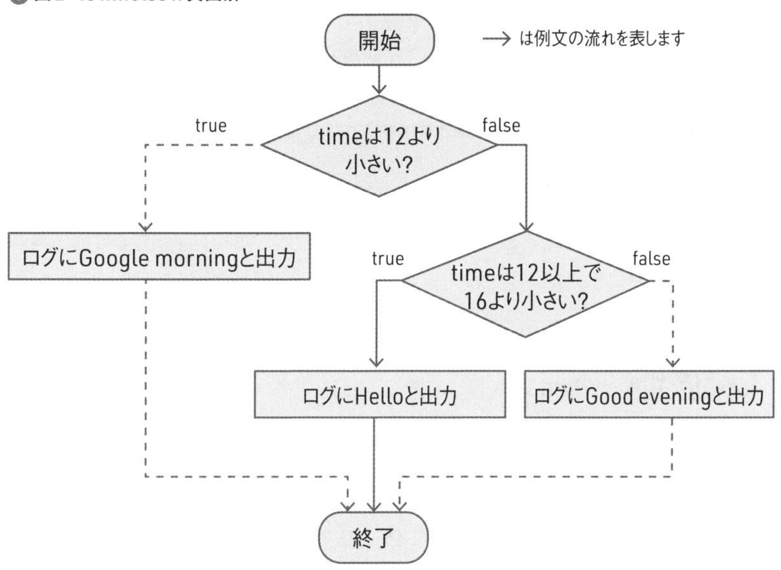

注意点

if...else if 文の利用で気を付けるべきポイントは、条件式の順番です。プログラムは上から順番に実行さる順次実行であるため、条件式がtureの処理が実行されると、後続に残った条件式は通りません。

次の例文は、先ほどの例文の「time < 12」と「time < 16」の条件式の順番を入れ替えて、timeの値を8で実行しています。結果は、「Hello」が出力され、意図しない結果となりました。本来であれば、「time < 12」の「Google morning」が出力されてほしいところですが、timeの値8は、一番目の条件式「time < 16」にも合致するため、このような結果となりました。

このように、条件式の順番によって、処理内容が変わることがあるため、順序実行されるということを念頭に置き、条件の順番で意図した結果になるかを考える必要があります。

2-h.gs 順番変更

```
function myFunction2_h4() {
  const time = 8;
  if(time < 16) {
    console.log('Hello'); // 実行ログ:Hello
  } else if(time < 12) {
    console.log('Good morning'); // 実行ログなし
  } else {
    console.log('Good evening'); // 実行ログなし
  }
}
```

Column switch文

条件分岐の1つに、**switch文**という構文があります。下記の構文のように、switch文はある式が複数の値のいずれかに一致するかを判定し、一致するものがあればcase節の処理を実行、一致するものがなければdefault節の処理を実行します。一致判定には、厳密等値演算子 (===) が使われます。不等号 (<, >) は使えません。シンプルでわかりやすいため、一致確認が多い条件分岐処理を作りたいときに活用します。

```
switch(式) {
case 値1;
//式 === 値1の場合に実行させる処理
break;
case 値2;
//式 === 値2の場合に実行させる処理
break;
…
default;
//式がすべての値に合致しなかった場合に実行させる処理
}
```

次の例文では、天気の結果によって、ログ出力される文字列を設定しています。weatherの値が「晴れ」のため、「イベント開催!」が出力されました。

column.gs switch文

```
function useSwitch() {
  const weather  = '晴れ';

  switch(weather) {
    case '晴れ':
     console.log('イベント開催！'); // 実行ログ：イベント開催！
     break;
    case '雨':
      console.log('イベント中止'); // 実行ログ：なし
      break;
    default:
      console.log('続報をお待ちください'); // 実行ログ：なし
  }
}
```

58 [2-33] 制御構文

for文

構文

```
for(初期化式; 条件式; 増減式) {
  // 条件式がtrueの間実行させる処理
}
```

初期化式	カウンター変数定義と初期化処理
条件式	何回繰り返すかの条件
増減式	カウントの増減

初期化式で指定したカウントから、**条件式**がtrueの間だけ繰り返し実行します。カウントは、**増減式**で指定した内容でカウントされます。

カウンター変数とは、繰り返す回数をカウントする変数のことです。一般的によく使われるカウンター変数名はindexを意味する「i」です。

例文

2-h.gs for文

```
function myFunction2_h5() {
  for(let i = 0; i < 5; i++) {
    console.log(i); // 実行ログ：0,1,2,3,4
  }
}
```

解説

初期化式は「iは0から始まる」、条件式は「iは5より小さいがtrueの間実行」、増減式は「iは1ずつ増やす」という内容です。ログはカウンター変数の値である0から4までが順番に出力されてます。次図は例文のフロー図です。

図 2-41 for 文図解

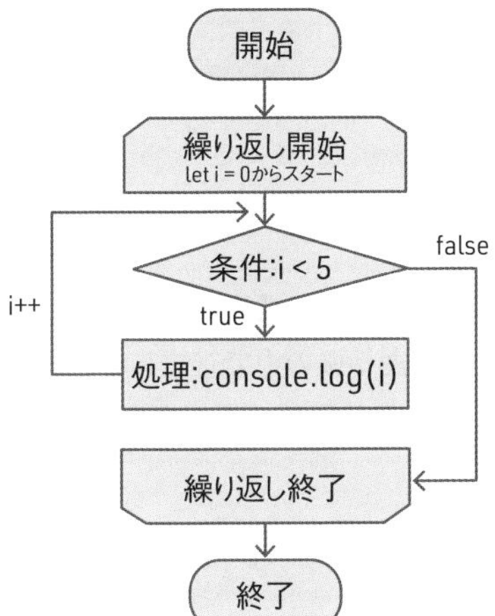

59 [2-34]

制御構文

for...of文

反復可能オブジェクト

構文

```
for(変数 of 反復可能オブジェクト) {
  // 繰り返しの間実行させる処理
}
```

for...of文は、反復可能オブジェクト（主に配列や文字列）の要素がある分だけ繰り返し処理を実行します。個々に要素を、forの後の丸括弧の中で宣言した変数に代入して処理を実行します。for文とは異なり、繰り返し回数の指定やカウンター変数は不要です。

例文

2-h.gs for...of文

```
function myFunction2_h6() {
  // 配列
  const colors = ['red','green','blue','yellow'];
  for(const color of colors) {
    console.log(color); // 実行ログ：red,green,blue,yellow
  }

  // 文字列
  const string = 'こんにちは';
  for(const letter of string) {
    console.log(letter); // 実行ログ：こ,ん,に,ち,は
  }
}
```

解説

配列colorsの要素が順番に取り出せています。また、文字列の場合は、1文字1文字が要素になるため、1文字ずつ出力されています。

次図のように、for…of文で宣言した変数の箱の中に、配列の要素が順番に取り出されて格納されるようなイメージです。

図2-42 for...of文イメージ

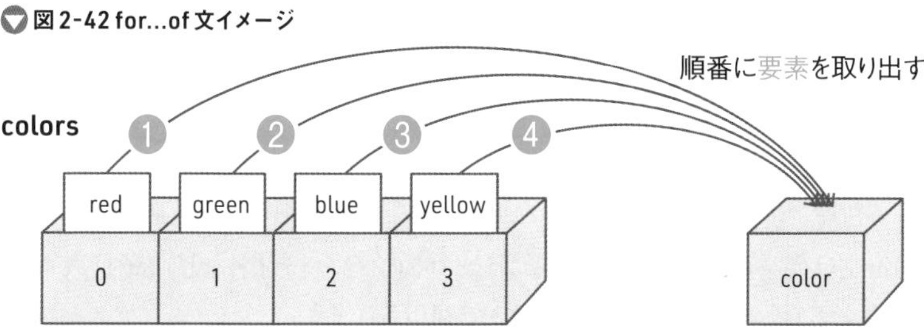

文字列型がオブジェクトのように振舞える理由は、ラッパーオブジェクトの自動適応が行われているからです。ラッパーオブジェクトについては「35(2-10)データ型の変換」のコラムで解説しています。

60
[2-35]

制御構文

for...in文

列挙可能プロパティ

構文

```
for(変数 in 列挙可能プロパティ) {
  // 繰り返しの間実行させる処理
}
```

for...in文は列挙可能プロパティ（オブジェクトのプロパティ名など）に対して繰り返し処理を実行します。主にオブジェクトで利用されます。

例文

2-h.gs for...in文

```
function myFunction2_h7() {
  const person =  {name : 'Manabu', age : 30, birthplace : 'Tokyo'};
  for(const item in person) {
    console.log(item); // 実行ログ：name,age,birthplace
    console.log(person[item]); // 実行ログ：Manabu,30,Tokyo
  }
}
```

解説

itemにpersonの各プロパティ名が順番に格納されています。また、取り出したプロパティ名を使って、ブラケット記法でperson[item]と記述することで、オブジェクトの値も取得できます。

次図のように、for…in文で宣言した変数の箱の中に、オブジェクトのプロパティ名が順番に取り出されて格納されるようなイメージです。

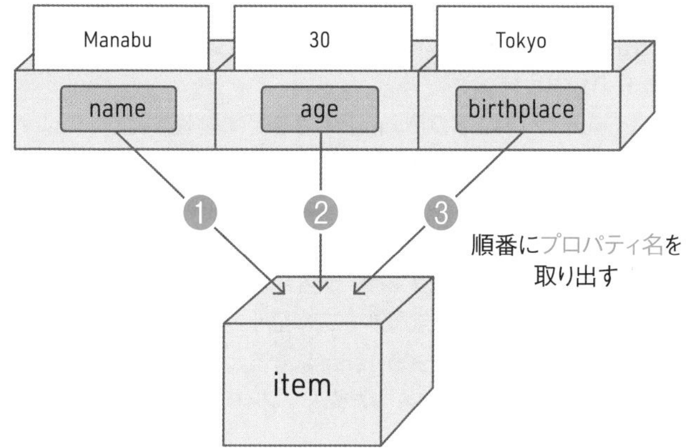

図2-43 for...in 文イメージ

配列で使う場合

for...in文で配列を操作した場合、取り出されるのは**インデックス**です。つまり、配列の列挙可能プロパティはインデックスです。

次の例文でも、インデックスが取り出されていることが確認できます。また、取り出したインデックスを使い、要素を取得しています。

ただし、インデックスを取り出したい用途がない限り、配列をfor...in文で操作する場面はありません。一般的に、配列の繰り返し処理にはfor...of文を使います。

2-h.gs for…in 文で配列操作

```
function myFunction2_h8() {
  const colors = ['red','green','blue','yellow'];
  for(const color in colors) {
    console.log(color);
    // 実行ログ：0,1,2,3
    console.log(colors[color]);
    // 実行ログ：red,green,blue,yellow
  }
}
```

Column while文との使い分け

これまで紹介したfor文以外の繰り返し構文で、**while文**があります。while文は条件式がtrueである限りブロック内の処理を繰り返し実行して、falseになった時点で繰り返しを抜けます。

次の例文では、numが10以下の間、numに2を足す処理をして、numが10以上になったら繰り返しを抜けるという処理です。

for文は繰り返しの回数が決まっているのに対し、while文は条件次第で繰り返すかどうかが決まります。繰り返す回数が事前に決まっている場合はfor文を、そうでなく条件次第では繰り返すという場合はwhile文を使います。

また、while文の利用の際には、無限ループに陥らないように注意する必要があります。必ずブロック内で条件式がfalseになるような処理を設定するようにしましょう。万が一無限ループになった際は、スクリプトエディタの停止ボタンを押下して止めます。

```
while(条件式) {
  // 条件式がtrueの間、繰り返し実行される処理
}
```

column.gs while文

```
function useWhile() {
  let num = 2;
  while(num < 10) {
    num += 2;
    console.log(num); // 実行ログ：4,6,8,10
  }
}
```

61
[2-36]

制御構文

ジャンプ文

5つのジャンプ文

ジャンプ文とは、プログラムの流れを途中で終了させたり、スキップさせたりと、プログラムの流れを思い通りに動かすための構文です。本書では下記5つのジャンプ文を扱います。

break文	ループ途中で終了（繰り返し処理を離脱）
continue文	ループ途中でスキップ（forを続行）
return文	処理の強制終了（function終了）
try...catch文	例外処理
throw文	意図的な例外発生

62 [2-37] 制御構文

break文

構文

```
break
```

break文は繰り返し処理を途中で終了させることができます。繰り返し処理（for文/for...of 文/ for...in 文など）で使います。

例文

2-h.gs break文

```
function myFunction2_h9() {
  const nums = [1, 2, 3, 4];
  for(const num of nums) {
    if(num === 3) {
      break;
    }
    console.log(num); // 実行ログ：1,2
  }
}
```

解説

「num === 3」がtureの場合、break文で繰り返し処理を離脱しています。そのため、numの値ログ出力は1,2までとなり、繰り返しを抜けたことがわかります。

例文のように、ある条件に合致したら繰り返しを抜けて、次の処理に進みたいときに活用します。

63
[2-38]

制御構文

continue文

構文

```
continue
```

continue文は、特定の繰り返し処理をスキップさせることができます。繰り返し処理（for 文/for...of 文/ for...in 文など）で使います。

例文

2-h.gs continue文

```
function myFunction2_h10() {
  const nums = [1, 2, 3, 4];
  for(const num of nums) {
    if(num === 3) {
      continue;
    }
   console.log(num); // 実行ログ：1,2,4
  }
}
```

解説

「num === 3」がtureの場合、continue文で後続の処理をスキップして、次のループに入っています。そのため、numの値ログ出力は1,2,4となり、3のときにのみ、後続の処理をスキップしていることがわかります。

例文のように、ある条件の場合のみ処理をスキップしたいときに利用します。

64 [2-39] 制御構文

return文

構文

```
return
```

return文は処理を強制的に終了させることができます。関数の戻り値としてのreturnと挙動は同じです。戻り値がある場合のみreturnの後ろに戻り値を記述します。

例文

2-h.gs return文

```
function myFunction2_h11() {
  const a = 10;
  console.log(a); // 実行ログ：10
  const b = 20;
  console.log(b); // 実行ログ：20
  return;  // これ以降の処理は実行されない
  const c = 30;
  console.log(c);// 実行なし
}
```

解説

return以降の処理は実行されません。次図の通り、スクリプトエディタ上では、return以降はコードの色が薄まるため、実行されないことが視覚的にもわかります。

スクリプトの途中一部のコードのみを無効化したい際はコメントアウトを利用しますが、ある行以降全てのコードを無効化したい場合には、return文を活用します。

図2-44 return以降のコード色

```
// retrun文
function myFunction2_h11() {
  const a = 10;
  console.log(a); // 実行ログ：10
  const b = 20;
  console.log(b); // 実行ログ：20
  return;  // これ以降の処理は実行されない
  const c = 30;
  console.log(c);// 実行なし
}
```

return以降のコードの色が薄まり、
無効化していることが視覚的にわかる

65 [2-40]

制御構文

try...catch文

構文

```
try {
  // 例外を検知する対象の処理
} catch(識別子) {
  // 例外が発したときのみ実行される処理(省略可)
} finally {
  // 例外の有無に関わらず実行される処理(省略可)
}
```

try...catch文はエラーが発生したときに実行する処理を指定できます。catchとfinallyについては、どちらか一方のみ省略可能です。また、catchの後の丸括弧内の識別子には、errorの「e」を記述するのが一般的です。例外オブジェクトを保持する識別子です。

try...catch文は例外処理ともよばれます。予期せぬ異常により発生するエラーのことを**例外**といい、その例外を意図的に回避させることを例外処理とよびます。

例文

2-h.gs try...catch文

```
function myFunction2_h12() {
  try {
    console.log('正常時の処理');
    // 実行ログ:正常時の処理
  } catch(e) {
    console.log(`エラー発生時の処理\nエラー内容:${e}`);
    // 実行なし
  } finally {
    console.log('エラー有無に関わらず実行');
    // 実行ログ:エラー有無に関わらず実行
  }
```

```
}
```

解説

例文では、エラーは発生していないため、tryのブロックに記述した処理が実行された後、finallyのブロックに記述した処理が実行されています。エラー発生時の挙動は次の項目のthrow文を使って確認できます。

66
[2-41]

制御構文

throw文

new Error()

構文

```
throw 'エラーメッセージ'
throw new Error('エラーメッセージ')
```

throw文は、意図的に例外を発生させます。try...catch文とあわせて利用し、try{～}の処理の中に記述します。エラー発生時に表示させるメッセージを文字列で指定することができます。

また、new Error()は、Errorオブジェクトを生成します。Errorオブジェクトが生成されると、**スタックトレース**が確認できます。業務の運用でthrow文を利用したい場合は、new Error()を使ったthrow文を利用する方がよいでしょう。

スタックトレースとは、実行中のプログラムにエラーが発生した際に、エラーが発生したファイル名や関数、エラーが発生した箇所などを表示させることです。通常スタックトレースはデバッグに利用します。

例文

2-h.gs throw文

```
function myFunction2_h13() {
  try {
    throw new Error('接続エラー');
    console.log('正常時の処理');
    // 実行なし
  } catch(e) {
    console.log(`エラー発生時の処理\n${e}`);
    // 実行ログ：エラー発生時の処理
```

```
        // Error: 接続エラー
    } finally {
        console.log('エラー有無に関わらず実行');
        // 実行ログ：エラー有無に関わらず実行
    }
}
```

解説

tryブロック内にあるthrow文のあとの処理はスルーされ、catchのブロックに記述した処理実行後、finallyのブロックに記述した処理が実行されます。new Error()で生成されたオブジェクトは「e」で出力され、指定したメッセージが表示されています。

次図のように、デバッグ機能でErrorオブジェクトの中身が確認できます。それぞれの値は、「e.stack」「e.message」のように、オブジェクトのプロパティ名を指定して取り出します。

▼図2-45 Errorオブジェクトの中身

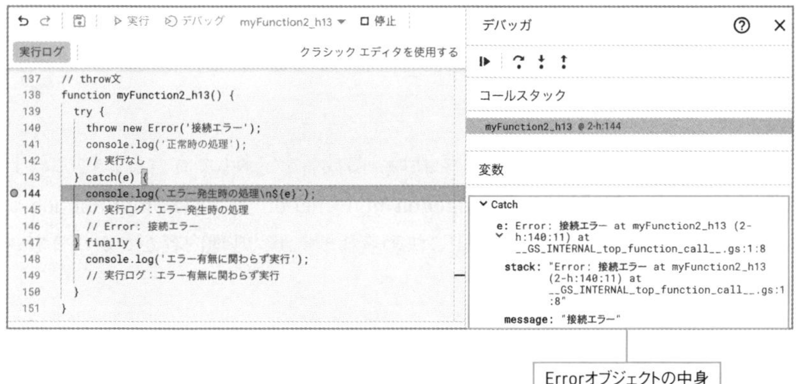

日々GASを運用する中で、エラーの発生は避けて通ることができません。エラーが発生すると、プログラムが停止し、後続の処理が実行されず、業務に影響を与えかねません。安定運用をするためにも、try...catch文を活用しましょう。

67 [2-42] 関数宣言

関数

概要

関数とは、一連の処理をひとまとめにしたものです。関数の定義方法は下記の3つがあります。関数宣言から見ていきましょう。

3つの関数定義方法

関数宣言	functionキーワードを使い関数名を宣言する方法
関数式（関数リテラル）	無名関数を変数に代入して宣言する方法
アロー関数	関数式をシンプルにした記法

構文

```
function 関数名() {
  // 処理内容
}
```

関数宣言は、functionキーワードを使い、関数名を定義して宣言します。これまで例文のコードで記述してきた「function myFunction(){...}」は、myFunctionという名前の関数です。関数名は自由に決められますが、処理内容がわかりやすい名前にすることが一般的です。

関数の呼び出し

関数は、ある関数内で別の関数を呼び出して実行することができます。

次の例文では、answer()の関数内で、question()を呼び出しています。answer()を実行すると、「あなたの名前は何ですか？」と「わたしの名前はManabuです！」の2つのログが出力されることがわかります。これは、関数の呼び出しにより、次図のように、answer()の関数から、question()の関数を実行したあと、またanswer()の関数に戻って処理を続けているからです。

また、例文はquestion()がanswer()より先に記述されていますが、後に記述されていても呼び出すことができます。関数の呼び出しには、記述された順番は関係ありません。

2-i.gs 関数の呼び出し

```
function question() {
  console.log('あなたの名前は何ですか？');
}

function answer() {
  question();
  console.log('わたしの名前はManabuです！');
  // 実行ログ：
  // あなたの名前は何ですか？
  // わたしの名前はManabuです！
}
```

図2-46 関数の呼び出しイメージ

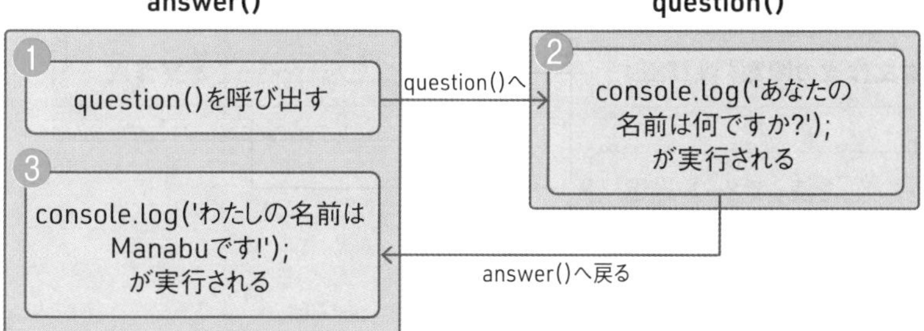

GASのスクリプトエディタでは、1つのスクリプトファイルに複数の関数を記述することができます。実行する場合は、右図のように、エディタ上で関数を選択して実行します。

図2-47 エディタ上での関数の選択

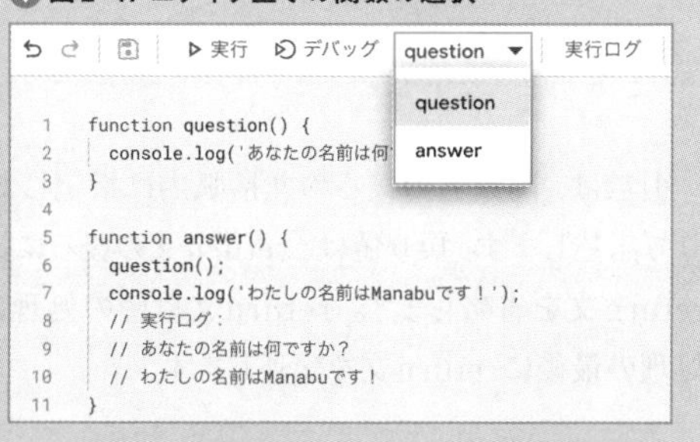

68 [2-43] 関数

引数と戻り値

実引数（parameter），仮引数（argument），return

概要

関数を呼び出す際に、値を渡したり、処理結果の値を受け取ることができます。この値のことを、それぞれ**引数**と**戻り値**とよびます。

次図の例では、「メールを送信する」というメイン関数の中で、メール本文作成のための関数を呼び出しています。その際に、「名前」を引数として渡して、その名前を使って作成した「本文」を戻り値として受け取っています。

1つの関数の中で処理が多くなる場合に、処理毎に関数を分けて作成し、スクリプトの可読性を良くします。

図2-48 引数と戻り値

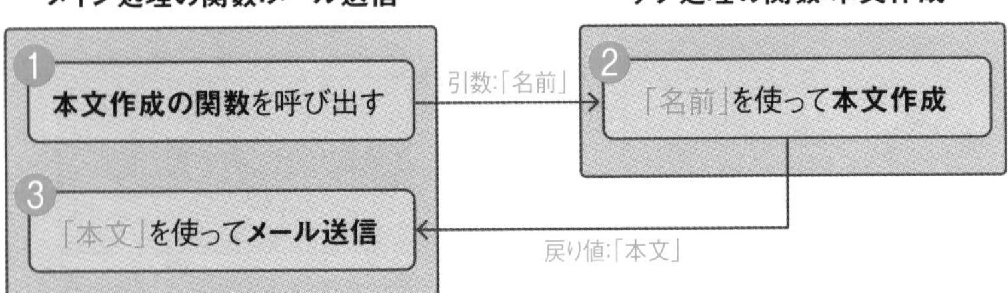

構文

```
function 関数名(仮引数1,仮引数2…) {
  // 処理内容
    return 戻り値;
}
```

引数は、関数名の後ろの丸括弧内に指定します。複数ある場合は、カンマ区切りで記述します。戻り値は、return文の後ろに指定します。戻り値がない場合は、return文を省略します。return文以降の処理は実行されないため、基本的には処理の最後にreturn文を記述します。

例文

2-i.gs 引数と戻り値

```
/**
 * メール送信処理
 */
function sendMail() {
  const name = 'Manabu';
  const body = createBody_(name);
  console.log(body); // 実行ログ：こんにちは。Manabuさん！
  GmailApp.createDraft('xxx@gas.com','test',body);
}

/**
 * 引数の値を埋め込み本文作成
 * @param {string} name - 名前
 * @return {string} 本文
 */
function createBody_(name) {
  const body = `こんにちは。${name}さん！`;
  return body;
}
```

解説

メール送信用の関数が「sendMail()」、本文作成用の関数が「createBody_()」です。createBody_()に名前を引数で渡して、本文を生成します。本文は戻り値として受け取ります。

sendMail()で、戻り値をbodyに格納しています。bodyの値は、引数で渡した名前が入った「こんにちは。Manabuさん！」となります。次図は例文のフロー図です。

図2-49 例文のフロー

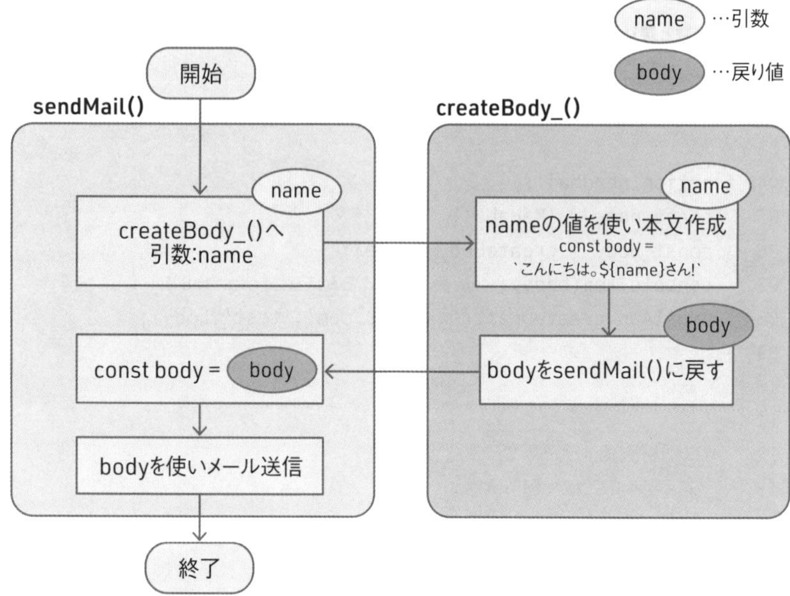

Column プライベート関数

1つのプロジェクト内で複数の関数を宣言すると、スクリプトエディタ上の関数選択タブに複数表示されます。関数名の最後にアンダースコア（_）を付けることでプライベート関数となり、関数選択タブに表示されなくなります。

一般的に、サブの処理を記述している呼び出し専用の関数を、プライベート関数にします。視覚的にも、どの処理がメインなのかサブなのかがわかり、可読性の向上にもつながります。

図2-50 プライベート関数

▷実行 デバッグ sendMail ▼ 実行ログ ／ sendMail / createBody

```
function sendMail() {
  const name = 'Manabu';
  const body = createBody_(name);
  GmailApp.sendEmail('xx@gas.com', 'test', body);
}

function createBody(name) {
  const body = `こんにちは。${name}さん！`;
  return body;
}
```

どちらも通常の関数宣言のため、関数選択タブに表示される

▷実行 デバッグ sendMail ▼ 実行ログ ／ sendMail

```
function sendMail() {
  const name = 'Manabu';
  const body = createBody_(name);
  GmailApp.sendEmail('xx@gas.com', 'test', body);
}

function createBody_(name) {
  const body = `こんにちは。${name}さん！`;
  return body;
}
```

プライベート関数createBody_()にすると、関数選択タブ表示されなくなる

実引数と仮引数

実引数（parameter）	関数の呼び出し時に指定する引数
仮引数（argument）	関数宣言時に指定する引数

引数には、**実引数**と**仮引数**があります。とある関数Aから、関数Bを呼び出し時に渡す引数のことを実引数といい、関数Bの定義時に指定する引数のことを仮引数とよびます。

次図のように、2-i.gs 引数と戻り値の例文でいうと、sendMail()からcreateBody_(name)で渡すときのnameが実引数で、function createBody_(name){...}の関数定義時に受け取るときのnameが仮引数になります。例文は、実引数と仮引数の名前が一致していますが、一致させる必要はありません。詳細は、次項目を参照してください。

図2-51 実引数と仮引数

```
function sendMail() {
  const name = 'Manabu';
  const body = createBody_(name);
  GmailApp.sendEmail('xx@gas.com', 'test', body);
}

function createBody_(name) {
  const body = `こんにちは。${name}さん！`;
  return body;
}
```

実引数
呼び出し時に指定する引数

仮引数
関数定義時に指定する引数

69 [2-44]

関数

引数の5つのポイント

デフォルト引数，可変長引数，残余引数（レストパラメータ）

引数の特徴

1. 実引数と仮引数の名前は一致する必要はない
2. 引数は順番に渡される
3. 仮引数と実引数の数は一致しなくてもよい
4. 仮引数に初期値をセットすることができる（デフォルト引数）
5. 数が定まっていない引数（可変長引数）を配列で渡すことができる（残余引数、レストパラメータ）

それぞれの特徴を例文で確認しましょう。

特徴① 実引数名と仮引数名の不一致

2-i.gs 引数特徴①

```
function myFunction2_i1() {
  const a = 1;
  const b = 2;
  const c = 3;
  myFunction2_i2_(a,b,c);
}

function myFunction2_i2_(x,y,z) {
  console.log(x,y,z); // 実行ログ：1,2,3
}
```

解説

実引数はa,b,c、仮引数はx,y,zと名前が異なっても問題なく値が渡されています。

特徴② 引数の順次渡し

2-i.gs 引数特徴②

```
function myFunction2_i3() {
  const a = 1;
  const b = 2;
  const c = 3;
  myFunction2_i4_(c,b,a);
}

function myFunction2_i4_(x,y,z) {
  console.log(x,y,z); // 実行ログ：3,2,1
}
```

解説

実引数をc,b,aの並びで渡すと、仮引数x,y,zはc,b,aに対応した値を受け取り、ログは3,2,1と出力されています。順番に値が渡されていることがわかります。

特徴③ 実引数と仮引数の数不一致

2-i.gs 引数特徴③

```
function myFunction2_i5() {
  const a = 1;
  const b = 2;
  const c = 3;
  myFunction2_i6_(a);
}

function myFunction2_i6_(x,y,z) {
  console.log(x,y,z); // 実行ログ：1 undefined undefined
}
```

解説

実引数は1つ、仮引数は3つ指定すると、設定していない仮引数の値は「undefined」が出力されています。このように、仮引数と実引数の数は一致しなくてもエラーにはなりません。

Note

undefinedは値が未定義のときに出力される値です。undefinedとnullの違いとしては、意図的かどうかです。開発者が意図的に「値は空である」と伝えたい場合にはnullを使います。

特徴④デフォルト引数

2-i.gs 引数特徴④

```
function myFunction2_i7() {
  const a = 1;
  myFunction2_i8_(a);
}

function myFunction2_i8_(x=10, y=20, z=30) {
  console.log(x,y,z); // 実行ログ：1 20 30
}
```

解説

デフォルト引数は、仮引数に指定できる初期値です。例文では、実引数としてaのみ渡すと、2,3番目の仮引数はデフォルト引数の値が出力されています。デフォルト引数は、実引数が渡ってこないことに備えて設定しておくことが一般的です。

特徴⑤残余引数（レストパラメータ）

2-i.gs 引数特徴⑤

```
// 引数特徴⑤
function myFunction2_i9() {
  const a = 1;
  const b = 2;
  const c = 3;
  const d = 4;
  myFunction2_i101_(a, b, c, d);
  myFunction2_i102_(a, b, c, d);
}

// 残余引数①
```

```
function myFunction2_i101_(...args) {
  console.log(args); // 実行ログ：[ 1, 2, 3, 4 ]
}
// 残余引数②
function myFunction2_i102_(a, b, ...args) {
  console.log(a, b, args); // 実行ログ：1 2 [ 3, 4 ]
}
```

解説

可変長の引数は、**残余引数**または**レストパラメータ**という構文（ ... ）で配列として渡すことができます。例文の残余引数①では、abcの値すべて残余引数で渡しています。残余引数は文字通り「残りの余っている引数」のため、例文の残余引数②のように、単体の仮引数と組み合わせて記述することもできます。この場合、残余引数は仮引数の最後に設定することが必須です。

70
[2-45]

関数

関数式（関数リテラル）

無名関数（匿名関数），即時関数

構文

```
function(引数1, 引数2…) {
  // 処理内容
}
```

関数式または関数リテラルは、関数名を省略して記述することができます。**無名関数**や**匿名関数**ともよばれます。

関数式は、オブジェクトのプロパティの値にしたり、引数として渡したりと、式の中で用いることができます。また、変数に代入して使うこともできます。

Note

関数は、プリミティブ型でなくオブジェクト型に分類されます。そのため、変数に格納したり、オブジェクトの要素にすることができるのです。関数は実行可能なオブジェクトであるという概念は重要です。

特徴

① 関数名を省略できる

関数名を省略すると、無名関数や匿名関数とよばれます。この特徴は、関数宣言との大きな違いです。

② 文末にセミコロン（;）をつける

関数式は、「式」のため、文末であることを表すセミコロンが必要です。

③ 関数定義の重複が避けられる

関数を変数に代入するため、同じ変数名での再宣言はできません。関数宣言の場合、関数名が重複してもエラーにはなりません。

④ ホイスティングが起こらない

ホイスティング（巻き上げ）が起こらないため、定義前に関数式を使うことはできません。

⑤ 即時関数となる

定義すると同時に実行できる関数式を**即時関数**とよびます。関数式は、即時関数として実行させることも可能です。

例文

2-i.gs 関数式

```
function myFunction2_i11() {
  const greeting = function (name) {
    return `こんにちは！${name}さん`;
  }
  console.log(greeting('Manabu'));
  // 実行ログ：こんにちは！Manabuさん
}
```

解説

nameという引数を持つ関数式です。戻り値は引数を使って作成する「`こんにちは！${name}さん`」です。functionの後に関数名が省略されていることがわかります。関数式を呼び出すには、変数名に()をつけます。

71
[2-46]

関数

アロー関数

コールバック関数

構文

```
(引数1,引数2) => {
  // 処理内容
}
```

アロー関数とは、関数式の省略記法のことです。ES6からの記法です。

アロー関数では、その名の通り矢の記号（ => ）を使い、引数と処理内容を区切ります。functionキーワードは使いません。

例文

2-i.gs アロー関数

```
const greeting = (name) => {
  return `こんにちは！${name}さん`;
}

console.log(greeting('Manabu'));
// 実行ログ：こんにちは！Manabuさん
```

解説

関数式の例文「2-i.gs 関数式」をアロー関数で記述しています。引数が1つの場合のみ、さらに()を省略でき、また、処理内容がreturn文のみの場合は、returnキーワードと波括弧も省略可能です。

例文のアロー関数をさらに省略した場合、「const greeting = name => `こんにちは！${name}さん`;」と記述することができます。このように、アロー関数はコードの記述量を格段に減らすことができます。

引数がない場合は、丸括弧のみ記述します。
例：「const greeting = () => 'こんにちは！'」

注意点

アロー関数とfunctionキーワードを使った関数宣言、関数式の大きな違いとして、thisを束縛しないという点があげられます。これは主にアロー関数をクラスで利用する際に注意が必要になる内容です。

thisを束縛しない	関数が定義された環境のthisキーワードの値を継承します
prototypeプロパティを持たない	クラス用のコンストラクタ関数としては利用できません

コールバック関数

関数は実行可能なオブジェクトのため、引数にすることができます。引数に設定した関数のことを、コールバック関数とよびます。コールバック関数は、渡された先の関数内で実行されます。

配列の反復メソッドであるforEach()やmap()の引数にコールバック関数が使われます。また、アロー関数と組み合わせてシンプルに記述できます。

72
[2-47]

クラス

クラスの理解

オブジェクト指向，OOP，プロパティ，メソッド，インスタンス化，インスタンス

オブジェクト指向とクラス

クラスを理解するにあたって避けて通れないのがオブジェクト指向プログラミング（Object Oriented Programing 略してOOP）です。OOPは、プログラムの作り方の1つです。その方法は、データの集合体とそのデータに対する処理をオブジェクトという1つのまとまりとして扱い、それらを組み合わせてプログラムを記述するというものです。オブジェクトの設計図となるのがクラスです。

OOPは、仕様変更時に柔軟な対応ができたり、再利用しやすいことから、効率的な開発の手法とされています。一般的には、大規模なアプリケーションの開発などに利用するため、GASで記述する中小規模のプログラムでは利用することはあまり多くありません。ただし、JavaScriptだけでなく他のプログラミング言語においても、OOPの理解は不可欠です。

オブジェクト指向プログラミングの基本概念には、クラス（カプセル化）の他に、継承、ポリモーフィズムがあります。本書では、クラスを中心に扱います。

クラスの定義

一言にクラスとは、生成したいオブジェクトのひな型が定義されたものです。次図は、名前、年齢、職業の属性（プロパティ）と、自己紹介をする処理と、20歳以下の判定をする処理が定義されたクラスのイメージです。この時点では、ひな型のみ準備されているため、もちろん値は何も入っていない空の状態です。オブジェクトは値である属性（プロパティ）だけではなく、関数のような実行可能な処理（メソッド）を定義することもできます。

図2-52 クラスのイメージ

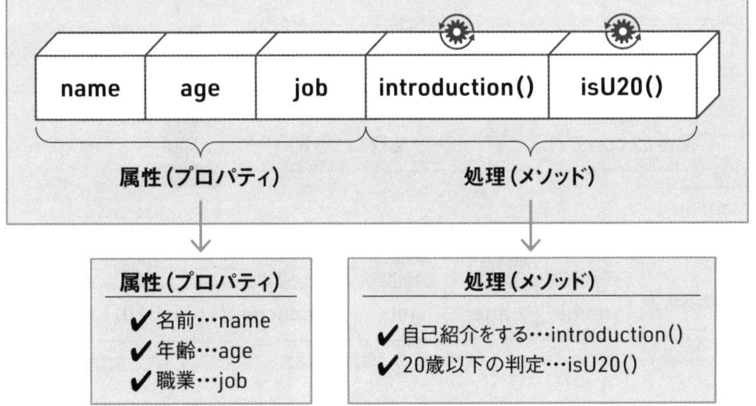

クラスからオブジェクト生成

前図のクラスからオブジェクトを生成します。次図のように、クラスに対して、それぞれ属性の値（Manabu, 30, sales）を渡すと、クラスで定義されたひな型でオブジェクトが生成されます。

このように、クラスから新しいオブジェクトを生成することを**インスタンス化**、インスタン化により生成されたオブジェクトを**インスタンス**とよびます。

インスタンス化	クラスから新しいオブジェクトを生成すること
インスタンス	インスタンス化により新しく生成されたオブジェクトのこと

図2-53 クラスからオブジェクト生成

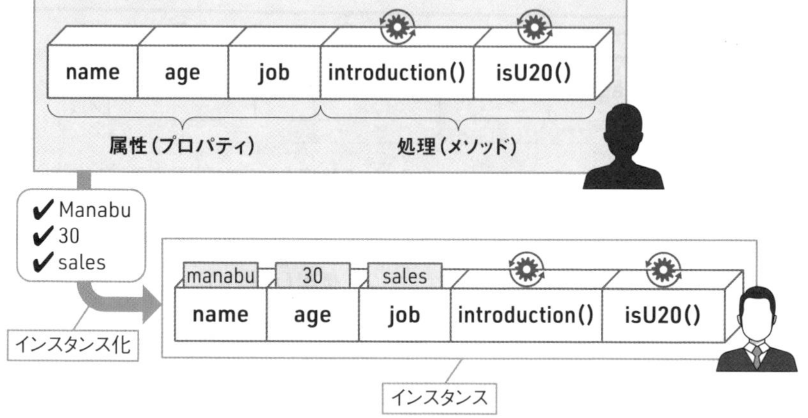

Column ES6で追加されたクラス構文

JavaScriptは初期のバージョンからクラス同等のことができました。しかしそれは、クラス構文使った記述方法ではありませんでした。JavaScriptはES6からクラス構文が追加され、それにより、これまでの記述方法よりかんたんにクラスを作成できるようになったのです。

どのプログラミング言語にもクラスは存在しますが、言語によってその構造の違いがあります。JavaScriptはその特徴からプロトタイプベースのオブジェクト指向とよばれています。

73 [2-48] class

クラス

構文

```
class クラス名 {
  // クラスを定義
}
```

クラスを定義するためには、classキーワードを使います。クラス名は、関数名のように、何を定義するクラスなのかがわかるように命名します。また、一般的に頭文字を大文字にする**パスカル記法**を使います。

ここから、前図のイメージをコードにしてみます。

例文

2-j.gs クラス

```
function myFunction2_j1() {
  class Person {
    // 定義のみ
  }
}
```

解説

classキーワードを使って、Personという名前のクラスを定義しています。次に、クラスにプロパティ（nameやageなどの属性）を定義してみましょう。プロパティの定義にはコンストラクタという関数を使います。

74 [2-49] クラス

コンストラクタとnew演算子

constructor(), new

概要

コンストラクタとは、新しく生成するオブジェクトを初期化する関数です。コンストラクタ関数ともよばれます。コンストラクタは、**new演算子**を使って呼び出すことができます。呼び出した際に新しいオブジェクトが生成され、その後、コンストラクタにより新しいオブジェクトが初期化されます。これがいわゆる**インスタンス化**です。

構文

```
constructor(仮引数1,仮引数2,…) {
  // 処理
}
```

コンストラクタ関数は、classキーワードで定義したクラスの中で記述します。仮引数は、new演算子で呼び出す際に設定する実引数を順番に受け取ります。下記はnew演算子の構文です。

```
new クラス名(実引数1,実引数2...)
```

例文

2-j.gs コンストラクタ関数

```
function myFunction2_j2() {
  class Person {
    constructor(name, age, country) {

    }
  }

```

```
const person1 = new Person('Manabu', 30, 'Japan');
console.log(person1); // 実行ログ：{}
}
```

解説

name, age, countryを仮引数にしたコンストラクタ関数を記述しています。new演算子の実引数には、「name, age, country」に対応する値、「'Manabu', 30, 'Japan'」を設定しています。new演算子で新しいオブジェクトを生成（インスタンス化）していますが、実行ログで確認できる新しいオブジェクトの中身は空であることがわかります。

中身を作るために、次の項目で解説するthisキーワードを使います。

75 [2-50] this

クラス

構文

```
this.プロパティ名 = 値
```

thisは呼び出し元への参照を保持するJavaScriptの特殊なキーワードです。クラスのコンストラクタ関数内で利用すると、新しく生成されるオブジェクト（インスタンス）を参照します。

このthisの参照を使って、プロパティを生成します。プロパティ名とその値は、オブジェクトの値を代入する記法である、ドット記法を使います。

例文

2-j.gs this

```
function myFunction2_j3() {
  class Person {
    constructor(name, age, job) {
      this.name = name;
      this.age  = age;
      this.job  = job;
    }
  }

  const person1 = new Person('Manabu', 30, 'sales');
  console.log(person1);
  // 実行ログ：{ name: 'Manabu', age: 30, job: 'sales' }
}
```

解説

新しく生成されたオブジェクト（インスタンス）に対して、new演算子で渡されてきた実引数の値をthisを使い代入（インスタンス化）していることがわかります。インスタンスは、{ name: 'Manabu', age: 30, job: 'sales' }です。

76 [2-51] クラスのメソッド定義

クラス

構文

```
メソッド名(仮引数1, 仮引数2…) {
  // 処理
}
```

メソッド定義は、「53(2-28) オブジェクトのメソッド定義」の構文と同じです。

メソッド内では、thisキーワードを使うことができます。この場合のthisの参照先は、コンストラクタ関数内のときと同様、新しく生成されたオブジェクトです。

Column クラスのメソッド定義にアロー関数は使える?

クラスのメソッド定義にアロー関数を使うことは良いとされていません。理由は、thisの参照先は、関数が定義された環境のグローバルスコープであるからです。つまり、クラスでアロー関数を使う場合、thisの参照先が期待したものと異なります。クラスではアロー関数は利用しない方が良い、ということを覚えておきましょう。

例文

2-j.gs メソッド定義

```
function myFunction2_j4() {
  class Person {
    constructor(name, age, job) {
      this.name = name;
      this.age  = age;
      this.job  = job;
    }

    introduce() {
      return `私は${this.name}です。職業は${this.job}です。`;
```

```
    }

    isU20() {
      return this.age <= 20;
    }
  }

  const person1 = new Person('Manabu', 30, 'sales');
  console.log(person1);
  // 実行ログ：{ name: 'Manabu', age: 30, job: 'sales' }
  console.log(person1.introduce());
  // 実行ログ：私はManabuです。職業はsalesです。
  console.log(person1.isU20()); // 実行ログ：false
}
```

解説

クラスに、introduce()とisU20()という2つのメソッドを定義しています。

introduce()は、this.nameとthis.ageを使った自己紹介の挨拶文が戻り値です。isU20()は、this.ageから20歳以下であればtrue、そうでなければfalseを返します。

呼び出す際は、インスタンスを格納した変数名にドット繋ぎでメソッド名を記述し、メソッド名の後には必ず丸括弧を付けます。

77
[2-52]

クラス

プロトタイプ

prototype

概要

プロトタイプとは、JavaScriptの基本的な仕組みの1つで、オブジェクトが持つ特別なプロパティです。JavaScriptでは、オブジェクトに属するデータは、すべてprototypeプロパティを持っています。そのため、JavaScriptはプロトタイプベースのオブジェクト指向言語とよばれています。

プロトタイプは、**継承**という概念を持ち、あるオブジェクトから他のオブジェクトへプロトタイプのメソッドやプロパティを引き継ぐような振る舞いができます。この振舞いにより、クラスでどのような役割を果たしているか確認しましょう。

役割

クラスにメソッドを定義すると、そのメソッドは、**prototypeプロパティ**へ追加されます。クラスを使い、新しく生成されたオブジェクト（インスタンス）は、prototypeプロパティのメソッドを複製しているわけではなく、参照を保持します。そのため、インスタンスからメソッドを呼び出した際には、次図のように、あたかもそのインスタンスがメソッドを持っているかのような振舞いをします。これが、プロトタイプの継承という概念です。

クラスのプロパティは、インスタンスごとに異なる値を持つため、メモリ容量を割り当てて値を保持する必要がありますが、メソッドはすべてのインスタンスが同じ内容のため、複製の必要性がありません。プロトタイプのおかげで、逐一メソッドの複製を作成する必要がなく、無駄なメモリの消費を回避することができるのです。

▼図2-54 prototypeプロパティ

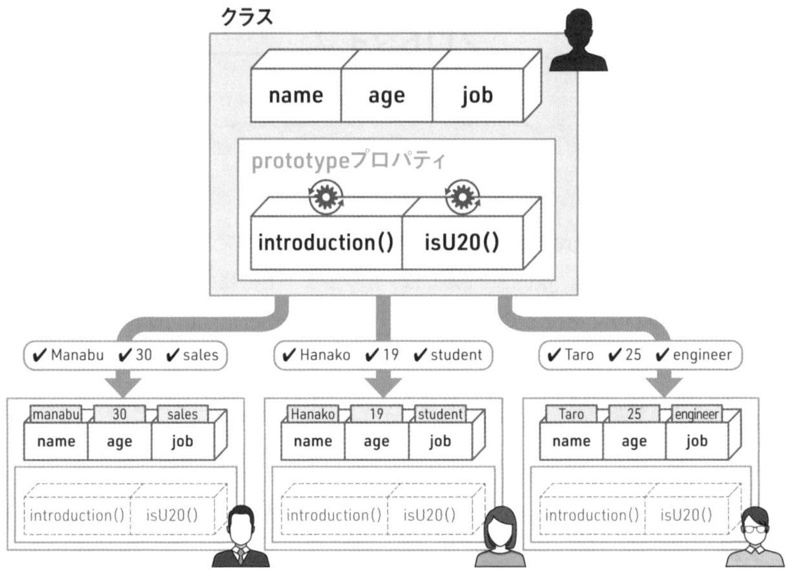

prototypeプロパティの確認方法

次図のように、prototypeプロパティは、実際にスクリプトエディタのデバッグ画面より確認できます。

「>Person」を開くと、「>prototype」があらわれます。これが、prototypeプロパティです。「>prototype」を開くと、「>constructor」「>introduce」「>isU20」があらわれます。これが、Personが持つptrototypeプロパティのメソッドであることがわかります。

図2-55 prototypeプロパティの確認

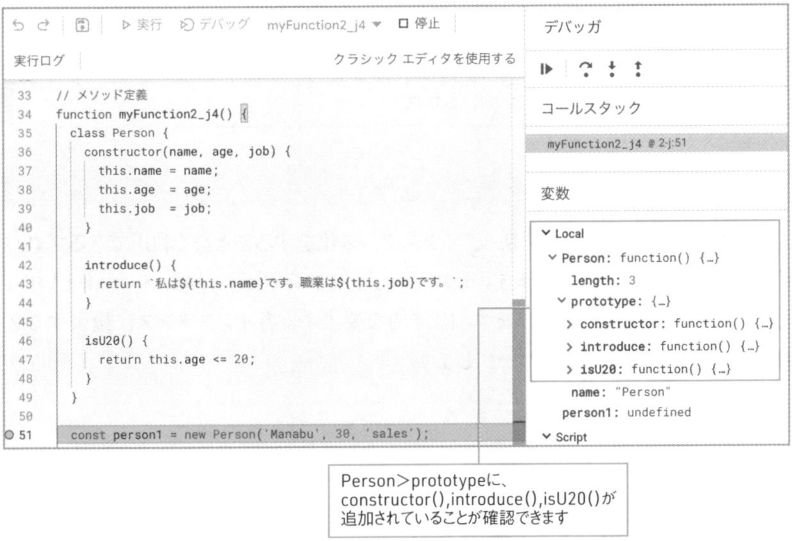

実行 デバッグ myFunction2_j4 停止

実行ログ クラシック エディタを使用する

```
// メソッド定義
function myFunction2_j4() {
  class Person {
    constructor(name, age, job) {
      this.name = name;
      this.age  = age;
      this.job  = job;
    }

    introduce() {
      return `私は${this.name}です。職業は${this.job}です。`;
    }

    isU20() {
      return this.age <= 20;
    }
  }

  const person1 = new Person('Manabu', 30, 'sales');
```

デバッガ

コールスタック

myFunction2_j4 @ 2-j:51

変数

```
Local
  Person: function() {…}
    length: 3
    prototype: {…}
      > constructor: function() {…}
      > introduce: function() {…}
      > isU20: function() {…}
    name: "Person"
  person1: undefined
Script
```

Person＞prototypeに、constructor(),introduce(),isU20()が追加されていることが確認できます

Column ES6より前のメソッド定義方法

ES6より前のバージョンでは、クラスにメソッドを定義する際は、クラス名.prototype.メソッド名 = function(){//処理内容}という記述方法をしていました。prototypeにメソッドを追加していることが構文をみてもわかります。

ES6で追加されたクラス構文により、このような記述をする必要がなくなりました。メソッド名(){//処理内容}で定義でき、さらに自動的にprototypeプロパティへの追加をしてくれるようになったのです。前の記述方法をみると、ES6のクラス構文のありがたみがわかります。

78
[2-53]

クラス

静的メンバー

静的プロパティ , 静的メソッド , static

概要

静的メンバーとは、newを使ってインスタンス化をすることなく利用できるプロパティやメソッドのことをさします。それぞれ、**静的プロパティ**、**静的メソッド**といい、総称して**静的メンバー**とよびます。固定的な要素や、各インスタンスに複製する必要のないデータを静的メンバーにします。

構文

静的プロパティ定義構文

```
クラス名.プロパティ名 = 値
```

静的メソッド定義構文

```
static メソッド名(仮引数1,仮引数2,...) {
  // 処理
}
```

それぞれの呼び出し方は、「クラス名.プロパティ名」「クラス名.メソッド名(仮引数1,仮引数2,...)」のように、インスタンスからではなく、クラスそのものから呼び出します。

例文

2-j.gs 静的メンバー

```
function myFunction2_j5() {
  class Person {
    constructor(name, age, job) {
      this.name = name;
      this.age  = age;
```

```
      this.job  = job;
    }
    // 静的メソッド
    static greeting(name) {
      return `${name}さん、こんにちは！`;
    }
  }
  // 静的プロパティ
  Person.country = 'Japan';

  console.log(Person.country);
  // 実行ログ：Japan
  console.log(Person.greeting('Hanako'));
  // 実行ログ：Hanakoさん、こんにちは！
}
```

解説

staticキーワードを使い、greeting()という静的メソッドと、countryという静的プロパティを定義しています。それぞれ、クラス名Personから呼び出していることがわかります。

また、静的メソッドは、prototypeプロパティへは追加されません。インスタンスメソッドにする必要のない処理を静的メソッドにすることで、処理効率が良くなります。

79 [2-54] クラス

クラス活用例

概要

GASを使った実務でクラスを活用できる場面を考えてみます。クラスを活用できる前提として、1つは**属性情報（プロパティ）**を扱うことと、もう1つはその属性情報を利用した**複数の処理（メソッド）**を行うことがあげられます。

ここでは属性情報に応じた内容でメールを作成するという処理をクラスで記述してみます。

作成するクラスのイメージ

利用するデータ

利用するデータは、次図のように、スプレッドシートに記載された情報です。これらをプロパティに利用します。

図2-56 クラス利用属性データ

	A	B	C	D	E
1	氏名	居住地	年齢	メールアドレス	
2	賀須　学	東京都	30	aaa@gas.com	
3	山田　太郎	大阪府	23	bbb@gas.com	
4	佐藤　花子	福岡県	39	ccc@gas.com	
5					
6					

定義するメソッド

① 件名作成（createSubject()）

・年齢属性が30歳未満・・・「（都道府県属性）にお住まいの20代の方へ」
・それ以外の方　　　　・・・「（都道府県属性）にお住まいの30代の方へ」

という件名を作成するメソッドを定義します。

なお、データは20～30代の情報のみと仮定します。

② **本文作成（createBody()）**
「こんにちは！（氏名属性）さん」という本文を作成するメソッドを定義します。

③ **スプレッドシートのデータ取得（getData()）**
スプレッドシートの情報を取得する処理は静的メソッドで定義します。

次図は作成するクラスのイメージです。

図2-57 例文クラスイメージ

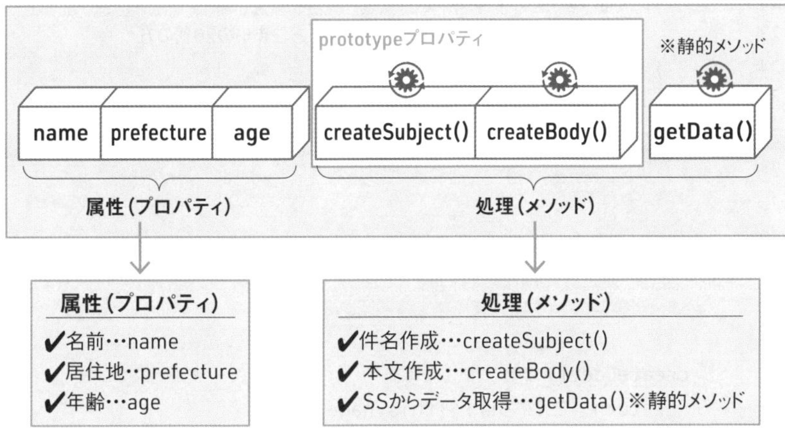

例文

class.gs クラス活用例

```
function myClass() {

  class Person {
    /**
     * 属性情報に関するコンストラクタ
     * @constructor
     * @param {string} name       - 名前
     * @param {string} prefecture - 都道府県
     * @param {number} age        - 年齢
```

```
   */
  constructor(name, prefecture, age) {
    this.name = name,
    this.prefecture = prefecture,
    this.age = age
  }

  /**
   * 件名作成のメソッド
   * @return {string} 年齢属性によって異なる件名
   */
  createSubject() {
    if (this.age < 30) {
      return `${this.prefecture}にお住まいの20代の方へ`;
    } else {
      return `${this.prefecture}にお住まいの30代の方へ`;
    }
  }

  /**
   * 本文作成のメソッド
   * @return {string} メール本文
   */
  createBody() {
    return `こんにちは！${this.name}さん`;
  }

  /**
   * スプレッドシートの情報を取得するメソッド
   * @return {Object} シートのデータ（二次元配列）
   */
  static getData() {
    const sh = SpreadsheetApp.getActiveSheet();
    const records = sh.getDataRange().getValues();
    records.shift();
    return records;
  }
}
```

```

  // スプレッドシートの情報取得
  const records = Person.getData();

  // 二次元配列の情報から配列要素を1つずつ処理
  for (const record of records) {
    // インスタンス化
    const person = new Person(record[0], record[1], record[2]);
    console.log(person);
    // 実行ログ：
    // （1周目）
    // { name: '賀須　学', prefecture: '東京都', age: 30 }
    // （2周目）
    // { name: '山田　太郎', prefecture: '大阪府', age: 23 }
    // （3周目）
    // { name: '佐藤　花子', prefecture: '福岡県', age: 39 }

    // 件名作成メソッド
    const subject = person.createSubject();
    console.log(subject);
    // 実行ログ：
    // （1周目）東京都にお住まいの30代の方へ
    // （2周目）大阪府にお住まいの20代の方へ
    // （3周目）福岡県にお住まいの30代の方へ

    // 本文作成メソッド
    const body = person.createBody();
    console.log(body);
    // 実行ログ：
    // （1周目）こんにちは！賀須　学さん
    // （2周目）こんにちは！山田　太郎さん
    // （3周目）こんにちは！佐藤　花子さん

    // 各処理で取得した情報を元にメール下書き処理
    GmailApp.createDraft(record[3], subject, body);
  }
}
```

解説

スプレッドシートから取得する情報は二次元配列のため、for…of文で1行1行取り出し、値からインスタンス化をします。また、for…of文の中でメソッドを呼び出し、メールに必要な情報を作成できたら、それらを使いメールの下書きを作成しています。

実行の結果、次図のようなメールが下書き作成されます。

図2-58 実行結果：下書きメール

クラス利用シーン

クラスを利用するメリットは、複数のプロパティや処理（メソッド）をひとまとめにできるという点です。複数の関数が存在するスクリプトは、引数や戻り値のやりとりが多く、複雑になるため、可読性も下がってしまいます。

初めのうちはオブジェクト指向やクラスの概念が難しく感じるかもしれません。まずは、例文のように、3つ程度の関数を使ってクラス構文を作成してみると理解が深まります。可読性が良く、処理速度も速いため、効率的な記述であると感じるでしょう。

80 [2-55] ES6の記法

ES6

記法一覧

本章初めに触れた通り、JavaScriptのES6は次世代JavaScriptとよばれ、新しい機能が多く追加されたバージョンとなりました。ここではES6から使えるようになった新機能について解説しています。

また、ES6の新機能は非常に多くあるため、本書ではよく利用する機能に限定して紹介しています。ここでは、これまで触れていない、**テンプレートリテラル**、**スプレッド構文**、**分割代入**を詳しく見ていきます。

図2-59 ES6新機能一覧（一部）

機能名	構文	説明
変数/定数宣言	let/const	変数宣言（let）定数宣言（const）の構文
繰り返し処理	for...of文	反復可能オブジェクトの繰り返し処理を行う構文
シンボル型	Symbol	データ型の一種で、一意な値
デフォルト引数	（仮引数=値）	仮引数のデフォルト値をセットできる
可変長引数 （残余引数、レストパラメーター）	（...仮引数）	数が定まっていない引数（可変長引数）を配列で渡すことができる
クラス構文	class	コンストラクタ関数をクラス記法で記述できる構文
アロー関数	=>	無名関数の省略記法
テンプレートリテラル	`文字${変数名}`	文字列の中に変数を埋め込むことができる記法
スプレッド構文	...配列名orオブジェクト名	配列やオブジェクトの要素を展開する構文
分割代入	const [変数1,変数2,…] = 配列orオブジェクト	配列やオブジェクトの要素を対応する変数に代入する構文

81 [2-56] スプレッド構文 ES6

構文

```
...配列名
...オブジェクト名
```

スプレッド構文は、配列の要素や、オブジェクトのプロパティを展開します。例文のように、配列の複製や結合などもかんたんにできます。また、書き方が残余引数と似ていますが、挙動は異なります。

例文

2-k.gs スプレッド構文

```
function myFunction2_k1() {
  // 配列
  const array = [1,2,3];
  console.log(...array); // 実行ログ：1 2 3

  // 複製
  const arrayCopy = [...array];
  console.log(arrayCopy);
  // 実行ログ：[ 1, 2, 3]

  // 要素を追加して新しい配列生成
  const arrayAdd = [...array,4,5];
  console.log(arrayAdd);
  // 実行ログ：[ 1, 2, 3, 4, 5]

  // 配列を結合
  const array2 = ['a', 'b', 'c'];
  const arrayJoin = [...array,...array2];
  console.log(arrayJoin);
  // 実行ログ：[ 1, 2, 3, 'a', 'b', 'c' ]

```

```
  // オブジェクト
  const obj = {name:'Manabu', age:30};

  // 複製
  const objCopy = {...obj};
  console.log(objCopy);
  // 実行ログ：{ name: 'Manabu', age: 30}

  // プロパティを追加して新しいオブジェクト生成
  const objAdd = {...obj,job:'sales'};
  console.log(objAdd);
  // 実行ログ：{ name: 'Manabu', age: 30, job: 'sales' }

  // オブジェクトの結合
  const obj2 = {job:'sales', country:'Japan'};
  const objJoin = {...obj,...obj2};
  console.log(objJoin);
  // 実行ログ：
  // { name: 'Manabu',
  //   age: 30,
  //   job: 'sales',
  //   country: 'Japan' }
}
```

解説

スプレッド構文で、展開、複製、要素追加、結合を行っています。

特にスプレッドシートのデータを二次元配列で扱うことが非常に多いため、一次元配列にしたい場合や、データを結合したい場合にスプレッド構文を利用することが多くあります。

また、オブジェクトの複製については、正確には参照の共有となります。詳細は、「34(2-9) プリミティブ型とオブジェクト型」を参照してください。

82 [2-57] テンプレートリテラル

ES6

構文

`` `文字列${変数名}文字列` ``

テンプレートリテラルを使うと、文字列の中に変数を埋め込むことができます。また、エスケープシーケンスを使わず、スクリプト内で表現した改行がそのまま反映されます。

文字列を囲む記号には、**バッククォート(`)**を使います。シングルクォーテーション(')やダブルクォーテーション(")ではないので注意しましょう。

例文

2-k.gs テンプレートリテラル

```
function myFunction2_k2() {
  const name = 'Manabu';

  // テンプレートリテラルなし
  console.log('Hello!'+ name + 'さん');
  // 実行ログ：Hello!Manabuさん
  console.log('改行を\nします');
  // 実行ログ：改行を
  //           します

  //テンプレートリテラルあり
  console.log(`Hello!${name}さん`);
  // 実行ログ：Hello!Manabuさん
  console.log(`改行を
します`);
  // 実行ログ：改行を
  //           します
}
```

解説

テンプレートリテラルを使わない場合、変数と文字列を結合演算子（ + ）で繋ぐ必要があります。テンプレートリテラルの場合は、文字列をバッククォート（ ` ）で囲い、${変数名}と記述すれば変数を埋め込むことができます。改行については、スクリプトの中で行った改行がそのまま改行として認識されますが、インデントが入れられないため、可読性を考えて利用しましょう。。

83 [2-58] 分割代入

ES6

構文

```
[変数名1, 変数名2…] = 配列
{プロパティ名1, プロパティ名2…} = オブジェクト
{プロパティ名1:変数名1, プロパティ名2:変数名2…} = オブジェクト
```

分割代入とは、配列やオブジェクトの要素を対応する変数に代入する構文です。変数宣言が多い場合や、配列に格納されている値をすべてではないが変数宣言したいという場合に非常に便利です。配列とオブジェクトで少し挙動が異なりますので確認してみましょう。

例文

2-k.gs 分割代入

```
function myFunction2_k3() {

  const array = [1,2,3,4,5];
  // 配列の要素をすべて変数に代入する
  const [a,b,c,d,e] = array;
  console.log(a,b,c,d,e); // 実行ログ：1 2 3 4 5
  // 一部の要素のみを変数に代入する
  const [f,g,,,h] = array;
  console.log(f,g,h);//実行ログ：1 2 5

  const obj = { name: 'Manabu', age: 30, job: 'engineer' };
  // オブジェクトのプロパティ名を変数にする
  const {name, age, x} = obj;
  console.log(name, age, x); // 実行ログ：Manabu 30 undefined
  // 新しい変数名にする
  const {name:aaa, age:bbb, job:ccc} = obj;
  console.log(aaa, bbb, ccc); // 実行ログ：Manabu 30 engineer
}
```

解説

配列の要素を一括して、「a,b,c,d,e」という変数に代入しています。[f,g,,,h]と記述することで、一部の要素のみ変数に代入することもできます。

オブジェクトの分割代入の場合、プロパティ名が変数名になります。存在しないプロパティ名を設定すると、値はundefinedになります。また、プロパティ名ではなく新しい変数名にして代入したい場合は、{プロパティ名:新しい変数名}のように記述します。

3
Spreadsheet

本章では、スプレッドシートをより便利に活用するためのリファレンスを解説しています。冒頭の「Spreadsheetサービスの理解」でサービス概要を確認した上で、スプレッドシートに対してGoogle Apps Scriptでどのようなことができるか確認していきましょう。

例文スクリプト確認方法

以下フォルダのスプレッドシートをコピー作成して、コンテナバインドスクリプトより例文スクリプトを確認してください。

格納先

```
SampleCode >
  03章 Spreadsheet >
    3章 Spreadsheet（スプレッドシート）
```

84 [3-1]

Spreadsheetサービス

Spreadsheetサービスの理解

SpreadsheetAppクラス, Spreadsheetクラス, Sheetクラス, Rangeクラス

Spreadsheetサービス

GASでスプレッドシートを操作するクラスと、そのメンバー（メソッドとプロパティ）を提供するサービスを**Spreadsheetサービス**とよびます。

SpreadsheetAppを**トップレベルオブジェクト**として、スプレッドシートを操作する**Spreadsheetクラス**、シートを操作する**Sheetクラス**、セルを操作する**Rangeクラス**などがあります。

また、各クラスは**階層構造**になっており、配下のオブジェクトを取得するメンバーも用意されています。SpreadsheetAppから順番にたどって、目的のオブジェクトを取得できます。

図3-1 Spreadsheetサービスの主なクラスの階層構造

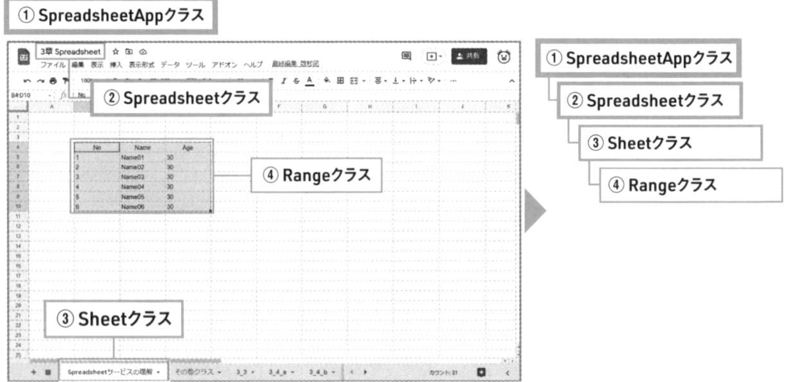

オブジェクトの取得方法

SpreadsheetAppから順番にたどる以外にも、getActiveSheet()のようなActive系メソッドを使って、目的のオブジェクトを取得することもできます。次図はセル範囲（Rangeオブジェクト）の取得を比較しています。Active系のメソッドを利用した方が、コードの記述は短くなります。

ただし、Active系メソッドはスタンドアロンスクリプトから利用することはできません。また、他ユーザーの影響を受けてアクティブ判定が予期せず変わるメソッドもあります。getActiveSpreadsheet()は問題ありませんが、getActiveSheet()やgetActiveRange()は他ユーザーの影響を受けます。

図3-2 Rangeオブジェクト取得の比較

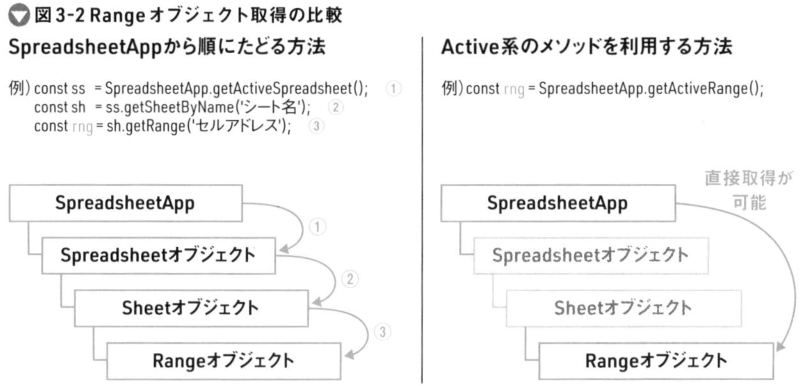

実際にRangeオブジェクトを取得するスクリプトは以下のようになります。次図のようにシートとセル範囲を選択してスクリプトを実行しましょう。前図で解説した方法でRangeオブジェクトが取得できます。

図3-3 スクリプト実行前の画面操作

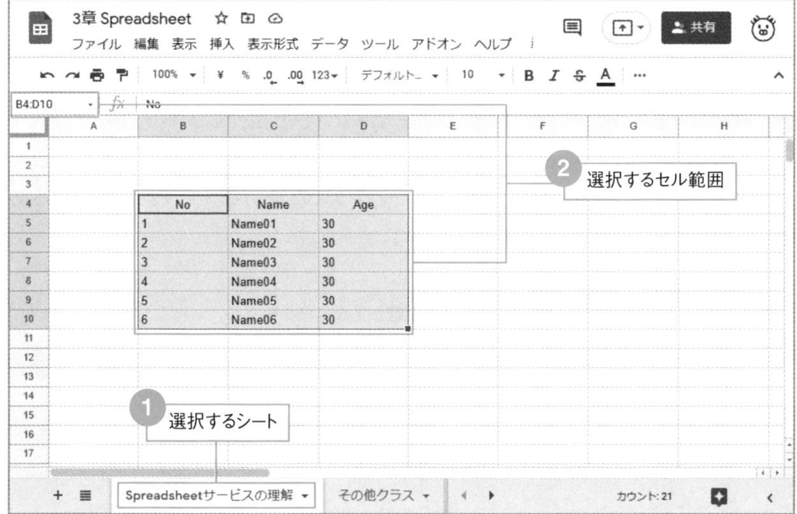

sample.gs Rangeオブジェクト取得の比較

```
function mySample3_a() {

  // SpreadsheetAppから順番にたどる方法
  const ss = SpreadsheetApp.getActiveSpreadsheet();
  Logger.log(ss); // 実行ログ：Spreadsheet
  console.log(ss.getName()); // 実行ログ：3章 Spreadsheet

  const sh = ss.getSheetByName('Spreadsheetサービスの理解');
  Logger.log(sh); // 実行ログ：Sheet
  console.log(sh.getName());
  // 実行ログ：Spreadsheetサービスの理解

  const rng = sh.getRange('B4:D10');
  Logger.log(rng); // 実行ログ：Range
  console.log(rng.getA1Notation()); // 実行ログ：B4:D10

  // Active系メソッドを利用する方法
  const activeRng = SpreadsheetApp.getActiveRange();
  Logger.log(activeRng); // 実行ログ：Range
  console.log(activeRng.getA1Notation());
  // 実行ログ：B4:D10

}
```

クラスとメソッド

一例になりますが、各クラスの役割と主なメソッドを紹介します。

セルの値はSpreadsheetAppから直接扱うことはできません。前述の方法でRangeオブジェクトを取得してから、Rangeクラスの適切なメソッドを選択する必要があります。

図3-4 Spreadsheetサービスの各クラスの役割と主なメソッド

クラス	役割	メソッド（例）	説明
SpreadsheetApp	トップレベルオブジェクト	create()	スプレッドシートの新規作成
		getActiveSpreadsheet()	アクティブスプレッドシートの取得
		getActiveRange()	アクティブセル範囲の取得

Spreadsheet	スプレッドシートの操作	getSheetByName()	名前からシートの取得
		copy()	スプレッドシートのコピー
		deletesheet()	シートの削除
Sheet	シートの操作	getRange()	セル範囲の取得
		activate()	シートのアクティブ化
		deleteRow()	行の削除
Range	**セルの操作**	**getValue()**	**セルの値取得**
		setValue()	**セルへの値入力**
		clear()	**セルのクリア**

その他クラス

Spreadsheetサービスには、前述したクラス以外にも様々なクラスが用意されています。

一例になりますが、グラフの操作は**EmbeddedChartクラス**、セル範囲の保護は**Protectionクラス**、画像の操作は**OverGridImageクラス**、フィルターの操作は**Filterクラス**があります。

これらのクラスも階層構造となっているため、次図のようにSpreadsheetオブジェクトからProtectionオブジェクト、そしてSheetオブジェクトからEmbeddedChartオブジェクト、Filterオブジェクト、OverGridImageオブジェクトを取得できます。Protectionオブジェクトは、Sheetオブジェクトから取得することもできます。

図3-5 その他クラスの階層構造

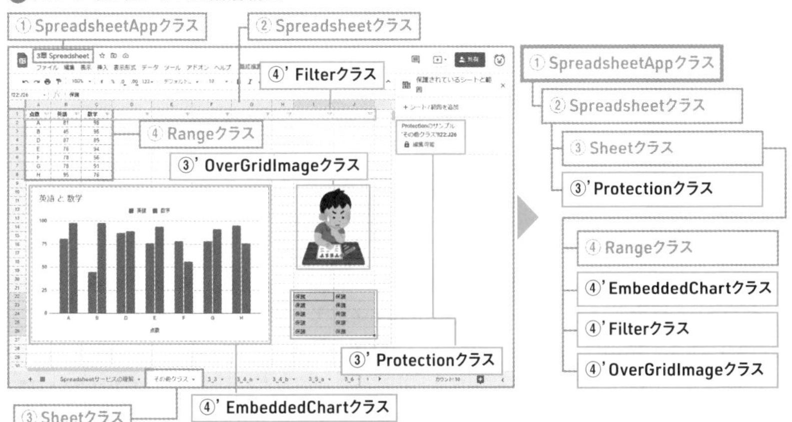

以下スクリプトを実行することで、前図の画像、保護、グラフ、フィルターの各オブジェクトを取得します。実行ログを確認すると、各オブジェクトが取得されていることがわかります。

また、画像、保護、グラフは複数オブジェクトが取得されることもあることから、戻り値は配列です。フィルターはシートに1つのため、戻り値は単一のFilterオブジェクトになります。無償アカウントに限り、初回実行時に「OverGridImageオブジェクト」が正常に実行ログに反映しないことがありますが、2回目以降は、正常に反映します。

sample.gs その他クラス

```
function mySample3_b() {

  // Spreadsheetオブジェクト、Sheetオブジェクト取得
  const ss = SpreadsheetApp.getActiveSpreadsheet();
  const sh = ss.getSheetByName('その他クラス');

  // Spreadsheetオブジェクトからセル範囲の保護取得
  const prRange = SpreadsheetApp.ProtectionType.RANGE;
  const rngPrt  = ss.getProtections(prRange);
  Logger.log(rngPrt); // 実行ログ：[Protection]

  // Sheetオブジェクトからのグラフ、フィルター、画像取得
  const charts = sh.getCharts();
  const filter = sh.getFilter();
  const images = sh.getImages();

  Logger.log(charts); // 実行ログ：[EmbeddedChart]
  Logger.log(filter); // 実行ログ：Filter
  Logger.log(images); // 実行ログ：[OverGridImage]

}
```

本書では紹介しきれないくらいSpreadsheetサービスには様々なクラスが用意されています。詳細は公式リファレンスを参照してください。

QR3-1 Spreadsheetサービス
https://developers.google.com/apps-script/reference/spreadsheet

85
[3-2]

スプレッドシート

スプレッドシートの新規作成

create()

構文

```
SpreadsheetApp.create(name)
SpreadsheetApp.create(name, rows, columns)
```

戻り値 Spreadsheetオブジェクト

引数

引数名	タイプ	説明
name	string	（新規作成する）スプレッドシート名
rows	number（整数）	行数
columns	number（整数）	列数

解説

マイドライブ直下に引数で指定した名前のスプレッドシート（Spreadsheetオブジェクト）を新規作成します。

引数に行数、列数を指定しない場合は、1000行、Z列までセルが入ったスプレッドシートが新規作成されます。第二引数に2、第三引数に2と指定した場合には、2行、B列までセルが入ったスプレッドシートが新規作成されます。

指定したフォルダにスプレッドシートを新規作成したい際は、マイドライブ直下にスプレッドシートを作成した後にmoveTo()を使って移動させてください。

86 [3-3]

スプレッドシート

スプレッドシートの名前設定

rename()

構文

```
Spreadsheetオブジェクト.rename(newName)
```

戻り値 なし

引数

引数名	タイプ	説明
newName	string	(設定後の) スプレッドシート名

解説

スプレッドシート(Spreadsheetオブジェクト)に引数で指定した名前を設定します。

(87(3-4) スプレッドシートのコピー)

指定したフォルダにコピーしたスプレッドシートを作成したい場合は、以下構文を利用してください。詳しくは「171(5-17) ファイルのコピー」を参照してください。

```
Fileオブジェクト.makeCopy(name[, destination])
```

87 [3-4]

スプレッドシート

スプレッドシートのコピー

copy()

構文

```
Spreadsheetオブジェクト.copy(name)
```

戻り値 Spreadsheetオブジェクト

引数

引数名	タイプ	説明
name	string	（コピー先の）スプレッドシート名

解説

スプレッドシート（Spreadsheetオブジェクト）をコピーして、引数で指定した名前を設定します。

例文

3-a.gs スプレッドシート操作

```
function myFunction3_a() {

  // スプレッドシートの新規作成
  const name  = '新しいスプレッドシート';
  const newSs = SpreadsheetApp.create(name);
  console.log(newSs.getName());
  // 実行ログ：新しいスプレッドシート

  // スプレッドシートの名前設定
  newSs.rename('New Spreadsheet');
  console.log(newSs.getName()); // 実行ログ：New Spreadsheet

  // スプレッドシートのコピー
  const copyName = 'Copy Spreadsheet';
  const copySs   = newSs.copy(copyName);
  console.log(copySs.getName()); // 実行ログ：Copy Spreadsheet
```

```

}
```

解説

マイドライブ直下に、スプレッドシートを新規作成、名前変更、コピー作成します。

各工程で作成されるSpreadsheetオブジェクトに対して、getName()を呼び出してスプレッドシート名を取得しています。

実行結果

次図のようにブレークポイントを設定してデバッグを行います。ステップインを使うと途中経過の処理も確認できます。

図3-6 デバッグ（ステップイン）

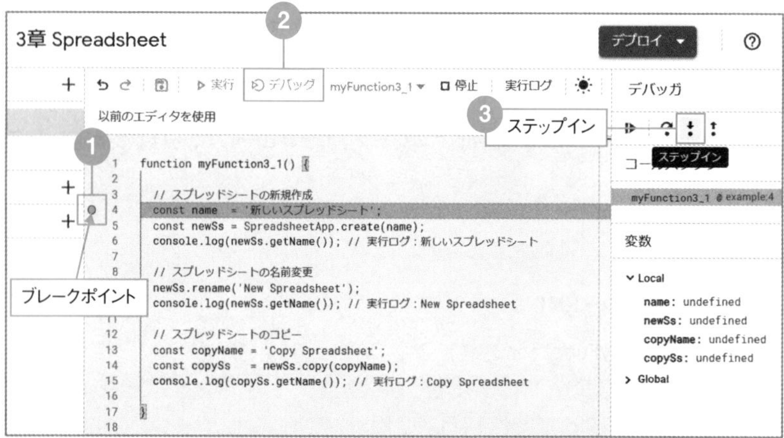

最終的にマイドライブ直下に2つのスプレッドシートが作成されます。

図3-7 myFunction3_a()実行結果

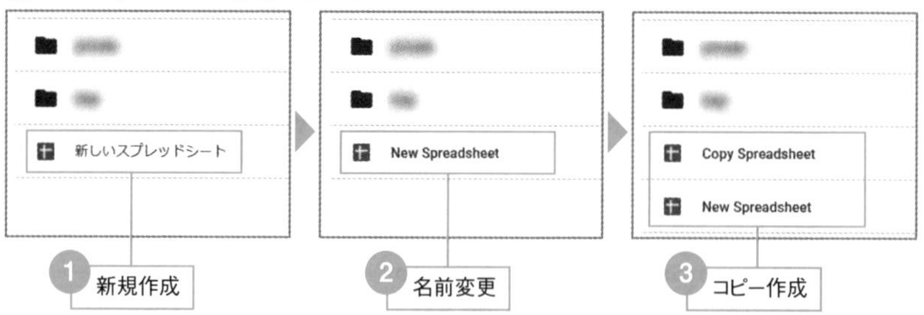

88 [3-5]　スプレッドシート

アクティブなスプレッドシートの取得

getActiveSpreadsheet()

構文

```
SpreadsheetApp.getActiveSpreadsheet()
```

戻り値　Spreadsheetオブジェクト

引数　なし

解説

アクティブなスプレッドシート（Spreadsheetオブジェクト）を取得します。

アクティブなスプレッドシートとは、コンテナバインドスクリプトに紐づくスプレッドシートをさします。また、getActiveSpreadsheet()は、コンテナバインドスクリプトからのみ利用できます。

Note

スタンドアロンスクリプトからgetActiveSpreadsheet()を利用すると、nullが戻り値になります。結果的に次図のようにnullからgetName()を呼び出すことはできないため、エラーが発生します。

▼図3-8 getActiveSpreadsheet()の注意点

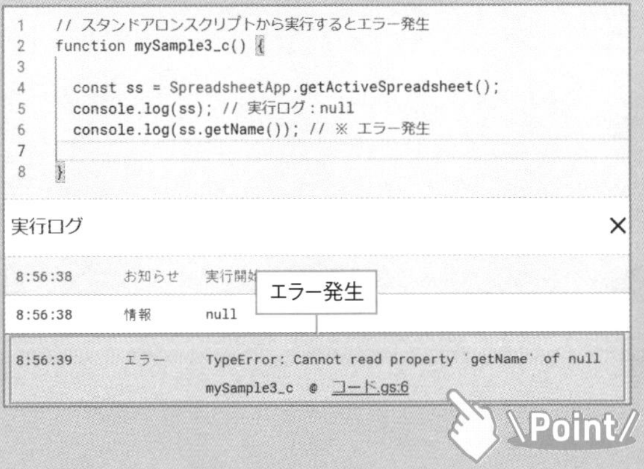

```
// スタンドアロンスクリプトから実行するとエラー発生
function mySample3_c() {

  const ss = SpreadsheetApp.getActiveSpreadsheet();
  console.log(ss); // 実行ログ：null
  console.log(ss.getName()); // ※ エラー発生

}
```

実行ログ ×

8:56:38	お知らせ	実行開始
8:56:38	情報	null
8:56:39	エラー	TypeError: Cannot read property 'getName' of null mySample3_c @ コード.gs:6

エラー発生

\Point/

89
[3-6]

スプレッドシート

IDからスプレッドシートの取得

openById()

構文

```
SpreadsheetApp.openById(id)
```

戻り値 Spreadsheetオブジェクト

引数

引数名	タイプ	説明
id	string	スプレッドシートのID

解説

引数で指定したIDのスプレッドシート（Spreadsheetオブジェクト）を取得します。

スプレッドシートのIDはURLの「d/」と「/edit」に囲まれた部分です。スタンドアロンスクリプトとコンテナバインドスクリプトの双方で使用可能です。

図3-9 スプレッドシートIDの確認方法

90
[3-7]

スプレッドシート

URLからスプレッドシートの取得

openByUrl()

構文

```
SpreadsheetApp.openByUrl(url)
```

戻り値 Spreadsheetオブジェクト

引数

引数名	タイプ	説明
url	string	スプレッドシートのURL

解説

引数で指定したURLのスプレッドシート（Spreadsheetオブジェクト）を取得します。

スタンドアロンスクリプトとコンテナバインドスクリプト双方で使用可能です。

GASを利用する前に必ず操作対象のアプリケーションの権限を確認してください。閲覧権限があれば読み取りはできますが、変更を伴う操作はできません。その場合は編集権限が必要です。構文が正しくても、スクリプトを実行するアカウントの権限次第で動作しないことがあります。

例文

3-b.gs スプレッドシート取得

```
function myFunction3_b() {

  // アクティブなスプレッドシートの取得
  const ss1 = SpreadsheetApp.getActiveSpreadsheet();
```

```
  Logger.log(ss1); // 実行ログ：Spreadsheet
  console.log(ss1.getName()); // 実行ログ：3章 Spreadsheet

  // IDからスプレッドシートの取得
  const id  = 'スプレッドシートのIDを設定してください';
  const ss2 = SpreadsheetApp.openById(id);
  Logger.log(ss2); // 実行ログ：Spreadsheet
  console.log(ss2.getName()); // 実行ログ：3章 Spreadsheet

  // URLからスプレッドシートの取得
  const url = 'スプレッドシートのURLを設定してください';
  const ss3 = SpreadsheetApp.openByUrl(url);
  Logger.log(ss3); // 実行ログ：Spreadsheet
  console.log(ss3.getName()); // 実行ログ：3章 Spreadsheet

}
```

解説

3通りの方法でスプレッドシート（Spreadsheetオブジェクト）を取得します。

実行結果

ご自身の環境のスプレッドシートのIDとURLを入力してからスクリプトを実行してください。

実行ログより、スプレッドシート（Spreadsheetオブジェクト）が取得されることがわかります。スプレッドシート名はご自身の環境に依存します。

91
[3-8]

スプレッドシート

スプレッドシート編集の即時反映

flush()

構文

```
SpreadsheetApp.flush()
```

戻り値 なし

引数 なし

解説

スプレッドシートのセル編集が即時反映します。

Note

スプレッドシートのセル編集が反映する前に、後続処理が走ることがあります。その場合はSpreadsheetApp.flush()を使うと、セル編集が即時反映されます。

例文

3-c.gs セル編集の即時反映

```
function myFunction3_c1() {

  // スプレッドシート編集の即時反映 ※flush()無し
  const ss     = SpreadsheetApp.getActiveSpreadsheet();
  const sh3_c = ss.getSheetByName('3_c');
  for(let i = 0; i < 20; i++) {
    // 偶数かどうかで背景色のパターンを指定
    if((i % 2) === 0) {
      sh3_c.getRange('A1').setBackground('green');
      sh3_c.getRange('B1').setBackground('red');
    } else {
```

```
      sh3_c.getRange('A1').setBackground('red');
      sh3_c.getRange('B1').setBackground('green');
    }
  }

}

function myFunction3_c2() {

  // スプレッドシート編集の即時反映 ※flush()有り
  const ss     = SpreadsheetApp.getActiveSpreadsheet();
  const sh3_c = ss.getSheetByName('3_c');
  for(let i = 0; i < 20; i++) {
    // 偶数かどうかで背景色のパターンを指定
    if((i % 2) === 0) {
      sh3_c.getRange('A1').setBackground('green');
      sh3_c.getRange('B1').setBackground('red');
    } else {
      sh3_c.getRange('A1').setBackground('red');
      sh3_c.getRange('B1').setBackground('green');
    }
    SpreadsheetApp.flush();
  }

}
```

解説

myFunction3_c1()とmyFunction3_c2()は、双方共にA1とB1のセル背景色を交互に切り替える処理です。myFunction3_c2()の方だけflush()を入れています。

実行結果

各々スクリプト実行後にスプレッドシートを確認してください。

myFunction3_c1()はセル色に動きはありませんが、myFunction3_c2()はセル色が切り替わります。後者の方は、flush()があるため、セル編集が即時反映されます。

図3-10 myFunction3_c2() 実行結果

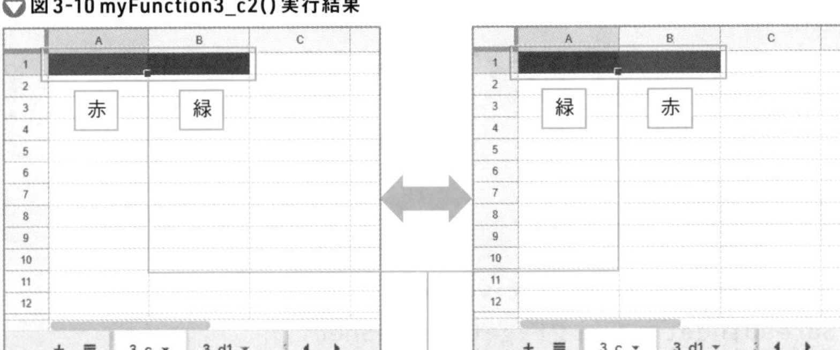

92
[3-9]

シート

アクティブシートの取得

getActiveSheet()

構文

```
SpreadsheetApp.getActiveSheet()
Spreadsheetオブジェクト.getActiveSheet()
```

戻り値 Sheetオブジェクト

引数 なし

解説

アクティブなシート（Sheetオブジェクト）を取得します。

コンテナバインドスクリプトであれば、SpreadsheetAppクラス、Spreadsheetクラスから呼び出すことができます。

アクティブなシートとはユーザーインターフェース上に表示されているシートをさします。予期せずアクティブ判定が変わることがあるため、極力利用は控えましょう。シートが1つの場合などは、判定が変わることがないため利用しても問題ありません。

getActiveSpreadsheet()とgetActiveSheet()は間違いやすいので注意してください。入力補完機能を使う際に誤って選択することがあります。

93
[3-10]

シート

名前からシートの取得

getSheetByName()

構文

```
Spreadsheetオブジェクト.getSheetByName(name)
```

戻り値 Sheetオブジェクト

引数

引数名	タイプ	説明
name	string	（取得する）シート名

解説

引数で指定した名前のシート（Sheetオブジェクト）を取得します。

直接指定していることから、シート名が変更となったときは、引数（name）も変更する必要があります。一致するシート名がない場合の戻り値はnullになります。

94
[3-11]

シート

全シートの取得

getSheets()

構文

```
Spreadsheetオブジェクト.getSheets()
```

戻り値 Sheetオブジェクト[]

引数 なし

解説

スプレッドシート(Spreadsheetオブジェクト)のすべてのシート(Sheetオブジェクト)を取得します。

戻り値は配列になり、左のシートから順に格納されます。

95 [3-12] シート

シート数の取得

getNumSheets()

構文

```
Spreadsheetオブジェクト.getNumSheets()
```

戻り値 number（整数）

引数 なし

解説

スプレッドシート（Spreadsheetオブジェクト）のシート数を取得します。

Note

以下方法でもスプレッドシートのシート数は取得できます。

```
Spreadsheetオブジェクト.getSheets().length
```

例文

3-d.gs シート取得

```
function myFunction3_d() {

// 3_d1シートを開いた状態で実行
// アクティブシートの取得
const sh = SpreadsheetApp.getActiveSheet();
console.log(sh.getName()); // 実行ログ：3_d1

// 名前からシートを取得
const ss      = SpreadsheetApp.getActiveSpreadsheet();
const sh3_d2 = ss.getSheetByName('3_d2');
```

```
  console.log(sh3_d2.getName()); // 実行ログ：3_d2

  // 全シートの取得
  const sheets = ss.getSheets();
  Logger.log(sheets);
  // 実行ログ：[Sheet, Sheet, ... シート数の分だけSheetが格納 ]
  console.log(sheets[0].getName());
  // 実行ログ：Spreadsheetサービスの理解

  // sheets（配列）からsheetオブジェクトの取り出し
  for(const sheet of sheets) {
    console.log(sheet.getName());
      // 実行ログ：
      // (1回目)Spreadsheetサービスの理解
      // (2回目)その他クラス
      // (3回目)3_c
      // ※ 4回目以降も左から順番にシート名が出力
  }

  // シート数の取得
  console.log(sheets.length); // 実行ログ：16
  console.log(ss.getNumSheets()); // 実行ログ：16

}
```

解説

3通りの方法でシート（Sheetオブジェクト）を取得します。

1つ目のgetActiveSheet()は、UI上表示されているアクティブなシートを取得します。アクティブ判定が変化して意図したシートを取得できないことがあります。その場合はスプレッドシートを再読み込みして試してください。いずれにしてもあまり利用しない方が良いでしょう。

2つ目のgetSheetByName()は、名前からシートを取得します。引数で指定した名前のシートがスプレッドシートにあることから、実行ログは「3_d2」になります。

3つ目のgetSheets()はすべてのシートを取得します。左のシートから順番に配列に格納されます。for...of文を使って全シートの名前を出力することで、スプレッドシートの全シートが取得できていることがわかります。getSheets[n]という指定の仕方も可能です。ただし、シートの順番はユーザー操作で変わることがあるため注意が必要です。

実行結果

3-d1シートを選択した状態でスクリプトを実行してください。
実行ログよりシートが取得されていることが確認できます。

図3-11 myFunction3_d()実行結果

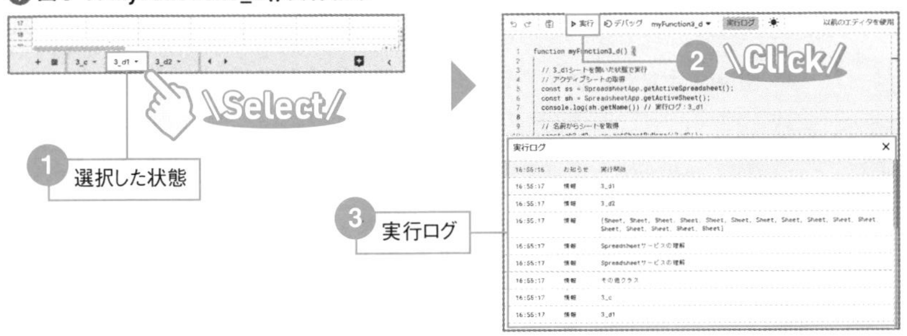

96
[3-13]

シート

シート名の設定

setName()

構文

```
Sheetオブジェクト.setName(name)
```

戻り値 Sheetオブジェクト

引数

引数名	タイプ	説明
name	string	（設定後の）シート名

解説

シート（Sheetオブジェクト）名を引数で指定した名前に設定します。

97
[3-14]
シート

シートのアクティブ化

setActiveSheet()

PART 2
3

構文

```
Spreadsheetオブジェクト.setActiveSheet(sheet)
```

戻り値 Sheetオブジェクト

引数

引数名	タイプ	説明
sheet	Sheet	(アクティブにする) シート

解説

スプレッドシート (Spreadsheetオブジェクト) の、引数で指定したシート (Sheetオブジェクト) をアクティブにします。

98
[3-15]

シート

アクティブシートのコピー

duplicateActiveSheet()

構文

```
Spreadsheetオブジェクト.duplicateActiveSheet()
```

戻り値 Sheetオブジェクト

引数 なし

解説

アクティブなシート（Sheetオブジェクト）をコピーして、そのシートをアクティブにします。

シートをコピー作成すると、シート名は「xxxのコピー」になります。

99
[3-16]

シート

シートの削除

deleteSheet()

構文

```
Spreadsheetオブジェクト.deleteSheet(sheet)
```

戻り値　なし

引数

引数名	タイプ	説明
sheet	Sheet	（削除する）シート

解説

引数で指定したシート（Sheetオブジェクト）を削除します。

100 [3-17] アクティブシートの削除

シート

deleteActiveSheet()

構文

```
Spreadsheetオブジェクト.deleteActiveSheet()
```

戻り値 Sheetオブジェクト

引数 なし

解説

アクティブなシートを削除します。

戻り値は、新しいアクティブなシート（Sheetオブジェクト）です。

例文

3-e.gs シート操作

```
function myFunction3_e() {

  const ss     = SpreadsheetApp.getActiveSpreadsheet();
  const sh3_e1 = ss.getSheetByName('3_e1');

  // シートのアクティブ化
  ss.setActiveSheet(sh3_e1); // 3_e1をアクティブにします
  console.log(ss.getActiveSheet().getName());
  // 実行ログ：3_e1

  // アクティブシートのコピー
  const copySh = ss.duplicateActiveSheet();
  console.log(copySh.getName()); // 実行ログ：3_e1 のコピー
  // シート名の設定
  copySh.setName('3_e2');
  console.log(copySh.getName()); // 実行ログ：3_e2

  // アクティブシートの削除
```

```
  const newActiveSh = ss.deleteActiveSheet();
  console.log(newActiveSh.getName());
  // 実行ログ：Spreadsheetサービスの理解

  // シートの削除（こちらでもOK）
  // const sh3_e2 = ss.getSheetByName('3_e2');
  // ss.deleteSheet(sh3_e2);

}
```

解説

シートのアクティブ化、アクティブシートのコピー、アクティブシートの削除を行います。

実行結果

次図のようにブレークポイントを設定してデバッグを行います。スクリプトを実行するだけでは途中過程の動きを確認することはできません。

ステップインを使うと途中経過の処理も確認できます。複数モニターがあれば横並びで見比べてください。

図3-12 デバッグ（ステップイン）

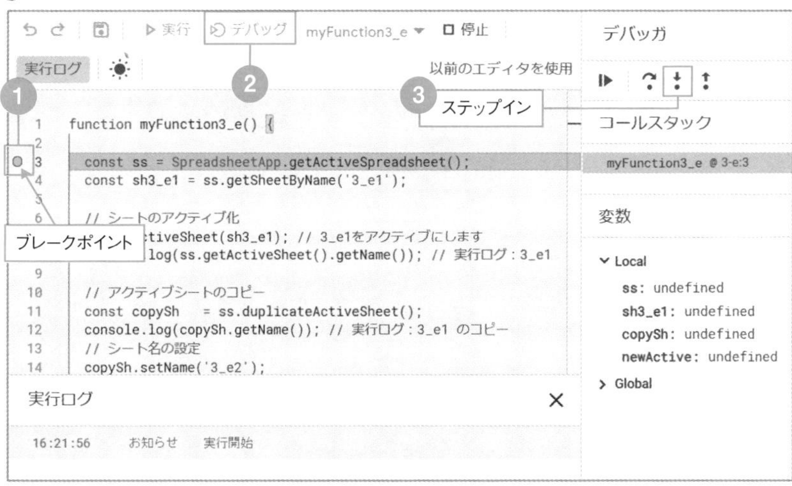

以下の順番でスクリプトの動きを確認できます。実行ログでは途中経過のシート名が確認できます。

1. **アクティブ設定：setActiveSheet()で3-e1シートをアクティブ設定**
2. **コピー作成：アクティブなシート（3-e1）をコピー**
   （新しいシート名は「3-e1のコピー」）
3. **シート名変更：シート名を「3-e1のコピー」から「3-e2」に変更**
4. **シート削除：アクティブなシート（3-e2）を削除** ※

※ 新しいアクティブシートは一番左の「Spreadsheetサービスの理解」

図3-13 myFunction3_e()実行結果

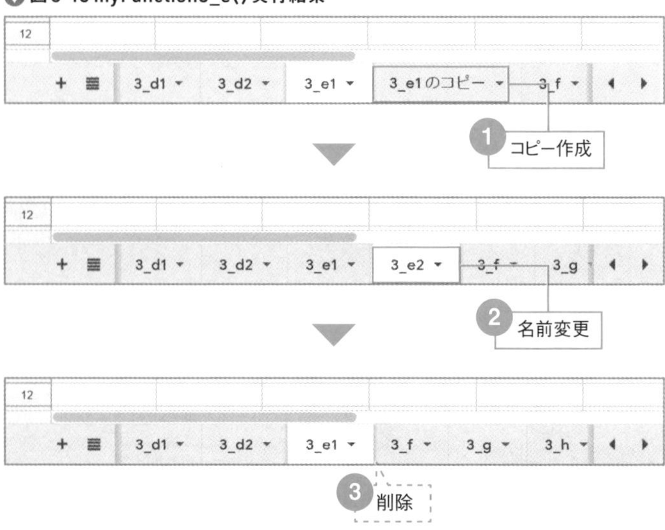

101
[3-18]

セル

単一セル/セル範囲の取得

getRange()

構文

```
Spreadsheetオブジェクト.getRange(a1Notation)
Sheetオブジェクト.getRange(a1Notation)
Sheetオブジェクト.getRange(row, column)
Sheetオブジェクト.getRange(row, column, numRows, numColumns)
```

戻り値 Rangeオブジェクト

引数

引数名	タイプ	説明
a1Notation	string	A1形式のアドレス
row	number(整数)	開始行
column	number(整数)	開始列
numRows	number(整数)	行数
numColumns	number(整数)	列数

解説

引数で指定したアドレス/単一セル/セル範囲のRangeオブジェクトを取得します。単一セル、セル範囲共に利用できます。

Column Spreadsheetクラスの getRange(a1Notation)

GASのリファレンスを見ていると、Spreadsheetクラスにも getRange() があることが分かります。

シートを取得する前にセル範囲の取得は少し違和感がありますが、実は引数(a1Notation)にシート名を含めたアドレスを指定できます。

例文はシート「3_f」のセル範囲「A1:D4」を指定する表記方法です。実行ログより、正常にRangeオブジェクトが取得できていることが分かります。

(次ページへつづく)

102
[3-19]

セル

単一セルの値取得

getValue()

構文

```
Rangeオブジェクト.getValue()
```

戻り値 取得したセルのデータ型

引数 なし

解説

セル（Rangeオブジェクト）の値を取得します。

Rangeオブジェクトがセル範囲の場合は、左上の値を取得します。戻り値は、取得先のセルに依存するため、number、boolean、string、またはDateのいずれかになります。

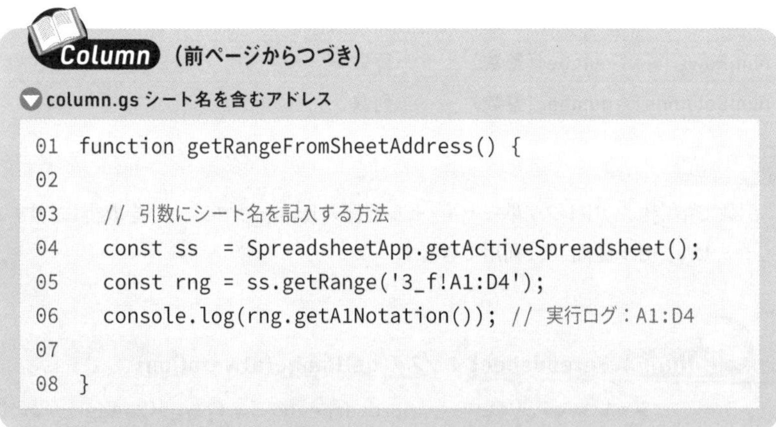

Column（前ページからつづき）

column.gs シート名を含むアドレス

```
function getRangeFromSheetAddress() {

  // 引数にシート名を記入する方法
  const ss  = SpreadsheetApp.getActiveSpreadsheet();
  const rng = ss.getRange('3_f!A1:D4');
  console.log(rng.getA1Notation()); // 実行ログ：A1:D4

}
```

103 [3-20] セル範囲の値取得

セル

getValues()

構文

```
Rangeオブジェクト.getValues()
```

戻り値 取得したセルのデータ型[][]

引数 なし

解説

セル範囲(Rangeオブジェクト)の値を取得します。

次図のように、戻り値は二次元配列です。二次元配列に格納される値のデータ型は取得先のセルに依存するため、number、boolean、string、またはDateのいずれかになります。

1回の操作で複数セルを取得することができるため、getValue()よりもgetValues()を優先的に利用してください。

図3-14 セル範囲の値を二次元配列として取得

① 取得対象のセル範囲

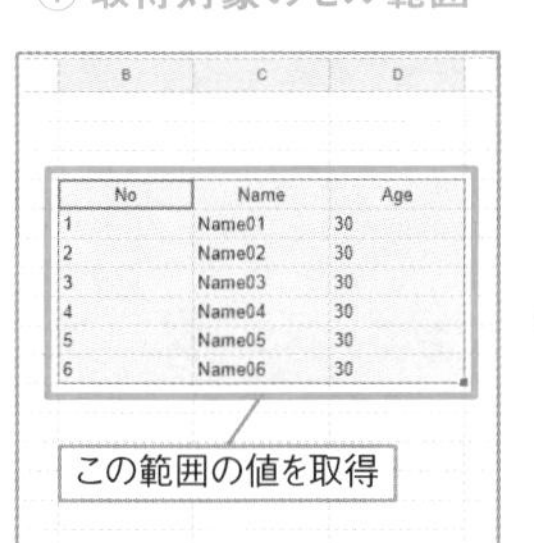

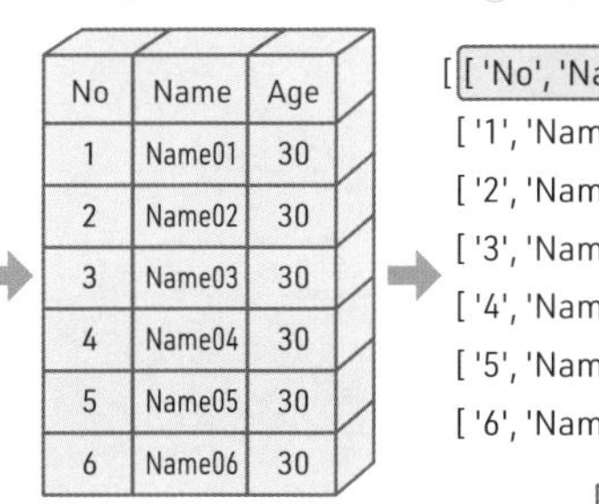

③ 二次元配列

[['No', 'Name', 'Age'],
['1', 'Name01', '30'],
['2', 'Name02', '30'],
['3', 'Name03', '30'],
['4', 'Name04', '30'],
['5', 'Name05', '30'],
['6', 'Name06', '30']]

行(一次元配列)が要素として格納

104 [3-21] 単一セルの表示値取得

セル

getDisplayValue(), getFomula(), getFomulas()

構文

```
Rangeオブジェクト.getDisplayValue()
```

戻り値 string

引数 なし

解説

セル（Rangeオブジェクト）の表示値を取得します。
戻り値のデータ型は文字列です。セル範囲の場合は、左上の値を取得します。

getFomula()/getFomulas()という数式を取得するメソッドもあります。

105
[3-22]

セル

セル範囲の表示値取得

getDisplayValues()

構文

```
Rangeオブジェクト.getDisplayValues()
```

戻り値 string[][]

引数 なし

解説

セル範囲（Rangeオブジェクト）の表示値を取得します。

戻り値は文字列型の要素を格納した二次元配列です。1回の操作で複数セルを取得することができるため、getDisplayValue()よりもgetDisplayValues()を優先的に利用してください。

例文

3-f.gs 単一セル/セル範囲の値を取得

```
function myFunction3_f() {

  const ss    = SpreadsheetApp.getActiveSpreadsheet();
  const sh3_f = ss.getSheetByName('3_f');

  // 単一セル/セル範囲を取得
  const cell = sh3_f.getRange('A1');
  const rng  = sh3_f.getRange('A1:B2');

  // 単一セルの値を取得
  const a1 = cell.getValue();
  console.log(a1);
  // 実行ログ：Sun Oct 17 2021 00:00:00 GMT+0900 (JST)

  // セル範囲の値を取得
```

```
  const a1b2 = rng.getValues();
  console.log(a1b2);
  // 実行ログ：
  // [
  //   [
  //     Sun Oct 17 2021 00:00:00 GMT+0900 (JST),
  //     3.14159265359
  //   ],
  //   [ Sat Dec 30 1899 16:37:00 GMT+0900 (JST),
  //     true
  //   ]
  // ]

  // 単一セルの値を文字列で取得
  const a1Str = cell.getDisplayValue();
  console.log(a1Str);
  // 実行ログ：2021/10/17

  // セル範囲の値を文字列で取得
  const a1b2Str = rng.getDisplayValues();
  console.log(a1b2Str);
  // 実行ログ：
  // [[ '2021/10/17', '3.14' ], [ '16:37', 'TRUE' ]]

}
```

解説

シートのセルを指定して値を取得します。Rangeオブジェクトを複数回呼び出すことから、単一セルはcell、セル範囲はrngと定数に格納します。単一セルには、getValue()、getDisplayValue()、セル範囲にはgetValues()、getDisplayValues()を利用して値を取得します。セル範囲から値を取得する場合、戻り値は二次元配列になります。

getValue()、getValues()双方共に取得する値のデータ型はスプレッドシート側に依存するため、日付、通貨、数値などは表示値と異なります。表示値のまま取得したい場合には、getDisplayValue()、getDisplayValues()を利用してください。日付や数値など表示値を利用したい場合に役に立ちます。

実行結果

実行ログより取得した値を確認することができます。単一セルとセル範囲から取得した値、または表示値と取得値の違いを確認してください。

図3-15 取得対象のシートと表示形式

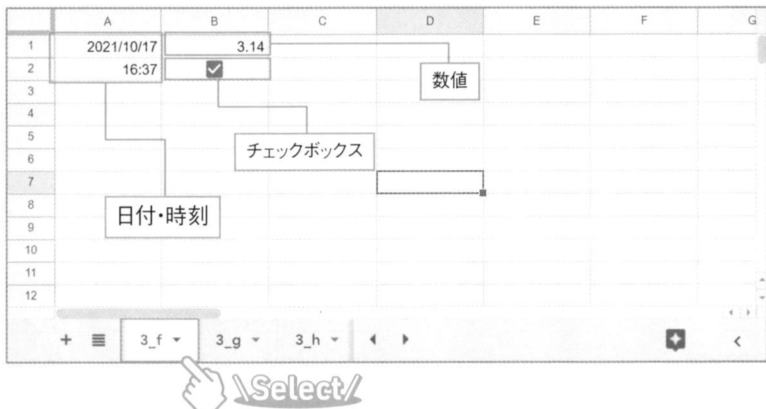

106 [3-23] 単一セルへの値入力

セル

setValue()

構文

```
Rangeオブジェクト.setValue(value)
```

戻り値 Rangeオブジェクト

引数

引数名	タイプ	説明
value	-	値

解説

単一セル（Rangeオブジェクト）に引数で指定した値を入力します。

Rangeオブジェクトがセル範囲の場合、引数の値が全セルに入力されます。

16桁以上の数値を入れるとスプレッドシートの仕様上指数表示されます。セルの数値フォーマットを文字列にしたり、16桁の数値を文字列に変更しても変わりません。そういった場合は、接頭辞にアポストロフィ（'）をつけると解消します。

セル範囲への値入力

セル

setValues()

PART 2

3

構文

```
Rangeオブジェクト.setValues(values)
```

戻り値 Rangeオブジェクト

引数

引数名	タイプ	説明
values	Object[][]	二次元配列の値

解説

セル範囲（Rangeオブジェクト）に引数で指定した二次元配列の各値を入力します。

次図のようにRangeオブジェクトのセル範囲と、二次元配列の行列が一致しない場合はエラーになります。

図3-16 入力先のセル範囲と入力値（二次元配列）

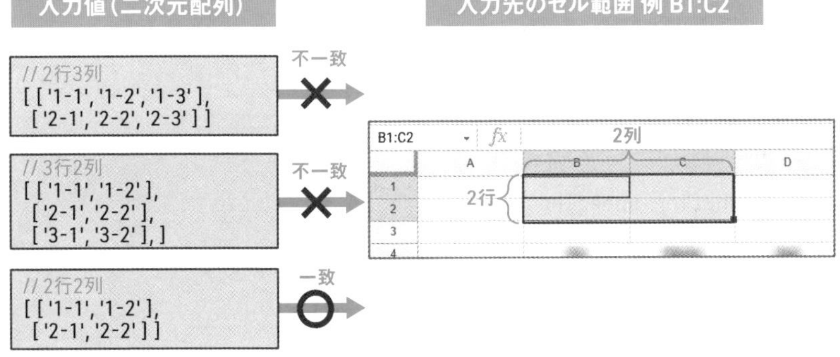

Column setValue()とsetValues()の比較

次図のspeedCheckシートのA列500行（500セル）に文字列「★」を入力します。setValue()を使って1セル単位で入力していく方法と、setValues()を使って入力する文字を二次元配列に集約してから一度に入力する方法を比較します。

speedCheck()を実行すると、setValue()を使った方法のcase01setValue_()と、setValues()を使ったcase02setValues_()の2つの方法を実行します。

図3-17 speedCheckシート

column.gs スピードチェック

```
function speedCheck() {

  case01setValue_(); // setValue()
  case02setValues_(); // setValues()

}

```

```
function case01setValue_() {

  const word = '★';
  const ss   = SpreadsheetApp.getActiveSpreadsheet();
  const sh   = ss.getSheetByName('speedCheck');
  const rows = 500;
  // 初期化
  sh.clear();
  // ラベル設置設定
  const label = 'セル単位の書き込み';
  // 計測開始
  console.time(label);
  for(let i = 1; i <= rows; i++) {
    sh.getRange(i, 1).setValue(word);
  }
  // 計測終了
  console.timeEnd(label); // 実行ログ：セル単位の書き込み: 2137ms

}

function case02setValues_() {

  const word = '★';
  const ss   = SpreadsheetApp.getActiveSpreadsheet();
  const sh   = ss.getSheetByName('speedCheck');
  const rows = 500;
  // 初期化
  sh.clear();
  // ラベル設置設定
  const label = 'まとめて書き込み';
  // 計測開始
  console.time(label);
  const words = [];
  for(let i = 1; i <= rows; i++) {
    words.push([word]);
  }
  // 書き込み
```

```
  sh.getRange(1, 1, words.length, words[0].length).setValues(words);
  // 計測終了
  console.timeEnd(label); // 実行ログ：まとめて書き込み: 8ms

}
```

結果は、setValue()のcase01setValue_()が2137msに対して、setValues()のcase02setValues_()が8msと約250倍程度の差がありました。スクリプト実行毎にミリ秒単位の前後はありますが、明らかに大きな差があります。

原因はsetValue()のcase01setValue_()の方は、スプレッドシートに過度にアクセスしていることです。このように処理遅延の原因となるため、シートへの書き込み処理はなるべく集約してから実行しましょう。

108
[3-25]

セル

アクティブセルの取得

getCurrentCell()

PART 2

3

構文

```
SpreadsheetApp.getCurrentCell()
Spreadsheetオブジェクト.getCurrentCell()
Sheetオブジェクト.getCurrentCell()
```

戻り値 Rangeオブジェクト

引数 なし

解説

アクティブな単一セル（Rangeオブジェクト）を取得します。

セル範囲が指定されている場合には、始点となる単一セルを取得します。

109
[3-26]

セル

アクティブセル範囲の取得

getActiveRange()

構文

```
SpreadsheetApp.getActiveRange()
Spreadsheetオブジェクト.getActiveRange()
Sheetオブジェクト.getActiveRange()
```

戻り値 Rangeオブジェクト

引数 なし

解説

アクティブな単一セル/セル範囲（Rangeオブジェクト）を取得します。

Sheetオブジェクトがアクティブシート以外の場合であっても、getActiveRange()を呼び出すとアクティブなセル範囲を取得します。

getCurrentCell()の戻り値は、必ず単一セルを表すRangeオブジェクトです。一方、getActiveRange()の戻り値は、単一セル、またはセル範囲です。セルを選択している状態により変わります。

110 [3-27] 値が存在するセル範囲の取得

セル

getDataRange()

構文

```
Spreadsheetオブジェクト.getDataRange()
Sheetオブジェクト.getDataRange()
```

戻り値 Rangeオブジェクト

引数 なし

解説

A1から値が存在する単一セル/セル範囲（Rangeオブジェクト）を取得します。

Spreadsheetオブジェクトから呼び出す場合は、アクティブなシートの値が存在するセル範囲を取得します。空白行、空白列があっても必ず始点セルはA1です。

有効なセル範囲からすべての値を取得する機会が多いため、getDataRange()はよくgetValues()と共に利用されます。

111 [3-28]

セル

A1形式のアドレス取得

getA1Notation()

構文

```
Rangeオブジェクト.getA1Notation()
```

戻り値 string

引数 なし

解説

単一セル/セル範囲(Rangeオブジェクト)のA1形式のアドレスを取得します。

Column A1形式とR1C1形式

セルアドレスを表記する方法は**A1形式**と**R1C1形式**の2つあります。

A1形式はセルアドレスを、アルファベット(A)と数字(1)の組み合わせで表します。アルファベットZの次はAA、ZZの次はAAAのように桁上がりします。絶対参照になります。

R1C1形式はセルアドレスを、起点となるセルからRow(行)とColumn(列)がどれくらい離れているかを数値で表します。一般的に絶対参照として利用されますが、相対参照として利用することもできます。

以下スクリプトはR1C1形式で単一セル/セル範囲の値を取得します。数値を動的に変更することができるため、変動値が入る場合には、A1形式よりR1C1形式の方が使いやすいこともあります。

余談ですが、スプレッドシートのINDIRECT関数を使えば、R1C1形式の相対参照とすることもできます。

▼図3-18 R1C1形式のセルアドレス

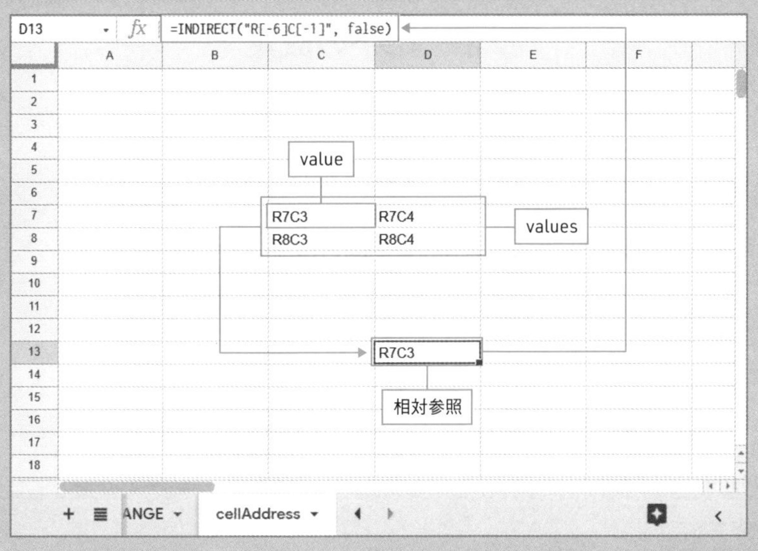

▼C1R1形式のセルアドレス

```
function cellAddress() {

  // シート取得
  const ss = SpreadsheetApp.getActiveSpreadsheet();
  const sh = ss.getSheetByName('cellAddress');

  // R1C1形式の利用
  const value  = sh.getRange('R7C3').getValue();
  console.log(value); // 実行ログ：R7C3
  const values = sh.getRange('R7C3:R8C4').getValues();
  console.log(values);
  // 実行ログ： [ [ 'R7C3', 'R7C4' ], [ 'R8C3', 'R8C4' ] ]

}
```

112 [3-29] セル

フォーマットの設定

setNumberFormat(), setNumberFormats()

構文

```
Rangeオブジェクト.setNumberFormat(numberFormat)
```

戻り値 Rangeオブジェクト

引数

引数名	タイプ	説明
numberFormat	string	数値フォーマット

解説

単一セル（Rangeオブジェクト）に引数で指定した数値フォーマットを設定します。数値フォーマットとは、数値、日付、時間などをあらわす表示形式です。

引数の指定は次表を参照してください。

図3-19 数値フォーマット（例）

表示形式	指定方法	表示形式	指定方法
自動	setNumberFormat('general')	通貨	setNumberFormat('[$¥-411]#,##0.00')
書式なしテキスト	setNumberFormat('@')	日付	setNumberFormat('yyyy/MM/dd')
数値	setNumberFormat('#,##0.00')	時間	setNumberFormat('H:mm:ss')
パーセント	setNumberFormat('0.00%')	日時	setNumberFormat('yyyy/MM/dd H:mm:ss')

Note

複数セルにフォーマットを指定したい場合は、以下構文を利用します。引数は二次元配列に数値フォーマットを格納してください。

```
Rangeオブジェクト.setNumberFormats(numberFormats)
```

113 [3-30] データの入力規則の設定 セル

newDataValidation(), setDataValidation(), requireValueInList(), build(), メソッドチェーン

構文

```
SpreadsheetApp.newDataValidation()
```

戻り値 DataValidationBuilderオブジェクト

引数 なし

解説

DataValidationBuilderオブジェクトを取得します。DataValidationBuilderオブジェクトとは、データの入力規則です。

構文

```
DataValidationBuilderオブジェクト.requireValueInList(values)
DataValidationBuilderオブジェクト.requireValueInList(values,
showDropdown)
```

戻り値 DataValidationBuilderオブジェクト

引数

引数名	タイプ	説明
values	string[]	値（選択肢）
showDropdown	Boolean	true：ドロップダウンリスト表示有り false：ドロップダウンリスト表示無し ※省略時の規定値：true

解説

DataValidationBuilderオブジェクトに引数で指定した値（選択肢）を設定します。

第二引数は省略時の規定値がtrueのため、第一引数のみ指定すればドロップダウンリストは表示されます。

構文

```
DataValidationBuilderオブジェクト.build()
```

戻り値 DataValidationオブジェクト

引数 なし

解説

DataValidationBuilderオブジェクトを有効な状態にします。
戻り値はDataValidationオブジェクトです。

構文

```
Rangeオブジェクト.setDataValidation(rule)
```

戻り値 Rangeオブジェクト

引数

引数名	タイプ	説明
rule	DataValidation	データの入力規則

解説

セル（Rangeオブジェクト）に引数で指定したデータの入力規則を設定します。

引数にnullを指定するとデータの入力規則を削除します。データの入力規則を設定する際には、1つのステートメントに複数のメソッドを繋げて記述する**メソッドチェーン**として利用されることがあります。

セル範囲に複数のデータの入力規則を設定したい場合には、以下構文を利用します。引数は二次元配列にDataValidationオブジェクトを格納してください。

```
Rangeオブジェクト.setDataValidations(rules)
```

例文

3-g.gs セル操作

```
function myFunction3_g() {

  // ※「3_g」シートのC8:E13を選択した状態で実行
  // 3_gシートの取得
  const ss     = SpreadsheetApp.getActiveSpreadsheet();
  const sh3_g = ss.getSheetByName('3_g');
  // 入力値の設定
  const str1  = '2021年10月17日';
  const str2  = '★';
  const str3  = 'A3';
  const str4  = 'B3';
  const str5  = 'A4';
  const str6  = 'A5';

  // 単一セルに値を入力
  sh3_g.getRange(1, 1).setValue(str1);
  SpreadsheetApp.flush();
  sh3_g.getRange('B1').setValue(str2);
  SpreadsheetApp.flush();
  // 複数セルに値を入力
  sh3_g.getRange(2, 1, 2, 2)
    .setValues([[str3, str4],[str5, str6]]);
  SpreadsheetApp.flush();

  // フォーマットの指定
  const rngA1 = sh3_g.getRange('A1');
  // yyyy年MM月dd日からyyyy/MM/ddへ変更
  rngA1.setNumberFormat('yyyy/MM/dd');
  SpreadsheetApp.flush();

  // データの入力規則
  const choices = ['りんご', 'みかん', 'すいか', 'いちご'];
  const rule    = SpreadsheetApp
    .newDataValidation()
    .requireValueInList(choices)
```

```
    .build();
  // C1にドロップダウンリスト設定
  sh3_g.getRange(1, 3).setDataValidation(rule);
  SpreadsheetApp.flush();

  // A1形式のアドレスを取得
  // 現在の単一セル取得
  const currentCell = SpreadsheetApp.getCurrentCell();
  console.log(currentCell.getA1Notation()); // 実行ログ：C8
  // 現在のセル範囲取得
  const activeRng   = SpreadsheetApp.getActiveRange();
  console.log(activeRng.getA1Notation()); // 実行ログ：C8:E13

  // 値が存在するセル範囲を取得
  const dataRng = sh3_g.getDataRange();
  Logger.log(dataRng); // 実行ログ：Range
  console.log(dataRng.getA1Notation()); // 実行ログ：A1:B3

}
```

解説

単一セル/セル範囲への値入力、セルのフォーマット変更、データの入力規則の設定、アクティブなセル範囲の取得、値が存在するセル範囲の取得を行います。

デバッグでセル編集が即時反映するように、SpreadsheetApp.flush()を各所に入れています。

実行結果

デバッグのステッピンで各工程の挙動を確認できます。

1. 3_g シートの C8:E13 を選択してデバッグ（ステップイン）開始

※ セル範囲（C8:E13）の始点セルは C8 です。

2. setValue() と setValues() 使って単一セル / セル範囲に値の入力

3. A1 セルの年月日を yyyy/MM/dd 表示形式に変更

4. C3 セルにデータの入力規則（ドロップダウンリスト）を設定

図 3-20 デバッグ（ステップイン）

① 3_g の C8:E13 を選択 デバッグ（ステップイン）

② 値の入力

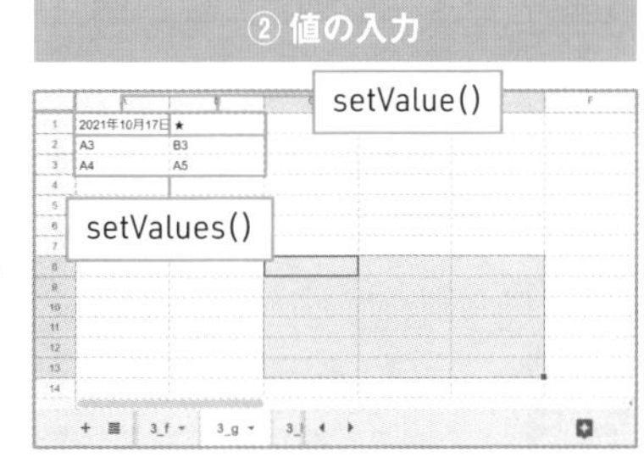

③ 年月日の表示形式変更

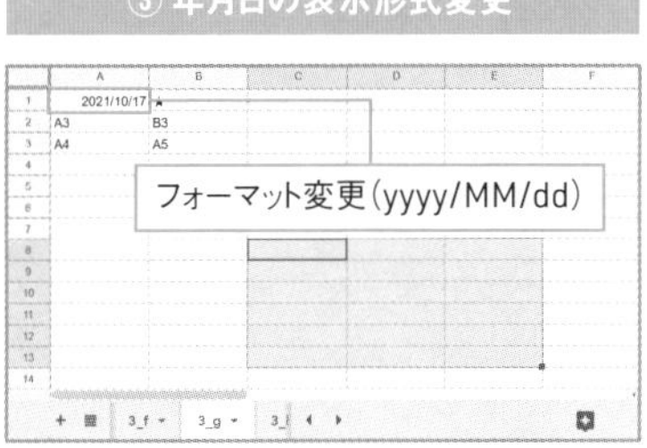

④ データの入力規則の設定

アクティブなセル範囲とデータが存在するセル範囲は次図のようになります。

スクリプト実行前に選択したC8:E13がアクティブなセル範囲です。また、C1の入力規則は値ではないため、getDataRange() の対象外になります。

図 3-21 myFunction3_g() 実行結果

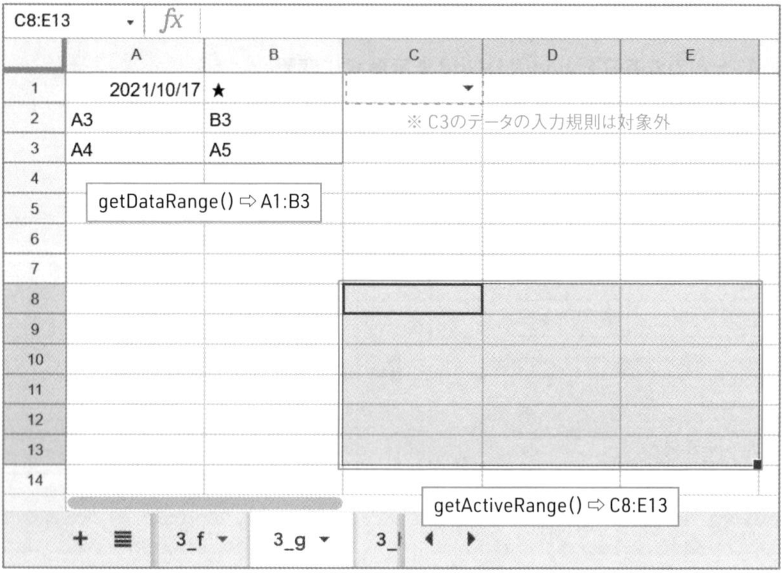

	A	B	C	D	E
1	2021/10/17	★			
2	A3	B3			
3	A4	A5			
4					
5					
6					
7					
8					
9					
10					
11					
12					
13					
14					

C8:E13

※ C3のデータの入力規則は対象外

getDataRange() ⇨ A1:B3

getActiveRange() ⇨ C8:E13

3_f　3_g　3_

114
[3-31]

セル

PART 2

3

単一セル/セル範囲のコピー

copyTo()

構文

```
Rangeオブジェクト.copyTo(destination)
Rangeオブジェクト.copyTo(destination, options)
```

戻り値 なし

引数

引数名	タイプ	説明
destination	Range	(コピー先の) セル範囲
options	Object	詳細パラメータ

詳細パラメータ

プロパティ名	タイプ	説明
formatOnly	boolean	true：フォーマットのみ ※ 値はコピーされない
contentsOnly	boolean	true：値のみ ※ フォーマットはコピーされない

解説

セル範囲（Rangeオブジェクト）を引数で指定したセル範囲（Rangeオブジェクト）にコピーします。

第二引数を指定しない場合は、値とフォーマットの双方がコピーされますが、詳細パラメータを使って、値、またはフォーマットのいずれかを指定することもできます。

115 [3-32] セル

単一セル/セル範囲のクリア

clear(), clearContent()

構文

```
Rangeオブジェクト.clear()
Rangeオブジェクト.clear(options)
```

戻り値 Rangeオブジェクト

引数

引数名	タイプ	説明
options	Object	詳細パラメータ

詳細パラメータ

プロパティ名	タイプ	説明
commentsOnly	boolean	true：メモ
contentsOnly	boolean	true：値
formatOnly	boolean	true：フォーマット ※ データの入力規則もクリア
validationsOnly	boolean	true：データの入力規則
skipFilteredRows	boolean	true：フィルターされた行

解説

単一セル/セル範囲（Rangeオブジェクト）をすべてクリアします。
詳細パラメータ（options）を指定することで、クリアする項目を指定できます。

構文

```
Rangeオブジェクト.clearContent()
```

戻り値 Rangeオブジェクト

引数 なし

解説

単一セル/セル範囲(Rangeオブジェクト)の値をクリアします。
フォーマットはそのまま残るため、用途に合わせて利用してください。

例文

3-h.gs セルのコピーとクリア

```
function myFunction3_h() {

  // シートの取得
  const ss    = SpreadsheetApp.getActiveSpreadsheet();
  const sh3_h = ss.getSheetByName('3_h');

  // セルのコピー
  // ① A1をコピーしてC1に貼り付け
  sh3_h.getRange('A1').copyTo(sh3_h.getRange('C1'));

  // ② A3:A4をコピーしてC3:C4に貼り付け
  sh3_h.getRange('A3:A4')
    .copyTo(sh3_h.getRange('C3:C4'));

  // ③ A6をコピーしてC6にフォーマットのみ貼り付け
  sh3_h.getRange('A6')
    .copyTo(sh3_h.getRange('C6'), {formatOnly: true});

  // ④ A8をコピーしてC8へ値のみ貼り付け
  sh3_h.getRange('A8')
    .copyTo(sh3_h.getRange('C8'), {contentsOnly: true});

  // ⑤ 下準備 (A10をコピーしてC10:C15に貼り付け)
  sh3_h.getRange('A10').copyTo(sh3_h.getRange('C10:C15'));

  // ⑤-1 セルのクリア
  sh3_h.getRange('C10').clear();
  // オプション指定してクリア
  // ⑤-2 値のみクリア
  sh3_h.getRange('C11').clear({contentsOnly: true});
  // ⑤-3 値のみクリア
  sh3_h.getRange('C12').clearContent();
```

```
  // ⑤-4 フォーマットのみクリア
  sh3_h.getRange('C13').clear({formatOnly: true});
  // ⑤-5 メモのみクリア
  sh3_h.getRange('C14').clear({commentsOnly: true});
  // ⑤-6 データの入力規則のみクリア
  sh3_h.getRange('C15').clear({validationsOnly: true});

}
```

解説

引数を指定して様々な方法でセルのコピーとクリアを実行します。

コピー元になるRangeオブジェクトを取得してから、copyTo()の引数に設定したRangeオブジェクトにコピーします。つまり、A列からC列にコピーが実行されます。第二引数を指定することで、値のみ、またはフォーマットのみか選択できます。

C10 ～ C15セルは、A10セルをコピーした後にclear()の詳細パラメータを指定してクリアしています。

今回の例文では詳細パラメータのプロパティが1つですが、複数指定することもできます。

実行結果

事前にA列にコピー元となるセルを準備します。

スクリプトと図の番号（①～⑤）は指示と動作の関係で紐づきます。理解の参考にしてください。

デバッグ（ステップイン）で一行毎のコードの動きを確認してみるのも良いでしょう。

図3-22 myFunction3_h()実行結果

1. A列にコピー元のセル

2. A列セルをC列にコピー、10行目以下はクリア

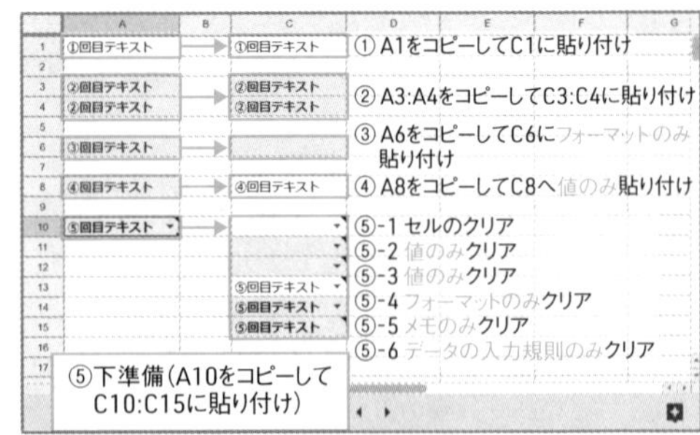

116
[3-33]

共通

スプレッドシート/シート名の取得

getName()

構文

```
Spreadsheetオブジェクト.getName()
Sheetオブジェクト.getName()
```

戻り値 string

引数 なし

解説

スプレッドシート（Spreadsheetオブジェクト）、またはシート（Sheetオブジェクト）の名前を取得します。

共通

シート/セルのアクティブ化

activate()

構文

```
Sheetオブジェクト.activate()
SpreadsheetApp.setActiveSheet(sheet, restoreSelection)
```

戻り値 Sheetオブジェクト

引数

引数名	タイプ	説明
sheet	Sheet	シート
restoreSelection	boolean	true：セル範囲復元する false：セル範囲復元しない ※ 省略時の規定値：false

解説

引数で指定したシート（Sheetオブジェクト）をアクティブにします。

構文

```
Rangeオブジェクト.activate()
```

戻り値 Rangeオブジェクト

引数 なし

解説

セル範囲（Rangeオブジェクト）をアクティブにします。

例文

▼3-i.gs シートとセルのアクティブ化

```
function myFunction3_i() {

```

```
    // ※ 「3_c」シートを選択した状態で実行
    // シートのアクティブ化
    console.log(SpreadsheetApp.getActiveSheet().getName());
    // 実行ログ：3_c

    const ss     = SpreadsheetApp.getActiveSpreadsheet();
    const sh3_i = ss.getSheetByName('3_i');
    sh3_i.activate();
    console.log(SpreadsheetApp.getActiveSheet().getName());
    // 実行ログ：3_i

    // セルのアクティブ化
    const activeRng = sh3_i.getRange('A1:F10');
    activeRng.activate();
    console.log(activeRng.getA1Notation());
    // 実行ログ：A1:F10

}
```

解説

指定したシート（Sheetオブジェクト）、セル範囲（Rangeオブジェクト）をアクティブ化します。

実行結果

3_cシートを選択した状態でスクリプトを実行すると、3_iシート、セル範囲（A1:F10）がアクティブ化されます。

図3-23 myFunction3_i() 実行結果

①3_cシート選択した状態でスクリプト実行

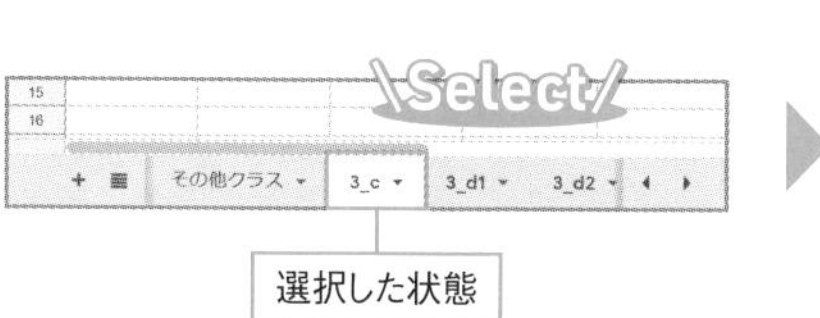

②指定したシートとセル範囲がアクティブ化

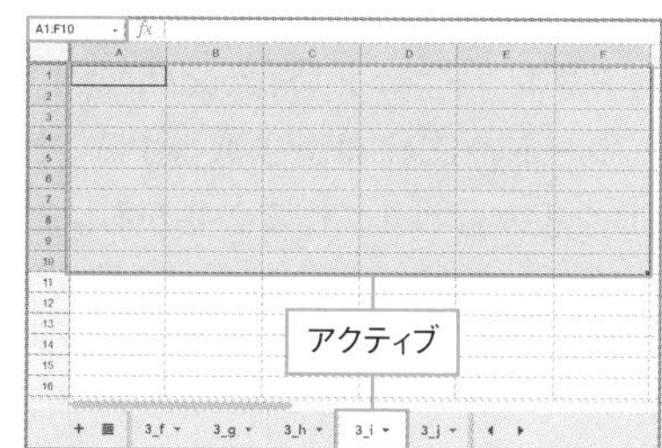

118 [3-35] 共通

スプレッドシート/シートURLの取得

getId(), getSheetId(), getUrl()

構文

```
Spreadsheetオブジェクト.getId()
Sheetオブジェクト.getSheetId()
```

戻り値 number(整数)

引数 なし

解説

スプレッドシート(Spreadsheetオブジェクト)、またはシート(Sheetオブジェクト)のIDを取得します。

シートIDは、シートを選択した際のURLの末尾、「edit#gid=xxx」の数字の部分(xxx)です。シート毎に割り振られたユニークな値のため、1つのスプレッドシート内でIDが重複することはありません。

構文

```
Spreadsheetオブジェクト.getUrl()
```

戻り値 string

引数 なし

解説

スプレッドシート(Spreadsheetオブジェクト)のURLを取得します。

シートのURLは直接取得することはできません。スプレッドシートIDとシートIDを組み合わせて作る必要があります。

Note スプレッドシートのシートURLの作り方

https://docs.google.com/spreadsheets/d/スプレッドシートID/edit#gid=シートID

例文

3-j.gs URL取得

```
function myFunction3_j() {

  // スプレッドシートURLの取得
  const id    = 'スプレッドシートのIDを設定してください';
  const ss    = SpreadsheetApp.openById(id);
  const ssUrl = ss.getUrl();
  console.log(ssUrl);
  // 実行ログ：https://docs.google.com/spreadsheets/d/xxx/edit

  // シートURLの取得
  const sh3_j     = ss.getSheetByName('3_j');
  const sheetId   = sh3_j.getSheetId();
  const ssId      = ss.getId();
  const base      = 'https://docs.google.com/spreadsheets/d/';
  const sh3_jUrl = `${base}${ssId}/edit#gid=${sheetId}`;
  console.log(sh3_jUrl);
  // 実行ログ：
  // https://docs.google.com/spreadsheets/d/xxx/edit#gid=yyy
  console.log(`${ssUrl}#gid=${sheetId}`);
  // 実行ログ：
  // https://docs.google.com/spreadsheets/d/xxx/edit#gid=yyy

}
```

解説

スプレッドシートのURLとシートのURLを取得します。

getUrl()を使うとスプレッドシートのURLが取得できます。その後にシートIDと組み合わせることで、シート固有のURLを作成できます。

シートIDは、3_jシートのSheetオブジェクトを取得してから、getSheetId()を使って取得します。

実行結果

ご自身の環境のスプレッドシートのIDを入力してスクリプトを実行してください。

実行ログから、スプレッドシートとシートのURLが確認できます。画面上で表示されるスプレッドシートのURLと一致するかどうか確認してみましょう。

図3-24 3_jシートのURL

119
[3-36]

行/列

単一セル/セル範囲の行番号取得

getRow()

PART 2

3

構文

```
Rangeオブジェクト.getRow()
```

戻り値 number(整数)

引数 なし

解説

単一セル/セル範囲(Rangeオブジェクト)の行番号を取得します。
セル範囲の場合は一番上の行番号を取得します。

120
[3-37]

行/列

単一セル/セル範囲の列番号取得

getColumn()

構文

```
Rangeオブジェクト.getColumn()
```

戻り値 number(整数)

引数 なし

解説

単一セル/セル範囲(Rangeオブジェクト)の列番号を取得します。
セル範囲の場合は一番左の列番号を取得します。

121 [3-38]

行/列

最終行の取得

getLastRow()

PART 2

3

構文

```
Spreadsheetオブジェクト.getLastRow()
Sheetオブジェクト.getLastRow()
Rangeオブジェクト.getLastRow()
```

戻り値 number（整数）

引数 なし

解説

シート（Sheetオブジェクト）、またはセル範囲（Rangeオブジェクト）から有効な値を含む最終行の番号を取得します。

Spreadsheetオブジェクトから getLastRow() を呼び出す場合には、アクティブなシートが対象になります。業務ではSheetオブジェクトから最終行を取得することが多いです。

122
[3-39]

行/列

最終列の取得

getLastColumn()

構文

```
Spreadsheetオブジェクト.getLastColumn()
Sheetオブジェクト.getLastColumn()
Rangeオブジェクト.getLastColumn()
```

戻り値 number（整数）

引数 なし

解説

シート（Sheetオブジェクト）、セル範囲（Rangeオブジェクト）から有効な値を含む最終列の番号を取得します。

Spreadsheetオブジェクトから getLastColumn() を呼び出す場合には、アクティブなシートが対象になります。

例文

3-k.gs 行列の取得

```
function myFunction3_k1() {

  // 3_kシートの取得
  const ss     = SpreadsheetApp.getActiveSpreadsheet();
  const sh3_k = ss.getSheetByName('3_k');

  // 単一セルの行/列位置の取得
  const cell = sh3_k.getRange('B3');
  const row  = cell.getRow();
  const col  = cell.getColumn();
  console.log(row); // 実行ログ：3
  console.log(col); // 実行ログ：2

```

```
  // 最終行/列の取得
  const lastRow = sh3_k.getLastRow();
  const lastCol = sh3_k.getLastColumn();
  console.log(lastRow); // 実行ログ：6
  console.log(lastCol); // 実行ログ：5

}

function myFunction3_k2() {

  // 3_kシートの取得
  const ss     = SpreadsheetApp.getActiveSpreadsheet();
  const sh3_k = ss.getSheetByName('3_k');

  // ① A1から下方向に検索
  const lastRow1 = sh3_k
    .getRange(1, 1)
    .getNextDataCell(SpreadsheetApp.Direction.DOWN)
    .getRow();
  console.log('① A1から下方向に検索して行取得');
  console.log(lastRow1); // 実行ログ：3

  // ② A列最終行セルから上方向に検索
  const lastRow2 = sh3_k
    .getRange(sh3_k.getMaxRows(), 1)
    .getNextDataCell(SpreadsheetApp.Direction.UP)
    .getRow();
  console.log('② A列最終行セルから上方向に検索して行取得');
  console.log(lastRow2); // 実行ログ：6

  // ③ A3から右方向に検索
  const lastCol1 = sh3_k
    .getRange(3, 1)
    .getNextDataCell(SpreadsheetApp.Direction.NEXT)
    .getColumn();
  console.log('③ A3から右方向に検索して列取得');
  console.log(lastCol1); // 実行ログ：2

```

```
  // ④ 3行目最終列セルから左方向に検索
  const lastCol2 = sh3_k
    .getRange(3, sh3_k.getMaxColumns())
    .getNextDataCell(SpreadsheetApp.Direction.PREVIOUS)
    .getColumn();
  console.log('④ 3行目最終列セルから左方向に検索して列取得');
  console.log(lastCol2); // 実行ログ：5

}
```

解説

myFunction3_k1()は、指定したセルの行/列番号の取得、およびシートの最終行と最終列を取得するスクリプトです。

myFunction3_k2()は、特定の行/列の最終行と最終列を取得するスクリプトです。始点セルと進む方向を決めてから行/列番号を取得します。空白のセルがある場合には、手前の行/列番号を取得することもできます。実務で利用されるケースも限定されるため、利用した構文の解説は掲載していません。

実行結果

実行ログより、取得した行/列番号が確認できます。

図3-25 myFunction3_k2()実行結果

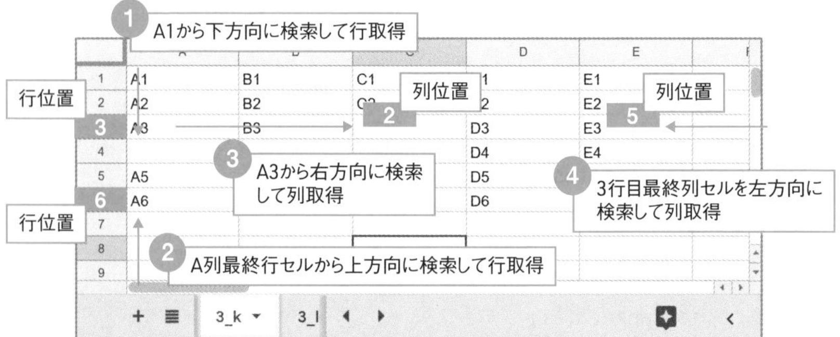

Column IMPORTRANGE関数を利用した最終行の取得

例文のように、特定の列の最終行を取得するには少々労力がいります。

代替案として、他のシートから指定した範囲のデータを読み込むIMPORTRANGE関数を使って、特定列を別シートに連携させてから、最終行を取得する方法があります。次図のようにC列を真っさらな別シートに連携させると、そのシートに対してgetLastRow()が使えるようになります。言い換えると、その別シートの最終行がC列の最終行と一致するということです。シートに保護をかけて非表示にすれば、業務運用することもできます。

何でもスクリプトで解決するのではなく、実務では他の方法と組み合わせることで、より効率的に進められることもあります。

図3-26 IMPORTRANGE関数の活用

①取得対象の列

C列を別シートに反映

②IMPORTRANGE関数

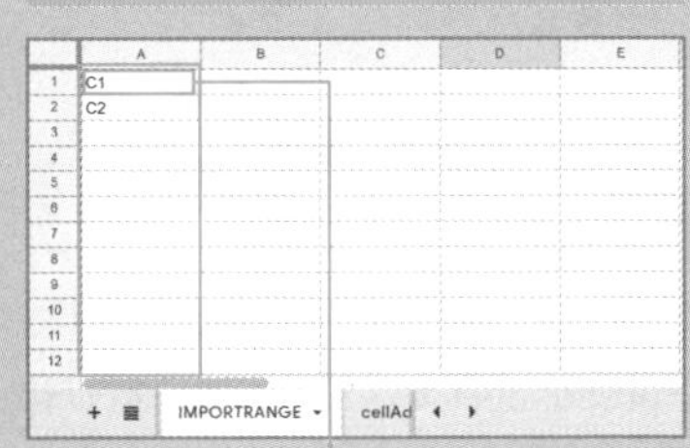

=IMPORTRANGE("3_kシートのURL", "3_k!C:C")

column.gs IMPORTRANGE関数

```
function importrange() {

  // シート取得
  const ss = SpreadsheetApp.getActiveSpreadsheet();
  const sh = ss.getSheetByName('IMPORTRANGE');
  // 最終行の取得
  const lastRow = sh.getLastRow();
  console.log(lastRow); // 実行ログ：2

}
```

123
[3-40]

行/列

行の削除

deleteRow()

構文

```
Spreadsheetオブジェクト.deleteRow(rowPosition)
Sheetオブジェクト.deleteRow(rowPosition)
```

戻り値 Sheetオブジェクト

引数

引数名	タイプ	説明
rowPosition	number（整数）	行番号

解説

引数で指定した番号の行を削除します。

Spreadsheetオブジェクトから呼び出す場合は、アクティブなシートが対象になります。

124
[3-41]

行/列

PART 2

3

複数行の削除

deleteRows()

構文

```
Spreadsheetオブジェクト.deleteRows(rowPosition, howMany)
Sheetオブジェクト.deleteRows(rowPosition, howMany)
```

戻り値 なし

引数

引数名	タイプ	説明
rowPosition	number(整数)	行番号
howMany	number(整数)	(削除する)行数

解説

引数で指定した行位置から、指定した行数を削除します。

Spreadsheetオブジェクトから呼び出す場合は、アクティブなシートが対象になります。

125
[3-42]

行/列

列の削除

deleteColumn()

構文

```
Spreadsheetオブジェクト.deleteColumn(columnPosition)
Sheetオブジェクト.deleteColumn(columnPosition)
```

戻り値 Sheetオブジェクト

引数

引数名	タイプ	説明
columnPosition	number(整数)	列番号

解説

引数で指定した番号の列を削除します。

Spreadsheetオブジェクトから呼び出す場合は、アクティブなシートが対象になります。

126
[3-43]

行 / 列

複数列の削除

deleteColumns()

構文

```
Spreadsheetオブジェクト.deleteColumns(columnPosition,
                                       howMany)
Sheetオブジェクト.deleteColumns(columnPosition, howMany)
```

戻り値 なし

引数

引数名	タイプ	説明
rowPosition	number（整数）	列の位置
howMany	number（整数）	（削除する）列数

解説

引数で指定した列位置から、指定した列数を削除します。

Spreadsheetオブジェクトから呼び出す場合は、アクティブなシートが対象になります。

例文

▼3-l.gs 行 / 列の削除

```
function myFunction3_l() {

  // 3_lシートの取得
  const ss     = SpreadsheetApp.getActiveSpreadsheet();
  const sh3_l = ss.getSheetByName('3_l');

  // 行の削除
  sh3_l.deleteRows(5); // 5行目を削除
  // 複数行の削除
  sh3_l.deleteRows(2,2); // 2-3行目を削除
```

```

  // 列の削除
  sh3_l.deleteColumn(4); // 4列目を削除
  // 複数列の削除
  sh3_l.deleteColumns(1,2); // 1-2列目を削除

}
```

解説

指定した行/列を削除するスクリプトです。

実行結果

スクリプトを実行すると、色付けされた行/列が削除されます。

スプレッドシートの「元に戻す（Ctrl + Z、または command + Z）」より削除前の状態に戻すことができるため、繰り返し挙動を確認できます。デバッグを使っても、各削除の工程を確認できます。

図3-27 myFunction3_l()実行結果

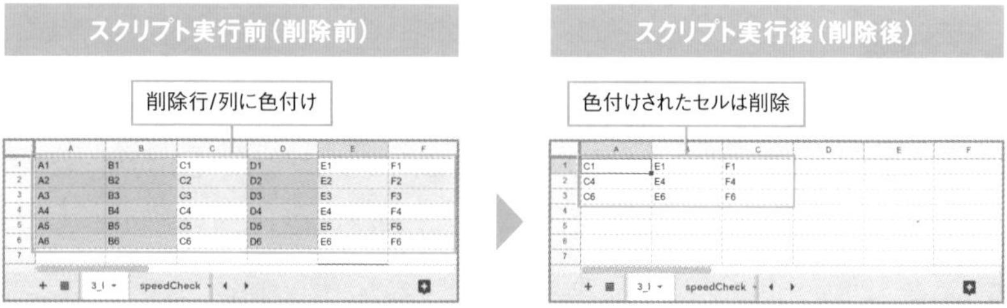

スクリプト実行前（削除前）

削除行/列に色付け

スクリプト実行後（削除後）

色付けされたセルは削除

127
[3-44]

権限

編集権限の追加

addEditor(), addEditors(), removeEditor()

構文

```
Spreadsheetオブジェクト.addEditor(emailAddress)
```

戻り値 Spreadsheetオブジェクト

引数

引数名	タイプ	説明
emailAddress	string	（追加するユーザーの）メールアドレス

解説

引数で指定したユーザーに編集権限を付与します。

構文

```
Spreadsheetオブジェクト.addeditors(emailAddresses)
```

戻り値 Spreadsheetオブジェクト

引数

引数名	タイプ	説明
emailAddresses	string[]	（追加するユーザーの）メールアドレス

解説

引数で指定した複数のユーザーに編集権限を付与します。

128
[3-45]

権限

閲覧権限の追加

addViewer(), addViewers(), removeViewer()

構文

```
Spreadsheetオブジェクト.addViewer(emailAddress)
```

戻り値 Spreadsheetオブジェクト

引数

引数名	タイプ	説明
emailAddress	string	（追加するユーザーの）メールアドレス

解説

引数で指定したユーザーに閲覧権限を付与します。

閲覧権限の削除は以下構文を利用します。引数には、削除するユーザーのメールアドレスを設定してください。

```
Spreadsheetオブジェクト.removeViewer(emailAddress)
```

構文

```
Spreadsheetオブジェクト.addViewers(emailAddresses)
```

戻り値 Spreadsheetオブジェクト

引数

引数名	タイプ	説明
emailAddresses	string[]	（追加するユーザーの）メールアドレス

解説

引数で指定した複数のユーザーに閲覧権限を付与します。

Column シート/セル範囲の保護

実務では、スプレッドシートの中のシートやセル範囲に保護をかけることがあります。GASを使って、シートやセル範囲の保護を制御することもできます。

対象のシートやセル範囲に、以下構文で保護をかけます。戻り値は、保護の情報が入ったProtectionオブジェクトです。

```
Sheetオブジェクト.protect()
Rangeオブジェクト.protect()
```

取得したProtectionオブジェクトに対して、引数でユーザーを指定して編集権限を追加できます。シートやセル範囲に閲覧権限はありません。

```
Protectionオブジェクト.addEditor(emailAddress)
Protectionオブジェクト.addEditors(emailAddresses)
```

詳しくは公式リファレンスを参照してください。

▼QR3-2 Protectionクラス
https://developers.google.com/apps-script/reference/spreadsheet/protection

129
[3-46]

権限

編集権限ユーザーの取得

getEditors()

構文

```
Spreadsheetオブジェクト.getEditors()
```

戻り値 Userオブジェクト[]

引数 なし

解説

編集権限を持つユーザーを取得します。

戻り値はUserオブジェクトを格納した配列です。String()などで文字列に変換して扱ってください。

Note

編集権限の削除は以下構文を利用します。引数には、削除するユーザーのメールアドレスを設定してください。

```
Spreadsheetオブジェクト.removeEditor(emailAddress)
```

130 [3-47]

権限

閲覧権限ユーザーの取得

getViewers()

構文

```
Spreadsheetオブジェクト.getViewers()
```

戻り値 Userオブジェクト[]

引数 なし

解説

閲覧権限を持つユーザーを取得します。

戻り値はUserオブジェクトを格納した配列です。String()などで文字列に変換して扱ってください。

例文

3-m.gs 権限操作

```
function myFunction3_m() {

  // 権限追加対象のスプレッドシートを取得
  const ss = SpreadsheetApp.getActiveSpreadsheet();
  // ※ 実行結果のサンプルのオーナーはgasmanabu@gmail.com

  // メールアドレスの設定
  const mail01 = '1つ目のメールアドレスを入力してください';
  const mail02 = '2つ目のメールアドレスを入力してください';
  const mail03 = '3つ目のメールアドレスを入力してください';
  const mail04 = '4つ目のメールアドレスを入力してください';
  const mail05 = '5つ目のメールアドレスを入力してください';
  const mail06 = '6つ目のメールアドレスを入力してください';

  // ※ 実行結果のサンプルはコチラ
  // const mail01 = 'gasmanaburyo@gmail.com';
```

```
  // const mail02 = 'gasmanabutomoe@gmail.com';
  // const mail03 = 'gasmanabukana@gmail.com';
  // const mail04 = 'gasmanabukengo@gmail.com';
  // const mail05 = 'gasmanabushiori@gmail.com';
  // const mail06 = 'gasmanabukokichi@gmail.com';

  // 編集権限の追加
  ss.addEditor(mail01);

  // 編集権限の追加（複数名）
  const addEditors = [mail02, mail03];
  ss.addEditors(addEditors);

  // 閲覧権限の追加
  ss.addViewer(mail04);

  // 閲覧権限の追加（複数名）
  const addViewers = [mail05, mail06];
  ss.addViewers(addViewers);

  // 編集/閲覧権限者の取得
  const editors = ss.getEditors();
  const viewers = ss.getViewers();

  Logger.log(editors);
  // ※ gasmanabu@gmail.comはオーナー
  // 実行ログ：
  // [gasmanabu@gmail.com, gasmanabutomoe@gmail.com,
  //  gasmanaburyo@gmail.com, gasmanabukana@gmail.com]

  Logger.log(viewers); // 実行ログ：
  // 実行ログ：
  // [gasmanabu@gmail.com, gasmanabutomoe@gmail.com,
  //  gasmanaburyo@gmail.com, gasmanabukana@gmail.com,
  //  gasmanabushiori@gmail.com, gasmanabukengo@gmail.com,
  //  gasmanabukokichi@gmail.com]

}
```

解説

指定したスプレッドシートへのアクセス権限を付与するスクリプトです。付与する権限とユーザー数（1名、または複数名）により、メソッドが使い分けられます。

権限追加後に編集権限、閲覧権限を所持するユーザーを取得します。

実行結果

スクリプトを実行すると、指定したユーザーにスプレッドシートの各権限が付与されます。

オーナー、および編集権限を付与したユーザーは、編集権限、閲覧権限双方のリストに含まれます。一方、閲覧権限を付与したユーザーは、閲覧権限リストのみに反映があります。ログ上は、ユーザーのメールアドレスが表示されていますが、Userオブジェクトなので注意してください。String()などで文字列型に変換して扱ってください。

次図のように、スクリプト実行後にスプレッドシート右上の共有ボタンを押下すると追加したユーザーが反映されます。

図3-28 myFunction3_m()実行結果

スクリプト実行前（追加前）

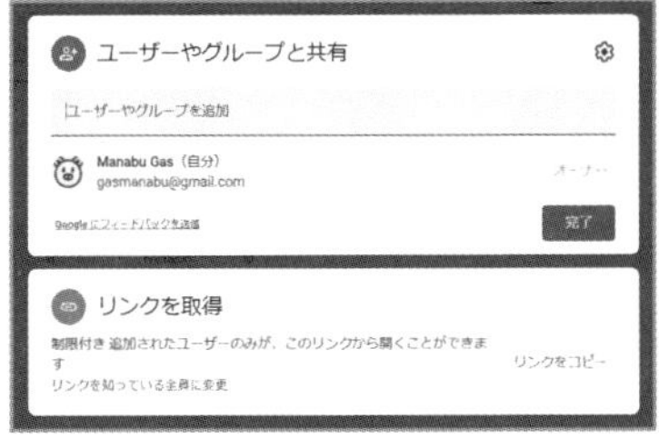

スクリプト実行後（追加後）

4

Gmail

本章では、Gmailをより便利に活用するためのリファレンスを解説しています。冒頭の「Gmailサービスの理解」でサービス概要を確認した上で、Gmailに対してGoogle Apps Scriptでどのようなことができるか確認していきましょう。

例文スクリプト確認方法

以下フォルダのスクリプトファイルをコピー作成して、例文スクリプトを確認してください。

格納先

```
SampleCode >
  04章 Gmail >
    4章 Gmail（スクリプトファイル）
```

131 [4-1] Gmailサービス

Gmailサービスの理解

GmailAppクラス，GmailThreadクラス，GmailMessageクラス，GmailAttachmentクラス

Gmailサービス

Google Apps Script（GAS）でGmailを操作するためのクラスと、そのメンバー（メソッドとプロパティ）を提供するサービスを**Gmailサービス**とよびます。

GmailAppクラスをトップレベルオブジェクトとして、スレッドを操作する**GmailThreadクラス**、メッセージを操作する**GmailMessageクラス**、添付ファイルを操作する**GmailAttachmentクラス**などがあります。

また、次図のように各クラスは**階層構造**になっており、配下のオブジェクトを取得するメンバーも用意されています。GmailAppからたどって、目的のオブジェクトを取得できます。

図4-1 Gmailサービスの主なクラスの階層構造

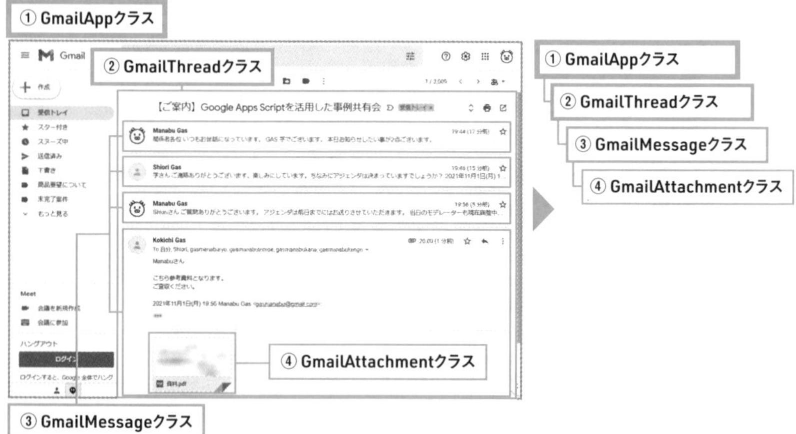

※スレッド拡大画像はP293

オブジェクトの取得方法

GmailAppから各クラスのメソッドを利用して、配下のオブジェクトを取得していきます。スクリプトを実行するユーザーのメールアカウントが取得対象です。もちろ

ん他のアカウントの受信トレイを参照することはできません。したがって、以下スクリプトを実行するためには、ご自身の受信トレイに前図同様のメールを用意する必要があります。

前提のもと、スクリプトを実行すると、検索条件に一致するスレッドは1つのみ、スレッドには4つのメッセージ、4番目のメッセージのみに添付ファイルがあります。

ご自身の環境に合わせて、検索条件や配列のインデックスを変更することで、別の各オブジェクトを取得することもできます。

なお、検索条件に複数一致することもあるため、GmailThreadオブジェクト、GmailMessageオブジェクト、GmailAttachmentオブジェクトの戻り値は配列と定義されてます。

sample.gs 各オブジェクトの取得

```
function mySample4_a() {

  // GmailThreadオブジェクトの取得
  const threads = GmailApp.search('subject:(事例共有会)');
  Logger.log(threads); // 実行ログ：[GmailThread]

  // GmailMessageオブジェクトの取得
  const messages = threads[0].getMessages();
  Logger.log(messages);
  // 実行ログ：[GmailMessage, ... ]

  // 配列から取り出し
  const message01 = messages[0];
  Logger.log(message01); // 実行ログ：GmailMessage

  // 添付ファイルのある4番目メッセージ取得
  const message04 = messages[3];
  // GmailAttachmentオブジェクトの取得
  const files = message04.getAttachments();
  Logger.log(files); // 実行ログ：[GmailAttachment]

  // GmailAttachmentオブジェクトの各情報取得
  console.log(files[0].getName()); // 実行ログ：資料.pdf
  console.log(files[0].getSize()); // 実行ログ：292821
  console.log(files[0].getContentType());
```

```
  // 実行ログ：application/pdf

}
```

クラスとメソッド

一例になりますが、各クラスの役割と主なメソッドを紹介します。

メッセージから受信日時や件名、差出人を取得しようとしても、GmailAppから直接扱うことはできません。次表のように、GmailMessageオブジェクトを取得してから適切なメソッドを選択する必要があります。

GmailMessageオブジェクトを取得する方法は、前述のスクリプトを参照してください。

図4-2 Gmailサービスの各クラスの役割と主なメソッド

クラス	役割	メソッド（例）	説明
GmailApp	トップレベルオブジェクト	sendEmail()	メール送信
		search()	スレッド（メッセージ）の検索
		getMessagesForThread()	（スレッドから）メッセージの取得
GmailThread	スレッドの操作	getPermalink()	スレッドのパーマリンク取得
		replyAll()	メール全員返信
		getMessages()	スレッドからメッセージ取得
GmailMessage	**メッセージの操作**	**getDate()**	**メッセージの受信日時取得**
		getFrom()	**メッセージの差出人取得**
		getSubject()	**メッセージの件名取得**
GmailAttachment	添付ファイルの操作	getName()	ファイル名の取得
		getSize()	ファイルサイズの取得
		getContentType()	コンテンツタイプの取得

スレッドとメッセージの関係

次図のようにGmailMessageオブジェクトが1つであっても、必ずGmailThreadオブジェクトの配下に位置されます。メールの設定でスレッド表示をオフにしていても関係ありません。

Gmailサービスを扱う上で、GmailMessageオブジェクトの階層構造の上には必ずGmailThreadオブジェクトが存在することを理解する必要があります。本書では、GmailThreadオブジェクトをスレッド、GmailMessageオブジェクトをメッセージとよんでいきます。

図4-3 スレッドとメッセージの関係性

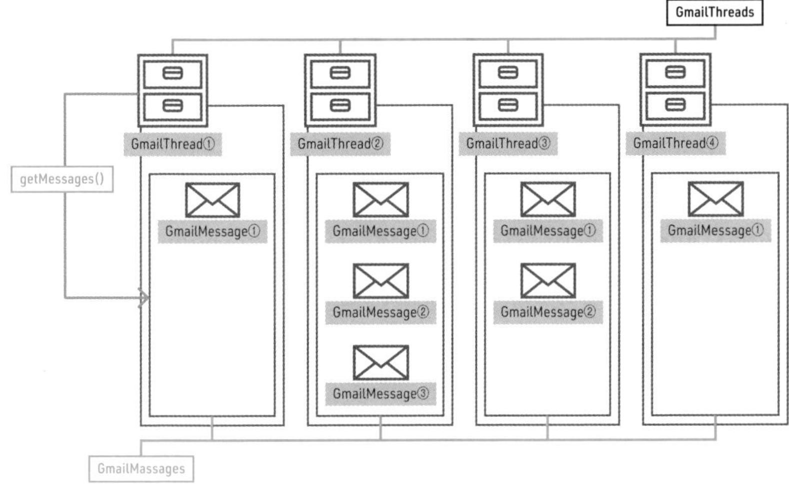

また、スレッドからメッセージを取り出す場合には、getMessages()を使って取得します。戻り値がGmailMessageオブジェクトを格納した配列になり、古いメッセージから順に格納されます。したがって、インデックス[0]には、スレッド内の起点となる一番最初のメッセージが格納されます。

図4-4 配列の中のメッセージ

132 [4-2] メール作成

メール送信

sendEmail()

構文

```
GmailApp.sendEmail(recipient, subject, body)
GmailApp.sendEmail(recipient, subject, body, options)
```

戻り値 GmailApp

引数

引数名	タイプ	説明
recipient	string	宛先（Toのメールアドレス）
subject	string	件名（最大250文字）
body	string	本文（テキスト形式）
options	Object	詳細パラメータ

詳細パラメータ

プロパティ名	タイプ	説明
attachments	BlobSource[]	添付ファイル
bcc	string	Bcc（メールアドレス）
cc	string	Cc（メールアドレス）
from	string	From（メールアドレス） ※送信元設定で登録したメールアドレス限定
htmlBody	string	本文（HTML形式）
inlineImages	Object	プロパティ名と添付ファイル ※例：{imgKey: img01, ...} htmlBodyでは<img src="cid:imgKey" />と指定
name	string	メール送信時の表示名 ※省略した場合の規定値：ユーザーの名前
noReply	boolean	true：返信不可な差出人からメール送信（noreply@ドメイン） ※有償のGoogleWorkspaceアカウントのみ設定可
replyTo	string	返信先（メールアドレス） ※省略した場合の規定値：送信者のメールアドレス

解説

引数で指定した宛先、本文、件名、オプションのメールを送信します。

HTMLメールを利用する場合は、第四引数（options）のhtmlBodyを設定すると有効になりますが、HTMLが無効な環境では第三引数のbodyが表示されます。また、第一引数の宛先に複数のメールアドレスを設定したい場合には、メールアドレスをカンマ（,）でつないでください。

Note

※図4-1のスレッド拡大画像

133 [4-3]

メール作成

アクティブユーザーのメールアドレス取得

getActiveUser(), getEmail()

構文

```
Session.getActiveUser()
```

戻り値 Userオブジェクト

引数 なし

構文

```
Userオブジェクト.getEmail()
```

戻り値 string

引数 なし

解説

セッションからユーザーのメールアドレスを取得します。

Userクラスのメソッドはget Email()のみのため、Session.getActiveUser().getEmail()のようにメソッドチェーンとして1つのステートメントにまとめることがあります。また、スプレッドシートで起動や編集などのイベントが発生した場合も、セッションからユーザーのメールアドレスを取得できます。

Sessionクラスは、Utility servicesに分類されますが、メールと共に利用されることが多いため、本章で紹介しました。

134 [4-4]

メール作成

メール下書き作成

createDraft()

PART 2

4

構文

```
GmailApp.createDraft(recipient, subject, body)
GmailApp.createDraft(recipient, subject, body, options)
```

戻り値 GmailDraftオブジェクト

引数

引数名	タイプ	説明
recipient	string	宛先（Toのメールアドレス）
subject	string	件名（最大250文字）
body	string	本文（テキスト形式）
options	Object	詳細パラメータ

詳細パラメータ

プロパティ名	タイプ	説明
attachments	BlobSource[]	添付ファイル
bcc	string	Bcc（メールアドレス）
cc	string	Cc（メールアドレス）
from	string	From（メールアドレス） ※ 送信元設定で登録したメールアドレス限定
htmlBody	string	本文（HTML形式）
inlineImages	Object	プロパティ名と添付ファイル ※ 例：{imgKey: img01, ...} htmlBodyでは <img src="cid:imgKey" />と指定
name	string	メール送信時の表示名 ※ 省略した場合の規定値：ユーザーの名前
replyTo	string	返信先（メールアドレス） ※ 省略した場合の規定値：送信者のメールアドレス

解説

引数で指定した宛先、本文、件名、オプションのメール下書きを作成します。

sendEmail() では利用可能な詳細パラメータの noReply は、createDraft() では設定できません。

メールの誤送信を防止するため、または本番運用前のスクリプトをテストする場合など、createDraft() は様々なシーンで利用されます。送信したメールを無効にすることはできないため、事故防止の観点でも業務上 createDraft() を利用して、下書きから目視チェックを入れることはよくあります。

例文

4-a.gs メール送信と下書き

```
function myFunction4_a() {

  // アクティブユーザーのメールアドレスの取得
  const to  = Session.getActiveUser().getEmail();
  const cc  = 'a@a.com';
  const bcc = 'b@b.com';

  // 件名、テキスト形式の本文、HTML形式の本文、差出人の名前
  const title  = 'myFunction4_a';
  const body   = 'htmlメールです！！';
  let htmlBody = '<p style="color:#ff0000";>';
  htmlBody    += 'htmlメールが有効です！</p>';
  const name   = 'GASを学ぶ！！';

  // メールの送信
  GmailApp.sendEmail(to, title, body, {htmlBody, name});
  // メール下書き作成
  GmailApp.createDraft(to, title, body,
    {cc, bcc, htmlBody, name}
  );
  // 第四引数は以下の省略記法
```

```
  // {
  //   cc: cc,
  //   bcc: bcc,
  //   htmlBody: htmlBody,
  //   name: name
  // }

}
```

解説

メール送信と下書きを作成するスクリプトです。

第四引数の詳細パラメータは、本来プロパティ名と値をセットで記述する必要がありますが、例文のようにプロパティ名と変数名が一致している場合は省略できます。

実行結果

スクリプトを実行すると、メールが送信されて、同時にメールの下書きも作成されます。

図 4-5 myFunction4_a() 実行結果

① メール送信

② メール下書き

次図のようにメールアドレスから「@」を除外するとメールアドレスの文字列パターンに不一致と判断されて、スクリプト実行時にエラーが発生します。

図 4-6 メールアドレスのエラー

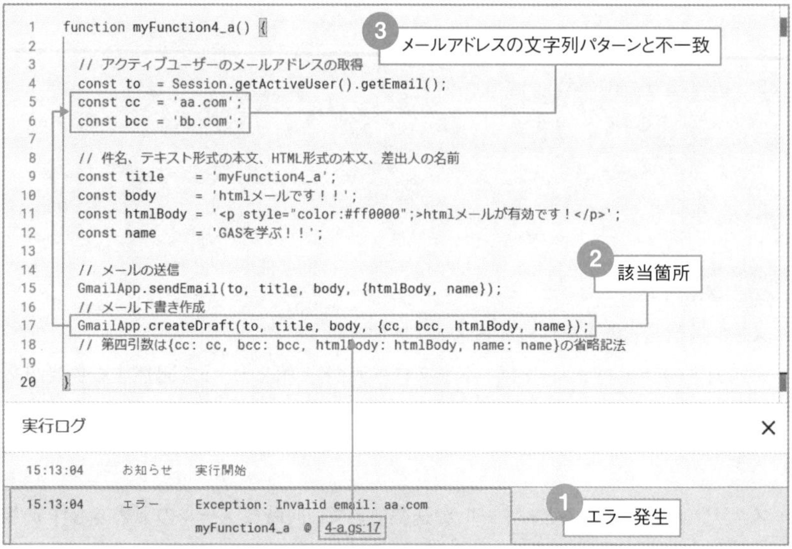

```
function myFunction4_a() {

  // アクティブユーザーのメールアドレスの取得
  const to  = Session.getActiveUser().getEmail();
  const cc  = 'aa.com';
  const bcc = 'bb.com';

  // 件名、テキスト形式の本文、HTML形式の本文、差出人の名前
  const title    = 'myFunction4_a';
  const body     = 'htmlメールです！！';
  const htmlBody = '<p style="color:#ff0000";>htmlメールが有効です！</p>';
  const name     = 'GASを学ぶ！！';

  // メールの送信
  GmailApp.sendEmail(to, title, body, {htmlBody, name});
  // メール下書き作成
  GmailApp.createDraft(to, title, body, {cc, bcc, htmlBody, name});
  // 第四引数は{cc: cc, bcc: bcc, htmlBody: htmlBody, name: name}の省略記法

}
```

3 メールアドレスの文字列パターンと不一致

2 該当箇所

実行ログ

```
15:13:04    お知らせ    実行開始
15:13:04    エラー      Exception: Invalid email: aa.com
                        myFunction4_a  @ 4-a.gs:17
```

1 エラー発生

135
[4-5]

メール作成

下書きメールの取得

getDrafts()

PART 2
4

構文

```
GmailApp.getDrafts()
```

戻り値 GmailDraftオブジェクト[]

引数 なし

解説

すべてのメールの下書きを取得します。

戻り値はGmailDraftオブジェクトを格納した配列です。

136 [4-6] メール作成

下書きメールの削除

deleteDraft()

構文

```
GmailDraftオブジェクト.deleteDraft()
```

戻り値 なし

引数 なし

解説

下書き（GmailDraftオブジェクト）を削除します。

実務での利用シーンは決して多くありませんが、開発中にcreateDraft()でテスト作成した大量の下書きメールを一気に削除する際に活用できます。時には何百ものメールの下書きを作成することもありますが、それらを手作業で削除することは現実的ではありません。様々なところでGASを積極的に活用していきましょう。

例文

▼4-b.gs メールの下書きの削除

```
function myFunction4_b1() {

  // メールの下書き10通作成
  const mail  = Session.getActiveUser().getEmail();
  const title = 'myFunction4_b';
  const body  = '';
  for(let i = 1; i <= 10; i++) {
    GmailApp.createDraft(mail, title, body);
  }

```

```
}

function myFunction4_b2() {

  // メールの下書き取得
  const drafts = GmailApp.getDrafts();
  Logger.log(drafts);
  // 実行ログ：[GmailDraft, GmailDraft, ... ]

  // 削除する件名
  const target = 'myFunction4_b';

  // （特定の件名を除き）下書きの削除
  for(const draft of drafts) {
    if(draft.getMessage().getSubject() === target) {
      draft.deleteDraft();
    }
  }
}
```

解説

件名を指定してメールの下書きを削除するスクリプトです。

GmailApp.getDrafts()を使って、メールの下書き（GmailDraftオブジェクト）が格納される配列を取得します。for...of文を使って、件名が「myFunction4_b」と一致するメールの下書きのみを削除します。

GmailDraftクラスには件名を取得するメソッドはありませんが、getMessage()を使うとGmailMessageオブジェクトに変換できます。GmailMessageクラスには、件名を取得するgetSubject()があるため、指定した件名のメール下書きを削除できます。

注意点

スクリプトを実行するアカウントのメールの下書きが削除されるため、利用する際は十分に注意してください。指定した件名を削除するという条件分岐を外すと、すべてのメールの下書きが削除されます。

実行結果

myFunction4_b1()を実行して10通のメールの下書きを作成します。

図4-7 myFunction4_b1() 実行結果

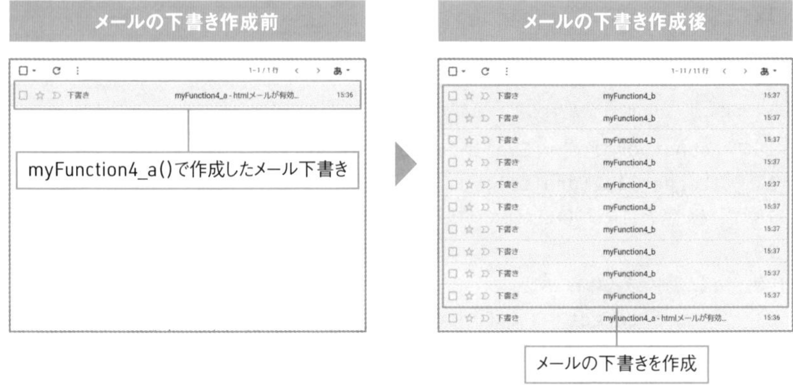

myFunction4_b2()を実行すると、指定した件名のメール下書きがすべて削除されます。ifの条件分岐がなければすべてのメールの下書きが削除されます。ifの条件を変えることで下書きの削除を制御できます。

図4-8 myFunction4_b2() 実行結果

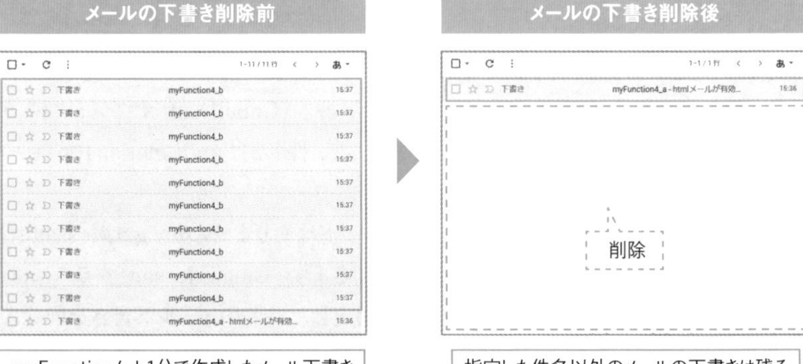

137 [4-7] メール作成

メール全員返信

replyAll(), reply()

構文

```
GmailThreadオブジェクト.replyAll(body)
GmailThreadオブジェクト.replyAll(body, options)
```

戻り値 GmailThreadオブジェクト

引数

引数名	タイプ	説明
body	string	本文（テキスト形式）
options	Object	詳細パラメータ

詳細パラメータ

プロパティ名	タイプ	説明
cc	string	Cc（メールアドレス）
bcc	string	Bcc（メールアドレス）
htmlBody	string	本文（HTML形式）
name	string	メール送信時の表示名 ※ 省略した場合の規定値：ユーザーの名前
from	string	From（メールアドレス） ※ 送信元設定で登録したメールアドレス限定
replyTo	string	返信先（メールアドレス） ※ 省略した場合の規定値：送信者のメールアドレス true:返信不可な差出人からメール送信（noreply@ドメイン） ※ 有償のGoogleWorkspaceアカウントのみ設定可
attachments	BlobSource[]	添付ファイル
inlineImages	Object	プロパティ名と添付ファイル ※ 例：{imgKey: img01, ...} htmlBodyでは <img src="cid:imgKey" />と指定

解説

スレッド（GmailThreadオブジェクト）の最新メッセージに対して、引数で設定したメールを全員返信します。

構文

```
GmailMessageオブジェクト.replyAll(body)
GmailMessageオブジェクト.replyAll(body, options)
```

戻り値 GmailMessageオブジェクト

引数

引数名	タイプ	説明
body	string	本文（テキスト形式）
options	Object	詳細パラメータ

詳細パラメータ

プロパティ名	タイプ	説明
attachments	BlobSource[]	添付ファイル
bcc	string	Bcc（メールアドレス）
cc	string	Cc（メールアドレス）
from	string	From（メールアドレス） ※ 送信元設定で登録したメールアドレス限定
htmlBody	string	本文（HTML形式）
inlineImages	Object	プロパティ名と添付ファイル ※ 例：{imgKey: img01, ...} htmlBodyでは <img src="cid:imgKey" />と指定
name	string	メール送信時の表示名 ※ 省略した場合の規定値：ユーザーの名前
noReply	boolean	true:返信不可な差出人からメール送信（noreply@ドメイン） ※ 有償のGoogleWorkspaceアカウントのみ設定可
replyTo	string	返信先（メールアドレス） ※ 省略した場合の規定値：送信者のメールアドレス
subject	string	件名（最大250文字）

解説

メッセージ（GmailMessageオブジェクト）に対して、引数で設定したメールを全員返信します。

GmailThreadオブジェクト.replyAll()とは異なり、詳細パラメータでsubject（件名）を設定できます。

GmailThreadクラス、GmailMessageクラス双方共に全員返信ではなく、個別返信ができるreply()もあります。

138
[4-8]

メール作成

メール全員返信の下書き作成

createDraftReplyAll(), createDraftReply()

構文

```
GmailThreadオブジェクト.createDraftReplyAll(body)
GmailThreadオブジェクト.createDraftReplyAll(body, options)
```

戻り値 GmailDraftオブジェクト

引数

引数名	タイプ	説明
body	string	本文（テキスト形式）
options	Object	詳細パラメータ

詳細パラメータ

プロパティ名	タイプ	説明
attachments	BlobSource[]	添付ファイル
bcc	string	Bcc（メールアドレス）
cc	string	Cc（メールアドレス）
from	string	From（メールアドレス） ※ 送信元設定で登録したメールアドレス限定
htmlBody	string	本文（HTML形式）
inlineImages	Object	プロパティ名と添付ファイル ※ 例：{imgKey: img01, ...} htmlBodyでは <img src="cid:imgKey" />と指定
name	string	メール送信時の表示名 ※ 省略した場合の規定値：ユーザーの名前
replyTo	string	返信先（メールアドレス） ※ 省略した場合の規定値：送信者のメールアドレス
subject	string	件名（最大250文字）

解説

スレッド(GmailThreadオブジェクト)の最新メッセージに対して、引数で設定した全員返信するメールの下書きを作成します。

構文

```
GmailMessageオブジェクト.createDraftReplyAll(body)
GmailMessageオブジェクト.createDraftReplyAll(body, options)
```


戻り値 GmailMessageオブジェクト

引数

引数名	タイプ	説明
body	string	本文(テキスト形式)
options	Object	詳細パラメータ

詳細パラメータ

プロパティ名	タイプ	説明
attachments	BlobSource[]	添付ファイル
bcc	string	Bcc(メールアドレス)
cc	string	Cc(メールアドレス)
from	string	From(メールアドレス) ※ 送信元設定で登録したメールアドレスに限ります。
htmlBody	string	本文(HTML形式)
inlineImages	Object	プロパティ名と添付ファイル ※ 例:{imgKey: img01, ...} htmlBodyでは <img src="cid:imgKey" />と指定
name	string	メール送信時の表示名 ※ 省略した場合の規定値:ユーザーの名前
replyTo	string	返信先(メールアドレス) ※ 省略した場合の規定値:送信者のメールアドレス
subject	string	件名(最大250文字)

解説

メッセージ（GmailMessageオブジェクト）に対して、引数で設定した全員返信するメールの下書きを作成します。

GmailThreadクラス、GmailMessageクラス双方共に全員返信ではなく、個別返信できるcreateDraftReply()もあります。

139 [4-9] スレッド（メッセージ）の検索

スレッド

search()

構文

```
GmailApp.search(query)
GmailApp.search(query, start, max)
```

戻り値 GmailThreadオブジェクト[]

引数

引数名	タイプ	説明
query	string	検索クエリ
start	number(整数)	スレッド検索開始インデックス
max	number(整数)	スレッド取得数(最大数500)

解説

引数で指定した検索クエリに一致するメッセージを含むスレッドを取得します。

戻り値は、GmailThreadオブジェクトを格納した配列です。検索クエリとは検索するための条件のようなものです。

第一引数の検索クエリは、次図のような検索演算子を組み合わせて利用します。

メールの検索窓に以下文字列を入れると検索結果を確認できます。

例：from:(gasmanabu@gmail.com) subject:(テスト)　newer_than:1y

図4-9 検索演算子

検索演算子	説明	例
from:	送信者（差出人）を指定	from:gasmanabu@gmail.com
to:	受信者（宛先）を指定	to:gasmanabu@gmail.com
cc:	Ccを指定	cc:gasmanabu@gmail.com
bcc:	Bccを指定	bcc:gasmanabu@gmail.com
OR または { }	複数の条件に一致するメールを検索	from:A太郎 OR from:B太郎 {from:A太郎 from:B太郎}
subject:	件名に含まれる単語を指定	subject:件名
()	複数のキーワードをグループ化	subject:(GAS テスト)
-	検索結果から除外するキーワードを指定	subject:(スクリプト) -エラー
has:attachment	添付ファイルのあるメールを指定	has:attachment
filename:	指定した名前やファイル形式の添付ファイルがあるメールを検索	filename:pdf filename:ファイル
after: (newer:)	指定した日付より後の（新しい）メールを検索※エポック時間（UNIX時間）の指定可	after:2021/12/01 after:1638356400
before: (older:)	指定した日付より前の（古い）メールを検索※エポック時間（UNIX時間）の指定可	before:2021/12/01 before:1638356400
newer_than:	時間（h）、日（d）、月（m）、年（y）で期間を指定、それより新しいメールを検索	newer_than:14d
older_than:	時間（h）、日（d）、月（m）、年（y）で期間を指定、それより古いメールを検索	older_than:1h
Rfc822msgid:	指定したMessage-ID ヘッダーのメールを検索	rfc822msgid:xxx@example.com

QR4-1 Gmailで使用できる検索演算子

https://support.google.com/mail/answer/7190

140
[4-10]

スレッド

スレッドのパーマリンク取得

getPermalink()

構文

```
GmailThreadオブジェクト.getPermalink()
```

戻り値 string

引数 なし

解説

スレッド(GmailThreadオブジェクト)のパーマリンクを取得します。

パーマリンクとはWebサイトのページ各々を表すURLです。時間が経過してもそのURLからページにアクセスできます。**固定リンク**とよばれることもあります。

スレッドのパーマリンクは、取得したユーザーのみ有効なリンクです。同一メッセージを受信しているユーザーであってもパーマリンクはユーザー毎に異なるURLが割り当てられます。

スレッド

IDからスレッドの取得

getThreadById()

構文

```
GmailApp.getThreadById(id)
```

戻り値 GmailThreadオブジェクト

引数

引数名	タイプ	説明
id	string	スレッドのID

解説

引数で指定したIDからスレッドを取得します。

戻り値は、単一のGmailThreadオブジェクトです。また、GmailThreadオブジェクト.getId()で、スレッドIDを取得することができます。

例文

4-c.gs スレッド操作

```
const TITLE_WORD_4C = 'myFunction4_c';

function myFunction4_c1() {

  // メールの送信
  const list = [
    '1つ目のメールアドレス',
    '2つ目のメールアドレス',
    '3つ目のメールアドレス'
  ];
  // ※ 実行結果のサンプルはコチラ
  // const list = [
  //   'gasmanabukana@gmail.com',
  //   'gasmanabushiori@gmail.com',
```

```
  //   'gasmanabukokichi@gmail.com'
  // ];
  const mail = list.join();
  console.log(mail);
  // 実行ログ：gasmanabukana@gmail.com,
  // gasmanabushiori@gmail.com, gasmanabukokichi@gmail.com

  const body = '最初のメール';
  GmailApp.sendEmail(mail, TITLE_WORD_4C, body);

}

function myFunction4_c2() {

  // 検索条件を指定
  const query = `subject:(${TITLE_WORD_4C})`;
  // 検索条件を指定してスレッドの取得
  const threads = GmailApp.search(query);
  Logger.log(threads);// 実行ログ：[GmailThread]

  // 配列からスレッド取得 ※ 条件一致は1スレッドと仮定
  const thread = threads[0];
  Logger.log(thread); // 実行ログ：GmailThread

  // スレッドのパーマリンクを取得
  console.log(thread.getPermalink());
  // 実行ログ：
  // https://mail.google.com/mail?extsrc=sync&client=docs&p
lid=xxx

  // スレッドに全返信
  const body1 = '2通目メール\nreplyAll()';
  thread.replyAll(body1);

  // スレッドに全返信する下書き作成
  const body2 = '3通目メール\ncreateDraftReplyAll()';
  thread.createDraftReplyAll(body2);

}
```

解説

myFunction4_c1()を実行すると、取得対象のメッセージ(スレッド)が自分自身に送信されます。

配列の要素にメールアドレスを格納して、配列メソッドのjoin()を使って宛先に設定する方法は実務でよく用いられます。

myFunction4_c2()を実行すると、指定した検索条件からmyFunction4_c1()で作成したスレッドを取得します。その後に、取得したスレッドに対して、メール全員返信、および全員返信する下書きを作成します。同時に、スレッドのパーマリンクも取得します。

なお、全員返信、および全員返信するメールの下書きの本文に引用文はありません。必要な場合は過去のメッセージから取得する必要があります。

注意点

検索条件が件名に「myFunction4_c」を含むスレッド(メッセージ)のため、同一の件名のメッセージがメールにある場合は挙動が変わる可能性があります。事前にメールの検索窓より重複有無を確認してください。

実行結果

myFunction4_c1()、myFunction4_c2()の順に実行します。

メールの設定でスレッド表示ONにしている場合は次図のように表示されますが、スレッド表示OFFの場合は別々に表示されます。

実行ログより、取得したパーマリンクを確認できます。リンクの遷移先も確認してみましょう。

図4-10 スクリプト実行結果

myFunction4_c2()実行前

myFunction4_c - gasmanabu@gmail.com - Gmail - Google Chrome
myFunction4_c
gasmanabu@gmail.com
To gasmanabukana, gasmanabushiori, gasmanabukokichi
最初のメール
返信 全員に返信 転送

取得対象のメッセージ

myFunction4_c2()実行後

142
[4-12]

共通

PART 2

4

スレッド/メッセージIDの取得

getId()

構文

```
GmailThreadオブジェクト.getId()
GmailMessageオブジェクト.getId()
```

戻り値 string

引数 なし

解説

スレッド（GmailThreadオブジェクト）のID、またはメッセージ（GmailMessageオブジェクト）のIDを取得します。

IDはスレッド、メッセージに割り当てられたユニークな値です。IDを取得することで、スレッド、またはメッセージを取得できるため、対象のスレッド、メッセージを操作できます。

getId()で取得したIDはユーザーの中でのみ有効なユニークな値です。同一メッセージを受信している別のユーザーには、異なるユニークIDが割り当てられます。

143
[4-13]

メッセージ

単一スレッドからメッセージ取得

getMessagesForThread(), getMessages()

構文

```
GmailApp.getMessagesForThread(thread)
```

戻り値 GmailMessageオブジェクト[]

引数

引数名	タイプ	説明
threads	GmailThread	スレッド

解説

引数で指定したスレッド（GmailThreadオブジェクト）からメッセージを取得します。

戻り値は、GmailMessageオブジェクトを格納した配列です。本章冒頭で解説した通り、メッセージが1つであっても、必ずGmailThreadオブジェクトから取得する必要があります。

構文

```
GmailThreadオブジェクト.getMessages()
```

戻り値 GmailMessageオブジェクト[]

引数 なし

解説

スレッド（GmailThreadオブジェクト）からメッセージを取得します。

戻り値は、GmailMessageオブジェクトを格納した配列です。

144 [4-14] メッセージ

複数スレッドからメッセージ取得

getMessagesForThreads()

構文

```
GmailApp.getMessagesForThreads(threads)
```


戻り値 GmailMessage オブジェクト[][]

引数

引数名	タイプ	説明
threads	GmailThread[]	スレッド

解説

引数で指定した複数のスレッド（GmailThread）からメッセージを取得します。

戻り値は、各スレッドに対応するGmailMessageオブジェクトを格納した二次元配列です。

▼図4-11 getMessagesForThreads()の引数と戻り値

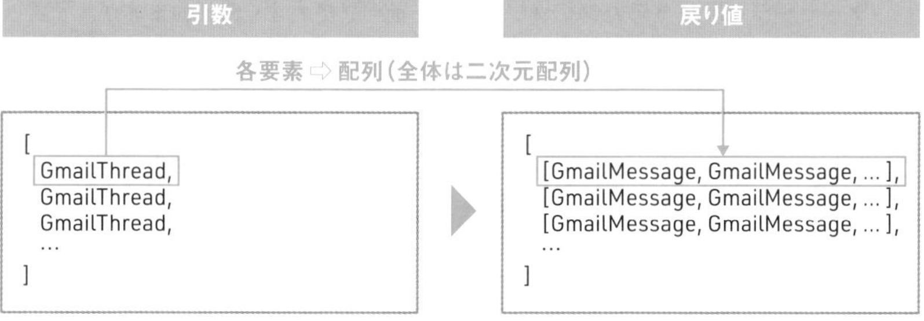

145 [4-15]

メッセージ

IDからメッセージ取得

getMessageById()

構文

```
GmailApp.getMessageById(id)
```

戻り値 GmailMessageオブジェクト

引数

引数名	タイプ	説明
id	String	メッセージのID

解説

引数で指定したIDからメッセージを取得します。
戻り値は、単一のGmailMessageオブジェクトです。

メッセージを取得するためのメソッドの名前がとてもよく似ていますが、下表のように単数形か複数形かに注目すると、引数や戻り値がイメージしやすくなります。

メソッド	引数	戻り値
getMessagesForThread(thread)	単一スレッド GmailThread	[GmailMessage, GmailThread, ...]
getMessagesForThreads(threads)	複数スレッド [GmailThread, GmailThread, ...]	[[GmailMessage, GmailThread, ...], [GmailMessage, GmailThread, ...], ...]
getMessageById(id)	id	GmailMessage

146
[4-16]

メッセージ

メッセージの受信日時取得

getDate()

構文

```
GmailMessageオブジェクト.getDate()
```


戻り値 Dateオブジェクト

引数 なし

解説

メッセージ(GmailMessageオブジェクト)の受信日時を取得します。

147 [4-17]

メッセージ

メッセージの差出人取得

getFrom()

構文

```
GmailMessageオブジェクト.getFrom()
```

戻り値 string

引数 なし

解説

メッセージ（GmailMessageオブジェクト）の差出人を取得します。

148 [4-18] メッセージ

メッセージの件名取得

getSubject()

構文

```
GmailMessageオブジェクト.getSubject()
```

戻り値 string

引数 なし

解説

メッセージ（GmailMessageオブジェクト）の件名を取得します。

149
[4-19]

メッセージ

メッセージの本文取得（HTML形式）

getBody()

構文

```
GmailMessageオブジェクト.getBody()
```

戻り値 string

引数 なし

解説

メッセージ（GmailMessageオブジェクト）の本文をHTML形式で取得します。

150
[4-20]

メッセージ

メッセージの本文取得（テキスト形式）

getPlainBody()

構文

```
GmailMessageオブジェクト.getPlainBody()
```

戻り値 string

引数 なし

解説

メッセージ（GmailMessageオブジェクト）の本文をテキスト形式で取得します。

151
[4-21]

メッセージ

メッセージのCc取得

getCc()

構文

```
GmailMessageオブジェクト.getCc()
```

戻り値 string

引数 なし

解説

メッセージ（GmailMessageオブジェクト）のCcのメールアドレスを取得します。複数メールアドレスが設定されている場合、カンマ区切りで取得します。

152
[4-22]

メッセージ

メッセージのBcc取得

getBcc(), getTo()

構文

```
GmailMessageオブジェクト.getBcc()
```

戻り値 string

引数 なし

解説

メッセージ（GmailMessageオブジェクト）のBccを取得します。複数メールアドレスが設定されている場合、カンマ区切りで取得します。

Note

メッセージの宛先を取得するgetTo()もあります。getCc(), getBcc()同様の使い方です。

153 [4-23]

メッセージ

メッセージの添付ファイル取得

getAttachments()

構文

```
GmailMessageオブジェクト.getAttachments()
```

戻り値 GmailAttachmentオブジェクト[]

引数 なし

解説

メッセージ(GmailMessageオブジェクト)のすべての添付ファイルを取得します。

添付ファイルは複数のケースもあるため、戻り値はGmailAttachmentオブジェクトを格納した配列になります。

154
[4-24]

メッセージ

メッセージのヘッダー取得

getHeader()

構文

```
GmailMessageオブジェクト.getHeader(name)
```

戻り値 string

引数

引数名	タイプ	説明
name	string	ヘッダーの項目

解説

メッセージ（GmailMessageオブジェクト）から引数で指定したヘッダー項目の値を取得します。

Eメールは主にヘッダーとボディの2つで構成されています。ヘッダーには、差出人、宛先、送信時刻などの様々な情報が含まれています。引数で指定する名前は下表を参照してください。

受信日時や宛先を取得するメソッドはGmailMessageクラスに用意されていますが、Message-IDなどはヘッダーから取得するしかありません。Message-IDの活用シーンについて例文を参照してください。

項目	説明	項目	説明
Date	送信日時	From	差出人
To	宛先	Content-Type	コンテンツタイプ
Cc	CC	Received	配信ルート
Bcc	BCC	Message-ID	固有の識別番号

例文

4-d.gs メッセージから情報取得

```
const TITLE_WORD_4D = 'myFunction4_d';

function myFunction4_d1() {

  const mail    = Session.getActiveUser().getEmail();
  let htmlBody = '<p style="color:#ff0000";>';
  htmlBody     += '1通目のメッセージが取得対象です！！！</p>';
  GmailApp.sendEmail(mail, TITLE_WORD_4D, '', {htmlBody});

  // 検索条件を指定
  const query   = `subject:(${TITLE_WORD_4D})`;
  // 検索条件を指定してスレッドの取得
  const threads = GmailApp.search(query);
  const thread  = threads[0];

  // スレッドに全返信
  const response = '2通目のメッセージ';
  thread.replyAll(response);

}

function myFunction4_d2() {

  // 検索条件を指定
  const query   = `subject:(${TITLE_WORD_4D})`;
  // 検索条件を指定してスレッドの取得
  const threads = GmailApp.search(query);
  Logger.log(threads); // 実行ログ：[GmailThread]

  // 配列からスレッドの取り出し
  for(const thread of threads) {

    // スレッドからメッセージの取得
    const messages = thread.getMessages();
    // スレッドから一番最初の（古い）メッセージを取得
    const message = messages[0];
```

```
    // メッセージの受信日時を取得
    const date = message.getDate();
    console.log(date);
    // 実行ログ：Tue Dec 21 2021 17:33:08 GMT+0900 (JST)
    // ※ ご自身の環境次第

    // メッセージの差出人を取得
    const sender = message.getFrom();
    console.log(sender);
    // 実行ログ：gasmanabu@gmail.com ※ ご自身のメールアドレス

    // メッセージの件名を取得
    const subject = message.getSubject();
    console.log(subject); // 実行ログ：myFunction4_d

    // メッセージの本文をhtml形式で取得
    const htmlBody = message.getBody();
    console.log(htmlBody);
    // 実行ログ：
    // <p style="color:#ff0000";>
    // 1通目のメッセージが取得対象です！！！</p>

    // メッセージの本文をテキスト形式で取得
    const textBody = message.getPlainBody();
    console.log(textBody);
    // 実行ログ：1通目のメッセージが取得対象です！！！

    // メッセージIDの取得
    const msgId     = message.getId();
    // 自身のみアクセス可能なURL
    const base01    = 'https://mail.google.com/mail/u/0/#inbox/';
    const mailIdUrl = `${base01}${msgId}`;
    console.log(mailIdUrl);
    // 実行ログ：https://mail.google.com/mail/u/0/#inbox/xxx

    // メールヘッダーからMessage-IDを抽出
    let messageId = message.getHeader('Message-ID');
```

```
    console.log(messageId);
    // 実行ログ：<xxxx@mail.gmail.com>

    // 先頭と最後尾の<>を除去
    messageId = messageId.slice(1).slice(0, -1);
    console.log(messageId);
    // 実行ログ：xxxx@mail.gmail.com

    // Message-IDのエンコード 例：「+」→「%2B」変換
    // URLの文字列として使えるようにする
    const account  = messageId.split('@')[0];
    const encorded = encodeURIComponent(account);
    const domain   = messageId.split('@')[1];

    // 他受信者もアクセス可能なURL
    const base02       = 'https://mail.google.com/mail/u/0/#search/rfc822msgid:';
    const messageIdUrl = `${base02}${encorded}@${domain}`;
    console.log(messageIdUrl);
    // 実行ログ：
    // https://mail.google.com/mail/u/0/#search/rfc822msgid:xxxx@mail.gmail.com

  }

}
```

解説

myFunction4_d1()を実行すると、自身のメールの受信トレイにメッセージが2通（同一スレッド）送信されます。本文より1通目と2通目のメッセージを判別できるようにしています。

myFunction4_d2()は、検索条件を指定してmyFunction4_d1()のスレッドを取得します。その後にスレッドの最初のメッセージより各種情報を取得します。

今回取得されるスレッドは1つですが、実務では複数取得されることもあるため、for...of文を使って取得します。また、取得したスレッドには2通のメッセージが格納されているため、最初のメッセージに該当するインデックス[0]を指定します。取得したメッセージから各メソッドを利用して、受信日時、差出人、件名、本文（テキスト/HTML）、メッセージのID、メールヘッダーからMessage-IDを取得します。

メッセージのリンクの作成方法は主に2つあります。メッセージのIDは特定の文字列と結合することで、そのIDに紐づくメッセージを参照するURLを作成できます。しかし、第三者と共有できない自分専用のURLになります。

一方、Message-IDを使えば同一メッセージを受信しているユーザーと共有するURLを作成できます。検索演算子「rfc822msgid:」を使って、検索クエリとすることでURLを作成できます。Message-IDには「+」などの記号が入るため、エンコード処理が必要です。少々難易度が上がるので、利用シーンが思い当たらない方はスルーで問題ありません。

実行結果

前項目の例文同様に、検索条件の重複がないかどうか確認してください。実行結果が変わる可能性があります。

myFunction4_d1()を実行すると、スレッド表示ONの場合には次図のスレッドが作成されます。

myFunction4_d2()を実行すると、実行ログよりスレッドの最初のメッセージの各種情報を取得できます。取得されるメッセージのURLの遷移先も確認してみましょう。

図4-12 取得対象のスレッド/メッセージ

5

Google Drive

本章では、Googleドライブをより便利に活用するためのリファレンスを解説しています。冒頭の「Driveサービスの理解」でサービス概要を確認した上で、Googleドライブに対してGoogle Apps Scriptでどのようなことができるか確認していきましょう。

例文スクリプト確認方法

以下フォルダのスクリプトファイルをコピー作成して、例文スクリプトを確認してください。

格納先

SampleCode >
　05章 Google Drive >
　　5章 Google Drive（スクリプトファイル）

155 [5-1]

Driveサービス

DriveAppサービスの理解

DriveAppクラス，Folderクラス，Fileクラス，FolderIteratorクラス，FileIteratorクラス

Driveサービス

GASでGoogleドライブを操作するクラスと、そのメンバー（メソッドとプロパティ）を提供するサービスを**Driveサービス**とよびます。

DriveAppクラスをトップレベルオブジェクトとして、フォルダを操作する**Folderクラス**、ファイルを操作する**Fileクラス**などがあります。

また、次図のように各クラスは**階層構造**になっており、配下のオブジェクトを取得するメンバーも用意されています。DriveAppからたどっていき目的のオブジェクトを取得できます。

図5-1 Driveサービスの主なクラスの階層構造

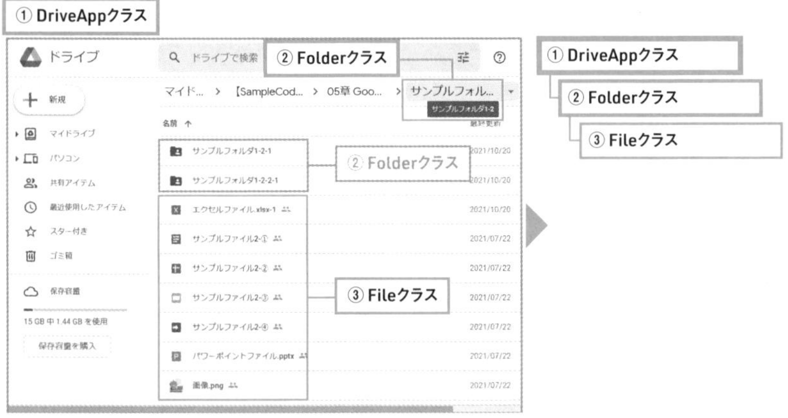

コレクション

その他のクラスに、フォルダ、ファイルの集合をコレクションとして扱い、反復処理の機能を提供するクラスがあります。フォルダの方は、**FolderIteratorクラス**、ファイルの方は**FileIteratorクラス**とよばれます。フォルダとファイルを混合して扱

うことはできません。

複数のフォルダやファイルを扱うことができるようになるため、実務では欠かすことのできないクラスです。

図 5-2 コレクション

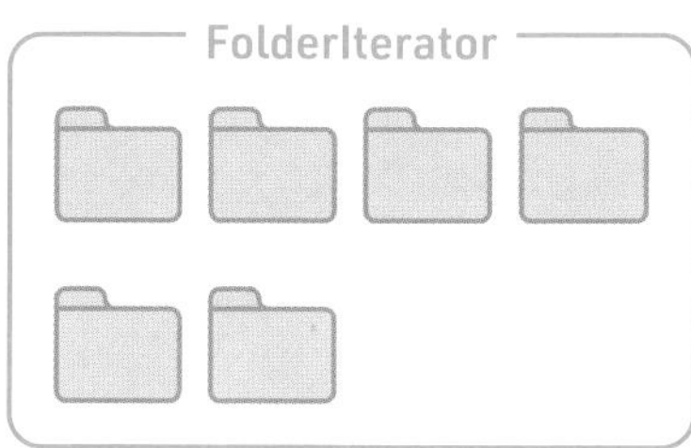

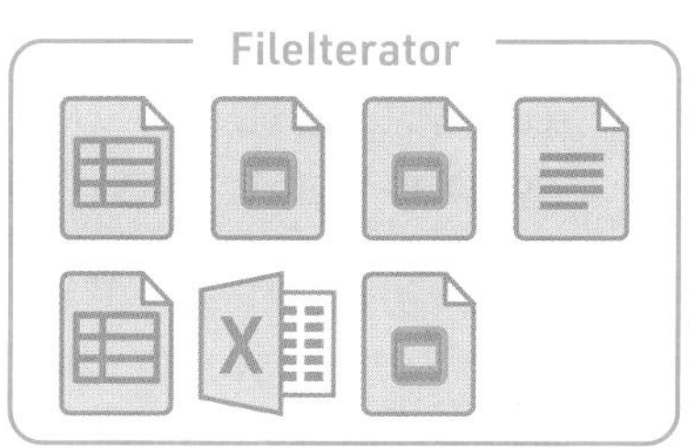

各オブジェクトの取得方法

図5-1のフォルダを対象に、DriveAppから各クラスのメソッドを利用して配下のオブジェクトを取得します。

以下スクリプトから各オブジェクトを取得していることが確認できます。Folderオブジェクトや File オブジェクトは、Logger.log()を使用すると、オブジェクト名ではなく、フォルダ名やファイル名が表示されますが、データ型はオブジェクトになります。

また、next()はFolderIteratorオブジェクトから(次の)Folderオブジェクト、またはFileIteratorオブジェクトから(次の)Fileオブジェクトを取得するためのメソッドです。詳しくは本章の各リファレンスを参照してください。

sample.gs オブジェクト取得

```
function mySample5_a() {

  // フォルダ（Folderオブジェクト）の取得
  const id     = '1-KLkUc3F9j3Wjmn5r31f1fOftS7-7Xyp';
  const folder = DriveApp.getFolderById(id);

  Logger.log(folder); // 実行ログ：サンプルフォルダ1-2
  console.log(String(folder)); // 実行ログ：サンプルフォルダ1-2
  console.log(typeof folder); // 実行ログ：object
```

```

  // ファイルイテレータ（FileIteratorオブジェクト）の取得
  const files  = folder.getFiles();
  Logger.log(files); // 実行ログ：FileIterator

  // ファイル（Fileオブジェクト）の取得
  const file01 = files.next();
  Logger.log(file01); // 実行ログ：エクセルファイル.xlsx
  console.log(String(file01)); // 実行ログ：エクセルファイル.xlsx
  console.log(typeof file01); // 実行ログ：object

  // ファイル（Fileオブジェクト）の取得
  const file02 = files.next();
  Logger.log(file02); // 実行ログ：パワーポイントファイル.pptx
  console.log(typeof file02); // 実行ログ：object

}
```

クラスとメソッド

一例になりますが、各クラスの役割と主なメソッドを紹介します。

コピーなどのファイル操作は、DriveAppクラスから直接扱うことはできません。次図のようにFileオブジェクトを取得してから適切なメソッドを選択する必要があります。

Fileオブジェクトの取得方法は、前述のスクリプトを参照してください。

図5-3 Driveサービスの各クラスの役割と主なメソッド

クラス	役割	メソッド（例）	説明
DriveApp	トップレベルオブジェクト	getFolderById()	IDからフォルダ取得
		getFileById()	IDからファイル取得
		createFile()	ファイルの新規作成
Folder	フォルダの操作	searchFiles()	検索条件と一致するファイル取得
		createFile()	ファイルの新規作成
		getLastUpdated()	フォルダの最終更新日取得
File	**ファイルの操作**	**makeCopy()**	**ファイルのコピー**
		getLastUpdated()	**ファイルの最終更新日取得**
		getMimeType()	**ファイルのMIMEタイプ取得**

156 [5-2] イテレータ

フォルダ/ファイルの存在確認

hasNext()

構文

```
FolderIteraterオブジェクト.hasNext()
FileIteratorオブジェクト.hasNext()
```

戻り値 boolean

引数 なし

解説

FolderIteraterオブジェクトにFolderオブジェクト、またはFileIteratorオブジェクトに（次の）Fileオブジェクトが存在するかどうか確認します。

戻り値は真偽値です。取得対象のFolderオブジェクト、またはFileオブジェクトがない状態でnext()を利用するとエラーが発生します。

したがって、next()を使う前にwhile文と組み合わせて、対象オブジェクトの存在確認をする必要があります。

157 [5-3] イテレータ

フォルダ/ファイルの取得

next()

構文

```
FolderIteraterオブジェクト.next()
```

戻り値 Folderオブジェクト

引数 なし

構文

```
FileIteratorオブジェクト.next()
```

戻り値 Fileオブジェクト

引数 なし

解説

FolderIteraterオブジェクトからFolderオブジェクト、またはFileIteratorオブジェクトから（次の）Fileオブジェクトを取得します。

前項目の解説の通り、取得対象のFolderオブジェクト、またはFileオブジェクトがない状態でnext()を利用するとエラーが発生します。取得対象のオブジェクトが存在するかどうか分からない場合は、必ずwhile文とセットでhasNext()を使いましょう。

158 [5-4] ID からフォルダ取得

フォルダ

getFolderById()

構文

```
DriveApp.getFolderById(id)
```

戻り値 Folder オブジェクト

引数

引数名	タイプ	説明
id	string	フォルダのID

解説

引数で指定したIDからフォルダ（Folderオブジェクト）を取得します。

フォルダIDは次図を参照してください。フォルダIDはユニークな値のため、戻り値は単一のFolderオブジェクトです。

スクリプトを実行するユーザーが所持する権限により、実行結果が変わることがあります。実行ユーザーが対象フォルダの権限を所持していなければエラーが発生しますが、閲覧権限以上を所持していれば正常に動作します。なお、フォルダの変更を伴う操作は編集権限が必要です。基本的な考え方として、スクリプトを実行するユーザーができないことをGASが代わりに操作することはできません。

図5-4 フォルダIDの取得方法 ※ サンプルフォルダ1-2

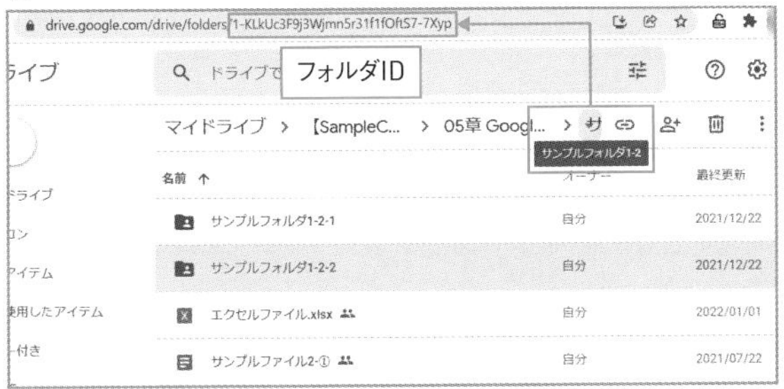

159
[5-5]

フォルダ

ルートフォルダの取得

getRootFolder()

構文

```
DriveApp.getRootFolder()
```

戻り値 Folder オブジェクト

引数 なし

解説

フォルダ階層トップのルートフォルダ（Folderオブジェクト）を取得します。

Google Workspace Business Standard以上のプランには**共有ドライブ**があります。UI上は、マイドライブと共有ドライブが並列表示されていますが、ルートフォルダはマイドライブになります。また、DriveApp.getFolders()やDriveApp.getFiles()を使う際も、共有ドライブのフォルダやファイルも対象として含まれます。

160
[5-6]

フォルダ

PART 2

5

全フォルダの取得

getFolders()

構文

```
DriveApp.getFolders()
Folderオブジェクト.getFolders()
```

戻り値 FolderIteratorオブジェクト

引数 なし

解説

フォルダコレクションを取得します。戻り値はFolderIteratorオブジェクトです。

DriveAppからgetFolders()を呼び出すと、マイドライブのフォルダコレクションを取得します。一方、FolderオブジェクトからgetFolders()を呼び出すと、フォルダ(Folderオブジェクト)直下のフォルダコレクションのみ取得します。直下のフォルダ(サブフォルダ)の中身は取得対象ではありません。

フォルダ

161 [5-7] 名前からフォルダ取得

getFoldersByName()

構文

```
DriveApp.getFoldersByName(name)
Folderオブジェクト.getFoldersByName(name)
```

戻り値 FolderIteratorオブジェクト

引数

引数名	タイプ	説明
name	string	(取得する) フォルダ名

解説

引数で指定したフォルダ名と一致するフォルダコレクションを取得します。戻り値はFolderIteratorオブジェクトです。

DriveAppからgetFoldersByName()を呼び出すと、マイドライブを対象に引数で指定した名前と一致するフォルダコレクションを取得します。一方、Folderオブジェクトから getFoldersByName()を呼び出すと、フォルダ (Folderオブジェクト) 直下を対象に、引数で指定した名前と一致するフォルダコレクションを取得します。直下のフォルダ (サブフォルダ) の中身は取得対象ではありません。

getFoldersByName()は引数で指定した名前と完全一致したフォルダ名が対象です。部分一致やその他の条件を指定したい場合には、次項目のsearchFolders()を利用してください。

162 [5-8] フォルダ

検索条件と一致するフォルダ取得

searchFolders(params)

PART 2

5

構文

```
DriveApp.searchFolders(params)
Folderオブジェクト.searchFolders(params)
```

戻り値 FolderIteratorオブジェクト

引数

引数名	タイプ	説明
params	string	検索条件

※ 引数設定方法は図5-5を参照してください。

解説

引数で指定した検索条件に一致するフォルダコレクションを取得します。戻り値はFolderIteratorオブジェクトです。

DriveAppからsearchFolders()を呼び出すと、マイドライブを対象に検索条件と一致するフォルダコレクションを取得します。一方、FolderオブジェクトからsearchFolders()を呼び出すと、フォルダ（Folderオブジェクト）直下を対象に、引数で指定した検索条件と一致するフォルダコレクションを取得します。直下のフォルダ（サブフォルダ）の中身は取得対象ではありません。

注意点として、検索条件をドライブの検索窓に入力しても、正しく検索結果が表示されることはありません。

図5-5 paramsの設定方法

```
(例) 'title contains "テスト" and "gasmanabu@gmail.com" in owners'
```

項目	利用可能な演算子	説明
title	contains、=、!=	フォルダ名、ファイル名
fullText	contains	フォルダ名、ファイル名、及び説明、内容など
mimeType	contains	MIMEタイプ
modifiedDate	<=、<、=、!=、>、>=	ファイルが最後に変更された日付
lastViewedByMeDate	<=、<、=、!=、>、>=	ファイルが最後に表示された日付
trashed	=、!=	ゴミ箱にあるかどうか
starred	=、!=	スターが付いているかどうか
parents	in	親コレクションに指定されたIDが含まれるかどうか
owners	in	ファイルを所有するユーザー
writers	in	ファイルの編集権限を持つユーザー
readers	in	ファイルの閲覧権限を持つユーザー

演算子	説明
contains	含む
=	等しい
!=	等しくない
<	小さい
<=	以下
>	大きい
>=	以上
in	含む
and	両方のクエリに一致(かつ)
or	いずれかのクエリに一致(または)
not	不一致(でない)

QR5-1 検索クエリと演算子

https://developers.google.com/drive/api/v2/ref-search-terms

163
[5-9]

フォルダ

親フォルダの取得

getParents()

構文

```
Folderオブジェクト.getParents()
Fileオブジェクト.getParents()
```

戻り値 FolderIteratorオブジェクト

引数 なし

解説

フォルダ（Folderオブジェクト）、またはファイル（Fileオブジェクト）の親フォルダを取得します。フォルダ、ファイル双方共に、1つ上は必ずフォルダ（ルートフォルダ含む）になります。

また、戻り値がFolderIteratorオブジェクトになるため、next()を使ってFileオブジェクトを取得する必要があります。Googleドライブは過去複数の親フォルダを設定できる仕様がありました。その名残で、戻り値がFolderIteratorオブジェクトになっているものと考えられます。現在親フォルダは1つのみです。

例文

5-a.gs フォルダ取得

```
function myFunction5_a1() {

  // IDからフォルダの取得
  const folderId = 'フォルダIDを入力してください';
  // ※ 実行結果のサンプルはコチラ
  // const folderId = '1dUtnVCtdxvpXOR7SLLm_KhthQnh_d2GO';
  const myFolder = DriveApp.getFolderById(folderId);
  console.log(myFolder.getName());
  // 実行ログ：05章 Google Drive

  // ルートフォルダの取得
```

```
  const rtFolder = DriveApp.getRootFolder();
  console.log(rtFolder.getName()); // 実行ログ：マイドライブ

  // 親フォルダの取得（フォルダから）
  const parentFolders = myFolder.getParents();
  Logger.log(parentFolders); // 実行ログ：FolderIterator
  const parentFolder  = parentFolders.next();
  console.log(parentFolder.getName());
  // 実行ログ：
  // 【SampleCode】Google Apps Script 目的別リファレンス改訂版

  // 親フォルダの取得（ファイルから）
  const fileId = 'ファイルIDを入力してください';
  // ※ 実行結果のサンプルはコチラ
  // const fileId =
  // '1GLjyO9CJqgFqJ95KvgTsUXjMo8DNItTsE7bLSF_Ltio';

  const myFile = DriveApp.getFileById(fileId);
  const parentFolderByFile = myFile.getParents().next();
  console.log(parentFolderByFile.getName());
  // 実行ログ：05章 Google Drive

}

function myFunction5_a2() {

  // IDからフォルダの取得
  const folderId = 'フォルダIDを入力してください';
  // ※ 実行結果のサンプルはコチラ
  // const folderId = '1dUtnVCtdxvpXOR7SLLm_KhthQnh_d2GO';
  const myFolder = DriveApp.getFolderById(folderId);

  // ①-1 マイドライブから全フォルダ取得
  const allFoldersInRt = DriveApp.getFolders();
  Logger.log(allFoldersInRt); // 実行ログ：FolderIterator

  // ①-2 指定フォルダから全フォルダ取得
  const allFoldersInMy = myFolder.getFolders();
```

```
  Logger.log(allFoldersInMy); // 実行ログ：FolderIterator

  // ②-1 マイドライブから名前の一致するフォルダ取得
  const nameFoldersInRt = DriveApp.getFoldersByName('test');
  Logger.log(nameFoldersInRt); // 実行ログ：FolderIterator

  // ②-2 指定フォルダから名前の一致するフォルダ取得
  const nameFoldersInMy = myFolder.getFoldersByName('test');
  Logger.log(nameFoldersInMy); // 実行ログ：FolderIterator

  // ③-1 マイドライブから検索条件と一致するフォルダ取得
  const query = 'title contains "tes"';
  const searchFoldersInRt = DriveApp.searchFolders(query);
  Logger.log(searchFoldersInRt); // 実行ログ：FolderIterator

  // ③-2 指定フォルダから検索条件と一致するフォルダ取得
  const searchFoldersInMy = myFolder.searchFolders(query);
  Logger.log(searchFoldersInMy); // 実行ログ：FolderIterator

  console.log('↓FolderIteratorオブジェクトからフォルダ取得');
  while(nameFoldersInRt.hasNext()){
    const folderInRt = nameFoldersInRt.next();
    console.log(folderInRt.getName());
    // 実行ログ：... FolderIteratorオブジェクトからから取得したファイル
  }
  console.log('↑FolderIteratorオブジェクトからフォルダ取得');

}
```

解説

myFunction5_a1()は、フォルダを取得する基本操作です。IDからフォルダを取得したり、指定したフォルダ/ファイルの親フォルダを取得します。getName()を使ってフォルダ名を確認しています。取得対象は次図を参照してください。

myFunction5_a2()は、構文解説した①～③の方法でフォルダコレクション（FolderIteratorオブジェクト）を取得します。while文とhasNext()を使って、FolderIteratorオブジェクトからFolderオブジェクトを取得します。hasNext()の戻り値がtrueである限り、next()によってFolderオブジェクトが取得されます。falseと評価されたら繰り返し処理から抜けます。例文ではFolderIteratorオブジェクトとしてnameFoldersInRtからFolderオブジェクトを取り出していますが、他のFolderIteratorオブジェクトも試してみましょう。

図5-6 取得対象のフォルダ

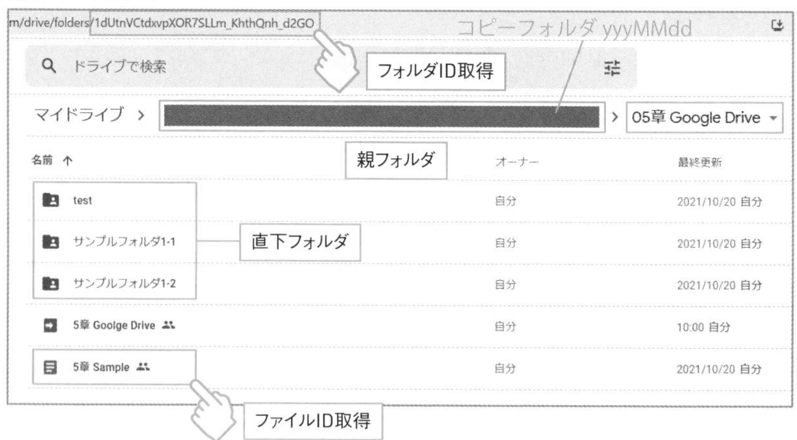

実行結果

前図を参考にご自身の環境のフォルダ/ファイルIDをスクリプトに入力してください。ファイルIDの取得は、図5-8を参照してください。

実行ログより取得したフォルダを確認できます。70～74行目は、nameFoldersInRtではなく他のFolderIteratorオブジェクトに変えて動きを確認してみてください。

164 [5-10] フォルダ

フォルダの新規作成

createFolder()

PART 2

5

構文

```
DriveApp.createFolder(name)
Folderオブジェクト.createFolder(name)
```

戻り値 Folderオブジェクト

引数

引数名	タイプ	説明
name	string	（新規作成する）フォルダ名

解説

引数で指定した名前のフォルダ（Folderオブジェクト）を新規作成します。

DriveAppからcreateFolder()を呼び出すと、マイドライブに引数で指定した名前のフォルダが新規作成されます。一方、FolderオブジェクトからcreateFolder()を呼び出すと、フォルダ（Folderオブジェクト）直下に、引数で指定した名前のフォルダが新規作成されます。双方共に戻り値は、新規作成されたフォルダ（Folderオブジェクト）です。

例文

5-b.gs フォルダ新規作成

```
function myFunction5_b() {

  // マイドライブにフォルダの新規作成
  DriveApp.createFolder('新しいフォルダ①');

  // 指定フォルダにフォルダの新規作成
  const id = 'フォルダIDを入力してください';
  const myFolder = DriveApp.getFolderById(id);
  myFolder.createFolder('新しいフォルダ②');
```

```

}
```

解説

フォルダを新規作成するスクリプトです。

実行結果

任意のフォルダからIDを取得してスクリプトに入力してください。

マイドライブとIDに紐づくフォルダに、引数で指定した名前のフォルダが新規作成されます。スクリプトを実行するアカウントが編集権限を所持する場合に限り、フォルダが正常に新規作成されます。

図 5-7 myFunction5_b() 実行結果

① マイドライブ（作成）

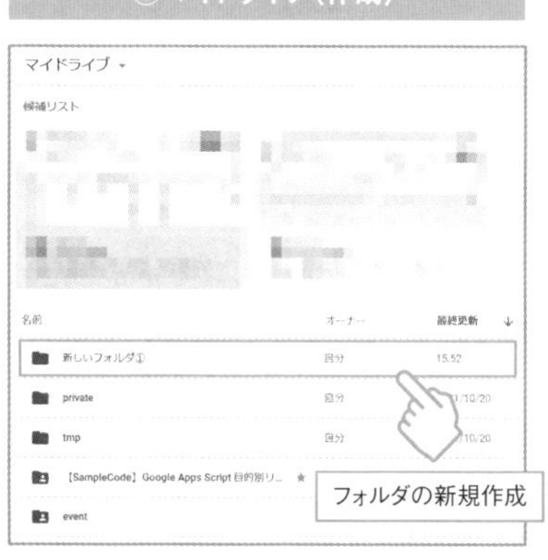

② 指定フォルダ（移動/コピー）

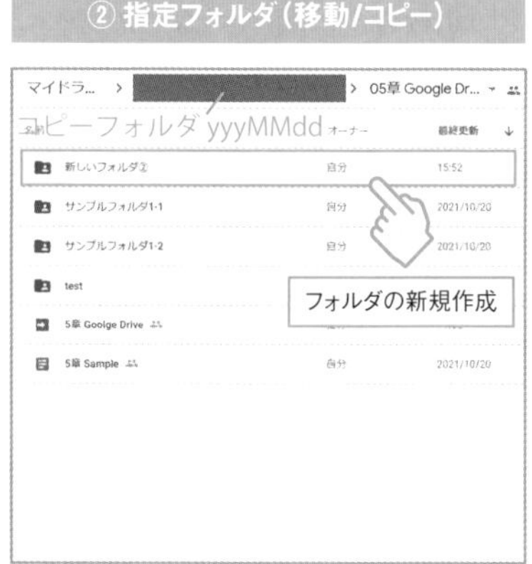

165 [5-11] IDからファイル取得

ファイル

getFileById()

構文

```
DriveApp.getFileById(id)
```

戻り値 Fileオブジェクト

引数

引数名	タイプ	説明
id	string	ファイルのID

解説

引数で指定したIDからファイルを取得します。

IDがユニークな値であることから、単一のFileオブジェクトが戻り値です。

スプレッドシートなどのGoogleサービスは次図のように「d/」と「/edit」の間の文字列がファイルIDになります。

図5-8 スプレッドシートのID取得方法

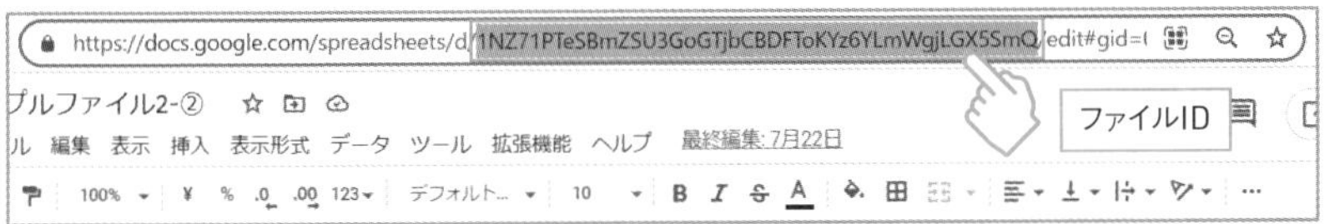

画像やPowerPoint、Excelファイルは一度対象ファイルのURLを取得する必要があります。URLの取得方法は次図を参照してください。

図5-9 ファイルのリンク取得方法

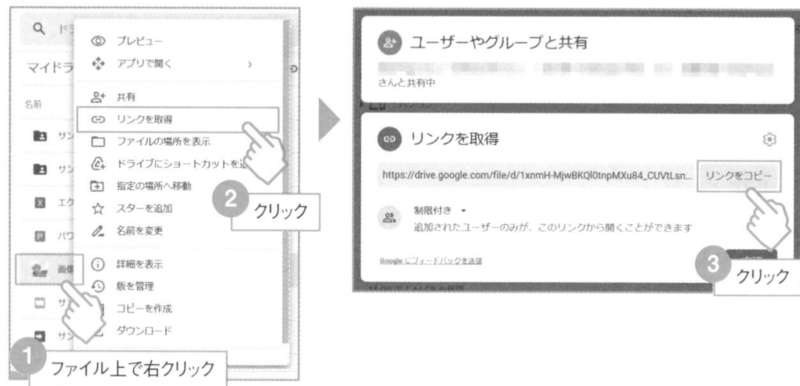

取得したURLを展開するとファイルIDの取得が可能になります。次図のように「d/」と「/view」の間の文字列がファイルIDです。「/view」ではなく、「/edit」の場合もあります。

図5-10 画像のID取得方法

図5-11 PowerPointのID取得方法

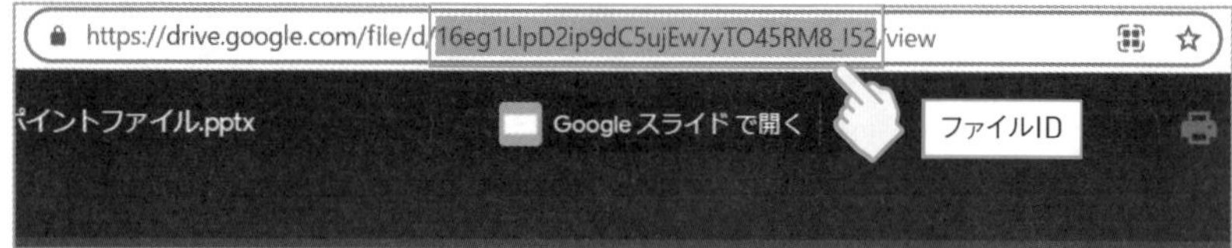

166
[5-12]

ファイル

全ファイルの取得

getFiles()

PART 2

5

構文

```
DriveApp.getFiles()
Folderオブジェクト.getFiles()
```

戻り値 FileIteratorオブジェクト

引数 なし

解説

ファイルコレクションを取得します。戻り値はFileIteratorオブジェクトです。

DriveAppからgetFiles()を呼び出すと、マイドライブのファイルコレクションを取得します。一方、FolderオブジェクトからgetFiles()を呼び出すと、フォルダ（Folderオブジェクト）直下のファイルコレクションを取得します。直下にフォルダ（サブフォルダ）があっても、中身のファイルは取得対象ではありません。

167 [5-13]

ファイル

名前からファイル取得

getFilesByName()

構文

```
DriveApp.getFilesByName(name)
Folderオブジェクト.getFilesByName(name)
```

戻り値 FileIteratorオブジェクト

引数

引数名	タイプ	説明
name	string	(取得する) ファイル名

解説

引数で指定したファイル名と一致するファイルコレクションを取得します。戻り値はFileIteratorオブジェクトです。

DriveAppからgetFilesByName()を呼び出すと、マイドライブの中で、引数で指定した名前と一致するファイルコレクションを取得します。一方、Folderオブジェクトから getFilesByName()を呼び出すと、フォルダ (Folderオブジェクト) 直下のファイルコレクションを取得します。直下にフォルダ (サブフォルダ) があっても、中身のファイルは取得対象ではありません。

168 [5-14] 検索条件と一致するファイル取得

ファイル

searchFiles(params)

構文

```
DriveApp.searchFiles(params)
Folderオブジェクト.searchFiles(params)
```

戻り値 FileIteratorオブジェクト

引数

引数名	タイプ	説明
params	string	検索条件

※ 引数設定方法は図5-5を参照してください。

解説

引数で指定した検索条件と一致するファイルコレクションを取得します。戻り値はFileIteratorオブジェクトです。

DriveAppからsearchFiles()を呼び出すと、マイドライブの中で、引数で指定した検索条件と一致するファイルコレクションを取得します。一方、Folderオブジェクトから searchFiles()を呼び出すと、フォルダ（Folderオブジェクト）直下のファイルコレクションを取得します。直下にフォルダ（サブフォルダ）があっても、中身のファイルは取得対象ではありません。

169
[5-15]

ファイル

MIMEタイプからファイル取得

getFilesByType(), MimeType

構文

```
DriveApp.getFilesByType(mimeType)
Folderオブジェクト.getFilesByType(mimeType)
```

戻り値 FileIteratorオブジェクト

引数

引数名	タイプ	説明
mimeType	string	（Enum）検索するファイルのMIMEタイプ

解説

引数で指定したMIMEタイプと一致するファイルのコレクションを取得します。戻り値はFileIteratorオブジェクトです。

DriveAppからgetFilesByType()を呼び出すと、マイドライブの中で、MIMEタイプに一致するファイルコレクションを取得します。一方、FolderオブジェクトからgetFilesByType()を呼び出すと、フォルダ（Folderオブジェクト）直下のファイルコレクションを取得します。直下にフォルダ（サブフォルダ）があっても、中身のファイルは取得対象ではありません。

Enumとは GASの各サービスで定義されているプロパティです。MimeTypeは、ファイル形式を扱う各プロパティが定義されています。下表のように引数にMimeType.プロパティと指定してください。

図5-12 (Enum)MimeType

引数	拡張子	説明
MimeType.GOOGLE_APPS_SCRIPT	-	Google AppsScriptプロジェクト
MimeType.GOOGLE_DOCS	-	Googleドキュメントファイル
MimeType.GOOGLE_FORMS	-	Googleフォームファイル
MimeType.GOOGLE_SHEETS	-	Googleスプレッドシートファイル
MimeType.GOOGLE_SLIDES	-	Googleスライドファイル
MimeType.FOLDER	-	Googleドライブフォルダ
MimeType.SHORTCUT	-	Googleドライブショートカット
MimeType.GIF	.gif	GIF画像ファイル
MimeType.JPEG	.jpg	JPEG画像ファイル
MimeType.PNG	.png	PNG画像ファイル
MimeType.PDF	.pdf	PDFファイル
MimeType.CSV	.csv	CSVテキストファイル
MimeType.MimeType.PLAIN_TEXT	.txt	プレーンテキストファイル
MimeType.MICROSOFT_EXCEL	.xlsx	Microsoft Excel
MimeType.MICROSOFT_POWERPOINT	.pptx	Microsoft PowerPoint
MimeType.MICROSOFT_WORD	.docx	Microsoft Word

例文

5-c.gs ファイル取得

```
function myFunction5_c() {

  // 指定フォルダの取得
  const folderId = 'フォルダIDを入力してください';
  // ※ 実行結果のサンプルはコチラ
  // const folderId = '1-KLkUc3F9j3Wjmn5r31f1fOftS7-7Xyp';
  const myFolder = DriveApp.getFolderById(folderId);

  console.log('①すべてのファイル取得');
  const allFiles = myFolder.getFiles();
  while(allFiles.hasNext()) {
    const file = allFiles.next();
    console.log(file.getName());
```

```
    // 実行ログ：
    // エクセルファイル.xlsx, パワーポイントファイル.pptx,
    // ... フォルダ内のすべてのファイル
  }
  console.log('②名前からファイル取得');
  const searchName = 'サンプルファイル2-④';
  const nameFiles  = myFolder.getFilesByName(searchName);
  // fileIteratorオブジェクトからのfileオブジェクト取得
  while(nameFiles.hasNext()) {
    const nameFile = nameFiles.next();
    console.log(nameFile.getName());
    // 実行ログ：サンプルファイル2-④
  }

  console.log('③検索条件と一致するファイル取得');
  const condition = 'title contains "サンプル"';
  const searchFiles = myFolder.searchFiles(condition);
  while(searchFiles.hasNext()) {
    const searchFile = searchFiles.next();
    console.log(searchFile.getName());
    // 実行ログ：
    // サンプルファイル2-③, サンプルファイル2-④,
    // サンプルファイル2-②, サンプルファイル2-①
  }

  console.log('④MIMEタイプからファイル取得');
  const mimeType  = MimeType.MICROSOFT_EXCEL;
  const mimeFiles = myFolder.getFilesByType(mimeType);
  Logger.log(mimeFiles.next());
  while(mimeFiles.hasNext()) {
    const mimeFile = mimeFiles.next();
    console.log(mimeFile.getName());
    // 実行ログ：エクセルファイル.xlsx
  }

}
```

解説

次図のフォルダから、スクリプトのコメントアウト①〜④の方法でファイルを取得します。

どの方法もFileIteratorオブジェクトが取得されるため、while文とhasNext()を使ってFileオブジェクトの存在確認をしてから、next()でファイル（Fileオブジェクト）を取得します。

図5-13 取得対象のフォルダ

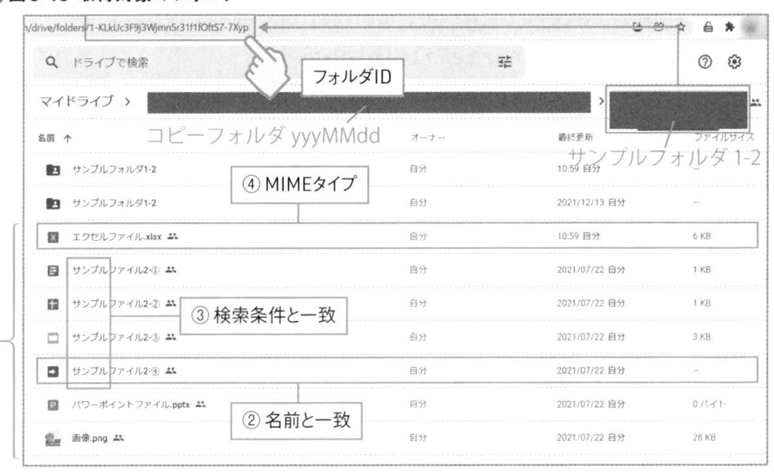

実行結果

対象のフォルダIDをスクリプトに入力してください。

実行ログより、取得されるファイル名が確認できます。②、③、④は条件を変えて動きを確認してみましょう。

170 [5-16]

ファイル

ファイルの新規作成

createFile()

構文

```
DriveApp.createFile(blob)
DriveApp.createFile(name, content[, mimeType])
Folderオブジェクト.createFile(blob)
Folderオブジェクト.createFile(name, content[, mimeType])
```

戻り値 Fileオブジェクト

引数

引数名	タイプ	説明
blob	BlobSource	ファイル
name	string	ファイル名
content	string	コンテンツ
mimeType	string	(ファイルの) MIMEタイプ

解説

引数で指定したファイルを新規作成します。戻り値は新しく作成されたFileオブジェクトです。

ファイルの新規作成は主にBlobSourceを使うか使わないかの2通りの方法があります。DriveAppからcreateFile()を呼び出すと、マイドライブに引数で指定したファイルが作成されます。一方、Folderオブジェクトからの createFile()を呼び出すと、フォルダ (Folderオブジェクト) 直下に引数で指定したファイルが作成されます。

171
[5-17]

ファイル

ファイルのコピー

makeCopy()

PART 2

5

構文

```
Fileオブジェクト.makeCopy()
Fileオブジェクト.makeCopy(destination)
Fileオブジェクト.makeCopy(name[, destination])
```

戻り値 Fileオブジェクト

引数

引数名	タイプ	説明
name	string	（新しい）ファイル名
destination	Folder	（コピー先の）フォルダ

解説

ファイル（Fileオブジェクト）をコピーします。

引数を指定しなければ、同一フォルダ内にファイル（Fileオブジェクト）のコピーが作成されます。引数を指定すれば、ファイル名やコピー先のフォルダも設定できます。

172
[5-18]

ファイル

ファイルのMIMEタイプ取得

getMimeType()

構文

```
Fileオブジェクト.getMimeType()
```

戻り値 string

引数 なし

解説

ファイル（Fileオブジェクト）のMIMEタイプを取得します。

173
[5-19]

共通

PART 2

フォルダ/ファイルの削除

setTrashed()

5

構文

```
Folderオブジェクト.setTrashed(trashed)
```

戻り値 Folderオブジェクト

引数

引数名	タイプ	説明
trashed	boolean	true：削除する false：削除しない

構文

```
Fileオブジェクト.setTrashed(trashed)
```

戻り値 Fileオブジェクト

引数

引数名	タイプ	説明
trashed	boolean	true：削除する false：削除しない

解説

trueを引数に指定すると、フォルダ（Folderオブジェクト）、またはファイル（Fileオブジェクト）をゴミ箱へ移動します。

174 [5-20]

フォルダ/ファイルの移動

共通

moveTo()

構文

```
Folderオブジェクト.moveTo(destination)
```

戻り値 Folderオブジェクト

引数

引数名	タイプ	説明
destination	Folder	（移動先の）フォルダ

解説

フォルダ（Folderオブジェクト）を引数で指定したフォルダ（Folderオブジェクト）に移動します。

構文

```
Fileオブジェクト.moveTo(destination)
```

戻り値 Fileオブジェクト

引数

引数名	タイプ	説明
destination	Folder	（移動先の）フォルダ

解説

ファイル（Fileオブジェクト）を引数で指定したフォルダ（Folderオブジェクト）に移動します。

例文

5-d.gs ファイル新規作成

```
function myFunction5_d() {

  // 作成（移動元）と移動先フォルダを取得
  const fromId = '作成フォルダIDを入力してください';
  const toId   = '移動先フォルダIDを入力してください';
  const fromFolder = DriveApp.getFolderById(fromId);
  const toFolder   = DriveApp.getFolderById(toId);

  // 新しいファイルを作成
  const type    = MimeType.MICROSOFT_EXCEL;
  const newFile = fromFolder
    .createFile('NEW!FILE!!', 'Hello', type);
  console.log(newFile.getName()); // 実行ログ：NEW!FILE!!

  // 新ファイルを移動先フォルダにコピー
  const copyFile = newFile
    .makeCopy('(Copy)NEW!FILE!!', toFolder);

  // 新ファイルを移動先フォルダへ移動
  const moveFile = newFile.moveTo(toFolder);

  // 双方ファイルの削除
  copyFile.setTrashed(true);
  moveFile.setTrashed(true);

}
```

解説

次図のように2つのフォルダを指定します。1つ目は新規ファイルを作成するフォルダです。2つ目はコピー先、および移動先のフォルダです。

この2つのフォルダの中で、ファイルの新規作成、ファイルのコピー、移動、削除を行います。

図5-14 2つのフォルダ

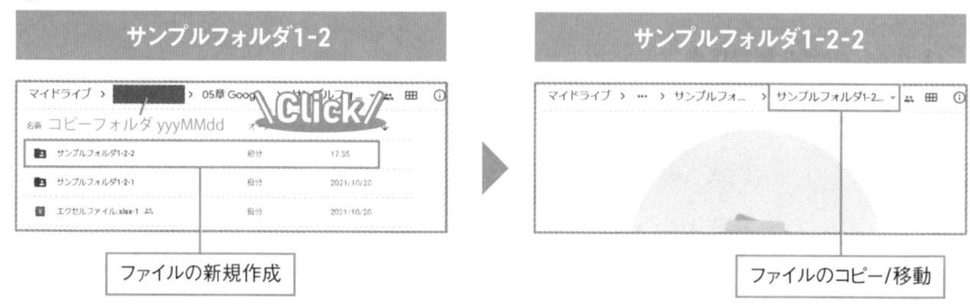

実行結果

デバッグ（ステップイン）を利用すると、次図のように一連の動きを確認できます。最終的に、作成したファイル、コピーしたファイル共にゴミ箱へ移動されます。単にスクリプトを実行するだけでは挙動の確認ができないため、ご注意ください。

図5-15 デバッグ（ステップイン）

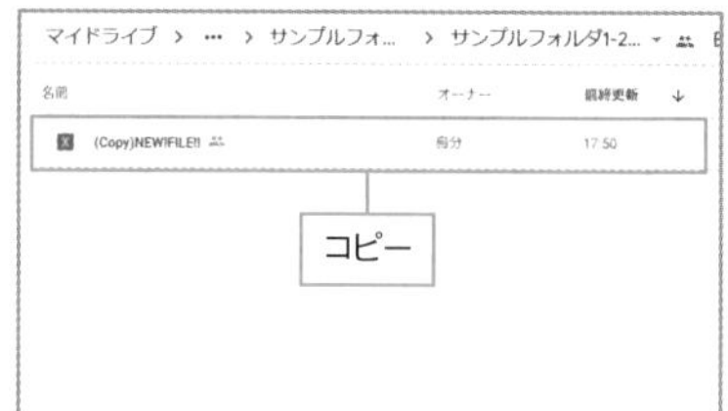

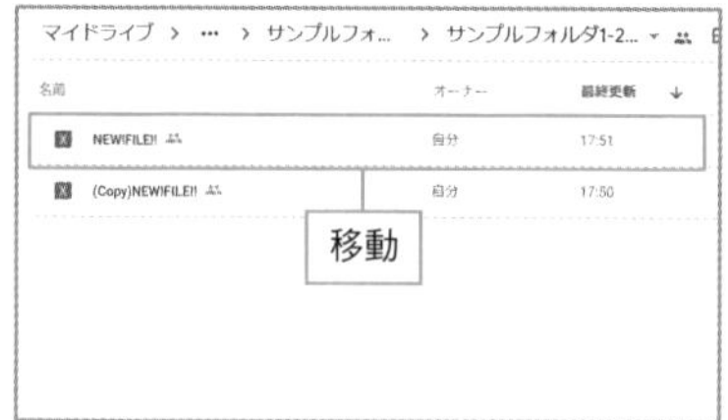

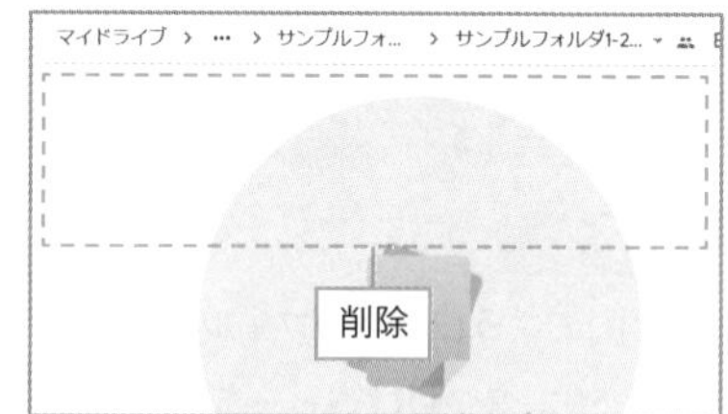

175
[5-21]

共通

フォルダ/ファイルの名前取得

getName()

構文

```
Folder オブジェクト.getName()
File オブジェクト.getName()
```


戻り値 string

引数 なし

解説

フォルダ（Folderオブジェクト）、またはファイル（Fileオブジェクト）の名前を取得します。

176 [5-22] フォルダ/ファイルのURL取得

共通

getUrl()

構文

```
Folderオブジェクト.getUrl()
Fileオブジェクト.getUrl()
```

戻り値 string

引数 なし

解説

フォルダ（Folderオブジェクト）、またはファイル（Fileオブジェクト）のURLを取得します。

177
[5-23]

共通

フォルダ/ファイルの作成日時取得

getDateCreated()

構文

```
Folderオブジェクト.getDateCreated()
Fileオブジェクト.getDateCreated()
```

戻り値 Dateオブジェクト

引数 なし

解説

フォルダ（Folderオブジェクト）、またはファイル（Fileオブジェクト）の作成日時を取得します。

178 [5-24]

フォルダ/ファイルの最終更新日時取得

共通

getLastUpdated()

構文

```
Folderオブジェクト.getLastUpdated()
Fileオブジェクト.getLastUpdated()
```

戻り値 Dateオブジェクト

引数 なし

解説

フォルダ(Folderオブジェクト)、またはファイル(Fileオブジェクト)の最終更新日時を取得します。

179
[5-25]

フォルダ/ファイルのID取得

共通

getId()

構文

```
Folderオブジェクト.getId()
Fileオブジェクト.getId()
```

戻り値 string

引数 なし

解説

フォルダ（Folderオブジェクト）、またはファイル（Fileオブジェクト）のIDを取得します。

180 [5-26] フォルダ/ファイルの名前設定

共通

setName()

構文

```
Folderオブジェクト.setName(name)
```

戻り値 Folderオブジェクト

引数

引数名	タイプ	説明
name	string	（設定後の）フォルダ名

構文

```
Fileオブジェクト.setName(name)
```

戻り値 Fileオブジェクト

引数

引数名	タイプ	説明
name	string	（設定後の）ファイル名

解説

フォルダ（Folderオブジェクト）、またはファイル（Fileオブジェクト）に引数で指定した名前を設定します。

戻り値は、名前を設定した後のFolderオブジェクト、またはFileオブジェクトです。

例文

5-e.gs フォルダ/ファイルからの情報取得

```
function myFunction5_e1() {
```

```

  // Folder/Fileオブジェクトを取得
  const folderId = 'フォルダIDを入力してください';
  const fileId   = 'ファイルIDを入力してください';
  // ※ 実行結果のサンプルはコチラ
  // const folderId = '1Vxn4pI1I25R4hF3g7xvfOE_GON-bDr4G';
  // const fileId   = '1KQjEfxiF3g9tPC_rF6aKRPzCXol8LOLy';
  const folder = DriveApp.getFolderById(folderId);
  const file   = DriveApp.getFileById(fileId);

  // Folderオブジェクトから情報取得
  console.log(`フォルダ名_${folder.getName()}`);
  // 実行ログ：フォルダ名_サンプルフォルダ1-2-2
  console.log(`フォルダID_${folder.getId()}`);
  // 実行ログ：フォルダID_1Vxn4pI1I25R4hF3g7xvfOE_GON-bDr4G
  console.log(`フォルダURL_${folder.getUrl()}`);
  // 実行ログ：
  // フォルダURL_https://drive.google.com/drive/folders/xxx
  console.log(`作成日時_${folder.getDateCreated()}`);
  // 実行ログ：作成日時_Thu Jul 22 2021 14:36:49 GMT+0900 (JST)
  console.log(`更新日時_${folder.getLastUpdated()}`);
  // 実行ログ：
  // 最終更新日時_Wed Dec 22 2021 14:53:09 GMT+0900 (JST)

  // Fileオブジェクトから情報取得
  console.log(`ファイル名_${file.getName()}`);
  // 実行ログ：ファイル名_エクセルファイル.xlsx
  console.log(`ファイルID_${file.getId()}`);
  // 実行ログ：ファイルID_1KQjEfxiF3g9tPC_rF6aKRPzCXol8LOLy
  console.log(`ファイルURL_${file.getUrl()}`);
  // 実行ログ：
  // ファイルURL_https://docs.google.com/spreadsheets/d/xxx/edit?xxx
  console.log(`作成日時_${file.getDateCreated()}`);
  // 実行ログ：作成日時_Thu Jul 22 2021 15:33:37 GMT+0900 (JST)
  console.log(`最終更新日時_${file.getLastUpdated()}`);
  // 実行ログ：
  // 更新日時_更新日時_Wed Dec 22 2021 10:59:46 GMT+0900 (JST)
```

```
  console.log(`MIMEタイプ_${file.getMimeType()}`);
  // 実行ログ：
  // MIMEタイプ_application/vnd.openxmlformats-officedocument.spreadsheetml.sheet

}

function myFunction5_e2() {

  // Folder/Fileオブジェクトを取得
  const folderId = 'フォルダIDを入力してください';
  const fileId   = 'ファイルIDを入力してください';
  const folder = DriveApp.getFolderById(folderId);
  const file   = DriveApp.getFileById(fileId);

  // Folder/Fileオブジェクトの名前変更
  folder.setName(`${folder.getName()}の名前変更`);
  file.setName(`${file.getName()}の名前変更`);

}
```

解説

myFunction5_e1()は、指定したフォルダ/ファイルから名前、URL、作成日時、最終更新日時、ID、MIMEタイプ（ファイルのみ）を取得します。

myFunction5_e2()は、ファイル/フォルダ名を変更する処理です。既存のファイル名の末尾に「の名前変更」という文字列を加えています。

実行結果

次図のように取得対象のフォルダとファイルを決めて、IDを各スクリプトに入力してください。

myFunction5_e1()を実行すると、実行ログより指定したフォルダとファイルの取得情報を確認できます。

▼図5-16 取得対象のフォルダとファイル

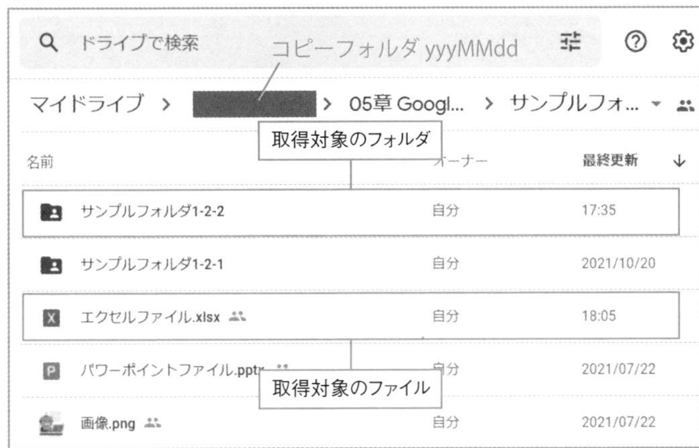

myFunction5_e2()を実行すると、次図のようにフォルダ名とファイル名が変更されます。

▼図5-17 myFunction5_e2()実行結果

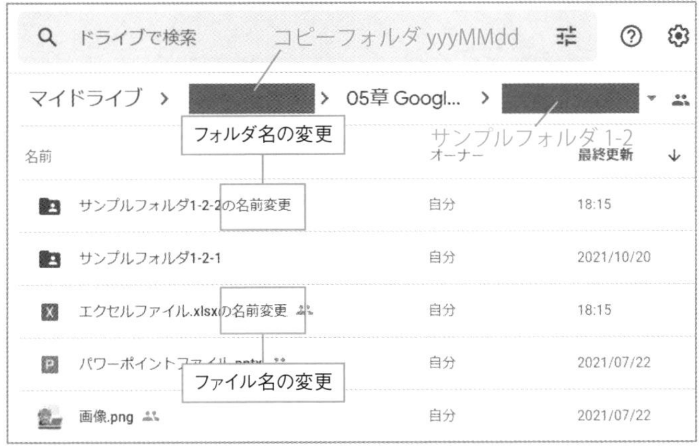

6

Google Calendar

本章では、Googleカレンダーをより便利に活用するためのリファレンスを解説しています。冒頭の「Calendarサービスの理解」でサービス概要を確認した上で、Googleカレンダーに対してGoogle Apps Scriptでどのようなことができるか確認していきましょう。

例文スクリプト確認方法

以下フォルダのスクリプトファイルをコピー作成して、例文スクリプトを確認してください。

格納先

SampleCode >
　06章 Google Calendar >
　　6章 Google Calendar（スクリプトファイル）

181 [6-1]

Calendarサービス

Calendarサービスの理解

CalendarAppクラス，Calendarクラス，CalendarEventクラス，EventGuestクラス

Calendarサービス

Google Apps Script (GAS) でGoogleカレンダーを操作するクラスと、そのメンバー (メソッドとプロパティ) を提供するサービスを**Calendarサービス**とよびます。

CalendarAppをトップレベルオブジェクトとして、カレンダーを操作する**Calendarクラス**、カレンダーイベントを操作する**CalendarEventクラス**、ゲストを操作する**EventGuestクラス**などがあります。

また、次図のように各クラスは**階層構造**になっており、配下のオブジェクトを取得するメンバーも用意されています。CalendarAppからたどっていき目的のオブジェクトを取得できます。

図6-1 Calendarサービスの主なクラスの階層構造

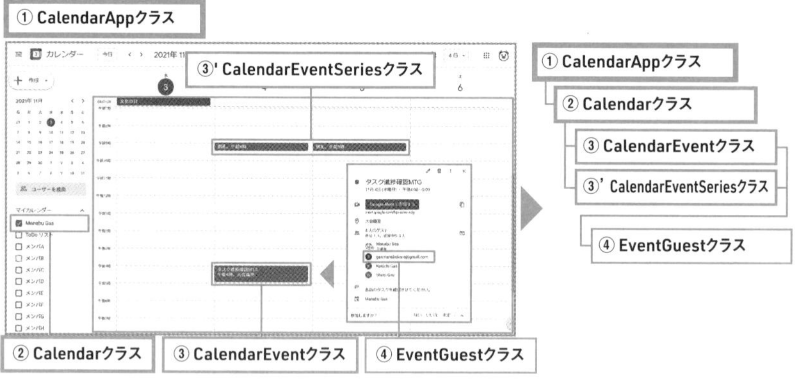

繰り返し設定有りのカレンダーイベントを扱うためのCalendarEventSeriesクラスもあります。繰り返し設定の有無でクラスを使い分けてください。

また、本書ではCalendarオブジェクトをカレンダー、CalendarEventオブジェクトをカレンダーイベントとよんでいきます。

オブジェクトの取得方法

前図のとおりに、CalendarAppから各クラスのメソッドを利用して配下のオブジェクトを取得します。

対象カレンダーID「gasmanabu@gmail.com」をカレンダー登録してから、以下スクリプトを実行してください。登録せずに実行すると、エラーになります。登録方法は、後述の図6-8を参照してください。また、実行ログより各オブジェクトが取得されていることが確認できます。

sample.gs 各オブジェクト取得

```
function mySample6_a() {

  // Calendarオブジェクトの取得
  const id       = 'gasmanabu@gmail.com';
  const calendar = CalendarApp.getCalendarById(id);
  Logger.log(calendar); // 実行ログ：Calendar
  // ※ 「gasmanabu@gmail.com」カレンダー登録すればエラー解消

  // CalendarEventオブジェクトの取得
  const start  = new Date('2021/11/04 16:00');
  const end    = new Date('2021/11/04 17:00');
  const events = calendar.getEvents(start, end);
  Logger.log(events);
  // 実行ログ：[CalendarEvent]

  // EventGuestオブジェクトの取得
  const mtg    = events[0];
  const guests = mtg.getGuestList();
  Logger.log(guests);
  // 実行ログ：[EventGuest, EventGuest, EventGuest]

  for(const guest of guests) {
    const email = guest.getEmail();
    Logger.log(email);
    // 実行ログ：
    // gasmanabukokichi@gmail.com,
    // gasmanabukana@gmail.com, gasmanabushiori@gmail.com
```

```
    }

}
```

クラスとメソッド

一例になりますが、各クラスの役割と主なメソッドを紹介します。

カレンダーイベントの削除などは、CalendarAppから直接扱うことはできません。次図のように、CalendarEventオブジェクトを取得してから適切なメソッドを選択する必要があります。

CalendarEventオブジェクトの取得方法は、前述のスクリプトを参照してください。

図6-2 Calendarサービスの各クラスの役割と主なメソッド

クラス	役割	主なメンバー	説明
CalendarApp	トップレベルオブジェクト	getDefaultCalendar()	デフォルトカレンダーの取得
		getCalendarById()	IDからカレンダー取得
		getAllCalendars()	登録されたカレンダーの取得
Calendar	カレンダーの操作	getEvents()	カレンダーイベントの取得
		createEvent()	カレンダーイベントの新規登録
		getName()	カレンダーの名前取得
CalendarEvent	**イベントの操作**	**setTitle()**	**カレンダーイベントのタイトル設定**
		deleteEvent()	**カレンダーイベントの削除**
		addPopupReminder()	**カレンダーイベントのリマインダー設定**
EventGuest	ゲストの操作	getName()	ゲストの名前取得
		getEmail()	ゲストのメールアドレス取得
		getGuestStatus()	ゲストのステータス取得

182 [6-2] カレンダー / カレンダーイベントのID取得

共通

getId()

構文

```
CalendarApp.getId()
Calendarオブジェクト.getId()
CalendarEventオブジェクト.getId()
```

戻り値 string

引数 なし

解説

カレンダー、またはカレンダーイベントのIDを取得します。
各IDがあれば、カレンダーやカレンダーイベントを取得できます。

Note

次図のようにカレンダー IDはGoogleカレンダーの設定画面より確認できます。デフォルトカレンダーは、メールアドレスと同じです。

図6-3 カレンダー IDの確認方法

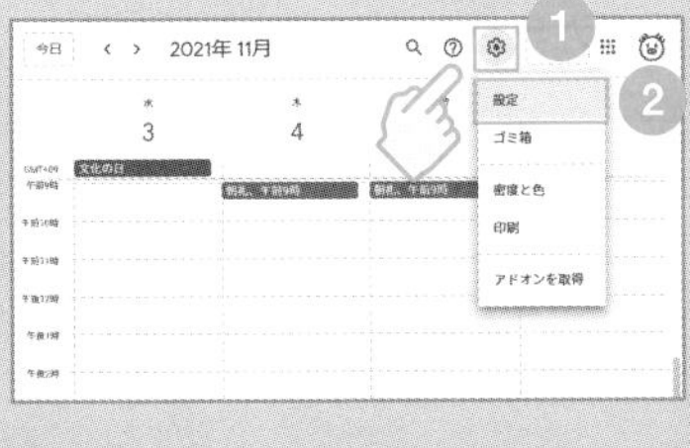

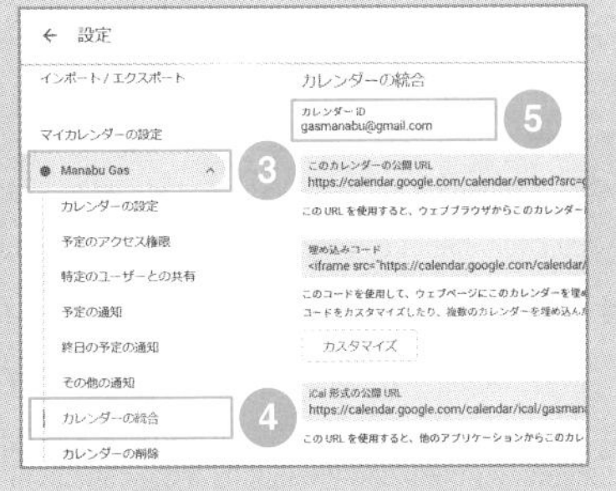

183
[6-3]

共通

カレンダー/カレンダーイベントのカラー取得/設定

setColor(), getColor(), Color

構文

```
CalendarApp.setColor(color)
Calendarオブジェクト.setColor(color)
```

戻り値 Calendarオブジェクト

引数

引数名	タイプ	説明
color	string	16進数のカラー文字列、または(Enum)Color

構文

```
CalendarEventオブジェクト.setColor(color)
```

戻り値 CalendarEventオブジェクト

引数

引数名	タイプ	説明
color	string	16進数のカラー文字列、または(Enum)Color

解説

カレンダー(Calendarオブジェクト)、またはカレンダーイベント(CalendarEventオブジェクト)に引数で指定したカラーを設定します。

CalendarAppからsetColor()を呼び出すと、デフォルトカレンダーのカラーを設定します。引数の(Enum)Colorは次図を参照してください。

図6-4 (Enum)Color

引数	色
CalendarApp.Color.PALE_BLUE	淡いブルー
CalendarApp.Color.PALE_GREEN	淡い緑
CalendarApp.Color.MAUVE	モーブ（藤色）
CalendarApp.Color.PALE_RED	淡い赤
CalendarApp.Color.YELLOW	黄色
CalendarApp.Color.ORANGE	オレンジ
CalendarApp.Color.CYAN	シアン（水色）
CalendarApp.Color.GRAY	灰色
CalendarApp.Color.BLUE	青
CalendarApp.Color.GREEN	緑
CalendarApp.Color.RED	赤

構文

```
CalendarApp.getColor()
Calendarオブジェクト.getColor()
CalendarEventオブジェクト.getColor()
```

戻り値 string

引数 なし

解説

カレンダー（Calendarオブジェクト）、またはカレンダーイベント（Calendar Eventオブジェクト）に設定されたカラーを取得します。

戻り値は16進数カラーの文字列（#rrggbb）です。

184
[6-4]

カレンダー

デフォルトカレンダーの取得

getDefaultCalendar()

構文

```
CalendarApp.getDefaultCalendar()
```

戻り値 Calendarオブジェクト

引数 なし

解説

規定値として設定されたカレンダー（Calendarオブジェクト）を取得します。
一般的に利用中のアカウントに紐づく自分自身のカレンダーです。

185
[6-5]

カレンダー

IDからカレンダー取得

getCalendarById()

構文

```
CalendarApp.getCalendarById(id)
```

戻り値 Calendarオブジェクト

引数

引数名	タイプ	説明
id	string	カレンダーID

解説

引数で指定したIDのカレンダー（Calendarオブジェクト）を取得します。

以下スクリプトのように、誤ったカレンダーIDを引数に指定した場合、戻り値はnullになります。スクリプトを実行するアカウントが、引数で指定するカレンダーの閲覧権限がない場合も同様です。また、正しいカレンダーIDを引数に設定した場合であっても、登録されたカレンダーに含まれなければ、戻り値はnullになります。カレンダーへの登録方法は、後述の図6-8を参照してください。

sample.gs カレンダーIDが無効

```
function mySample6_b() {

  // 存在しないカレンダー
  const dammy    = 'a@gmail.com';
  const calendar = CalendarApp.getCalendarById(dammy);
  Logger.log(calendar); // 実行ログ：null

}
```

図6-5 カレンダーIDが取得できない場合

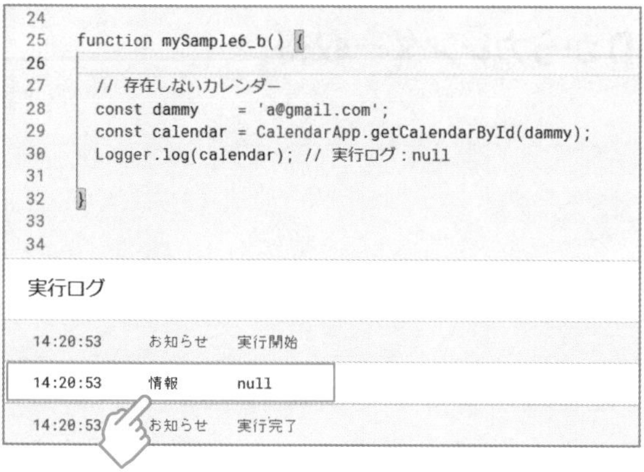

```
function mySample6_b() {

  // 存在しないカレンダー
  const dammy    = 'a@gmail.com';
  const calendar = CalendarApp.getCalendarById(dammy);
  Logger.log(calendar); // 実行ログ：null

}
```

実行ログ

14:20:53	お知らせ	実行開始
14:20:53	情報	null
14:20:53	お知らせ	実行完了

186
[6-6]
カレンダー

名前からカレンダー取得

getCalendarsByName()

構文

```
CalendarApp.getCalendarsByName(name)
```

戻り値 Calendarオブジェクト[]

引数

引数名	タイプ	説明
name	string	カレンダー名

解説

引数で指定した名前と一致するカレンダー（Calendarオブジェクト）をすべて取得します。

複数のカレンダー名が一致することもあるため、戻り値は配列になります。完全一致するカレンダーのみ取得対象になり、部分一致は含まれません。

187
[6-7]

カレンダー

登録されたカレンダーの取得

getAllCalendars(), subscribeToCalendar()

構文

```
CalendarApp.getAllCalendars()
```

戻り値　Calendarオブジェクト[]

引数　なし

解説

登録されたカレンダー（Calendarオブジェクト）をすべて取得します。

戻り値は、Calendarオブジェクトを格納した配列です。登録されていないカレンダーを取得することはできません。

getCalendarById()、getCalendarsByName()、getAllCalendars()は、登録されたカレンダーが検索対象になります。戻り値がnullとなる場合には、検索対象のカレンダーが登録された状態かどうか確認してください。詳しくはコラムを参照してください。

Column 正しいカレンダーIDでエラーが発生する事象

実務では、次図のように引数で指定したカレンダーIDに誤りがなく、閲覧権限を所持している状態でもエラーが発生することがあります。もちろん、CalendarApp.getCalendarById(id)に構文上の誤りもありません。

図6-6 正しいカレンダーIDと正しい構文でエラーが発生

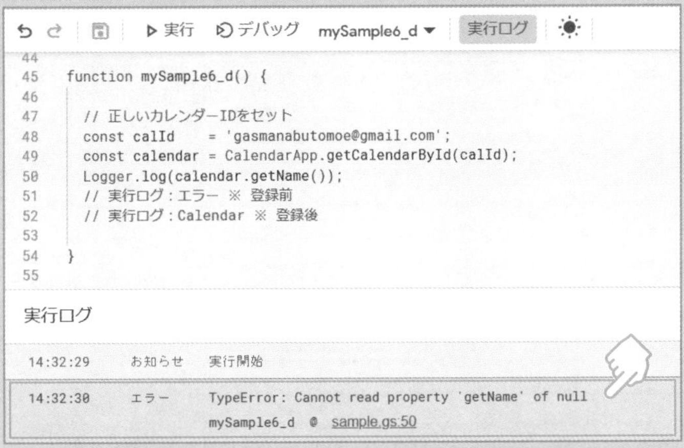

▷実行 デバッグ mySample6_d ▼ 実行ログ

```
function mySample6_d() {

  // 正しいカレンダーIDをセット
  const calId    = 'gasmanabutomoe@gmail.com';
  const calendar = CalendarApp.getCalendarById(calId);
  Logger.log(calendar.getName());
  // 実行ログ：エラー ※ 登録前
  // 実行ログ：Calendar ※ 登録後

}
```

実行ログ

14:32:29	お知らせ	実行開始
14:32:30	エラー	TypeError: Cannot read property 'getName' of null mySample6_d @ sample.gs:50

実は引数で指定したカレンダーIDが、登録されたカレンダーに入っていない場合は、CalendarApp.getCalendarById(id)の戻り値がnullになります。一度も画面操作でアクセスしたことがないカレンダーなどが該当します。逆に、実務でよくアクセスするカレンダーは登録されています。

以下スクリプトを実行することで登録されたカレンダーをすべて確認することもできます。

sample.gs 登録されたカレンダーの取得

```
function mySample6_c() {

  // 登録されたカレンダーの取得
  const calendars = CalendarApp.getAllCalendars();
  for(const calendar of calendars) {
    console.log(calendar.getId());
  }

}
```

図6-7 登録されたカレンダーに含まれているか確認

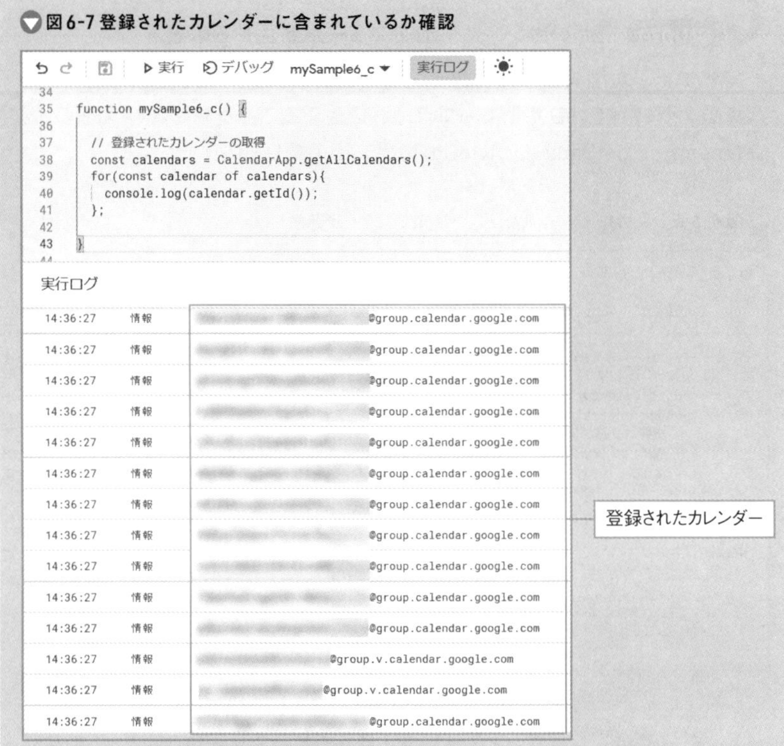

エラーを解消するためには、以下の方法でカレンダーを登録します。

カレンダー登録方法

1. **カレンダー画面左下部の他のカレンダーの「+」マークを押下**
2. **「カレンダーに登録」を押下**
3. **「カレンダーを追加」にカレンダーID（メールアドレス）入力してEnter**

図6-8 カレンダー登録方法

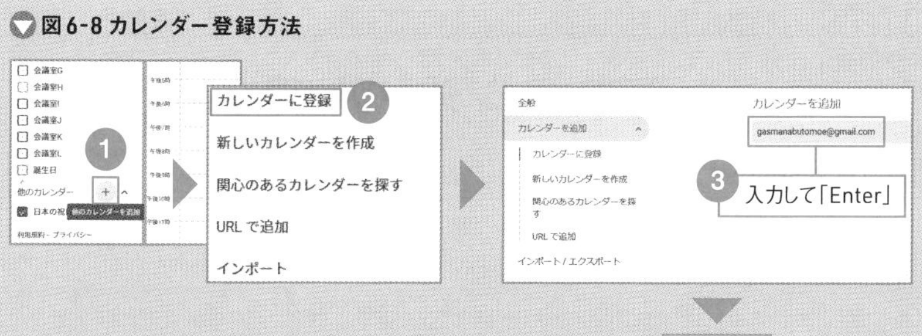

カレンダー追加前後の実行結果を確認するために以下スクリプトを利用してください。

同じスクリプトであっても対象のカレンダー IDの登録有無で実行ログが変わります。

sample.gs カレンダー取得

```
function mySample6_d() {

  // 正しいカレンダーIDをセット
  const calId    = 'gasmanabutomoe@gmail.com';
  const calendar = CalendarApp.getCalendarById(calId);
  Logger.log(calendar.getName());
  // 実行ログ：エラー ※ 登録前
  // 実行ログ：gasmanabutomoe@gmail.com ※ 登録後

}
```

CalendarApp.subscribeToCalendar(id) を使えば、スクリプトでカレンダーを登録することもできます。

188 [6-8]

カレンダー

所有カレンダーの取得

getAllOwnedCalendars()

構文

```
CalendarApp.getAllOwnedCalendars()
```

戻り値　Calendarオブジェクト[]

引数　なし

解説

スクリプト実行するユーザーが所有するカレンダー（Calendarオブジェクト）をすべて取得します。

戻り値はCalendarオブジェクトを格納した配列です。所有するカレンダーとは、自分自身が作成したカレンダー、またはオーナー権限が自分自身に移行されたカレンダーをさします。

189
[6-9]

カレンダー

カレンダーの名前取得

getName()

PART 2

6

構文

```
CalendarApp.getName()
Calendarオブジェクト.getName()
```

戻り値 string

引数 なし

解説

カレンダー（Calendarオブジェクト）の名前を取得します。

CalendarAppからgetName()を呼び出すと、デフォルトカレンダーの名前を取得します。

例文

6-a.gs カレンダー取得とカラー変更

```
function myFunction6_a1() {

  // デフォルトカレンダーの取得
  const defCal = CalendarApp.getDefaultCalendar();
  console.log(defCal.getName());
  // 実行ログ：gasmanabu@gmail.com ※ 実行者のカレンダーID表示

  // カレンダーIDの取得
  const id = CalendarApp.getId();
  console.log(id);
  // 実行ログ：gasmanabu@gmail.com ※ 実行者のカレンダーID表示
  // IDからカレンダーの取得
  const idCal = CalendarApp.getCalendarById(id);
  console.log(idCal.getName());
  // 実行ログ：gasmanabu@gmail.com ※ 実行者のカレンダーID表示

```

```
  // 名前からカレンダーの取得
  const nameCal = CalendarApp
    .getCalendarsByName('日本の祝日');

  Logger.log(nameCal); // 実行ログ：[Calendar]
  console.log(nameCal.length); // 実行ログ：1

  // 所有カレンダーの取得
  const ownCal = CalendarApp.getAllOwnedCalendars();
  Logger.log(ownCal); // 実行ログ：[Calendar, ... ]
  console.log(ownCal.length);
  // 実行ログ：13 ※ 実行者の所有数表示

  // 参照可能なカレンダーを取得
  const allCal = CalendarApp.getAllCalendars();
  Logger.log(allCal); // 実行ログ：[Calendar, ... ]
  console.log(allCal.length);
  // 実行ログ：16 ※ 実行者の登録数表示

}

function myFunction6_a2() {

  // デフォルトカレンダーの取得
  const defCal = CalendarApp.getDefaultCalendar();

  // デフォルトカレンダーのカラー取得
  const defColor = defCal.getColor();
  console.log(defColor); // 実行ログ：#9FC6E7

  // デフォルトカレンダーのカラー設定
  const color = CalendarApp.Color.RED;
  const newCol = defCal.setColor(color);
  console.log(newCol.getColor()); // 実行ログ：#A32929

}
```

解説

myFunction6_a1()は、各メソッドを使ってカレンダー（Calendarオブジェクト）を取得します。getName()を使えばCalendarオブジェクトから名前を取得できます。また、getCalendarsByName()、getAllOwnedCalendars()、getAllCalendars()の戻り値は配列のため、繰り返し処理を利用してカレンダーを個々に取り出す必要があります。

myFunction6_a2()は、カレンダーのカラーを変更して、カラー番号を取得します。

実行結果

myFunction6_a1()の実行ログは、アカウント（gasmanabu@gmail.com）からスクリプト実行した結果です。スクリプトを実行するアカウントにより実行ログは異なります。

myFunction6_a2()を実行後に再読み込みをすると、次図のようにカレンダーのカラーが変更されます。

図6-9 myFunction6_a2()実行結果

変更されたカレンダーのカラーを戻す際は次図を参照してください。

図6-10 カレンダーのカラー変更（手動）

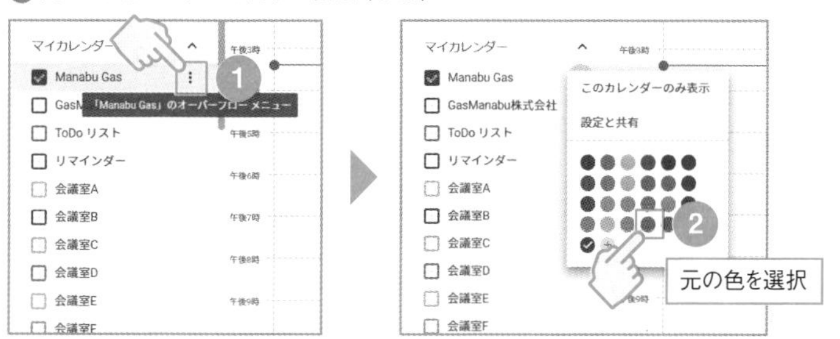

190 [6-10] カレンダーイベント

カレンダーイベントの取得

getEvents(), GuestStatus

構文

```
CalendarApp.getEvents(startTime, endTime, options)
Calendarオブジェクト.getEvents(startTime, endTime, options)
```

戻り値 CalendarEventオブジェクト[]

引数

引数名	タイプ	説明
startTime	Date	開始日時
endTime	Date	終了日時
options	Object	詳細パラメータ

詳細パラメータ

プロパティ名	タイプ	説明
start	number(整数)	開始インデックス
max	number(整数)	取得最大数
author	string	カレンダーイベント作成者
search	string	(含まれる)文字列
statusFilters[]	GuestStatus	(Enum)参加状況 ※図6-18参照

解説

カレンダー(Calendarオブジェクト)から、引数で指定した開始日時から終了日時に含まれるカレンダーイベント(CalendarEventオブジェクト)をすべて取得します。

カレンダーイベントが複数存在することもあるため、戻り値は配列になります。また、CalendarAppからgetEvents()を呼び出すと、デフォルトカレンダーが取得対象のカレンダーになります。

191
[6-11]

カレンダーイベント

IDからカレンダーイベント取得

getEventById()

PART 2

6

構文

```
CalendarApp.getEventById(iCalId)
Calendarオブジェクト.getEventById(iCalId)
```

戻り値 CalendarEventオブジェクト

引数

引数名	タイプ	説明
iCalId	string	イベントID

解説

カレンダー（Calendarオブジェクト）から、引数で指定したIDのカレンダーイベント（CalendarEventオブジェクト）を取得します。

IDがユニークな値であることから、戻り値は単一のCalendarEventオブジェクトになります。また、CalendarAppからgetEventById()を呼び出すと、デフォルトカレンダーが取得対象になります。

カレンダーイベント

特定日のカレンダーイベント取得

getEventsForDay()

構文

```
CalendarApp.getEventsForDay(date)
Calendarオブジェクト.getEventsForDay(date)
```

戻り値 CalendarEventオブジェクト[]

引数

引数名	タイプ	説明
date	Date	取得対象日 ※ 日付のみ有効で時刻以下は無効

解説

カレンダー（Calendarオブジェクト）から、引数で指定した特定日のカレンダーイベントを取得します。

カレンダーイベントが複数存在することもあるため、戻り値は配列になります。また、CalendarAppからgetEventsForDay()を呼び出すと、デフォルトカレンダーが取得対象のカレンダーになります。

例文

6-b.gs イベント取得

```
function myFunction6_b1() {

  const now = new Date();
  const y   = now.getFullYear();
  const m   = now.getMonth();
  const d   = now.getDate();

  // 当日に取得対象の2つのカレンダーイベントを新規作成
  const nameA  = 'myFunction6_b①'
```

```
  const startA = new Date(y, m, d, 21, 0);
  const endA   = new Date(y, m, d, 22, 0);
  const eventA = CalendarApp
    .createEvent(nameA, startA, endA);
  eventA.setTag('key', 'gas');

  const nameB  = 'myFunction6_b②';
  const startB = new Date(y, m, d, 22, 0);
  const endB   = new Date(y, m, d, 23, 30);
  const eventB = CalendarApp
    .createEvent(nameB, startB, endB);
  eventB.setTag('key', 'gas');

}

function myFunction6_b2() {

  const now = new Date();
  const y   = now.getFullYear();
  const m   = now.getMonth();
  const d   = now.getDate();

  // 当日20～24時のカレンダーイベント取得
  const start  = new Date(y, m, d, 20, 0);
  const end    = new Date(y, m, d, 24, 0);
  const events = CalendarApp.getEvents(start, end);
  Logger.log(events); // 実行ログ：[CalendarEvent,  ... ]

  console.log(events[0].getTitle());
  // 実行ログ：myFunction6_b①
  console.log(events[1].getTitle());
  // 実行ログ：myFunction6_b②

  for(const event of events) {
    console.log(event.getTitle());
    // 実行ログ：myFunction6_b① ※ 1回目
    // 実行ログ：myFunction6_b② ※ 2回目
  }
```

```
}

function myFunction6_b3() {
  const now = new Date();
  // 当日のカレンダーイベント取得
  const events = CalendarApp.getEventsForDay(now);
  // カレンダーイベントIDの取得
  for(const event of events) {
    const id = event.getId();
    console.log(id);
    // 実行ログ：xxx@google.com
    //   abc@google.com
  }
}
```

解説

myFunction6_b1()は、本例文の取得対象の2つのカレンダーイベントを新規作成します。カレンダーイベントを新規作成する構文は後述しているため、ここでの解説は省略します。また、CalendarEventオブジェクト.setTag('key', 'gas')は、「カレンダーイベントの削除」の例文で扱います。

myFunction6_b2()は、時間帯（当日20 ～ 24時）を指定して、myFunction6_b1()で作成したカレンダーイベントを取得します。取得したカレンダーイベントよりタイトルを取得しています。デフォルトカレンダーの状況によっては、myFunction6_b1()以外のカレンダーイベントが取得されることもあります。

myFunction6_b3()は、当日を指定してカレンダーイベントを取得します。myFunction6_b1()で作成した2つのカレンダーイベントからIDを取得しています。こちらも同様にデフォルトカレンダーの状況次第で取得されるIDが増える可能性もあります。

実行結果

myFunction6_b1()を実行すると、次図のようにスクリプトを実行したアカウントの、デフォルトカレンダーの当日にカレンダーイベントが2つ新規作成されます。

myFunction6_b2()、myFunction6_b3()の実行ログより、myFunction6_b1()で作成されたカレンダーイベント、およびカレンダーイベントのタイトルとIDを確認できます。

図6-11 myFunction6_b1()実行結果

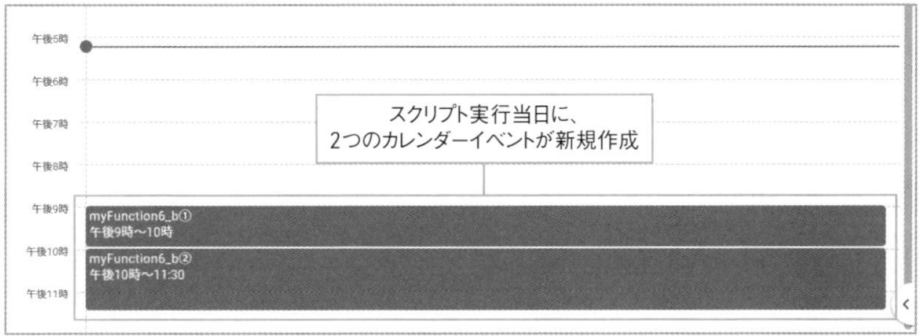

193
[6-13]

カレンダーイベント

カレンダーイベントの作成者取得

getCreators()

構文

```
CalendarEventオブジェクト.getCreators()
```

戻り値 string[]

引数 なし

解説

カレンダーイベント（CalendarEventオブジェクト）の作成者（メールアドレス）を取得します。

戻り値は、文字列型の配列になるため注意してください。

194
[6-14]

カレンダーイベント

カレンダーイベントのタイトル取得

getTitle()

構文

```
CalendarEventオブジェクト.getTitle()
```


戻り値 string

引数 なし

解説

カレンダーイベント（CalendarEventオブジェクト）のタイトルを取得します。

195
[6-15]

カレンダーイベント

カレンダーイベントの開始日時取得

getStartTime()

構文

```
CalendarEventオブジェクト.getStartTime()
```

戻り値 Dateオブジェクト

引数 なし

解説

カレンダーイベント（CalendarEventオブジェクト）の開始日時を取得します。

196
[6-16]

カレンダーイベント

カレンダーイベントの終了日時取得

getEndTime()

構文

```
CalendarEventオブジェクト.getEndTime()
```

戻り値 Dateオブジェクト

引数 なし

解説

カレンダーイベント（CalendarEventオブジェクト）の終了日時を取得します。

197
[6-17]

カレンダーイベント

カレンダーイベントの場所取得

getLocation()

構文

```
CalendarEventオブジェクト.getLocation()
```

戻り値 string

引数 なし

解説

カレンダーイベント（CalendarEventオブジェクト）の場所を取得します。

198
[6-18]

カレンダーイベント

カレンダーイベントの説明取得

getDescription()

構文

```
CalendarEventオブジェクト.getDescription()
```


戻り値 string

引数 なし

解説

カレンダーイベント（CalendarEventオブジェクト）の説明を取得します。

199
[6-19]

カレンダーイベント

カレンダーイベントの終日判定

isAllDayEvent()

構文

```
CalendarEventオブジェクト.isAllDayEvent()
```

戻り値　boolean

引数　なし

解説

カレンダーイベント（CalendarEventオブジェクト）が終日イベントかどうか判定します。

戻り値は真偽値です。

例文

6-c.gs カレンダーイベント取得

```
function myFunction6_c1() {

  const now = new Date();
  const y   = now.getFullYear();
  const m   = now.getMonth();
  const d   = now.getDate();

  // 当日に取得対象のカレンダーイベントを新規作成
  const name  = 'myFunction6_c';
  const start = new Date(y, m, d, 19, 0);
  const end   = new Date(y, m, d, 20, 0);
  const description = '説明を入力します。\nカレンダーイベント取得';
  const location    = '場所の情報を入力します。';
  const op = {description, location};
  // {description: description, location: location}の省略記法
  const event = CalendarApp
```

```
    .createEvent(name, start, end, op);
  event.setTag('key', 'gas');

}

function myFunction6_c2() {

  const now = new Date();
  const y   = now.getFullYear();
  const m   = now.getMonth();
  const d   = now.getDate();

  // 当日19〜21時のカレンダーイベント取得
  const start  = new Date(y, m, d, 19, 0);
  const end    = new Date(y, m, d, 21, 0);
  const events = CalendarApp.getEvents(start, end);
  Logger.log(events); // 実行ログ：[CalendarEvent]

  // 配列からCalendarEventオブジェクトの取得
  // カレンダーイベントが1つと想定
  const event = events[0];

  // イベントタイトルの取得
  console.log(`タイトル_${event.getTitle()}`);
  // 実行ログ：タイトル_myFunction6_c

  // イベント作成者の取得
  console.log(`作成者_${event.getCreators()}`);
  // 実行ログ：作成者_gasmanabu@gmail.com

  // イベント開始日時の取得
  console.log(`開始日時_${event.getStartTime()}`);
  // 実行ログ：
  // 開始日時_Fri Dec 24 2021 19:00:00 GMT+0900 (JST)

  // イベント終了日時の取得
  console.log(`終了日時_${event.getEndTime()}`);
  // 実行ログ：
```

```
  // 終了日時_Fri Dec 24 2021 20:00:00 GMT+0900 (JST)

  // イベント場所の取得
  console.log(`場所_${event.getLocation()}`);
  // 実行ログ：場所_場所の情報を入力します。

  // イベント本文の取得
  console.log(`説明_${event.getDescription()}`);
  // 実行ログ：
  // 説明_説明を入力します。
  // カレンダーイベント取得

  // イベントの終日判定
  console.log(`終日判定_${event.isAllDayEvent()}`);
  // 実行ログ：終日判定_false

}
```

解説

myFunction6_c1()は、スクリプト実行するアカウントのデフォルトカレンダーに、当日19時開始のカレンダーイベントを新規作成します。カレンダーイベントを新規作成する構文は後述しているため、ここでの解説は省略します。また、CalendarEventオブジェクト.setTag('key', 'gas')は、「カレンダーイベントの削除」の例文で扱います。

myFunction6_c2()は、時間帯を指定して、myFunction6_c1()で作成したカレンダーイベントを取得します。各メソッドを利用して、取得したカレンダーイベントから、タイトル、作成者、開始日時、終了日時、場所、説明、終日判定を取得します。終日イベント含めて指定した時間帯に複数のカレンダーイベントがある場合は、実行ログの情報が異なります。

実行結果

myFunction6_c1()を実行すると、次図のようにスクリプトを実行したアカウントの、デフォルトカレンダーの当日にカレンダーイベントが新規作成されます。

myFunction6_c2()を実行すると、実行ログより取得したカレンダーイベントの各種情報を確認できます。作成者、開始日時、終了日時は、スクリプトを実行するアカウントや、実行日により異なります。

図6-12 myFunction6_c1() 実行結果

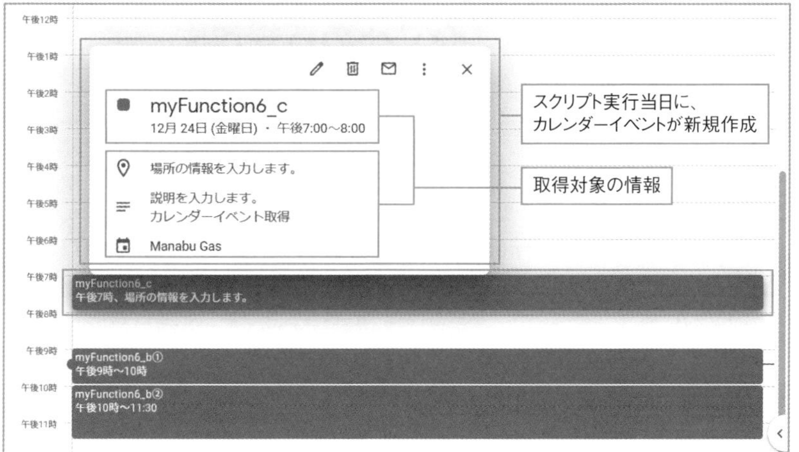

カレンダーイベント

カレンダーイベントの新規作成

createEvent()

構文

```
Calendarオブジェクト.createEvent(title, startTime, endTime)
Calendarオブジェクト.createEvent(title, startTime, endTime, options)
```

戻り値 CalendarEvent オブジェクト

引数

引数名	タイプ	説明
title	string	（カレンダーイベントの）タイトル
startTime	Date	開始日時
endTime	Date	終了日時
options	Object	詳細パラメータ

詳細パラメータ

プロパティ名	タイプ	説明
description	string	（カレンダーイベントの）説明
location	string	（カレンダーイベントの）場所
guests	string	ゲストのメールアドレス（複数名の場合はカンマ区切り）
sendInvites	boolean	true：招待メール送信有り false：招待メール送信無し ※ 省略時の規定値：false

解説

カレンダー（Calendarオブジェクト）に引数で指定したタイトル、開始日時、終了日時、オプションのカレンダーイベント（CalendarEventオブジェクト）を新規作成します。

201
[6-21]

カレンダーイベント

終日カレンダーイベントの新規登録

createAllDayEvent()

構文

```
Calendarオブジェクト.createAllDayEvent(title, date)
Calendarオブジェクト.createAllDayEvent(title, startDate,
endDate)
Calendarオブジェクト.createAllDayEvent(title, startDate,
endDate, options)
Calendarオブジェクト.createAllDayEvent(title, date, optio
ns)
```


戻り値 CalendarEventオブジェクト

引数

引数名	タイプ	説明
title	string	(イベントの) タイトル
date	Date	日付 ※時刻以下無効
startDate	Date	開始日 ※時刻以下無効
endDate	Date	終了日 ※時刻以下無効
options	Object	詳細パラメータ

詳細パラメータ

プロパティ名	タイプ	説明
description	string	(イベントの) 説明
location	string	(イベントの) 場所
guests	string	ゲストのメールアドレス (複数名の場合はカンマ区切り)
sendInvites	boolean	true：招待メール送信有り false：招待メール送信無し ※省略時の規定値：false

解説

カレンダー（Calendarオブジェクト）に引数で指定したタイトル、日付（期間）、オプションの終日カレンダーイベント（CalendarEventオブジェクト）を新規作成します。

例文

6-d.gs カレンダーイベント新規登録

```
function myFunction6_d() {

  const now = new Date();
  const y   = now.getFullYear();
  const m   = now.getMonth();
  const d   = now.getDate();

  // カレンダーイベントの新規作成
  const name  = 'myFunction6_d①';
  const start = new Date(y, m, d, 16, 0);
  const end   = new Date(y, m, d, 16, 30);

  const description = '楽しくいきましょう！';
  const location    = 'オンライン';
  const guests      = 'メールアドレスを入力してください';
  // ※ 実行結果のサンプルはコチラ
  // const adA    = 'gasmanabushiori@gmail.com';
  // const adB    = 'gasmanabukana@gmail.com';
  // const guests = `${adA}, ${adB}`;
  const sendInvites = true;

  const event = CalendarApp.createEvent(name, start, end,
    {
      description,
      location,
      guests,
      sendInvites
    }
  );
  event.setTag('key', 'gas');
```

```

  // 終日のカレンダーイベント新規登録
  const title       = 'myFunction6_d②';
  const allDayEvent = CalendarApp
    .createAllDayEvent(title, start);
  allDayEvent.setTag('key', 'gas');

}
```

解説

スクリプト実行するアカウントのデフォルトカレンダーに、開始/終了日時を指定したカレンダーイベントと、終日のカレンダーイベントを新規作成します。

終日のカレンダーイベントは、時間帯を指定したカレンダーイベントの開始日時を流用します。createAllDayEvent()の引数に指定する場合、日時の日付のみ有効で時刻は無効です。また、CalendarEventオブジェクトsetTag('key', 'gas')は、次項目の「カレンダーイベントの削除」の例文で扱います。

実行結果

次図のように2つのカレンダーイベントが新規作成されます。

▼図6-13 myFunction6_d() 実行結果

カレンダーイベント

カレンダーイベントの削除

deleteEvent()

構文

```
CalendarEventオブジェクト.deleteEvent()
```

戻り値 なし

引数 なし

解説

カレンダーイベント（CalendarEventオブジェクト）を削除します。

削除されたカレンダーイベントはゴミ箱に移行されますが、一定期間（30日間）は復元可能です。

例文

6-e.gs カレンダーイベント削除

```
function myFunction6_e() {

  const now = new Date();
  const y   = now.getFullYear();
  const m   = now.getMonth();
  const d   = now.getDate();

  // 16~24時のカレンダーイベント取得
  const start  = new Date(y, m, d, 16, 0);
  const end    = new Date(y, m, d, 24, 0);
  const events = CalendarApp.getEvents(start, end);
  Logger.log(events); // 実行ログ：[CalendarEvent, ... ]

  // カレンダーイベント削除
  for(const event of events) {
    // タグが特定の値の場合は削除
    if(event.getTag('key') === 'gas') {
```

```
      event.deleteEvent();
    }
  }

}
```

解説

スクリプトを実行するアカウントのデフォルトカレンダーより、開始日時と終了日時を指定してカレンダーイベントを取得します。

カレンダーイベントは配列に格納されるため、繰り返し処理で取り出します。取り出した後に、カレンダーイベントタグの「key」に対応する値が「gas」の場合に限り削除します。カレンダーイベントタグは、「210(6-30) カレンダーイベントのタグ(key, vale) 設定」を参照してください。

実行結果

本スクリプトは、次図のように例文6-b.gs、6-c.gs、6-d.gsで作成したカレンダーイベントが、当日に存在することが前提です。また、手動でデフォルトカレンダーの当日17～18時にカレンダーイベントを作成してください。タイトルなどは任意の文字列で問題ありません。

図6-14 事前準備

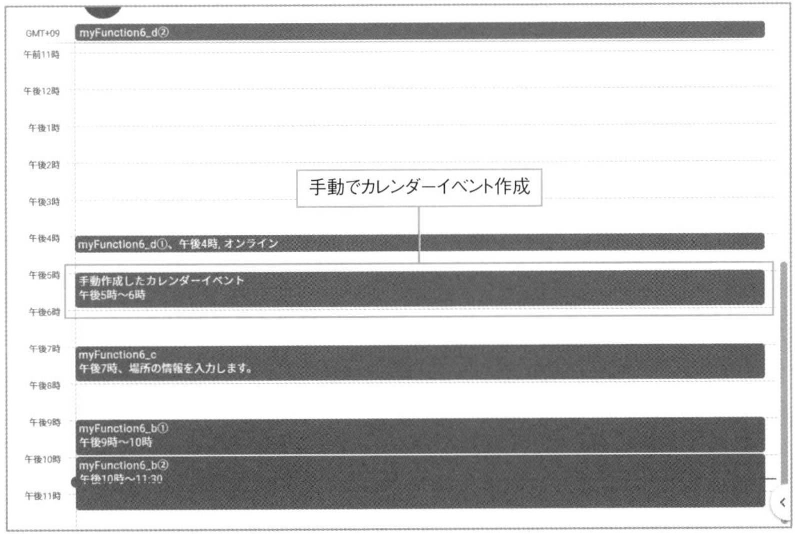

スクリプトを実行すると次図のように手動で作成したカレンダーイベント以外は削除されます。これは事前に例文6-b.gs、6-c.gs、6-d.gsで作成したカレンダーイベントにタグ（key、gas）が設定されているからです。カレンダーを新規作成してから差分が生まれるカレンダーイベントは、タグを設定しておくと便利です。なお、条件分岐を外すと手動で作成したカレンダーイベントも削除されます。

図6-15 myFunction6_e() 実行結果

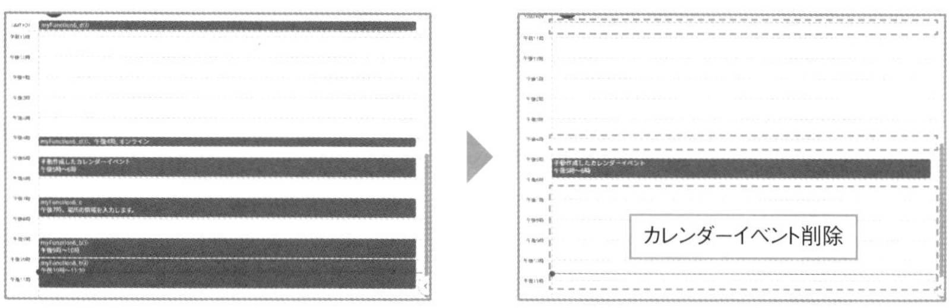

203
[6-23]

カレンダーイベント

カレンダーイベントのタイトル設定

setTitle()

構文

```
CalendarEventオブジェクト.setTitle(title)
```

戻り値 CalendarEvent オブジェクト

引数

引数名	タイプ	説明
title	string	(カレンダーイベントの新しい) タイトル

解説

カレンダーイベント (CalendarEvent オブジェクト) のタイトルを設定します。

204
[6-24]

カレンダーイベント

カレンダーイベントの開始/終了日時設定

setTime()

構文

```
CalendarEventオブジェクト.setTime(startTime, endTime)
```

戻り値 CalendarEventオブジェクト

引数

引数名	タイプ	説明
startTime	Date	開始日時
endTime	Date	終了日時

解説

カレンダーイベント（CalendarEventオブジェクト）の開始日時と終了日時を設定します。

205
[6-25]

カレンダーイベント

カレンダーイベントの場所設定

setLocation()

構文

```
CalendarEventオブジェクト.setLocation(location)
```

戻り値 CalendarEvent オブジェクト

引数

引数名	タイプ	説明
location	string	(カレンダーイベントの新しい) 場所

解説

カレンダーイベント（CalendarEvent オブジェクト）の場所を設定します。

206
[6-26]

カレンダーイベント

カレンダーイベントの説明設定

setDescription()

構文

```
CalendarEventオブジェクト.setDescription(description)
```

戻り値 CalendarEventオブジェクト

引数

引数名	タイプ	説明
description	string	(新しい) 説明

解説

カレンダーイベント (CalendarEventオブジェクト) の説明を設定します。

207
[6-27]

カレンダーイベント

カレンダーイベントのリマインダー削除

removeAllReminders()

PART 2

構文

```
CalendarEventオブジェクト.removeAllReminders()
```

6

戻り値 CalendarEventオブジェクト

引数 なし

解説

カレンダーイベント（CalendarEventオブジェクト）のリマインダーを削除します。

208 [6-28]

カレンダーイベント

カレンダーイベントのリマインダー設定

addPopupReminder()

構文

```
CalendarEventオブジェクト.addPopupReminder(minutesBefore)
```

戻り値 CalendarEvent オブジェクト

引数

引数名	タイプ	説明
minutesBefore	number（整数）	（イベント開始前の）分数

解説

カレンダーイベント（CalendarEvent オブジェクト）に引数で指定したリマインダーを設定します。

209 [6-29]

カレンダーイベント

カレンダーイベントのゲストリスト表示設定

setGuestsCanSeeGuests()

構文

```
CalendarEventオブジェクト.setGuestsCanSeeGuests(guestsCanSeeGuests)
```

戻り値 CalendarEventオブジェクト

引数

引数名	タイプ	説明
guestsCanSeeGuests	boolean	true：本人以外のゲスト表示可 false：本人以外のゲスト表示不可 ※ 省略時の規定値：true

解説

カレンダーイベント（CalendarEventオブジェクト）のゲスト表示を設定します。

例文

6-f.gs カレンダーイベント更新

```
function myFunction6_f1() {

  const now = new Date();
  const y   = now.getFullYear();
  const m   = now.getMonth();
  const d   = now.getDate();

  // 当日に取得対象のカレンダーイベントを新規作成
  const name  = 'myFunction6_f';
  const start = new Date(y, m, d, 7, 0);
  const end   = new Date(y, m, d, 8, 0);
  CalendarApp.createEvent(name, start, end);
```

```
}

function myFunction6_f2() {

  const now = new Date();
  const y   = now.getFullYear();
  const m   = now.getMonth();
  const d   = now.getDate();

  // 当日7~8時のカレンダーイベント取得
  const start  = new Date(y, m, d, 7, 0);
  const end    = new Date(y, m, d, 8, 0);
  const events = CalendarApp.getEvents(start, end);
  Logger.log(events); // 実行ログ：[CalendarEvent,  ... ]
  const event = events[0];

  // タイトル、場所、開始/終了日時、説明の設定
  // イベントのリマインダーを削除/設定
  // イベントゲスト非表示
  const newStart = new Date(y, m, d, 7, 0);
  const newEnd   = new Date(y, m, d, 8, 30);
  event.setTitle(`更新${event.getTitle()}`)
    .setLocation('Google Hangouts')
    .setTime(newStart, newEnd)
    .setDescription('30分延長します！！')
    .removeAllReminders()
    .addPopupReminder(120)
    .setGuestsCanSeeGuests(false);

}
```

解説

myFunction6_f1()は、スクリプト実行するアカウントのデフォルトカレンダーに当日7時開始のカレンダーイベントを新規作成します。

myFunction6_f2()は、myFunction6_f1()で作成したカレンダーイベントのタイトル、場所、終了日時、説明、リマインダー、ゲスト表示設定を更新します。

実行結果

次図のようにカレンダーイベントの情報が更新されます。

（終日カレンダーイベント含めて）同時間帯に別のカレンダーイベントがある場合には、更新対象が変わる可能性があるため注意してください。

図6-16 各スクリプトの実行結果

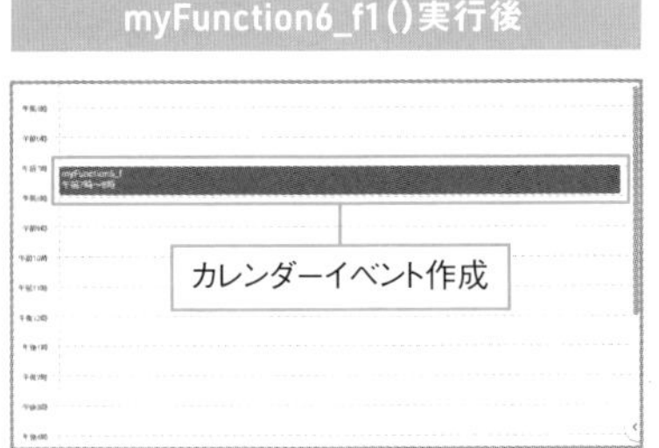

210
[6-30]

カレンダーイベント

カレンダーイベントのタグ（key, vale）設定

setTag()

構文

```
CalendarEventオブジェクト.setTag(key, value)
```

戻り値 CalendarEventオブジェクト

引数

引数名	タイプ	説明
key	string	（タグの）key
value	string	（タグの）value

解説

カレンダーイベント（CalendarEventオブジェクト）にタグ（key、value）を設定します。

タグとはカレンダー画面に表示されないメタ情報です。カレンダーイベントの更新や削除が発生する場合に、タグを設定することで管理がしやすくなります。

211
[6-31]

カレンダーイベント

カレンダーイベントタグのkeyからvalue削除

deleteTag()

PART 2

6

構文

```
CalendarEventオブジェクト.deleteTag(key)
```

戻り値 CalendarEventオブジェクト

引数

引数名	タイプ	説明
key	string	（タグの）key

解説

カレンダーイベント（CalendarEventオブジェクト）タグから引数で指定したkeyに対応するvalueを削除します。

212
[6-32]

カレンダーイベント

カレンダーイベントタグのkeyからvalue取得

getTag()

構文

```
CalendarEventオブジェクト.getTag(key)
```

戻り値 string

引数

引数名	タイプ	説明
key	string	(タグの) key

解説

カレンダーイベント（CalendarEventオブジェクト）タグから引数で指定したkeyに対応するvalueを取得します。

213 [6-33] カレンダーイベント

カレンダーイベントタグのkey全取得

getAllTagKeys()

構文

```
CalendarEventオブジェクト.getAllTagKeys()
```

戻り値 string[]

引数 なし

解説

カレンダーイベント（CalendarEventオブジェクト）タグのkeyを全取得します。戻り値は、対象のカレンダーイベントタグのkeyをすべて格納した配列です。

例文

6-g.gs タグ操作

```
function myFunction6_g1() {

  const now = new Date();
  const y   = now.getFullYear();
  const m   = now.getMonth();
  const d   = now.getDate();

  // 当日に取得対象のカレンダーイベントを新規作成
  const name  = 'myFunction6_g';
  const start = new Date(y, m, d, 10, 0);
  const end   = new Date(y, m, d, 12, 0);
  const event = CalendarApp.createEvent(name, start, end);

  // カレンダーイベントタグの設定
  const key   = '種別';
  const value = 'イベント';
  event.setTag(key, value);

```

```
}

function myFunction6_g2() {

  const now = new Date();
  const y   = now.getFullYear();
  const m   = now.getMonth();
  const d   = now.getDate();

  // 当日10~11時のカレンダーイベント取得
  const start  = new Date(y, m, d, 10, 0);
  const end    = new Date(y, m, d, 11, 0);
  const events = CalendarApp.getEvents(start, end);
  Logger.log(events); // 実行ログ：[CalendarEvent]
  const event = events[0];

  // カレンダーイベントタグのキーの全取得
  const keys = event.getAllTagKeys();
  console.log(keys); // 実行ログ：[ '種別' ]

  // カレンダーイベントタグのキーから値の取得
  for(const key of keys) {
    const value = event.getTag(key);
    console.log(value); // 実行ログ：イベント
    // イベントタグ削除
    // event.deleteTag(key);
    // const after = event.getTag(key);
    // console.log(after); // 実行ログ：null
  }

}
```

解説

myFunction6_g1()は、スクリプト実行するアカウントのデフォルトカレンダーに、次図のようなタグ付きのカレンダーイベントを新規作成します。

myFunction6_g2()は、myFunction6_g1()で作成したカレンダーイベントのタグを取得します。コメントアウトされているevent.deleteTag(key)を有効にすると、タグを削除できます。

タグ自体、画面表示されませんが、更新が必要なカレンダーイベントの管理に役立ちます。

図6-17 イベントタグイメージ

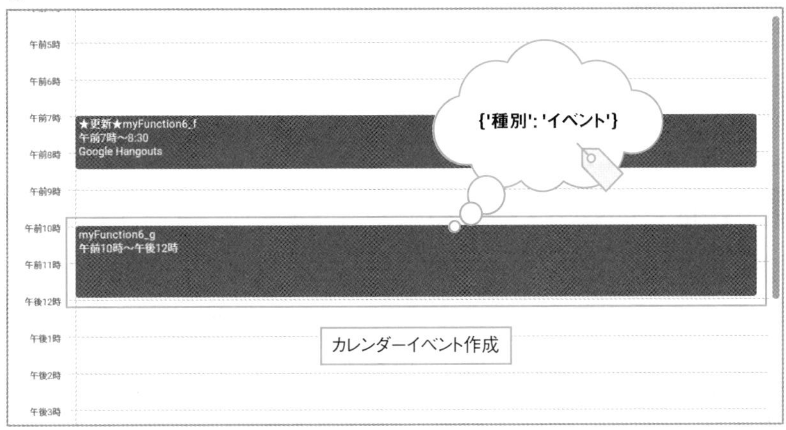

実行結果

myFunction6_g1()を実行すると対象のカレンダーイベントが新規作成されます。

myFunction6_g2()を実行すると実行ログよりmyFunction6_g1()で作成されたカレンダーイベントのタグを確認できます。イベントタグ削除のコメントアウトを除外するとタグを削除できます。

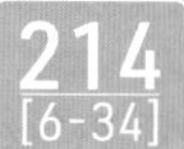

214 [6-34] カレンダーイベントのゲスト取得

ゲスト

getGuestList()

構文

```
CalendarEventオブジェクト.getGuestList()
CalendarEventオブジェクト.getGuestList(includeOwner)
```

戻り値 EventGuestオブジェクト[]

引数

引数名	タイプ	説明
includeOwner	boolean	true：オーナーを含む false：オーナーを含まない ※省略時の規定値：false

解説

カレンダーイベント（CalendarEventオブジェクト）からゲストを取得します。

引数でtrueを指定すると、オーナーを含めたゲストを取得できます。戻り値はEventGuestオブジェクトを格納した配列です。

215 [6-35] ゲスト

ゲストのステータス取得

getGuestStatus()

PART 2 6

構文

```
EventGuestオブジェクト.getGuestStatus()
```

戻り値 GuestStatusオブジェクト

引数 なし

解説

ゲスト（EventGuestオブジェクト）のステータスを取得します。

戻り値がGuestStatusオブジェクトになるため、String()などで文字列型に変換した方が扱いやすくなります。ゲストのステータスは次図を参照してください。

▼図6-18 ゲストステータス一覧

プロパティ	説明
YES	参加
NO	不参加
MAYBE	未定
INVITED	返信待ち
OWNER	オーナー

ゲスト

ゲストのメールアドレス取得

getEmail()

構文

```
EventGuestオブジェクト.getEmail()
```

戻り値 string

引数 なし

解説

ゲスト（EventGuestオブジェクト）のメールアドレスを取得します。

例文

6-h.gs ゲストステータス取得

```
function myFunction6_h() {

  // イベント取得
  const startDate = new Date('2021/11/04 15:00');
  const endDate   = new Date('2021/11/04 18:00');
  const account   = 'gasmanabu@gmail.com';
  const calendar  = CalendarApp.getCalendarById(account);
  const events    = calendar.getEvents(startDate, endDate);
  Logger.log(events); // 実行ログ：[CalendarEvent]
  const event = events[0];

  // イベントゲスト取得
  const members = event.getGuestList(true);
  Logger.log(members);
  // 実行ログ：[EventGuest, EventGuest, ... ]

  // ゲストのメールアドレスと回答ステータス取得
  for(const member of members) {
    const email  = member.getEmail();
```

```
        const status = member.getGuestStatus();
        console.log(email, String(status));
        // 実行ログ：
        // gasmanabukokichi@gmail.com MAYBE
        // gasmanabu@gmail.com YES
        // gasmanabukana@gmail.com INVITED
        // gasmanabushiori@gmail.com YES
    }

}
```


解説

カレンダーID（gasmanabu@gmail.com）から条件指定してカレンダーイベントを取得します。

カレンダーイベントを取得した後に、getGuestList()を使ってゲストが格納された配列を取得します。for...of文で全ゲストから、メールアドレスと回答ステータスを取得します。

実行結果

取得対象のカレンダーイベントは次図のようになります。

対象ID（gasmanabu@gmail.com）をデフォルトカレンダーに登録してからスクリプトを実行してください。登録方法は、図6-8を参照してください。

実行ログより、対象のカレンダーイベントの、ゲストのメールアドレスと回答ステータスを確認できます。

図6-19 カレンダーイベントのゲストステータスの取得

217
[6-37]

ゲスト

カレンダーイベントへのゲスト追加

addGuest()

構文

```
CalendarEventオブジェクト.addGuest(email)
```


戻り値 CalendarEventオブジェクト

引数

引数名	タイプ	説明
email	string	メールアドレス

解説

カレンダーイベント（CalendarEventオブジェクト）にゲストを追加します。

複数ユーザーを一度に追加することはできないため、繰り返し処理を行う必要があります。

カレンダーイベントにゲストを追加しても、通知メールは送信されません。必要であれば別でメールを送信する処理を作る必要があります。新規作成の場合は、通知有無をオプションで設定できます。

ゲスト

カレンダーイベントのゲスト削除

removeGuest()

構文

```
CalendarEventオブジェクト.removeGuest(email)
```

戻り値 CalendarEventオブジェクト

引数

引数名	タイプ	説明
email	string	メールアドレス

解説

カレンダーイベント（CalendarEventオブジェクト）から引数で指定したゲストを削除します。

例文

6-i.gs イベントゲスト操作

```
function myFunction6_i1() {

  const now = new Date();
  const y   = now.getFullYear();
  const m   = now.getMonth();
  const d   = now.getDate();

  // 当日に取得対象のカレンダーイベントを新規作成
  const name   = 'myFunction6_i';
  const start  = new Date(y, m, d, 13, 0);
  const end    = new Date(y, m, d, 15, 0);
  CalendarApp.createEvent(name, start, end);

}

```

```
function myFunction6_i2() {

  const now = new Date();
  const y   = now.getFullYear();
  const m   = now.getMonth();
  const d   = now.getDate();

  // 当日13:00～13:30のカレンダーイベント取得
  const start  = new Date(y, m, d, 13, 0);
  const end    = new Date(y, m, d, 13, 30);
  const events = CalendarApp.getEvents(start, end);
  Logger.log(events); // 実行ログ：[CalendarEvent]
  const event  = events[0];

  // ゲスト追加
  const account = 'メールアドレスを入力してください';
  // ※ 実行結果のサンプルはコチラ
  // const account = 'gasmanabutomoe@gmail.com';
  event.addGuest(account);

}

function myFunction6_i3() {

  const now = new Date();
  const y   = now.getFullYear();
  const m   = now.getMonth();
  const d   = now.getDate();

  // 当日13:00～13:30のカレンダーイベント取得
  const start  = new Date(y, m, d, 13, 0);
  const end    = new Date(y, m, d, 13, 30);
  const events = CalendarApp.getEvents(start, end);
  Logger.log(events); // 実行ログ：[CalendarEvent]
  const event  = events[0];

  // ゲスト削除
  const account = 'メールアドレスを入力してください';
  // ※ 実行結果のサンプルはコチラ
```

```
  // const account = 'gasmanabutomoe@gmail.com';
  event.removeGuest(account);

}
```

解説

myFunction6_i1()は、スクリプトを実行するアカウントのデフォルトカレンダーに、当日13時開始のカレンダーイベントを新規作成します。

取得したカレンダーイベントに対して、myFunction6_i2()はゲストを追加、myFunction6_i3()はゲストを削除します。

実行結果

myFunction6_i1()を実行するとカレンダーイベントが新規作成されます。(終日カレンダーイベント含めて) 同時間帯に別のカレンダーイベントがある場合には、更新対象が変わる可能性があるため注意してください。

図6-20 myFunction6_i1()実行結果

その後、myFunction6_i2()を実行するとゲストが追加、myFunction6_i3()が実行するとゲストが削除されます。

図6-21 スクリプト実行結果

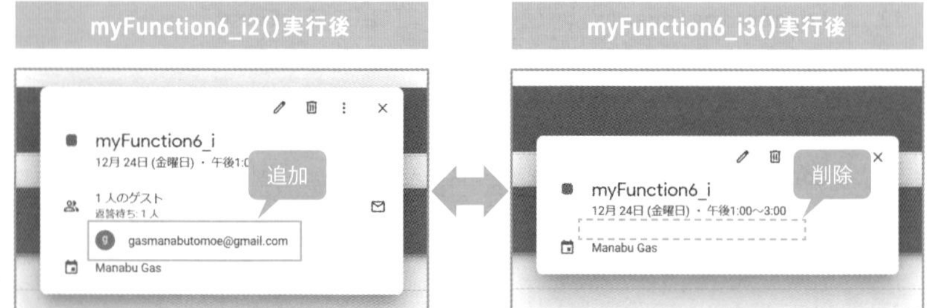

7

Google Document

本章では、Googleドキュメントをより便利に活用するためのリファレンスを解説しています。冒頭の「Documentサービスの理解」でサービス概要を確認した上で、Googleドキュメントに対してGoogle Apps Scriptでどのようなことができるか確認していきましょう。

例文スクリプト確認方法

以下フォルダのGoogleドキュメントをコピー作成して、コンテナバインドスクリプトより例文スクリプトを確認してください。

格納先

```
SampleCode >
  07章 Google Document >
    7章 Google Document（ドキュメント）
```

219 [7-1] Documentサービスの理解

Documentサービス

DocumentAppクラス，Documentクラス，Bodyクラス

Documentサービス

Google Apps Script (GAS) でGoogleドキュメントを操作するクラスと、そのメンバー (メソッドとプロパティ) を提供するサービスを**Documentサービス**とよびます。

DocumentAppを**トップレベルオブジェクト**として、ドキュメントを操作する**Documentクラス**、本文領域を操作する**Bodyクラス**などがあります。

また、次図のように各クラスは**階層構造**になっており、配下のオブジェクトを取得するメンバーも用意されています。DocumentAppからたどって、目的のオブジェクトを取得できます。

図7-1 Documentサービスの主なクラスの階層構造

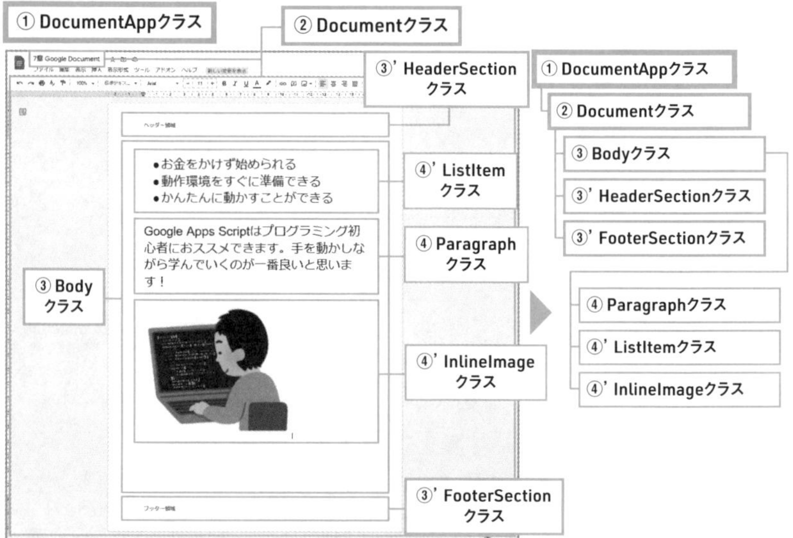

オブジェクトの取得方法

前図を参考にDocumentAppから各クラスのメソッドを利用して配下のオブジェクトを取得します。

以下スクリプトから各オブジェクトを取得していることが確認できます。DocumentBodySectionクラスは、Bodyクラスに変更される前の名前です。Bodyと読み替えてください。

sample.gs 各オブジェクト取得

```
function mySample7_a() {

  // Documentオブジェクトの取得
  const doc = DocumentApp.getActiveDocument();
  Logger.log(doc);
  // 実行ログ：Document

  // Bodyオブジェクトの取得
  const body = doc.getBody();
  Logger.log(body);
  // 実行ログ：DocumentBodySection

  // Paragraphオブジェクトの取得
  const paragraphs = body.getParagraphs();
  Logger.log(paragraphs);
  // 実行ログ：[Paragraph, Paragraph, ... ]

  for(const paragraph of paragraphs) {
    console.log(paragraph.getText());
    // 実行ログ：
    // お金をかけず始められる
    // 動作環境をすぐに準備できる
    // かんたんに動かすことができる
    //
    // Google Apps Scriptはプログラミング初心者におススメできます。手を動かしながら学んでいくのが一番良いと思います！
    //
  }
```

```

  // ListItemオブジェクトの取得
  const listItems = body.getListItems();
  Logger.log(listItems);
  // 実行ログ：[ListItem, ListItem, ListItem]

  for(const listItem of listItems) {
    console.log(listItem.getText());
    // 実行ログ：
    // お金をかけず始められる
    // 動作環境をすぐに準備できる
    // かんたんに動かすことができる
  }

  // InlineImageオブジェクトの取得
  const images = body.getImages();
  Logger.log(images);
  // 実行ログ：[InlineImage]

  // Blobオブジェクトの取得
  const blob = images[0].getBlob();
  Logger.log(blob);
  // 実行ログ：Blob

}
```

クラスとメソッド

一例になりますが、各クラスの役割と主なメソッドを紹介します。

画像を取得する操作はDocumentAppから直接扱うことはできません。次図のようにBodyオブジェクトを取得してから適切なメソッドを選択する必要があります。

Bodyオブジェクトの取得方法は前述のスクリプトを参照してください。

図7-2 Document サービスの各クラスの役割と主なメソッド

クラス	役割	役割	説明
DocumentApp	トップレベルオブジェクト	create()	ドキュメントの新規作成
		getActiveDocument()	アクティブドキュメントの取得
		openById()	ID からドキュメント取得
Document	ドキュメントの操作	getName()	ドキュメントのタイトル取得
		getBody()	ドキュメントの本文領域取得
		addFooter()	フッター領域の追加
Body	**本文領域の操作**	**getText()**	**本文領域からテキスト取得**
		getParagraphs()	**本文領域から段落取得**
		getImages()	**本文領域から画像取得**

本書では紹介しきれないくらいDocumentサービスには様々なクラスが用意されています。詳細は以下URLを参照してください。

QR7-1 Document サービス

https://developers.google.com/apps-script/reference/document

ドキュメント

ドキュメントの新規作成

create()

構文

```
DocumentApp.create(name)
```

戻り値 Documentオブジェクト

引数

引数名	タイプ	説明
name	string	（新規作成する）ドキュメント名

解説

マイドライブ直下に引数で指定した名前のドキュメントを新規作成します。

例文

7-a.gs ドキュメントの新規作成

```
function myFunction7_a() {

  // ドキュメントの新規作成
  DocumentApp.create('7章 Google Document');

}
```

解説

「7章 Google Document」という名前のドキュメントを新規作成します。

実行結果

次図のようにマイドライブにドキュメントが新規作成されます。

図7-3 myFunction7_a()実行結果

221
[7-3]

ドキュメント

アクティブドキュメントの取得

getActiveDocument()

構文

```
DocumentApp.getActiveDocument()
```

戻り値 Documentオブジェクト

引数 なし

解説

アクティブなドキュメント（Documentオブジェクト）を取得します。

アクティブとは、コンテナバインドスクリプトに紐づくドキュメントをさします。スタンドアロンスクリプトで使用すると、戻り値はnullになります。コンテナバインド以外のドキュメントを操作するには、openById()、またはopenByUrl()を利用します。

222
[7-4]

ドキュメント

PART 2

IDからドキュメント取得

openById()

構文

```
DocumentApp.openById(id)
```

戻り値 Documentオブジェクト

7

引数

引数名	タイプ	説明
id	string	ドキュメントのID

解説

引数で指定したIDのドキュメント（Documentオブジェクト）を取得します。

223 [7-5]

ドキュメント

URLからドキュメント取得

openByUrl()

構文

```
DocumentApp.openByUrl(url)
```

戻り値 Documentオブジェクト

引数

引数名	タイプ	説明
url	string	ドキュメントURL

解説

引数で指定したURLのドキュメント（Documentオブジェクト）を取得します。

224
[7-6]
ドキュメント

ドキュメントのタイトル取得

getName()

構文

```
Documentオブジェクト.getName()
```

戻り値 string

引数 なし

解説

ドキュメント（Documentオブジェクト）のタイトルを取得します。

225 [7-7]

ドキュメント

ドキュメントの本文領域取得

getBody()

構文

```
Documentオブジェクト.getBody()
```

戻り値 Bodyオブジェクト

引数 なし

解説

ドキュメント（Documentオブジェクト）の本文領域（Bodyオブジェクト）を取得します。

戻り値はBodyオブジェクトです。本章冒頭の解説の通り、ドキュメント（Documentオブジェクト）は、本文、ヘッダー、フッターの3つの領域から構成されます。

226
[7-8]

ドキュメント

本文領域からテキスト取得

getText()

構文

```
Bodyオブジェクト.getText()
```

戻り値 string

引数 なし

解説

本文領域（Bodyオブジェクト）からテキストを取得します。

例文

7-b.gs ドキュメント操作

```
function myFunction7_b() {

  // アクティブドキュメントの取得
  const doc = DocumentApp.getActiveDocument();
  // ドキュメントのタイトル取得
  console.log(doc.getName());
  // 実行ログ：7章 Google Document

  // ドキュメントの本文領域取得
  const body = doc.getBody();
  // 本文領域からテキスト取得
  const text = body.getText();
  console.log(text);
  // 実行ログ：
  // お金をかけず始められる
  // 動作環境をすぐに準備できる
  // かんたんに動かすことができる
  //
  // Google Apps Scriptはプログラミング初心者におススメできます。手を動
```

```
かしながら学んでいくのが一番良いと思います！

  // IDからドキュメント取得
  const id = 'ドキュメントIDを入力してください';
  // ※ 実行結果のサンプルはコチラ
  // const id = '14vf-o0KKjkK5r13Ou2KRJLMxoNg9gyG2jJNSx_NBSvk';
  const doc1 = DocumentApp.openById(id);
  console.log(doc1.getName()); // 実行ログ：7章 Google Document

  // URLからドキュメント取得
  const url = 'ドキュメントURLを入力してください';
  // ※ 実行結果のサンプルはコチラ
  // const url = 'https://docs.google.com/document/d/14vf-o0KKjkK5r13Ou2KRJLMxoNg9gyG2jJNSx_NBSvk/edit';
  const doc2 = DocumentApp.openByUrl(url);
  console.log(doc2.getName());
  // 実行ログ：7章 Google Document

}
```

解説

アクティブなドキュメントを取得した後に、ドキュメントの本文領域からテキストを取得します。

また、IDとURLからドキュメントを取得した後に、各々ドキュメントの名前を取得します。

実行結果

スクリプトに取得対象のドキュメントIDとURLを入力してください。

実行ログより、取得したドキュメントや本文テキストを確認できます。

8

Google Slides

本章では、Googleスライドをより便利に活用するためのリファレンスを解説しています。冒頭の「Slidesサービスの理解」でサービス概要を確認した上で、Googleスライドに対してGoogle Apps Scriptでどのようなことができるか確認していきましょう。

例文スクリプト確認方法

以下フォルダのGoogleスライドをコピー作成して、コンテナバインドスクリプトより例文スクリプトを確認してください。

格納先

SampleCode >
  08章 Google Slides >
    8章 Google Slides（スライド）

※ 同一フォルダのスプレッドシート「A店舗 売上」は、「245(8-19) グラフの更新」で利用します。

227 [8-1] Slidesサービスの理解

Slidesサービス

SlidesAppクラス , Presentationクラス , Slideクラス , Shapeクラス

Slidesサービス

Google Apps Script（GAS）でGoogleスライドを操作するクラスと、そのメンバー（メソッドとプロパティ）を提供するサービスを**Slidesサービス**とよびます。

SlidesAppを**トップレベルオブジェクト**として、プレゼンテーションを操作する**Presentationクラス**、スライドを操作する**Slideクラス**、テキストボックスや図形を操作する**Shapeクラス**などがあります。

また、次図のように各クラスは**階層構造**になっており、配下のオブジェクトを取得するメンバーも用意されています。SlidesAppからたどって、目的のオブジェクトを取得できます。

図8-1 Slidesサービスの主なクラスの階層構造

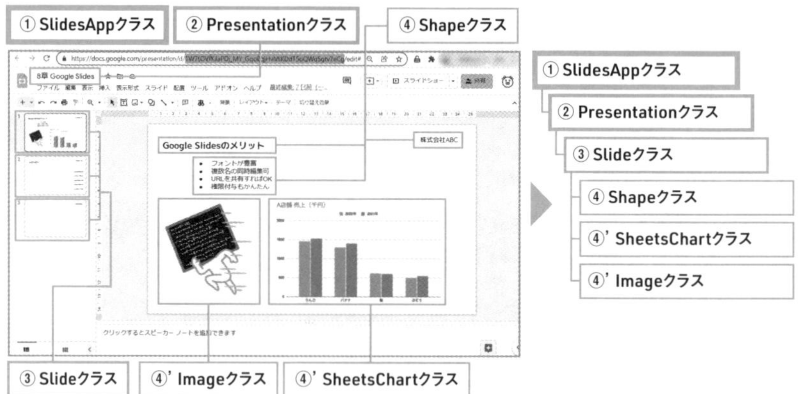

オブジェクトの取得方法

前図を参考にSlidesAppから各クラスのメソッドを利用して配下のオブジェクトを取得します。

以下スクリプトから各オブジェクトを取得していることが確認できます。

sample.gs オブジェクト取得

```
function mySample8_a() {

  // Presentationオブジェクトの取得
  const presentation = SlidesApp.getActivePresentation();
  Logger.log(presentation); // 実行ログ：Presentation

  // Slideオブジェクトの取得
  const slides = presentation.getSlides();
  Logger.log(slides); // 実行ログ：[Slide, Slide, Slide]

  const firstSlide = slides[0];
  Logger.log(firstSlide); // 実行ログ：Slide

  // SheetsChartオブジェクトの取得
  const charts = firstSlide.getSheetsCharts();
  Logger.log(charts); // 実行ログ：[SheetsChart]

  // Imageオブジェクトの取得
  const images = firstSlide.getImages();
  Logger.log(images); // 実行ログ：[Image]

  // Shapeオブジェクトの取得
  const shapes = firstSlide.getShapes();
  Logger.log(shapes); // 実行ログ：[Shape, Shape, Shape]

  const firstShape  = shapes[0];
  const secondShape = shapes[1];
  const thirdShape  = shapes[2];

  // 各Shapeオブジェクトのテキストの取得
  console.log(firstShape.getText().asString());
  // 実行ログ：Google Slidesのメリット
  console.log(secondShape.getText().asString());
  // 実行ログ：株式会社ABC
  console.log(thirdShape.getText().asString());
  // 実行ログ：
  // フォントが豊富
```

```
  // 複数名の同時編集可
  // URLを共有すればOK
  // 権限付与もかんたん

}
```

クラスとメソッド

一例になりますが、各クラスの役割と主なメソッドを紹介します。

スライドの画像やグラフ取得などはSlidesAppから直接扱うことはできません。次表のようにSlideオブジェクトを取得してから適切なメソッドを選択する必要があります。

Slideオブジェクトの取得方法は前述のスクリプトを参照してください。

図8-2 Slidesサービスの各クラスの役割と主なメソッド

クラス	役割	メソッド（例）	説明
SlidesApp	トップレベルオブジェクト	create()	プレゼンテーションの新規作成
		getActivePresentation()	アクティブプレゼンテーションの取得
		openById()	IDからプレゼンテーション取得
Presentation	プレゼンテーションの操作	getSlides()	スライドの全取得
		setName()	プレゼンテーションの名前設定
		replaceAllText()	プレゼンテーションの文字列変換
Slide	**スライドの操作**	**getShapes()**	**スライドのシェイプ取得**
		getSheetsCharts()	**スライドのグラフ取得**
		getImages()	**スライドの画像取得**

228
[8-2]

プレゼンテーション

プレゼンテーションの新規作成

create()

構文

```
SlidesApp.create(name)
```

戻り値 Presentationオブジェクト

引数

引数名	タイプ	説明
name	string	(新規作成する) プレゼンテーション名

解説

マイドライブ直下にプレゼンテーション(Presentationオブジェクト)を新規作成します。

例文

8-a.gs プレゼンテーション新規作成

```
function myFunction8_a() {

  // プレゼンテーションの新規作成
  SlidesApp.create('8章 Google Slides');

}
```

解説

プレゼンテーションを新規作成するスクリプトです。

実行結果

次図のようにマイドライブ直下にプレゼンテーションが新規作成されます。

図8-3 myFunction8_a() 実行結果

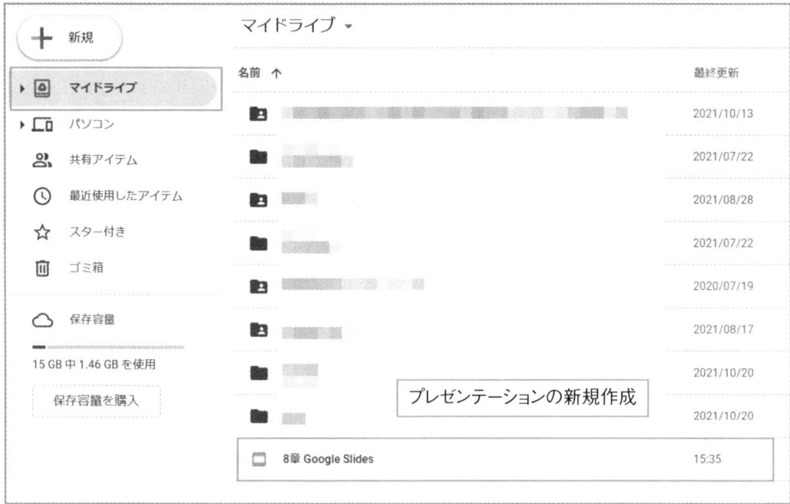

229
[8-3]
プレゼンテーション

アクティブプレゼンテーションの取得

getActivePresentation()

構文

```
SlidesApp.getActivePresentation()
```

戻り値 Presentationオブジェクト

引数 なし

解説

アクティブなプレゼンテーション（Presentationオブジェクト）を取得します。

アクティブとは、コンテナバインドスクリプトに紐づくプレゼンテーションをさします。スタンドアロンスクリプトから使うことはできません。スタンドアロンスクリプトからプレゼンテーションを取得する場合は、openById()、またはopenByUrl()を利用してください。

230 [8-4] プレゼンテーション

IDからプレゼンテーション取得

openById()

構文

```
SlidesApp.openById(id)
```

戻り値 Presentationオブジェクト

引数

引数名	タイプ	説明
id	string	プレゼンテーションのID

解説

引数で指定したIDからプレゼンテーション（Presentationオブジェクト）を取得します。

IDはプレゼンテーションURLの「d/」と「/edit」の間の文字列です。

231 [8-5] プレゼンテーション

URLからプレゼンテーション取得

openByUrl()

構文

```
SlidesApp.openByUrl(url)
```

戻り値 Presentationオブジェクト

引数

引数名	タイプ	説明
url	string	プレゼンテーションURL

解説

引数で指定したURLからプレゼンテーション（Presentationオブジェクト）を取得します。

232
[8-6]

プレゼンテーション

プレゼンテーションの名前取得

getName()

構文

```
Presentationオブジェクト.getName()
```

戻り値 string

引数 なし

解説

プレゼンテーション（Presentationオブジェクト）から名前を取得します。

233
[8-7]
プレゼンテーション

プレゼンテーションの名前設定

setName()

構文

```
Presentationオブジェクト.setName(name)
```

戻り値 なし

引数

引数名	タイプ	説明
name	string	（設定後の）プレゼンテーション名

解説

プレゼンテーション（Presentationオブジェクト）に引数で指定した名前を設定します。

234 [8-8]

プレゼンテーション

プレゼンテーションのID取得

getId()

構文

```
Presentationオブジェクト.getId()
```

戻り値 string

引数 なし

解説

プレゼンテーション（Presentationオブジェクト）のIDを取得します。
IDはプレゼンテーションURLの「d/」と「/edit」の間の文字列です。

235 [8-9] プレゼンテーション

プレゼンテーションのURL取得

getUrl()

構文

```
Presentationオブジェクト.getUrl()
```

戻り値 string

引数 なし

解説

プレゼンテーション（Presentationオブジェクト）URLを取得します。

戻り値のURLには、実際のプレゼンテーションURLとは異なり、「/edit#slide=」以降の文字列は含まれません。

例文

8-b.gs プレゼンテーション取得

```
function myFunction8_b1() {

  // アクティブなプレゼンテーション取得
  const presentation = SlidesApp.getActivePresentation();

  // プレゼンテーションIDの取得
  console.log(presentation.getId());
  // 実行ログ：xxx
  // ※ myFunction8_b2()のプレゼンテーションIDにセット

  // プレゼンテーションURLの取得
  console.log(presentation.getUrl());
  // 実行ログ：https://docs.google.com/presentation/d/xxx
  // myFunction8_b2()のプレゼンテーションURLにセット

}
```

```

function myFunction8_b2() {

  // IDからプレゼンテーション取得
  const id = 'プレゼンテーションIDを入力してください';
  // ※ 実行結果のサンプルはコチラ
  // const id = '1W7tOVfKJaPDj_MY_GqoBqjHvMiKDdT5oQWqSgtv7eCg';
  const presentation1 = SlidesApp.openById(id);
  console.log(presentation1.getName());
  // 実行ログ：8章 Google Slides

  // URLからプレゼンテーション取得
  const url = 'プレゼンテーションURLを入力してください';
  // ※ 実行結果のサンプルはコチラ
  // const url = 'https://docs.google.com/presentation/d/1W7tOVfKJaPDj_MY_GqoBqjHvMiKDdT5oQWqSgtv7eCg/edit#slide=id.p';
  const presentation2 = SlidesApp.openByUrl(url);
  console.log(presentation2.getName());
  // 実行ログ：8章 Google Slides

}
```

解説

myFunction8_b1()は、アクティブなプレゼンテーションを取得してから、プレゼンテーションIDとURLを取得します。必ずプレゼンテーションに紐づくコンテナバインドスクリプトより実行してください。

myFunction8_b2()は、myFunction8_b1()で取得したID、およびURLからプレゼンテーションのタイトルを取得します。

実行結果

myFunction8_b1()の実行後に取得したIDとURLを、myFunction8_b2()の指定位置に入力してから実行してください。

実行ログより、各々取得した名前が、取得対象のプレゼンテーションと一致するか確認してみましょう。

図8-4 取得対象のプレゼンテーション

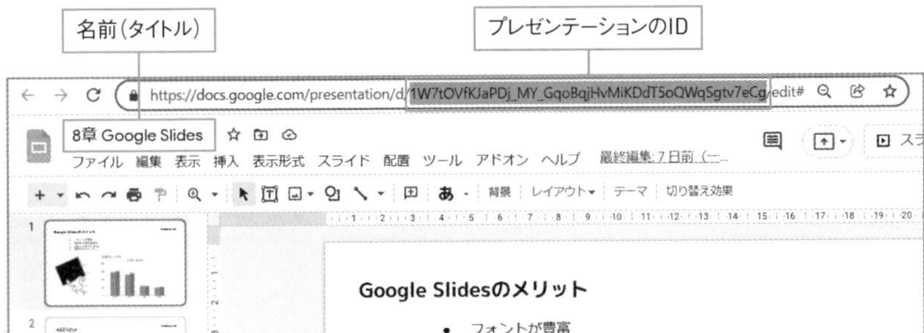

236 [8-10] スライド

スライドの全取得

getSlides()

構文

```
Presentationオブジェクト.getSlides()
```

戻り値 Slideオブジェクト[]

引数 なし

解説

プレゼンテーション（Presentationオブジェクト）に含まれるすべてのスライド（Slideオブジェクト）を取得します。

スライドは基本的には複数枚構成のため、戻り値はSlideオブジェクトを格納した配列になります。

237
[8-11]
スライド

IDからスライド取得

getSlideById()

PART 2

8

構文

```
Presentationオブジェクト.getSlideById(id)
```

戻り値 Slideオブジェクト

引数

引数名	タイプ	説明
id	string	スライドのID

解説

プレゼンテーション（Presentationオブジェクト）から引数で指定したIDのスライド（Slideオブジェクト）を取得します。

スライドのIDはユニークな値であることから、戻り値は単一のSlideオブジェクトになります。

図8-5 スライドID

238 [8-12]

スライド

スライドの更新

refreshSlide()

構文

```
Slideオブジェクト.refreshSlide()
```

戻り値 なし

引数 なし

解説

スライド（Slideオブジェクト）を更新します。

239
[8-13]

スライド

PART 2

8

スライドの追加

appendSlide(), PredefinedLayout, SlideLinkingMode

構文

```
Presentationオブジェクト.appendSlide()
Presentationオブジェクト.appendSlide(layout)
Presentationオブジェクト.appendSlide(predefinedLayout)
Presentationオブジェクト.appendSlide(slide)
Presentationオブジェクト.appendSlide(slide, linkingMode)
```

戻り値 Slideオブジェクト

引数

引数名	タイプ	説明
layout	Layout	レイアウト
predefinedLayout	PredefinedLayout	(Enum) レイアウト
slide	Slide	(追加する) スライド
linkingMode	SlideLinkingMode	(Enum) リンクモード

※ 引数のPredefinedLayout、SlideLinkingModeは図8-6、図8-7を参照してください。

解説

プレゼンテーション(Presentationオブジェクト)の最後にスライドを追加します。引数を指定することで、次図のようなオプションを設定できます。

レイアウトやリンクモードはEnumで定義されています。下表のように**トップレベルオブジェクト.Enum名.プロパティ**と指定します。

図8-6 (Enum)PredefinedLayout

引数	レイアウト
SlidesApp.PredefinedLayout.BLANK	プレースホルダーなし
SlidesApp.PredefinedLayout.CAPTION_ONLY	下部にキャプション
SlidesApp.PredefinedLayout.TITLE	タイトルとサブタイトル
SlidesApp.PredefinedLayout.TITLE_AND_BODY	タイトルと本文
SlidesApp.PredefinedLayout.TITLE_AND_TWO_COLUMNS	タイトルと2カラム
SlidesApp.PredefinedLayout.TITLE_ONLY	タイトルのみ
SlidesApp.PredefinedLayout.SECTION_HEADER	セクションタイトル
SlidesApp.PredefinedLayout.SECTION_TITLE_AND_DESCRIPTION	左側：タイトルとサブタイトル 右側：説明
SlidesApp.PredefinedLayout.ONE_COLUMN_TEXT	列にタイトルと本文
SlidesApp.PredefinedLayout.MAIN_POINT	要点
SlidesApp.PredefinedLayout.BIG_NUMBER	大きい見出しのタイトルとサブタイトル

図8-7 (Enum)SlideLinkingMode

引数	リンク
SlidesApp.SlideLinkingMode.LINKED	リンク有り
SlidesApp.SlideLinkingMode.NOT_LINKED	リンク無し

240
[8-14]

テキスト/グラフ/画像

スライド内の文字列置換

replaceAllText()

構文

```
Presentationオブジェクト.replaceAllText(findText, replace
Text)
Presentationオブジェクト.replaceAllText(findText, replace
Text, matchCase)
Slideオブジェクト.replaceAllText(findText, replaceText)
Slideオブジェクト.replaceAllText(findText, replaceText,
matchCase)
```

戻り値 number(整数)

引数

引数名	タイプ	説明
findText	string	検索テキスト
replaceText	string	置換テキスト
matchCase	boolean	true：大文字/小文字区別有り false：大文字/小文字区別無し ※ 省略時の規定値：false

解説

プレゼンテーション(Presentationオブジェクト)、またはスライド(Slideオブジェクト)の検索文字列を指定したテキストに置換します。

戻り値は置換したテキスト数ですが、検索テキストが1つもなかった場合は0になります。

PART 2

8

241
[8-15]

テキスト/グラフ/画像

スライドの画像取得

getImages()

構文

```
Slideオブジェクト.getImages()
```

戻り値 Imageオブジェクト[]

引数 なし

解説

スライド（Slideオブジェクト）の画像（Imageオブジェクト）を取得します。戻り値はImageオブジェクトを格納した配列です。

例文

8-c.gs スライド操作①

```
function myFunction8_c() {

  // IDからスライド取得 1枚目と2枚目
  const firstSlideId  = '1枚目スライドIDを入力してください';
  const secondSlideId = '2枚目スライドIDを入力してください';
  // ※ 実行結果のサンプルはコチラ
  // const firstSlideId  = 'p';
  // const secondSlideId = 'gea4bab8800_2_2';
  const presentation  = SlidesApp.getActivePresentation();

  // 各スライドの取得
  const firstSlide  = presentation
    .getSlideById(firstSlideId);
  const secondSlide = presentation
    .getSlideById(secondSlideId);
  Logger.log(firstSlide); // 実行ログ：Slide
  Logger.log(secondSlide); // 実行ログ：Slide

```

```
  // （1枚目）スライドの画像取得
  const images = firstSlide.getImages();
  Logger.log(images); // 実行ログ：[Image]
  const image = images[0];
  Logger.log(image.getBlob()); // 実行ログ：Blob

  // Blobオブジェクト確認のためメール送信
  const to    = Session.getActiveUser().getEmail();
  const title = 'myFunction8_c';
  const body  = '';
  const attachments = [image];
  GmailApp.sendEmail(to, title, body, {attachments});

  // （2枚目）スライドの文字列置換
  const before = 'yyyy年MM月dd日';
  const now    = new Date();
  const after  = Utilities.formatDate(now, 'JST', before);
  const number = secondSlide.replaceAllText(before, after);
  console.log(number); // 実行ログ：5

}
```

解説

次図の1枚目と2枚目のIDからスライドを取得します。

1枚目のスライドからは画像を取得します。画像が1枚のため、配列に格納されているImageオブジェクトは1つです。

2枚目のスライドは文字列を置換します。スライドのyyyy年MM月dd日という文字列を当日の日付に置換します。戻り値は置換した数です。事前にプレゼンテーションのテンプレートを作成しておけば、テキストを置換して流用できます。

図8-8 取得対象のプレゼンテーション

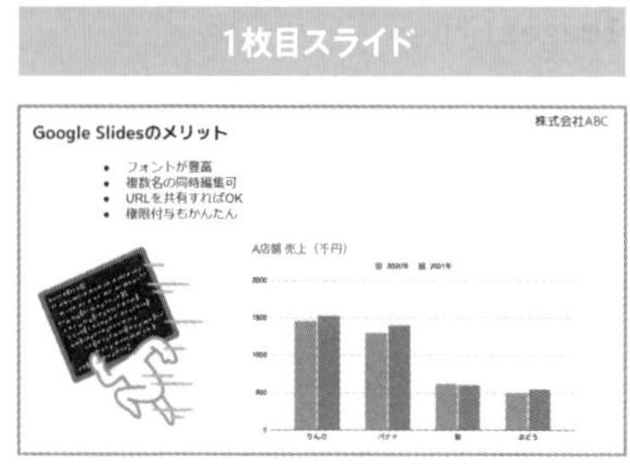

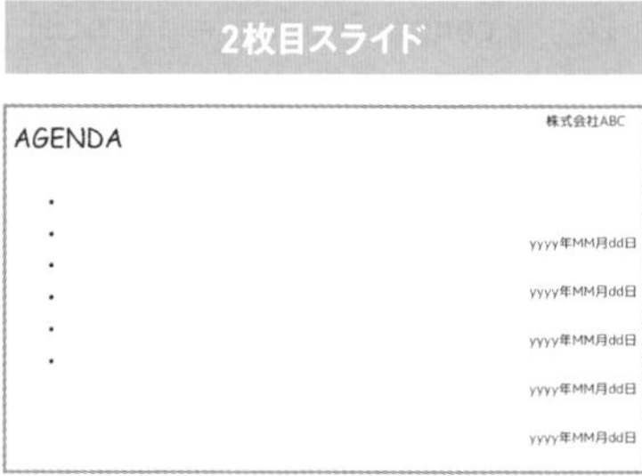

実行結果

1枚目のスライドから取得した画像は、目視確認するためにBlobオブジェクトに変換してメール送信します。

図8-9 myFunction8_c() 実行結果①（1枚目スライド）

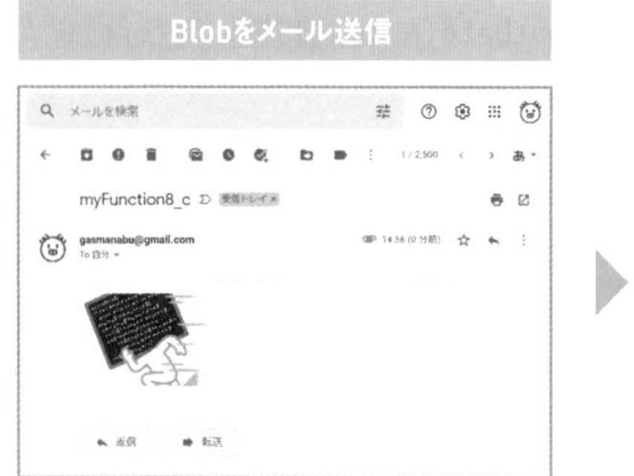

2枚目のスライドは、対象文字列を当日日付に置換します。今回はSlideオブジェクトよりreplaceAllText()を呼び出してますが、プレゼンテーション（Presentationオブジェクト）から呼び出すと、全スライドが置換対象になります。

図8-10 myFunction8_c() 実行結果②（2枚目スライド）

242 [8-16]

テキスト/グラフ/画像

スライドのシェイプ取得

getShapes()

構文

```
Slideオブジェクト.getShapes()
```

戻り値 Shapeオブジェクト[]

引数 なし

解説

スライド(Slideオブジェクト)からシェイプ(Shapeオブジェクト)を取得します。

戻り値はShapeオブジェクトを格納した配列です。シェイプとは、テキストボックスや図形をさします。

243 [8-17]

テキスト/グラフ/画像

スライドのテキスト取得

getText(), asString()

構文

```
Shapeオブジェクト.getText()
```

戻り値 TextRangeオブジェクト

引数 なし

解説

シェイプ（Shapeオブジェクト）からTextRangeオブジェクトを取得します。

構文

```
TextRangeオブジェクト.asString()
```

戻り値 string

引数 なし

解説

TextRangeオブジェクトからテキストを取得します。

例文

8-d.gs スライド操作②

```
function myFunction8_d1() {

  // スライドのシェイプの取得
  const presentation = SlidesApp.getActivePresentation();
  const slides       = presentation.getSlides();

  // 1枚目スライドのシェイプ取得
  const firstSlide = slides[0];
```

```
  const shapes = firstSlide.getShapes();
  Logger.log(shapes); // 実行ログ：[Shape, Shape, Shape]

  // 各シェイプのテキスト取得
  for(const shape of shapes) {
    const text = shape.getText().asString();
    console.log(text);
    // 実行ログ：
    // （1回目）
    // Google Slidesのメリット
    // （2回目）
    // 株式会社ABC
    // （3回目）
    // フォントが豊富
    // 複数名の同時編集可
    // URLを共有すればOK
    // 権限付与もかんたん
  }

}

function myFunction8_d2() {

  // 全スライドの取得
  const presentation = SlidesApp.getActivePresentation();
  const slides       = presentation.getSlides();

  // 全スライドチェック
  for(const slide of slides) {
    // スライドの全シェイプ取得
    const shapes = slide.getShapes();
    // 1つでも条件満たす場合はtrueが戻り値
    const result = shapes.some(shape => {
      return shape.getText().asString().includes('AGENDA');
    });
    console.log(result); // 実行ログ：false, true, false
    if(result) {
     // スライドを画像変換
```

```
      const name  = 'AGENDA含む画像';
      const pId   = presentation.getId();
      const sId   = slide.getObjectId();
      const blob  = changeImageData_(name, pId, sId);
      Logger.log(blob); // 実行ログ：Blob

      // スライドをメール送信
      const to    = Session.getActiveUser().getEmail();
      const title = 'myFunction8_d';
      const body  = '';
      const attachments = [blob];
      GmailApp.sendEmail(to, title, body, {attachments});
    }
  }

}

/**
 * スライドを画像変換
 *
 * @param {string} name - ファイル名
 * @param {string} presenId - プレゼンテーションID
 * @param {string} slideId - スライドID
 * @return {Blob} 画像
 */
function changeImageData_(name, presenId, slideId) {

  // リクエスト用のURL作成
  const base = 'https://docs.google.com/presentation/d/';
  const str1 = '/export/png?id=';
  const str2 = '&pageid=';
  const url1 = `${base}${presenId}${str1}`;
  const url2 = `${presenId}${str2}${slideId}`;
  const url  = url1 + url2;
  console.log(url); // 実行ログ：https://xxxxxxxxxx

  const options = {
    headers: {
```

```
        Authorization: 'Bearer ' + ScriptApp.getOAuthToken()
      },
      muteHttpExceptions: true
    };

    try {
      const response = UrlFetchApp.fetch(url, options);
      const image = response.getAs(MimeType.PNG);
      image.setName(name);
      return image;
    } catch(e) {
      //エラー時
      Logger.log(e.message);
    }

}
```

解説

スライドのシェイプからテキストを取得する2つのスクリプトです。

myFunction8_d1()は、1枚目のスライドからすべてのシェイプのテキストを取得します。

myFunction8_d2()は、プレゼンテーションの全スライドを対象に、「AGENDA」という文字列が含まれているかどうか真偽値で判定します。一致するスライドがあった場合に、そのスライドを画像に変換してメール送信します。

画像変換する処理は、プライベート関数（changeImageData_()）に集約しています。実務で利用するシーンもあるため、参考程度に確認してください。本章の主旨から外れるため、解説は省略します。「302(13-4) ファイルのコンテンツタイプ取得」のコラムで類似のファイル変換を紹介しています。

実行ログ

myFunction8_d1()を実行すると、スライド1枚目のテキストが実行ログより確認できます。

図8-11 myFunction8_d1()実行結果①（1枚目スライド）

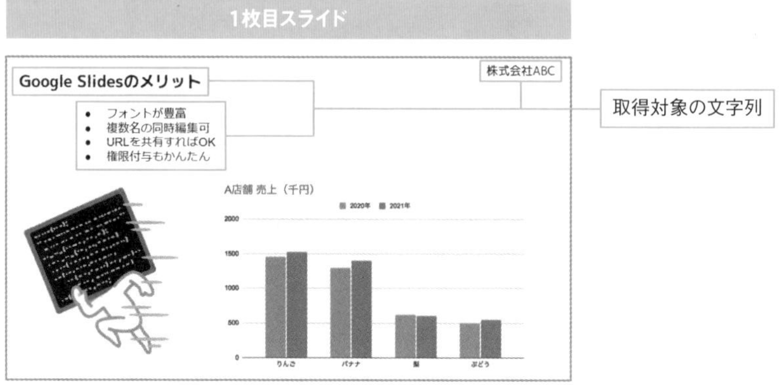

myFunction8_d2()を実行すると、「AGENDA」という文字が2枚目のみに含まれるため、このスライドを画像変換してメール送信します。実務では、特定のスライドを画像に変換して利用するシーンがあります。

図8-12 myFunction8_d2()実行後結果②（2枚目スライド）

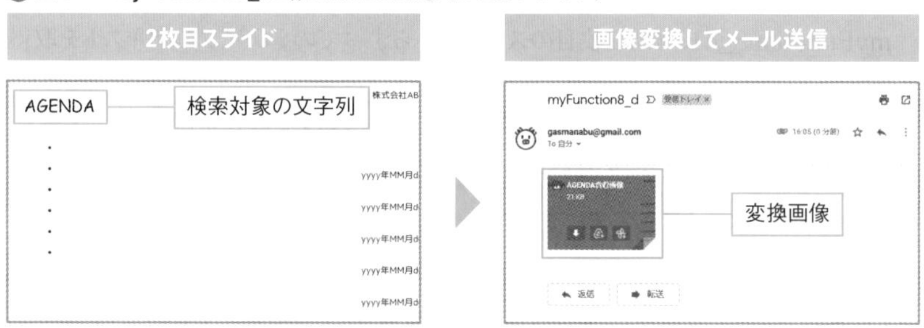

244
[8-18]

テキスト/グラフ/画像

スライドのグラフ取得

getSheetsCharts()

構文

```
Slideオブジェクト.getSheetsCharts()
```

戻り値 SheetsChartオブジェクト[]

引数 なし

解説

スライド（Slideオブジェクト）のすべてのグラフ（SheetsChartオブジェクト）を取得します。

戻り値はSheetsChartオブジェクトを格納した配列です。SheetsChartオブジェクトは、スプレッドシートからリンクされたグラフのことです。

245 [8-19] テキスト/グラフ/画像

グラフの更新

refresh()

構文

```
SheetsChartオブジェクト.refresh()
```

戻り値 なし

引数 なし

解説

グラフ（SheetsChartオブジェクト）を更新します。

例文

8-e.gs グラフ更新

```
function myFunction8_e() {

  // IDからプレゼンテーション取得
  const presenId     = 'プレゼンテーションIDを入力してください';
  const presentation = SlidesApp.openById(presenId);

  // 1枚目のスライド取得
  const firstSlide   = presentation.getSlides()[0];
  Logger.log(firstSlide); // 実行ログ：Slide

  // グラフの取得
  const chart = firstSlide.getSheetsCharts()[0];
  Logger.log(chart); // 実行ログ：SheetsChart

  // グラフの更新
  chart.refresh();

}
```

事前準備

今回のスクリプトを実行する場合には、次図のようにリンク設定されたグラフをGoogleスライドへ貼り付ける必要があります。「学習用サンプルデータの使い方」よりファイルをコピーした場合は、「図8-13 コピーの準備」は無視してください。

図8-13① コピーの準備

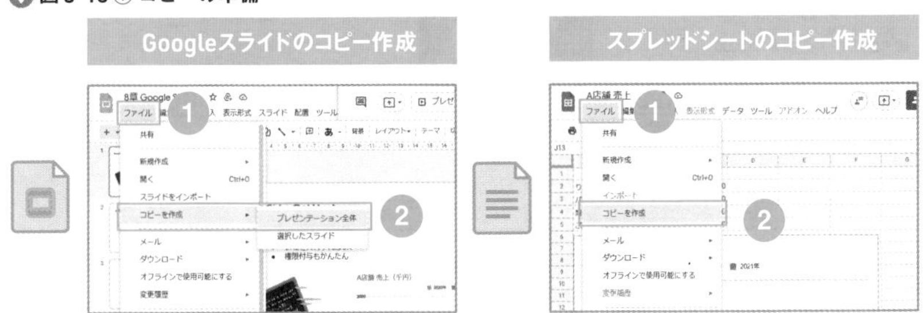

次図を参考に、スプレッドシートのグラフをスライドに貼り付けて、リンクされた状態に設定してください。

図8-13② Googleスライドへのグラフ貼り付け

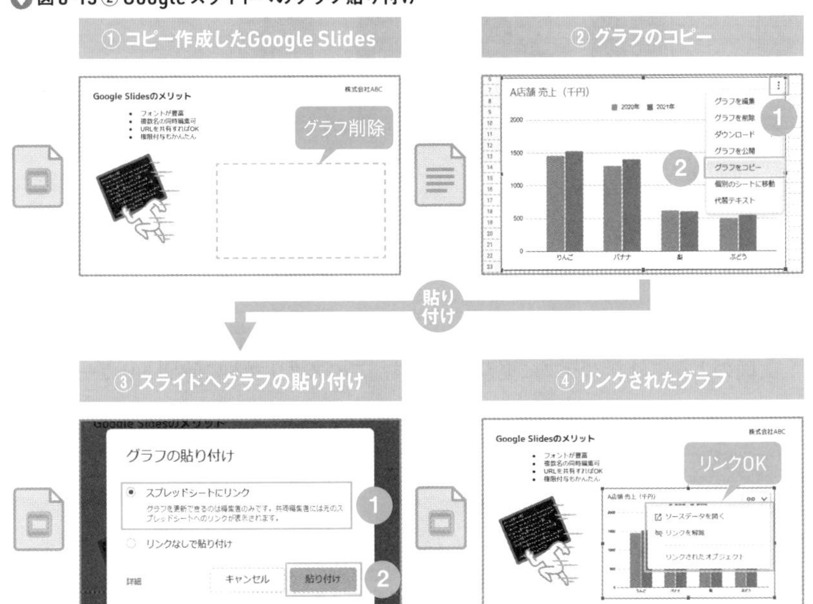

リンクされたグラフの貼り付けが完了したら、次図のようにグラフの変化が分かるように適当な値に更新してください。

図8-14 グラフ数値の変更

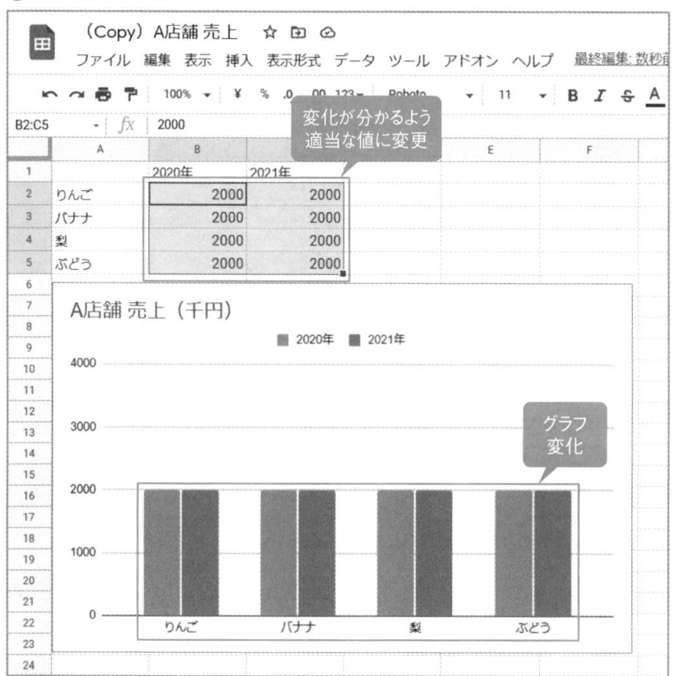

解説

プレゼンテーション→スライド→グラフとたどり、refresh()を利用してグラフを更新します。

実行結果

次図のように最新グラフに更新されます。このスクリプトに時間トリガー（○分毎）を設定することで、常に最新グラフに反映します。

図8-15 myFunction8_e()実行結果

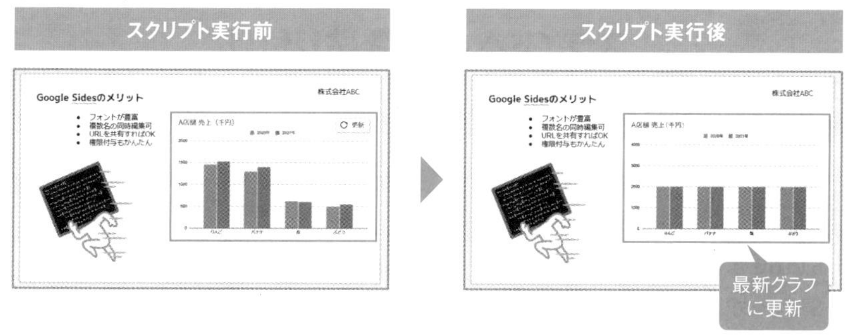

次図のように手動更新することもできますが、更新頻度が多かったり、不定期更新の場合はスクリプトで自動更新すると効率的でしょう。

図8-16 手動更新

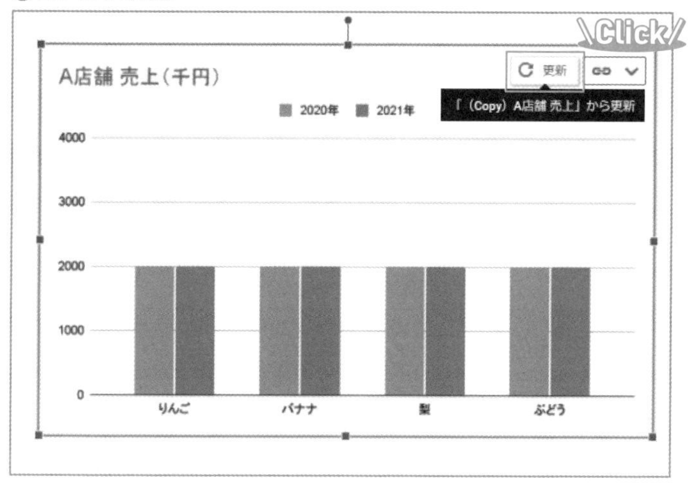

246 [8-20]

テキスト/グラフ/画像

スライドへの画像貼り付け

insertImage(), getSourceUrl()

構文

```
Slideオブジェクト.insertImage(blobSource)
Slideオブジェクト.insertImage(blobSource, left, top, width, height)
Slideオブジェクト.insertImage(image)
Slideオブジェクト.insertImage(imageUrl)
Slideオブジェクト.insertImage(imageUrl, left, top, width, height)
```

戻り値 Imageオブジェクト

引数

引数名	タイプ	説明
blobSource	BlobSource	ファイル
image	Image	Imageオブジェクト
imageUrl	string	画像URL ※2KB以下
left	number	(スライド左上隅から) 水平位置
top	number	(スライド左上隅から) 垂直位置
width	number	(画像の) 幅
height	number	(画像の) 高さ

解説

スライド(Slideオブジェクト)に引数で指定した画像を貼り付けます。第二引数以降を設定することで貼り付け位置も指定できます。

貼り付ける画像サイズは50MB未満、25メガピクセルを超えることはできず、PNG、JPEG、またはGIF形式のいずれかである必要があります。貼り付けた画像は、Imageオブジェクトとして取得できます。また、getSourceUrl()を呼び出して画像のURLも取得できます。

例文

8-f.gs スライドへの画像貼り付け

```
function myFunction8_f() {

  // Folderオブジェクトの取得
  const folderId = '1WJUY27m251WX9qySvr5kXlD7AmV2MRf2';
  // フォルダURL：https://drive.google.com/drive/u/0/folders/1WJUY27m251WX9qySvr5kXlD7AmV2MRf2
  const folder = DriveApp.getFolderById(folderId);
  // Fileイテレーターの取得
  const fileIterators = folder.getFiles();

  // 5章 Google Drive 参照
  while(fileIterators.hasNext()) {
    const file = fileIterators.next();
    // ファイルがPNGの場合のみ処理
    if(file.getMimeType() === 'image/png') {
      // 最後尾にブランクのスライド追加
      const newSlide = SlidesApp
        .getActivePresentation()
        .appendSlide(SlidesApp.PredefinedLayout.BLANK);

      // 追加スライドに画像貼り付け
      newSlide.insertImage(file.getBlob());
    }
  }

}
```

解説

ドライブの複数画像をプレゼンテーションに追加します。

PDFを除外するため、追加対象をPNG形式に限定します。画像がある分だけプレゼンテーションの最後尾に、ブランクのスライドを追加しながら貼り付けていきます。

図8-17 フォルダの画像

マイドライブ ＞ 【SampleCode】Goo... ＞ 08章 Googl... ＞ 画像

名前 ↑	最終更新
サンプル①.pdf	16:29
サンプル②.jp.pdf	16:29
しおり付きの本のアイコン素材.png	2021/09/01
本アイコン.png	2021/09/01
本の無料アイコン素材.png	2021/09/01
本の無料アイコン素材2.png	2021/09/01
本の無料素材.png	2021/09/01

取得対象の画像5枚

実行結果

スクリプト実行すると、次図のようにフォルダのPNG形式の画像のみ、プレゼンテーションに追加されます。

図8-18 myFunction8_f() 実行結果

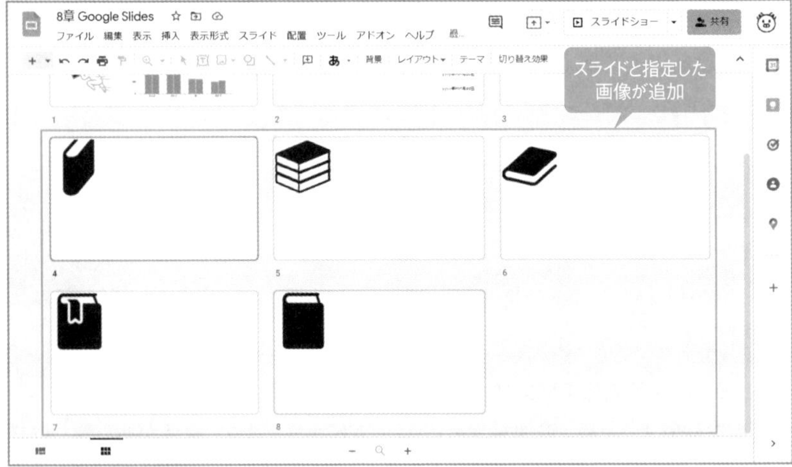

9

Google Forms

本章では、Googleフォームをより便利に活用するためのリファレンスを解説しています。冒頭の「Formsサービスの理解」でサービス概要を確認した上で、Googleフォームに対してGoogle Apps Scriptでどのようなことができるか確認していきましょう。

例文スクリプト確認方法

以下フォルダのGoogleフォームをコピー作成して、コンテナバインドスクリプトより例文スクリプトを確認してください。

格納先

```
SampleCode >
  09章 Google Form >
    9章 Google Form（フォーム）
```

247 [9-1]

Formsサービス

Formsサービスの理解

FormAppクラス, Formクラス, Itemクラス, FormResponseクラス, ItemResponseクラス

Formsサービス

Google Apps Script (GAS) でGoogle Formを操作するクラスと、そのメンバー (メソッドとプロパティ) を提供するサービスを**Formsサービス**とよびます。

FormAppを**トップレベルオブジェクト**として、Googleフォームを操作する**Formクラス**、フォームの回答を操作する**FormResponseクラス**などがあります。

また、次図のように各クラスは**階層構造**になっており、配下のオブジェクトを取得するメンバーも用意されています。FormAppからたどっていき、目的のオブジェクトを取得できます。

図9-1 Formsサービスの主なクラスの階層構造

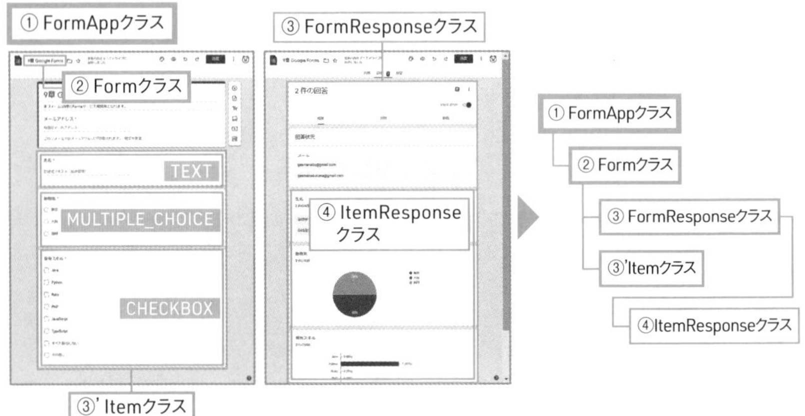

オブジェクトの取得方法

前図を参考にFormAppから各クラスのメソッドを利用して配下のオブジェクトを取得します。

以下スクリプトから各オブジェクトを取得していることが確認できます。

sample.gs オブジェクト取得

```
function mySmaple9_a() {

  // Formオブジェクトの取得
  const form = FormApp.getActiveForm();

  // Itemオブジェクトの取得
  const items = form.getItems();
  Logger.log(items); // 実行ログ：[Item, Item, Item]

  // Itemオブジェクトのタイプ判定
  for(const item of items) {
    const itemType = item.getType();
    Logger.log(itemType);
    // 実行ログ：TEXT, MULTIPLE_CHOICE, CHECKBOX
  }

  // FormResponseオブジェクトの取得
  const responses = form.getResponses();
  Logger.log(responses);
  // ※ フォームの回答が2回の場合 回答がなければ空の配列
  // 実行ログ：[FormResponse, FormResponse]

}
```

クラスとメソッド

一例になりますが、各クラスの役割と主なメソッドを紹介します。

フォーム回答されたデータからタイムスタンプや回答内容を取得することは、FormAppから直接扱うことはできません。次図のようにFormResponseオブジェクトを取得してから適切なメソッドを選択する必要があります。

FormResponseオブジェクトの取得方法は前述のスクリプトを参照してください。

図9-2 Formsサービスの各クラスの役割と主なメソッド

クラス	役割	メソッド(例)	説明
FormApp	トップレベルオブジェクト	create()	フォームの新規作成
		getActiveForm()	アクティブフォームの取得
		openById()	IDからフォーム取得
Form	フォームの操作	getTitle()	フォームのタイトル取得
		getEditUrl()	フォームの編集画面URL取得
		getResponses()	フォームの回答取得
FormResponse	**フォーム回答の操作**	**getTimestamp()**	**タイムスタンプの取得**
		getRespondentEmail()	**メールアドレスの取得**
		getResponse()	**アイテムの回答取得**

248
[9-2]

フォーム

フォームの新規作成

create()

構文

```
FormApp.create(title)
```

戻り値 Formオブジェクト

引数

引数名	タイプ	説明
title	string	（新規作成する）フォーム名

解説

マイドライブ直下にフォームを新規作成します。

例文

9-a.gs フォーム新規作成

```
function myFunction9_a() {

  // フォームの新規作成
  FormApp.create('9章 GoogleForms');

}
```

解説

フォームを新規作成するスクリプトです。

実行結果

次図のようにマイドライブ直下にフォームが新規作成されます。

図9-3 myFunction9_a()実行結果

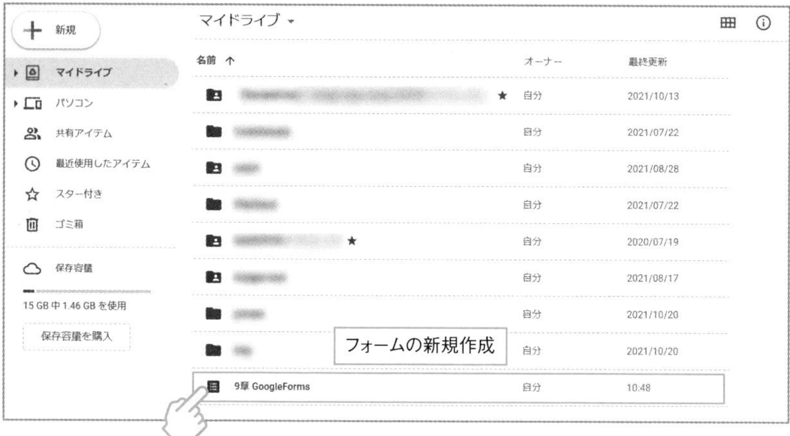

249
[9-3]

フォーム

フォームのタイトル取得

getTitle()

構文

```
Formオブジェクト.getTitle()
```

戻り値 string

引数 なし

解説

フォーム（Formオブジェクト）のタイトルを取得します。

250 [9-4] フォーム

アクティブフォームの取得

getActiveForm()

構文

```
FormApp.getActiveForm()
```

戻り値 Formオブジェクト

引数 なし

解説

アクティブなフォーム（Formオブジェクト）を取得します。

アクティブとはコンテナバインドスクリプトに紐づくフォームをさします。

スタンドアロンスクリプトでフォームを取得する場合は、openById()、またはopenByUrl()を使います。

251
[9-5]

フォーム

IDからフォーム取得

openById()

構文

```
FormApp.openById(id)
```

戻り値 Formオブジェクト

引数

引数名	タイプ	説明
id	string	フォームのID

解説

引数で指定したIDからフォーム（Formオブジェクト）を取得します。

252
[9-6]

フォーム

URLからフォーム取得

openByUrl()

構文

```
FormApp.openByUrl(url)
```

戻り値 Formオブジェクト

引数

引数名	タイプ	説明
url	string	フォームのURL

解説

引数で指定したURLのフォーム（Formオブジェクト）を取得します。

253 [9-7] フォームのURL取得

フォーム

getEditUrl(), getSummaryUrl(), getPublishedUrl()

構文

```
Formオブジェクト.getEditUrl()
Formオブジェクト.getPublishedUrl()
Formオブジェクト.getSummaryUrl()
```

戻り値 string

引数 なし

解説

フォーム(Formオブジェクト)から以下のような各URLを取得します。

URL	説明
EditUrl	編集フォーム
PublishedUrl	回答フォーム
SummaryUrl	回答集計フォーム

例文

9-b.gs フォーム取得

```
function myFunction9_b1() {

  // アクティブなフォームの取得
  const activeForm = FormApp.getActiveForm();
  console.log(activeForm.getTitle());
  // 実行ログ：9章 GoogleForms

  // EditUrl 編集用
  console.log(activeForm.getEditUrl());
  // 実行ログ：https://docs.google.com/forms/d/xxx/edit
```

```
  // PublishedUrl 回答用
  console.log(activeForm.getPublishedUrl());
  // 実行ログ：https://docs.google.com/forms/d/e/xxx/viewform

  // SummaryUrl 回答集計
  console.log(activeForm.getSummaryUrl());
  // 実行ログ：https://docs.google.com/forms/d/xxx/viewanalytics

}

function myFunction9_b2() {

  // IDからフォーム取得
  const formId  = 'フォームのIDを入力してください';
  // ※ 実行結果のサンプルはコチラ
  // const formId = '1BSRTs3BRPQHH3fv2ZJtDjyiEoxdU6CtWwnB4EUphLZs';
  const form1   = FormApp.openById(formId);
  console.log(form1.getTitle());
  // 実行ログ：9章 Google Forms

  // URLからフォーム取得
  const formUrl = 'フォームのURLを入力してください';
  // ※ 実行結果のサンプルはコチラ
  // const formUrl = 'https://docs.google.com/forms/d/1BSRTs3BRPQHH3fv2ZJtDjyiEoxdU6CtWwnB4EUphLZs/edit';
  const form2   = FormApp.openByUrl(formUrl);
  console.log(form2.getTitle());
  // 実行ログ：9章 Google Forms

}
```

解説

myFunction9_b1()は、アクティブフォームの編集、回答、回答集計の各URLを取得します。

myFunction9_b2()は、IDとURLからフォームを取得します。

図9-4 取得対象のフォーム

実行結果

myFunction9_b1()を実行すると、次図のようにアクティブフォームに紐づく各URLを取得できます。

myFunction9_b2()は、myFunction9_b1()の実行ログよりフォームID とURLを転記してから実行してください。フォームタイトルの取得が確認できます。

図9-5 各URLの遷移先

254
[9-8]

フォーム

フォームのタイトル設定

setTitle()

構文

```
Formオブジェクト.setTitle(title)
```

戻り値 Formオブジェクト

引数

引数名	タイプ	説明
title	string	(設定後の) フォームタイトル

解説

フォーム(Formオブジェクト)に引数で指定したタイトルを設定します。

255
[9-9]
フォーム

フォームの説明設定

setDescription()

構文

```
Formオブジェクト.setDescription(description)
```

戻り値 Formオブジェクト

引数

引数名	タイプ	説明
description	string	（フォームの）説明

解説

フォーム（Formオブジェクト）に引数で指定した説明を設定します。

256
[9-10]

フォーム

フォームのメールアドレス収集可否設定

setCollectEmail()

構文

```
Formオブジェクト.setCollectEmail(collect)
```

戻り値 Formオブジェクト

引数

引数名	タイプ	説明
collect	boolean	true：メールアドレスを収集する false：メールアドレスを収集しない

解説

フォーム（Formオブジェクト）に回答者のメールアドレスを収集するかどうかを設定します。

setCollectEmail()を使わずにフォームを新規作成した場合、メールアドレスの収集は行いません。

257
[9-11]
フォーム

フォームのログイン要否設定

setRequireLogin()

構文

```
Formオブジェクト.setRequireLogin(requireLogin)
```

戻り値 Formオブジェクト

引数

引数名	タイプ	説明
requireLogin	boolean	true：ログイン要 false：ログイン不要

解説

フォーム（Formオブジェクト）に回答する際に、ログイン要否を設定します。

有償のGoogle Workspaceアカウントで作成したフォームのみ有効です。また、setRequireLogin()を使わずにフォームを新規作成する場合はログイン不要ですが、ドメイン管理者が規定値を変更した場合はログイン必須とされます。

258 [9-12]

設問

（入力回答）一行テキストの追加

addTextItem()

構文

```
Formオブジェクト.addTextItem()
```

戻り値　TextItemオブジェクト

引数　なし

解説

フォーム（Formオブジェクト）に一行テキスト形式のアイテムを追加します。

259
[9-13]

設問

（入力回答）複数行テキストの追加

addParagraphTextItem()

構文

```
Formオブジェクト.addParagraphTextItem()
```

戻り値 ParagraphTextItemオブジェクト

引数 なし

解説

フォーム（Formオブジェクト）に複数行テキスト形式のアイテムを追加します。

260
[9-14]

設問

（選択回答）ラジオボタンの追加

addMultipleChoiceItem()

構文

```
Formオブジェクト.addMultipleChoiceItem()
```

戻り値　MultipleChoiceItemオブジェクト

引数　なし

解説

フォーム（Formオブジェクト）にラジオボタンのアイテムを追加します。

261
[9-15]

設問

PART 2

（選択回答）チェックボックスの追加

addCheckboxItem()

構文

```
Formオブジェクト.addCheckboxItem()
```

戻り値 CheckboxItemオブジェクト

引数 なし

解説

フォーム（Formオブジェクト）にチェックボックスのアイテムを追加します。

9

262 [9-16] （選択回答）ドロップダウンリストの設定

設問

addListItem()

構文

```
Formオブジェクト.addListItem()
```

戻り値 ListItemオブジェクト

引数 なし

解説

フォーム（Formオブジェクト）にドロップダウンリストのアイテムを追加します。

263 [9-17] 設問

質問の設定

setTitle()

構文

```
TextItemオブジェクト.setTitle(title)
ParagraphTextItemオブジェクト.setTitle(title)
MultipleChoiceItemオブジェクト.setTitle(title)
CheckboxItemオブジェクト.setTitle(title)
ListItemオブジェクト.setTitle(title)
```

戻り値 各オブジェクト

※ TextItem, ParagraphTextItem, MultipleChoiceItem, CheckboxItem, ListItem

引数

引数名	タイプ	説明
title	string	質問

解説

各オブジェクトに引数で指定した質問を設定します。

呼び出し元のオブジェクトが戻り値になるため、メソッドチェーンとして利用できます。

設問

質問の説明設定

setHelpText()

構文

```
TextItemオブジェクト.setHelpText(text)
ParagraphTextItemオブジェクト.setHelpText(text)
MultipleChoiceItemオブジェクト.setHelpText(text)
CheckboxItemオブジェクト.setHelpText(text)
ListItemオブジェクト.setHelpText(text)
```

戻り値 各オブジェクト

※ TextItem, ParagraphTextItem, MultipleChoiceItem, CheckboxItem, ListItem

引数

引数名	タイプ	説明
text	string	説明

解説

各オブジェクトに引数で指定した質問の説明の設定をします。

呼び出し元のオブジェクトが戻り値になるため、メソッドチェーンとして利用できます。

265
[9-19]

設問

質問の回答必須/任意設定

setRequired()

構文

```
TextItemオブジェクト.setRequired(enabled)
ParagraphTextItemオブジェクト.setRequired(enabled)
MultipleChoiceItem.オブジェクトsetRequired(enabled)
CheckboxItemオブジェクト.setRequired(enabled)
ListItemオブジェクト.setRequired(enabled)
```


戻り値 各オブジェクト

※ TextItem, ParagraphTextItem, MultipleChoiceItem, CheckboxItem, ListItem

引数

引数名	タイプ	説明
enabled	boolean	true:回答必須 false:回答任意

解説

設問の回答を必須にするかどうか設定します。

setRequired()を使わずに設問を追加した場合、任意回答になります。呼び出し元のオブジェクトが戻り値になるため、メソッドチェーンとして利用できます。

266
[9-20]

設問

回答選択肢の設定

setChoiceValues()

構文

```
MultipleChoiceItemオブジェクト.setChoiceValues(values)
CheckboxItemオブジェクト.setChoiceValues(values)
ListItemオブジェクト.setChoiceValues(values)
```

戻り値 各オブジェクト

※ MultipleChoiceItem, CheckboxItem, ListItem

引数

引数名	タイプ	説明
values	string[]	選択肢

解説

各オブジェクトに引数で指定した配列を選択肢として設定します。

呼び出し元のオブジェクトが戻り値になるため、メソッドチェーンとして利用できます。

267 [9-21] 設問

回答選択肢にその他を追加

showOtherOption()

構文

```
MultipleChoiceItemオブジェクト.showOtherOption(enabled)
CheckboxItemオブジェクト.showOtherOption(enabled)
```

戻り値 各オブジェクト

※ MultipleChoiceItem, CheckboxItem

引数

引数名	タイプ	説明
enabled	boolean	true：その他回答欄を追加する false：その他回答欄を追加しない

解説

各オブジェクトの選択肢にその他回答欄を設定します。

showOtherOption()を使わなかった場合、選択肢にその他回答欄は追加されません。呼び出し元のオブジェクトが戻り値になるため、メソッドチェーンとして利用できます。

例文

9_c.gs フォーム作成

```
function myFunction9_c() {

  // ベースとなるフォーム作成
  const title = 'myFunction9_c';
  const description = 'ご協力お願いします。';
  const form = FormApp
    .create(title)
    .setDescription(description);
```

```

  // メールアドレス「不要」
  form.setCollectEmail(false);

  // ① テキスト（一行）の設定
  form.addTextItem()
    .setTitle('名前')
    .setHelpText('漢字で姓名を入力してください')
    .setRequired(true);

  // ② ラジオボタンの設定
  const bloodType = ['A', 'B', 'O', 'AB'];
  form.addMultipleChoiceItem()
    .setTitle('血液型')
    .setHelpText('選択してください')
    .setChoiceValues(bloodType)
    .setRequired(true);

  // ③ チェックボックスの設定
  const favorite = ['apple', 'banana', 'cherry'];
  form.addCheckboxItem()
    .setTitle('好物')
    .setHelpText('選択してください')
    .setChoiceValues(favorite)
    .showOtherOption(true)
    .setRequired(true);

  // ④ プルダウンの設定
  const district = ['北部', '中部', '南部'];
  form.addListItem()
    .setTitle('地区')
    .setHelpText('選択してください')
    .setChoiceValues(district)
    .setRequired(true);

  // ⑤ テキスト（複数行）の設定
  form.addParagraphTextItem()
    .setTitle('その他')
```

```
        .setHelpText('ご自由に入力してください。')
        .setRequired(false);

}
```

解説

基本情報や各設問の質問と回答を指定して、フォームを新規作成するスクリプトです。

メールアドレスを収集しない場合、「setCollectEmail(false)」のコード記述は必要ありません。設問を任意回答にする場合の「setRequired(false)」も同様です。今回は設定内容を明確にするため、コード記述をしています。

実行結果

スクリプトを実行すると、マイドライブ直下に詳細を指定したフォームが新規作成されます。

図 9-6 myFunction9_c() 実行結果

フォームが新規作成

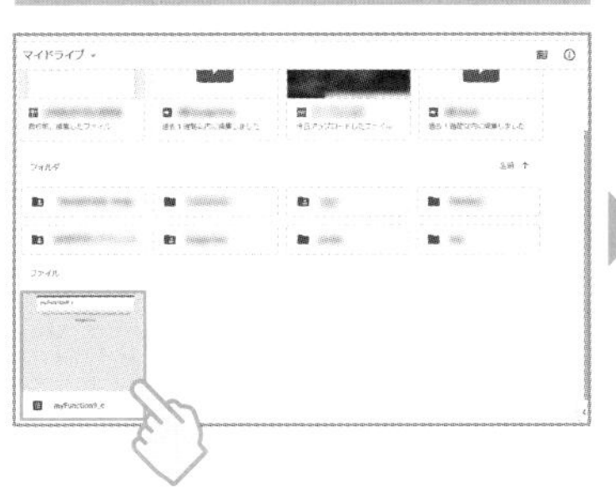

フォームの中身

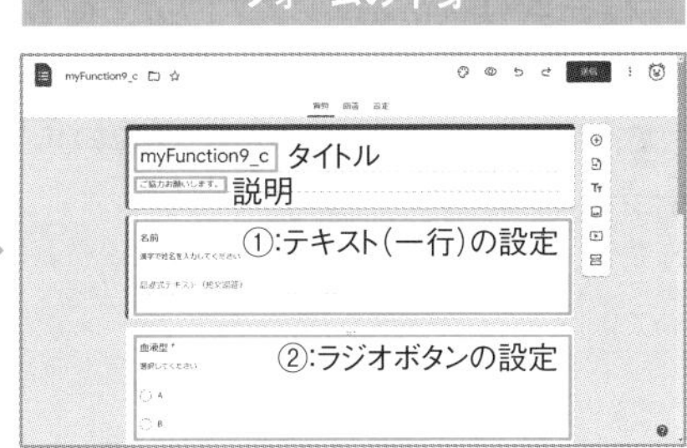

268
[9-22]

レスポンス

フォームの回答取得

getResponses()

構文

```
Formオブジェクト.getResponses()
Formオブジェクト.getResponses(timestamp)
```

戻り値 FormResponseオブジェクト[]

引数

引数名	タイプ	説明
timestamp	Date	(フォーム送信された)日時

解説

フォーム(Formオブジェクト)から回答を取得します。

戻り値は、FormResponseオブジェクトを格納した配列です。引数を指定することで、特定日時(timestamp)以降のFormResponseオブジェクトに限定できます。

269
[9-23]
レスポンス

タイムスタンプの取得

getTimestamp()

構文

```
FormResponseオブジェクト.getTimestamp()
```

戻り値 Dateオブジェクト

引数 なし

解説

フォーム回答（FormResponseオブジェクト）の送信日時を取得します。

270
[9-24]

レスポンス

メールアドレスの取得

getRespondentEmail()

構文

```
FormResponseオブジェクト.getRespondentEmail()
```

戻り値 string

引数 なし

解説

フォーム回答（FormResponseオブジェクト）から回答者のメールアドレスを取得します。

271
[9-25]

レスポンス

PART 2

アイテムレスポンスの取得

getItemResponses()

構文

```
FormResponseオブジェクト.getItemResponses()
```

戻り値 ItemResponse オブジェクト[]

引数 なし

解説

フォーム回答（FormResponse オブジェクト）からアイテムレスポンス（ItemResponse オブジェクト）を取得します。

アイテムレスポンスには、各アイテムの質問や回答などが含まれます。

272 [9-26]

レスポンス

質問の取得

getItem(), getTitle()

構文

```
ItemResponseオブジェクト.getItem()
```

戻り値 Itemオブジェクト

引数 なし

解説

アイテムレスポンス（ItemResponseオブジェクト）からアイテムを取得します。

構文

```
Itemオブジェクト.getTitle()
```

戻り値 string

引数 なし

解説

アイテムから質問を取得します。

273 [9-27] レスポンス

アイテムの回答取得

getResponse()

構文

```
ItemResponseオブジェクト.getResponse()
```

戻り値 Object

引数 なし

解説

アイテムレスポンス（ItemResponseオブジェクト）から回答を取得します。

フォーム送信時のトリガーで発生するイベントオブジェクトから、FormResponseオブジェクトを取得できます。実務ではフォームの回答があった際に、このイベントオブジェクトからFormResponseオブジェクトを取り出して、回答内容を二次流用することでができます。

FormResponseオブジェクトを次図のようにまとめました。実務で利用するシーンも多いので参考にしてください。

図9-7 FormResponseオブジェクトのまとめ

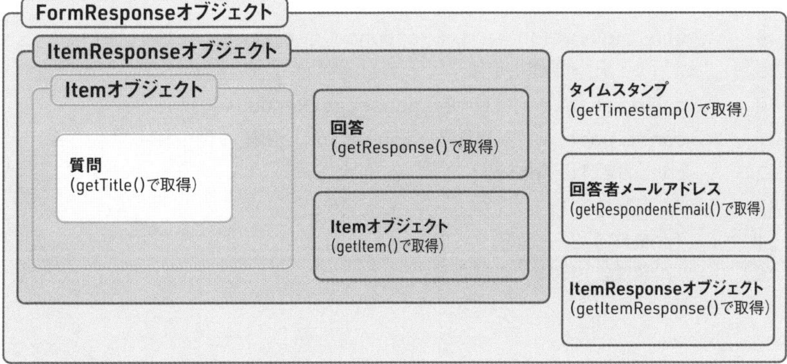

例文

9-d.gs フォーム回答

```
function myFunction9_d() {

  // 回答データの取得
  const activeForm = FormApp.getActiveForm();
  const responses  = activeForm.getResponses();
  Logger.log(responses);
  // 実行ログ：[FormResponse, FormResponse]
  // ※ フォーム回答が2件の場合

  // 1つ目の回答データを取得
  const response = responses[0];
  Logger.log(response); // 実行ログ：FormResponse

  // タイムスタンプの取得
  const timeStamp = response.getTimestamp();
  console.log(timeStamp);
  // 実行ログ：Sun Nov 07 2021 18:32:05 GMT+0900 (JST)

  // メールアドレスの取得
  const mailAddress = response.getRespondentEmail();
  console.log(mailAddress);
  // 実行ログ：gasmanabu@gmail.com

  // 各アイテムの質問と回答を取得
  const itemResponses = response.getItemResponses();
  for(const itemResponse of itemResponses) {
    // アイテムの質問を取得
    const question = itemResponse.getItem().getTitle();
    // アイテムの回答を取得
    const answer = itemResponse.getResponse();
    const pair   = `■質問_${question} 回答_${answer}`;
    console.log(pair);
    // 実行ログ：
    // ■質問_氏名 回答_GAS学
    // ■質問_勤務地 回答_東京
```

```
        // ■質問_保有スキル 回答_Python,JavaScript
        // ※ フォームに回答した内容が取得されます
    }

}
```

解説

アクティブフォームから1つ目の回答データを取得します。

各クラスのメソッドを使って、Formオブジェクト→FormResponseオブジェクト→ItemResponseオブジェクトとたどります。

メールアドレスと回答日時はFormResponseオブジェクトから直接取得できます。各アイテムの質問と回答は、ItemResponseオブジェクトから取得できます。

実行結果

最低1件以上のフォーム回答が必要なため、ダミーでフォーム回答を送信してください。0件の場合はエラーが発生します。

実行ログより、ダミーで回答した内容を確認できます。

図9-8 取得対象のフォーム回答

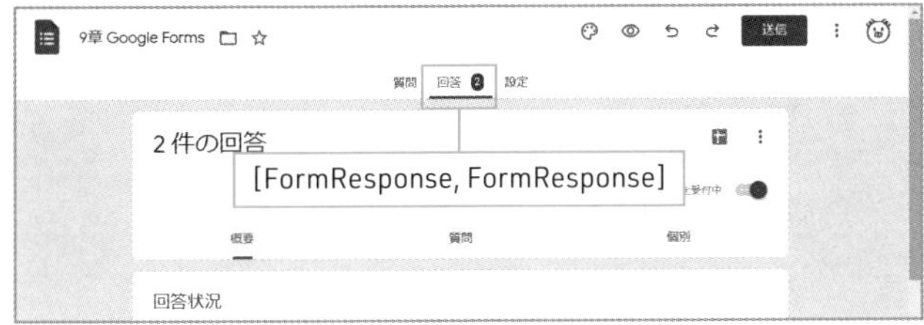

実際に既に蓄積されたフォーム回答を扱う機会は決して多くありません。しかし、フォーム送信時のトリガーを設定することで、フォーム送信データをイベントオブジェクトとして取得できます。

イベントオブジェクトからFormResponseオブジェクトを取得すれば、今回の例文同様にデータを加工して二次流用することができるため、実務ではとても役に立ちます。「391(18-17) イベントオブジェクト(フォーム)」を参照してください。

10
UI

本章では、ダイアログボックスやカスタムメニューなどのUIについて解説していきます。UIは処理状況をユーザーに伝えたり、ユーザーの操作を受け取り、後続の処理につなげることができます。UIがあることで、人とGASの連携を円滑にします。

例文スクリプト確認方法

以下フォルダのスプレッドシートをコピー作成して、コンテナバインドスクリプトより例文スクリプトを確認してください。

格納先

```
SampleCode >
  10章 UI >
    10章 UI（スプレッドシート）
```

274
[10-1]

ダイアログボックス

ボタン選択型のダイアログボックス表示

Browserクラス, Uiクラス, msgBox(), getUi(), alert(), ButtonSet

構文

```
Browser.msgBox(prompt)
Browser.msgBox(prompt, buttons)
Browser.msgBox(title, prompt, buttons)
```

戻り値 string

引数

引数名	タイプ	説明
title	string	タイトル
prompt	string	メッセージ
buttons	ButtonSet	(Enum) ボタンセット

詳細パラメータ (Enum)ButtonSet

ボタンセット	説明
Browser.Buttons.OK	「OK」ボタン
Browser.Buttons.OK_CANCEL	「OK」「キャンセル」ボタン
Browser.Buttons.YES_NO	「はい」「いいえ」ボタン
Browser.Buttons.YES_NO_CANCEL	「はい」「いいえ」「キャンセル」ボタン

解説

引数で指定したタイトル、メッセージ、ボタンセットのダイアログボックスを表示します。

第三引数を指定することでボタンセットを変更できます。

Browser.msgBox()はスプレッドシートのみダイアログボックスの表示が可能です。ドキュメント、スライド、フォームでダイアログボックスを表示したい場合は、次のUiクラスを利用してください。

構文

```
SpreadsheetApp.getUi()
DocumentApp.getUi()
SlidesApp.getUi()
FormApp.getUi()
```


戻り値 Uiオブジェクト

引数 なし

解説

各サービスのUiオブジェクトを取得します。

構文

```
Uiオブジェクト.alert(prompt)
Uiオブジェクト.alert(prompt, buttons)
Uiオブジェクト.alert(title, prompt, buttons)
```

戻り値 Buttonオブジェクト

引数

引数名	タイプ	説明
title	string	タイトル
prompt	string	メッセージ
buttons	ButtonSet	（Enum）ボタンセット

詳細パラメータ　(Enum)ButtonSet

ボタンセット	説明
uiオブジェクト.ButtonSet.OK	「OK」ボタン
uiオブジェクト.ButtonSet.OK_CANCEL	「OK」「キャンセル」ボタン
uiオブジェクト.ButtonSet.YES_NO	「はい」「いいえ」ボタン
uiオブジェクト.ButtonSet.YES_NO_CANCEL	「はい」「いいえ」「キャンセル」ボタン

解説

引数で指定したタイトル、メッセージ、ボタンセットのダイアログボックスをスプレッドシート上に表示します。

第三引数を指定することでボタンセットを変更できます。Browser.msgBox()と異なり、戻り値はButtonオブジェクトになります。

戻り値のButtonオブジェクトは、toString()やString()を使って文字列型に変換してください。

また、各サービスのトップレベルオブジェクトからUiオブジェクトを呼び出すことで、スプレッドシート、ドキュメント、スライド、フォームにダイアログボックスを表示できます。

ダイアログボックスは、Browserクラス、Uiクラス共にコンテナバインドスクリプトから紐づくサービスのみ有効です。スタンドアロンスクリプトから実行することはできません。

例文

10-a.gs ボタン選択型のダイアログボックス

```
function myFunction10_a1() {
```

```

  // Browser.msgBox()の使い方 3通り
  const response01 = Browser.msgBox('メッセージ①');
  const type02     = Browser.Buttons.OK_CANCEL;
  const response02 = Browser.msgBox('メッセージ②', type02);
  const type03     = Browser.Buttons.OK_CANCEL;
  const response03 = Browser
    .msgBox('タイトル③', 'メッセージ③', type03);

  // 戻り値
  console.log(response01); // 実行ログ：ok ※「OK」押下
  console.log(response02); // 実行ログ：ok ※「OK」押下
  console.log(response03);
  // 実行ログ：cancel ※「キャンセル」押下

  // 戻り値のデータ型
  console.log(typeof response01); // 実行ログ：string
  console.log(typeof response02); // 実行ログ：string
  console.log(typeof response03); // 実行ログ：string

}

function myFunction10_a2() {

  // Uiオブジェクトの取得
  const ui = SpreadsheetApp.getUi();

  // alert()の使い方 3通り
  const response04 = ui.alert('メッセージ④');
  const type05     = ui.ButtonSet.OK_CANCEL;
  const response05 = ui.alert('メッセージ⑤', type05);
  const type06     = ui.ButtonSet.YES_NO_CANCEL;
  const response06 = ui
    .alert('タイトル⑥', 'メッセージ⑥', type06);

  // 戻り値
  console.log(String(response04));
  // 実行ログ：OK ※「OK」押下
```

```
  console.log(String(response05));
  // 実行ログ：OK ※「OK」押下
  console.log(String(response06));
  // 実行ログ：NO ※「いいえ」押下

  // 戻り値 Logger
  Logger.log(response04); // 実行ログ：OK ※「OK」押下
  Logger.log(response05); // 実行ログ：OK ※「OK」押下
  Logger.log(response06); // 実行ログ：NO ※「いいえ」押下

  // 戻り値のデータ型
  console.log(typeof response04); // object
  console.log(typeof response05); // object
  console.log(typeof response06); // object

}
```

解説

myFunction10_a1()は、Browserクラスを使ってダイアログボックスを表示するスクリプトです。msgBox()の引数を変えて3通りのダイアログボックスを表示します。ユーザーが選択したボタンは文字列で取得されます。

myFunction10_a2()は、Uiクラスを使ってダイアログボックスを表示するスクリプトです。alert()の引数を変えて、前者同様に3通りのダイアログボックスを表示します。ユーザーが選択したボタンはButtonオブジェクトとして取得されるため、戻り値を利用する際はtoStirng()やString()を使って文字列型に変換します。

Uiクラスは使い勝手が悪いように感じられますが、スプレッドシート以外にも、ドキュメント、スライド、フォームでダイアログボックスを表示できることがメリットです。

実行結果

各スクリプトを実行すると、スプレッドシートにダイアログボックスが表示されます。

実行結果は次図を参照してください。表示されるダイアログボックスの見た目に違いはありません。使い分けのポイントは、戻り値のデータ型と、スプレッドシートかそれ以外かの2点です。

図10-1 myFunction10_a1() 実行結果

Browser.msgBox()

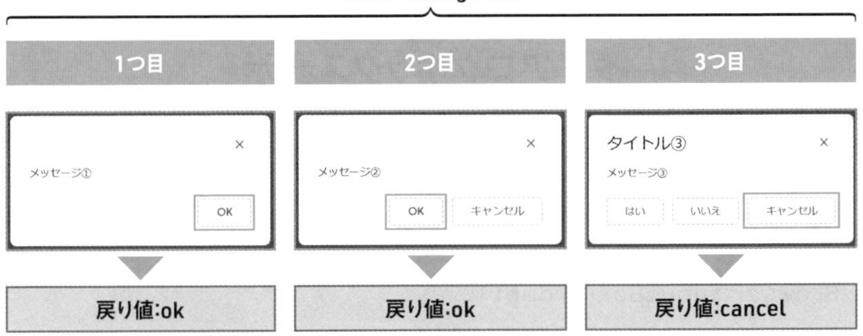

図10-2 myFunction10_a2() 実行結果

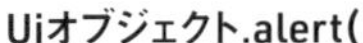
Uiオブジェクト.alert()

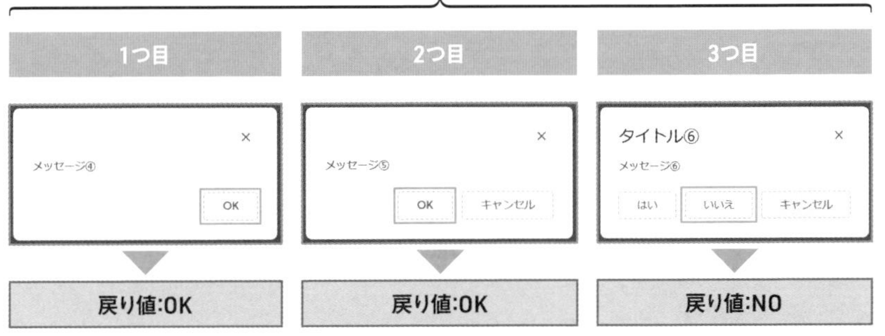

※ 文字列に変換した戻り値です。

275 [10-2]

ダイアログボックス

テキスト入力型のダイアログボックス表示

inputBox(), prompt(), ButtonSet

構文

```
Browser.inputBox(prompt)
Browser.inputBox(prompt, buttons)
Browser.inputBox(title, prompt, buttons)
```

戻り値 string

引数

引数名	タイプ	説明
title	string	タイトル
prompt	string	メッセージ
buttons	ButtonSet	(Enum) ボタンセット

詳細パラメータ (Enum)ButtonSet

ボタンセット	説明
Browser.Buttons.OK	「OK」ボタン
Browser.Buttons.OK_CANCEL	「OK」「キャンセル」ボタン
Browser.Buttons.YES_NO	「はい」「いいえ」ボタン
Browser.Buttons.YES_NO_CANCEL	「はい」「いいえ」「キャンセル」ボタン

解説

引数で指定したタイトル、メッセージ、ボタンセットのテキスト入力可能なダイアログボックスをスプレッドシート上に表示します。

第三引数を指定することでボタンセットを変更できます。戻り値はテキストに入力された文字列になるため、選択されたボタンを取得することはできません。ただし、キャンセル、またはダイアログボックス右上の「閉じる（×）」を押下した場合は、入力テキストを戻り値として受け取ることができません。この場合に限り、戻り値は「cancel」になります。

Note

Browser.msgBox()同様にinputBox()もスプレッドシートのみダイアログボックスの表示が可能です。ドキュメント、スライド、フォームでダイアログボックスを表示したい場合はUiクラスを利用してください。

構文

```
Uiオブジェクト.prompt(prompt)
Uiオブジェクト.prompt(prompt, buttons)
Uiオブジェクト.prompt(title, prompt, buttons)
```


戻り値 PromptResponseオブジェクト

引数

引数名	タイプ	説明
title	string	タイトル
prompt	string	メッセージ
buttons	ButtonSet	(Enum)ボタンセット

詳細パラメータ (Enum)ButtonSet

ボタンセット	説明
uiオブジェクト.ButtonSet.OK	「OK」ボタン
uiオブジェクト.ButtonSet.OK_CANCEL	「OK」「キャンセル」ボタン
uiオブジェクト.ButtonSet.YES_NO	「はい」「いいえ」ボタン
uiオブジェクト.ButtonSet.YES_NO_CANCEL	「はい」「いいえ」「キャンセル」ボタン

解説

引数で指定したタイトル、メッセージ、ボタンセットのテキスト入力可能なダイアログボックスを表示します。

第三引数を指定することでボタンセットを変更できます。Browser.inputBox()と異なり、戻り値はPromptResponseオブジェクトになります。PromptResponseオブジェクトから、選択されたボタンや入力されたテキストを取得する場合には、getSelectedButton()、getResponseText()を利用してください。

また、各サービスのトップレベルオブジェクトからUiオブジェクトを呼び出すことで、スプレッドシート、ドキュメント、スライド、フォームでダイアログボックスの表示ができます。ボタン選択型同様にテキスト入力型のダイアログボックスも、スタンドアロンスクリプトから作成することができません。

276
[10-3]

ダイアログボックス

選択ボタンの取得

getSelectedButton()

構文

```
PromptResponseオブジェクト.getSelectedButton()
```

戻り値 Buttonオブジェクト

引数 なし

解説

PromptResponseオブジェクトから選択されたボタン（Buttonオブジェクト）を取得します。

277 [10-4]

ダイアログボックス

入力テキストの取得

getResponseText()

構文

```
PromptResponseオブジェクト.getResponseText()
```

戻り値 string

引数 なし

解説

PromptResponseオブジェクトから（入力された）テキストを取得します。

例文

10-b.gs テキスト入力型のダイアログボックス

```
function myFunction10_b1() {

  // Browser.inputBox()の使い方 3通り
  const response01 = Browser.inputBox('メッセージ①');
  const type02     = Browser.Buttons.YES_NO;
  const response02 = Browser.inputBox('メッセージ②', type02);
  const type03     = Browser.Buttons.YES_NO_CANCEL;
  const response03 = Browser
    .inputBox('タイトル③', 'メッセージ③', type03);

  // 戻り値
  console.log(response01); // 実行ログ：テスト1 ※「OK」押下
  console.log(response02); // 実行ログ：テスト2 ※「はい」押下
  console.log(response03); // 実行ログ：テスト3 ※「いいえ」押下

}

function myFunction10_b2() {

```

```
  // Uiオブジェクトの取得
  const ui = SpreadsheetApp.getUi();

  // prompt()の使い方 3通り
  const response04 = ui.prompt('メッセージ④');
  const type02     = ui.ButtonSet.YES_NO;
  const response05 = ui.prompt('メッセージ⑤', type02);
  const type03     = ui.ButtonSet.YES_NO_CANCEL;
  const response06 = ui.
    prompt('タイトル⑥', 'メッセージ⑥', type03);

  // 戻り値 選択ボタン
  console.log(response04.getSelectedButton().toString());
  // 実行ログ：OK ※「OK」押下
  console.log(response05.getSelectedButton().toString());
  // 実行ログ：YES ※「はい」押下
  console.log(response06.getSelectedButton().toString());
  // 実行ログ：NO ※「いいえ」押下

  // 戻り値 入力テキスト
  console.log(response04.getResponseText());
  // 実行ログ：テスト1
  console.log(response05.getResponseText());
  // 実行ログ：テスト2
  console.log(response06.getResponseText());
  // 実行ログ：テスト3

}
```

解説

myFunction10_b1()は、Browserクラスを使ってテキスト入力可能なダイアログボックスを表示するスクリプトです。inputBox()の引数を変えて、3通りのダイアログボックスを表示します。ユーザーが入力したテキストは文字列として取得することができますが、選択したボタンを取得することはできません。

myFunction10_b2()は、Uiクラスを使ってテキスト入力可能なダイアログボックスを表示するスクリプトです。prompt()の引数を変えて、前者同様に3通りのダイアログボックスを表示します。PromptResponseオブジェクトより入力したテキストと選択したボタンを取得できます。

実行結果

各スクリプトを実行すると、スプレッドシートにダイアログボックスが表示されます。

実行結果は、次図を参照してください。表示されるダイアログボックスの見た目に違いはありません。Browserクラスの方は、選択されたボタンが何かは分かりません。ただし、キャンセル、または右上の「×」を押下したときの戻り値はcancelです。

使い分けのポイントは、選択されたボタンと入力されたテキストの双方が必要かどうかと、スプレッドシートかそれ以外かの2点です。

図10-3 myFunction10_b1() 実行結果

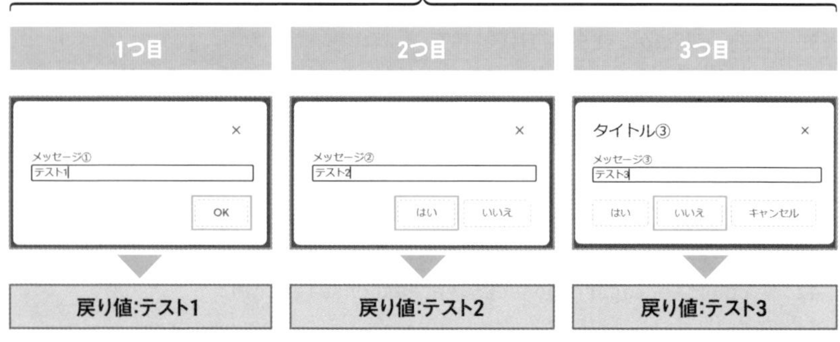

図10-4 myFunction10_b2() 実行結果

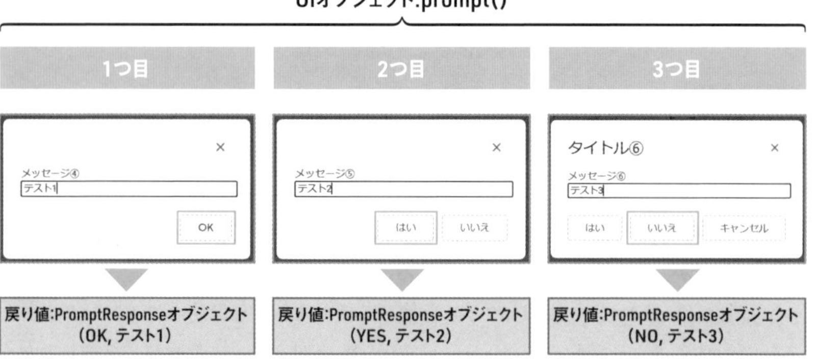

278
[10-5]

カスタムメニュー

カスタムメニューの作成

createMenu(), addItem(), addToUi()

構文

```
Uiオブジェクト.createMenu(caption)
```

戻り値 Menuオブジェクト

引数

引数名	タイプ	説明
caption	string	メニュー名

構文

```
Menuオブジェクト.addItem(caption, functionName)
```

戻り値 Menuオブジェクト

引数

引数名	タイプ	説明
caption	string	項目名
functionName	string	(項目に割り当てる)関数名

構文

```
Menuオブジェクト.addToUi()
```

戻り値 なし

引数 なし

解説

カスタムメニューを作成する構文です。

Menuオブジェクトを生成した後に、addItem()を使って項目名と関数名を追加、最終的にaddToUi()を使うとインターフェースに反映されます。

例文

10-c.gs カスタムメニュー作成

```
function onOpen(){

  // カスタムメニューの作成
  const ui = SpreadsheetApp.getUi();
  ui.createMenu('カスタムメニュー')
    .addItem('メニュー1', 'myFunc01')
    .addItem('メニュー2', 'myFunc02')
    .addToUi();

}

function myFunc01() {
  Browser.msgBox('myFunc01が呼び出されました！');
}

function myFunc02() {
  Browser.msgBox('myFunc02が呼び出されました！');
}
```

解説

スプレッドシートにカスタムメニューを作成します。

例文はシンプルトリガー（onOpen()）を使っているため、トリガー設定不要で起動時にカスタムメニューが反映します。「21（1-21）シンプルトリガー」の通り、シンプルトリガーには様々な制約があるため、実務で利用する場合は注意してください。

カスタムメニューに「メニュー1」「メニュー2」という2つの項目を作り、各々に関数を割り当てます。

実行結果

スプレッドシートを起動するとカスタムメニューが表示されます。

次図のようにメニュー項目を押下すると、割り当てられた関数が実行されます。

図 10-5 カスタムメニュー

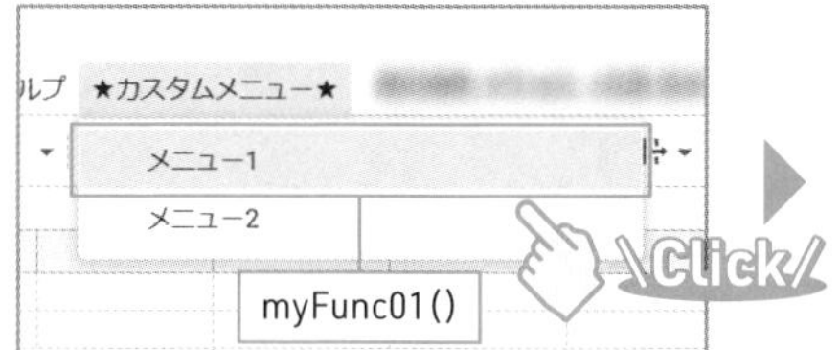

11
Web

本章では、Web全般に関わる技術、HTTPやHTMLついて解説していきます。UrlFetchAppクラスが用意されているため、各サービス提供者のAPIを利用することができます。また、HTMLを使うことで、10章で解説したダイアログボックスなどのUIは、よりリッチなコンテンツをつくることができます。

例文スクリプト確認方法

以下フォルダのスクリプトファイルとスプレッドシートをコピー作成して、例文スクリプトを確認してください。スプレッドシートの方は、コンテナバインドスクリプトを起動してください。

格納先

SampleCode ＞
  11章 Web ＞
    ①11章 Web（スクリプトファイル），
    ②11章 Web（スプレッドシート）

279 [11-1]

API

HTTPレスポンスの取得

UrlFetchAppクラス, fetch()

構文

```
UrlFetchApp.fetch(url)
UrlFetchApp.fetch(url, params)
```

戻り値 HTTPResponseオブジェクト

引数

引数名	タイプ	説明
url	string	URL
params	Object	詳細パラメータ

詳細パラメータ

プロパティ名	タイプ	説明
method	string	リクエストメソッド　例：'post', 'delete' など ※省略時の規定値は 'get'
contentType	string	コンテンツタイプ　例：'application/json'
payload	string	ペイロード　例：{test: 'テスト'}

解説

引数で指定したURLにフェッチします。フェッチとはリクエストを発行して、そのレスポンス（HTTPResponseオブジェクト）を取得することです。

第二引数がない場合は、引数で指定したURLにGETとしてフェッチします。第二引数を指定することで、GET以外のリクエストメソッドを指定することもできます。

GETは主にWebサイトの情報を取得するときに用いられます。POSTはフォームなどのデータをサーバーに送るときに用いられます。奥が深い内容になるため、本書では技術的な仕様やセキュリティ面の詳細は省略します。

280
[11-2]

API

ヘッダー情報の取得

getHeaders()

構文

```
HTTPResponseオブジェクト.getHeaders()
```

戻り値 Object

引数 なし

解説

HTTPResponseオブジェクトからヘッダー情報を取得します。
ヘッダー情報には、DateやContent-Typeなどが含まれます。

281
[11-3]

API

ステータスコードの取得

getResponseCode()

構文

```
HTTPResponseオブジェクト.getResponseCode()
```

戻り値 number（整数）

引数 なし

解説

HTTPResponseオブジェクトからステータスコードを取得します。
戻り値は3桁の整数です。レスポンスコードの見方は下表を参照してください。

ステータスコード	説明
100番台	情報レスポンス
200番台	成功レスポンス
300番台	リダイレクト
400番台	クライアントエラー
500番台	サーバーエラー

282 [11-4] API

コンテンツテキストの取得

getContentText()

構文

```
HTTPResponseオブジェクト.getContentText()
HTTPResponseオブジェクト.getContentText(charset)
```

戻り値 string

引数

引数名	タイプ	説明
charset	string	（エンコードする）文字コード

解説

HTTPResponseオブジェクトからエンコードされたHTTPレスポンスを取得します。

引数で文字コードを指定することもできます。

例文

11-a.gs フェッチ

```
function myFunction11_a1() {

  // フェッチ
  const url = 'https://ms-rpa.jp/';
  const res = UrlFetchApp.fetch(url);

  // ヘッダー情報の取得
  console.log(res.getHeaders());
  // 実行ログ：{ 'Transfer-Encoding': 'chunked',...
  // ステータスコードの取得
  console.log(res.getResponseCode()); // 実行ログ：200
  // HTTPレスポンスの取得
```

```
  console.log(res.getContentText().slice(0, 200));
  // 実行ログ：<!DOCTYPE html><html lang="ja">...

}

function myFunction11_a2() {

  // Slackへのメッセージ送信
  const webhook = 'コラムを参考にWebhook URLを入力してください';
  const testMsg = 'Slackへのテストメッセージ';

  // 詳細パラメーターの作成
  const params = {
    method: 'post',
    contentType: 'application/json',
    payload: JSON.stringify({
      text: testMsg
    })
  };
  // フェッチ
  const res = UrlFetchApp.fetch(webhook, params);
  Logger.log(res); // 実行ログ：ok

}
```

解説

myFunction11_a1()は、HTTPレスポンスを取得するスクリプトです。

引数で指定したURLにリクエストを発行して、レスポンス（HTTPResponseオブジェクト）を取得します。また、取得したHTTPResponseオブジェクトからヘッダー情報、レスポンスコード、コンテンツテキストを取得します。

myFunction11_a2()は、Webhookという仕組みを使って、定数（testMsg）のテキストをSlackチャンネルへ投稿します。Webhook URLの取得方法はコラムを参照してください。第二引数（params）はサービス提供側の仕様に従って設定する必要があります。Slackの場合は以下URLを参照してください。

QR11-1 Message payloads

https://api.slack.com/reference/messaging/payload

実行結果

myFunction11_a1()の実行結果は次図を参照してください。HTTPResponseオブジェクトから各値が取得されていることがわかります。

図 11-1 myFunction11_a1()実行結果

myFunction11_a2()を実行すると、次図のようにチャンネルにメッセージが投稿されます。

図 11-2 myFunction11_a2()実行結果

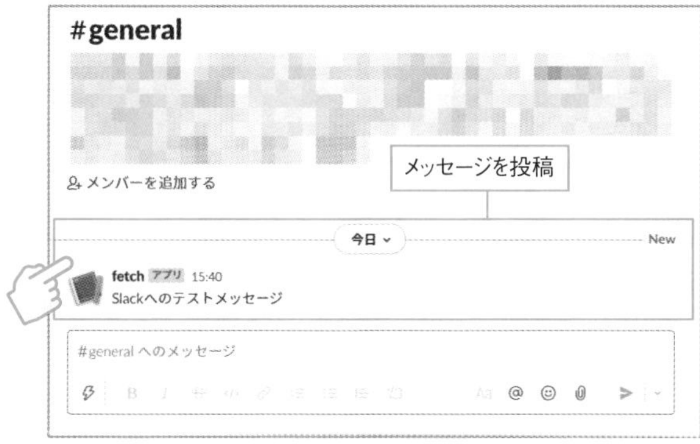

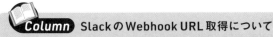

SlackのWebhook URL取得について

Slackのチャンネルにメッセージを投稿する方法が複数あるため、困惑することがあります。

技術的にはWebhookという仕組みを利用しますが、次表のように主に3パターンあります。

▼図11-3 Webhook利用パターン

パターン	利用可能プラン	説明
カスタム インテグレーション	全プラン	かんたんに設定できますが、現在Slack社より非推奨にされています。
Check SlackApp	全プラン	やや複雑ですが手順がわかれば利用自体は難しくありません。
ワークフロービルダー	スタンダード以上 ※ フリープラン不可	かんたんに設定できますが、フリープランでは利用できません。テキストにメンションやハイパーリンク文字列を入れることはできません。

ここではフリープランでも利用可能なSlackAppからWebhookのURLを発行する方法を紹介します。2022年2月時点の情報です。

①「Your Apps」のページ

新しいSlackのアプリを作成します。Slack APIの「Your Apps」のページを開きます。次図の「Create An App」を押下します。既にアプリがある場合には、「Create New App」のボタンを押下してください。

▼QR11-2 Your Apps
https://api.slack.com/apps

図11-4 Your Appsのページ

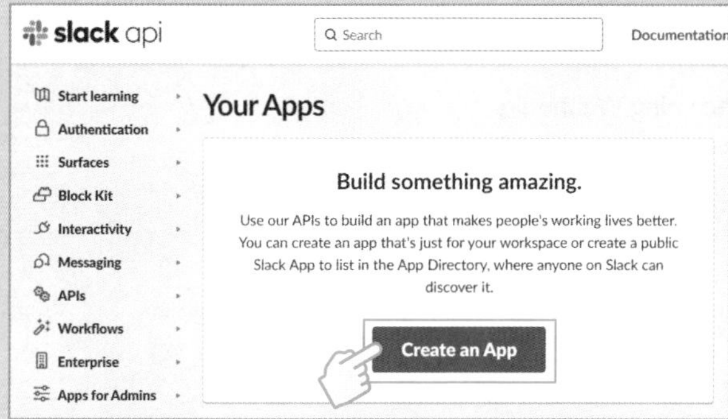

② アプリ名/ワークスペースの設定

次図のようにアプリの名前の入力と連携先のワークスペースを選択して「Create App」を押下します。

図11-5 アプリ名/ワーススペースの設定

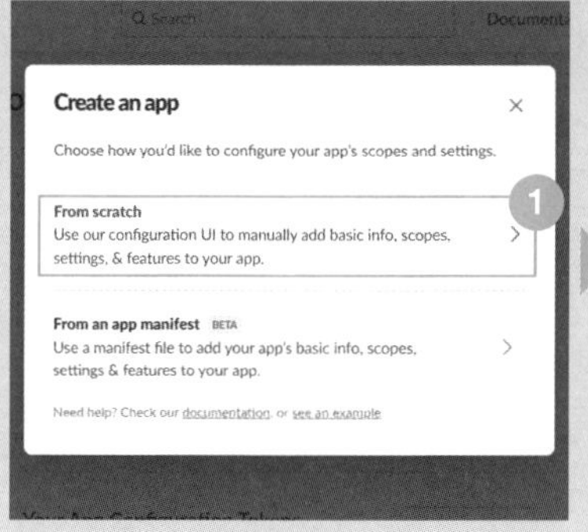

③ Activate Incoming Webhooksの設定

遷移した画面の左メニューの「Incoming Webhooks」を選択するとIncomingWebhooksのページが開くので、次図のようにOFF→ONに切り替えてください。

図11-6 Activate Incoming Webhooksの設定

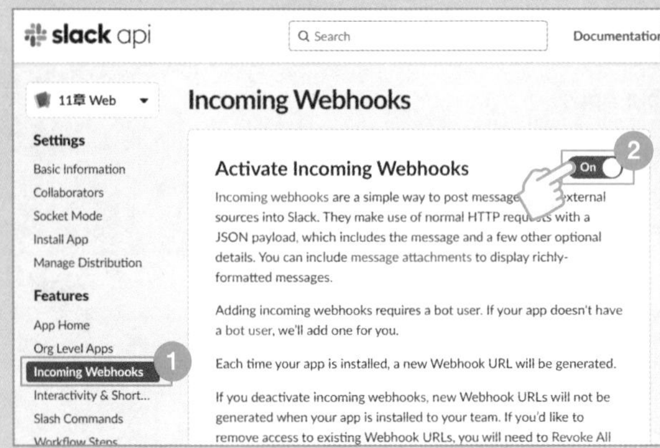

④ App Display Nameの設定

App Display Nameの名前を決めない限り投稿チャンネルの設定に進めません。設定方法は、次図を参照してください。

図11-7 App Display Nameの設定

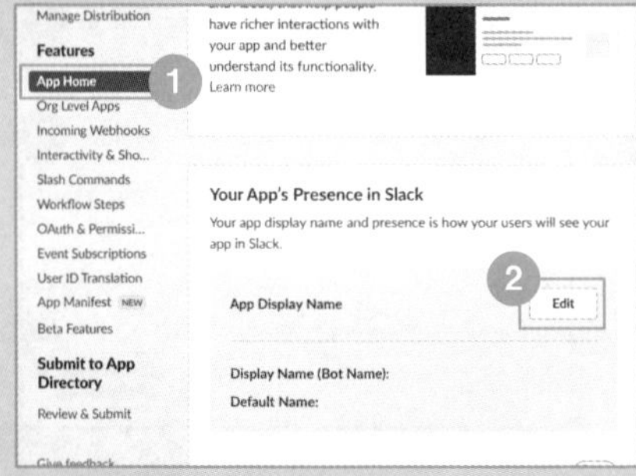

⑤ ワークスペースの設定

次図のように、「Basic Information」を選択した後にページを下部にスクロールして「AddNew Webhook to Workspace」というボタンを押下してください。

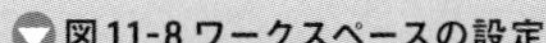

図11-8 ワークスペースの設定

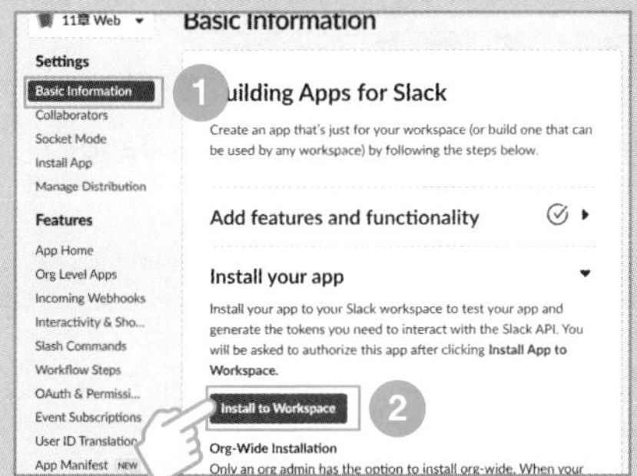

※ ワークスペースの設定によっては、オーナー承認が必要な場合があります。

⑥ 投稿チャンネルの設定

次図のように投稿するチャンネルを選択して「許可する」を選択します。

図11-9 連携チャンネルの設定

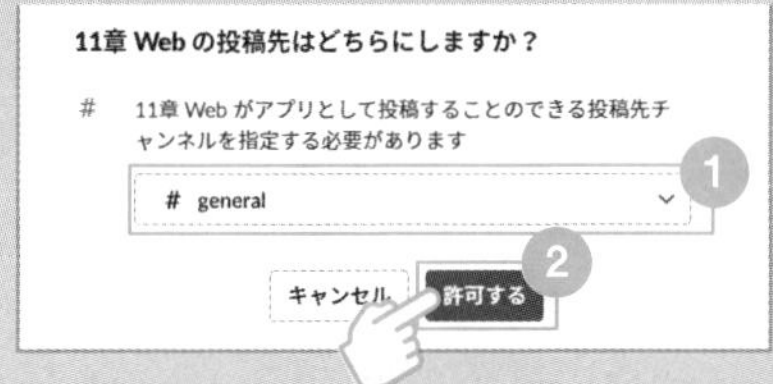

⑦ Webhook URLの発行/取得

次図のようにWebhook URLが発行されました。URLをコピーして例文の定数（webhook）に設定してください。

図11-10 Webhook URLの発行/取得

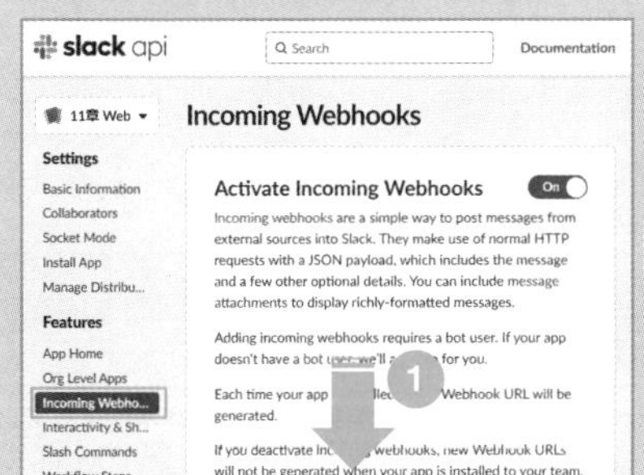

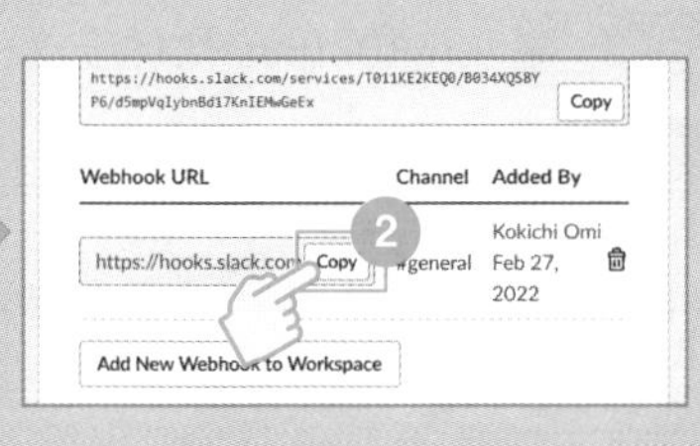

283 [11-5]

HTML

静的HTMLの生成

createHtmlOutput(), createHtmlOutputFromFile(), append()

構文

```
HtmlService.createHtmlOutput()
HtmlService.createHtmlOutput(html)
HtmlService.createHtmlOutput(blob)
```

戻り値 HtmlOutputオブジェクト

引数

引数名	タイプ	説明
html	string	HTMLソースコード
blob	BlobSource	ファイル

解説

引数で指定したHtmlOutputオブジェクトを作ります。

引数の指定がない場合もHtmlOutputオブジェクトを生成しますが、中身は空の状態になります。その場合はappend()メソッドを使ってHTMLコンテンツを追加する必要があります。

構文

```
HtmlService.createHtmlOutputFromFile(filename)
```

戻り値 HtmlOutputオブジェクト

引数

引数名	タイプ	説明
filename	string	(使用する) ファイル名

解説

引数でHTMLファイルを指定してHtmlOutputオブジェクトを作ります。
HTMLファイルは同一プロジェクトにある必要があります。

構文

```
HtmlOutputオブジェクト.append(addedContent)
```

戻り値 HtmlOutputオブジェクト

引数

引数名	タイプ	説明
addedContent	string	HTMLソースコード

解説

HtmlOutputオブジェクトに引数で指定したコンテンツを追加します。

Column 静的と動的

静的ページとは、いつ誰がアクセスしても毎回同じものが表示されるHTMLで作成されたWebページのことです。会社のホームページなどが該当します。ユーザーの要求に対して、Webサーバーが要求されたデータをそのままブラウザに送信します。ページの表示速度が速いというメリットがありますが、ユーザー毎に異なる情報を表示できない点がデメリットとしてあげられます。

一方、動的ページは、アクセスしたときの状況に応じて異なる内容が表示されるWebページのことです。Amazonなどのショッピングサイトなどが該当します。静的ページと逆で、ユーザー毎に異なる情報を表示することができるというメリットがある反面、ページの表示速度が遅いといったデメリットがあります。実際のところ、大規模なWebページでない限り気になるものではありません。

284 [11-6] HTML

動的HTMLの生成

createTemplate(), createTemplateFromFile(), evaluate(), getCode()

構文

```
HtmlService.createTemplate(html)
HtmlService.createTemplate(blob)
```

戻り値 HtmlTemplateオブジェクト

引数

引数名	タイプ	説明
html	string	HTMLソースコード
blob	BlobSource	ファイル

解説

引数で指定したHtmlTemplateオブジェクトを作ります。
HTMLファイルは同一プロジェクトにある必要があります。

構文

```
HtmlService.createTemplateFromFile(filename)
```

戻り値 HtmlTemplateオブジェクト

引数

引数名	タイプ	説明
filename	string	(使用する) ファイル名

解説

引数で指定したHTMLファイルからHtmlTemplateオブジェクトを作ります。

HtmlTemplateオブジェクト.getCode()を利用することで、HtmlTemplateオブジェクトのコードを文字列として確認できます。

構文

```
HtmlTemplateオブジェクト.evaluate()
```

戻り値 HtmlOutputオブジェクト

引数 なし

解説

HtmlTemplateオブジェクトをHtmlOutputオブジェクトに変換します。ブラウザでHTMLコンテンツを表示するためには、HtmlOutputオブジェクトに変換する必要があります。

285 [11-7] HTMLメールの本文取得

HTML

getContent()

構文

```
HtmlOutputオブジェクト.getContent()
```

戻り値 string

引数 なし

解説

HtmlOutputオブジェクトからテキストを取得します。

ブラウザに表示する場合は、HtmlOutputオブジェクトのままで問題ありませんが、HTMLメールを送る場合はテキストを取得する必要があります。

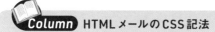

Column HTMLメールのCSS記法

HTMLメールのメリットはCSSを使い、色合いなどの装飾を設定できることです。ただし、Gmailなどの多くのメールクライアントは、外部ファイルからCSSの読み込み、またはHTMLファイル内の<style> ～ </style>からCSSを適用させることができません。

HTMLメールでCSSを使う場合は、タグの中にCSSを記述するインライン記法にする必要があります。詳しくは例文を参照してください。

例文

11-b.gs HTMLメール

```
function myFunction11_b1() {

  // 静的HTMLの生成①
  const text   = '<p style="color: red">文字列追加しました</p>';
  let htmlBody = HtmlService.createHtmlOutput(text);
```

```
  htmlBody      = htmlBody.getContent();
  const mailTitle = '静的HTMLの生成①';
  const mailTo    = Session.getActiveUser().getEmail();
  const mailBody  = 'HTMLメールのため表示できません';

  GmailApp.sendEmail(mailTo, mailTitle, mailBody,
    {htmlBody}
    // htmlBody: htmlBodyの省略記法
  );

}

function myFunction11_b2() {

  // 静的HTMLの生成②
  const htmlBody  = HtmlService
    .createHtmlOutputFromFile('static')
    .getContent();
  const mailTitle = '静的HTMLの生成②';
  const mailTo    = Session.getActiveUser().getEmail();
  const mailBody  = 'HTMLメールのため表示できません';

  GmailApp.sendEmail(mailTo, mailTitle, mailBody,
    {htmlBody}
  );

}

function myFunction11_b3() {

  // 動的HTMLの生成
  const htmlTemplate = HtmlService
    .createTemplateFromFile('dynamic');

  // テンプレートファイルに定数受け渡し
  const name = 'GAS 学';
  const date = '2099年12月31日';
  htmlTemplate.name = name;
```

```
  htmlTemplate.date = date;

  // テンプレートファイルのコード確認
  console.log(htmlTemplate.getCode());

  const htmlBody  = htmlTemplate.evaluate().getContent();
  const mailTitle = '動的HTMLの生成';
  const mailTo    = Session.getActiveUser().getEmail();
  const mailBody  = 'HTMLメールのため表示できません';

  GmailApp.sendEmail(mailTo, mailTitle, mailBody,
    {htmlBody}
  );

}
```

static.html

```
<!DOCTYPE html>
<html>
<head>
  <base target="_top">
</head>
<body>
  <p><strong>ご担当者様</strong></p>
  <p>次回の定例会議についてお知らせします。</p>
  <div>
    <div><strong>■ 日程</strong></div>
    <div>
      <span style="color: #e03e2d; font-size: 18pt;">
        <strong>2022/12/1</strong>
      </span>
    </div>
    <div> </div>
    <div><strong>■ アジェンダ</strong></div>
    <ol style="list-style-type: lower-roman;">
      <li>今期の目標について</li>
      <li>担当者の役割</li>
```

```
      <li>部署別のタスク</li>
      <li>最後に</li>
    </ol>
  </div>
</body>
</html>
```

dynamic.html

```
<!DOCTYPE html>
<html>
<head>
  <base target="_top">
</head>
<body>
  <p><strong><?= name ?></strong></p>
  <p>次回の定例会議についてお知らせします。</p>
  <div>
    <div><strong>■ 日程</strong></div>
    <div>
      <span style="color: #e03e2d; font-size: 18pt;">
        <strong><?= date ?></strong>
      </span>
    </div>
    <div> </div>
    <div><strong>■ アジェンダ</strong></div>
    <ol style="list-style-type: lower-roman;">
      <li>今期の目標について</li>
      <li>担当者の役割</li>
      <li>部署別のタスク</li>
      <li>最後に</li>
    </ol>
  </div>
</body>
</html>
```

解説

各方法でHTMLコンテンツを作成して、スクリプトを実行するアカウントにメール送信します。

myFunction11_b1()は、createHtmlOutput()の引数にHTMLを表す文字列を指定して、HtmlOutputオブジェクトを作ります。なお、HTMLメールを送るため、getContent()でHTMLを表すテキストを取得します。

myFunction11_b2()は、プロジェクトのHTMLファイル（static.html）からHtmlOutputオブジェクトを作ります。

myFunction11_b3()は、プロジェクトのHTMLファイル（dynamic.html）から動的HTMLが生成可能なHtmlTemplateオブジェクトを作ります。今回動的な要素はnameとdateの2つありますが、**スクリプトレット**という仕組みを使うと、GAS側で実行された結果を、HTML側に渡すことができます。スクリプトレットタグは下表を参照してください。

スクリプトレット

タグ	説明
<? ?>	スクリプト実行のみ（表示しない）
<?= ?>	スクリプトの戻り値を表示（エスケープあり）
<?!= ?>	スクリプトの戻り値を表示（エスケープなし）

HtmlTemplateオブジェクトが完成したら、evaluate()を使ってHtmlOutputオブジェクトを取得します。最後にHTMLメールに対応するため、getContent()を使います。

実行結果

各スクリプトを実行することでHTMLメールが配信されます。

図11-11 スクリプト実行結果

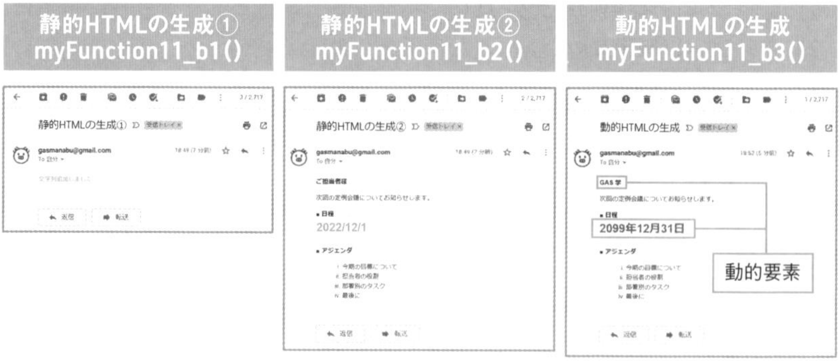

静的HTMLの生成①
myFunction11_b1()

静的HTMLの生成②
myFunction11_b2()

動的HTMLの生成
myFunction11_b3()

286
[11-8]

HTML

HTMLのダイアログボックス表示

showModalDialog(), showModelessDialog()

構文

```
Uiオブジェクト.showModalDialog(userInterface, title)
Uiオブジェクト.showModelessDialog(userInterface, title)
```

戻り値 なし

引数

引数名	タイプ	説明
userInterface	Object	HtmlOutputオブジェクト
title	string	タイトル

解説

UI（Uiオブジェクト）に引数で指定したHTMLコンテンツのダイアログボックスを表示します。

モーダル？モードレスとは？

ダイアログボックスを表示するメソッドは2つ用意されていますが、その違いについて解説します。

showModalDialog() からダイアログボックスを表示すると、閉じるまでダイアログ以外を編集できません。これは、**モーダルダイアログ**とよばれます。一方、showModelessDialog() からダイアログボックスを表示すると、起動中もダイアログ以外の編集を行うことができます。こちらは、**モードレスダイアログ**とよばれます。見た目の違いは一目瞭然です。編集できないことを明示的にユーザーへ知らせるために、モーダルの場合は半透明の黒の背景になります。

図11-12 モーダルとモードレス

モーダル（showModalDialog()） ダイアログ以外編集不可	モードレス（showModelessDialog()） ダイアログ以外編集可

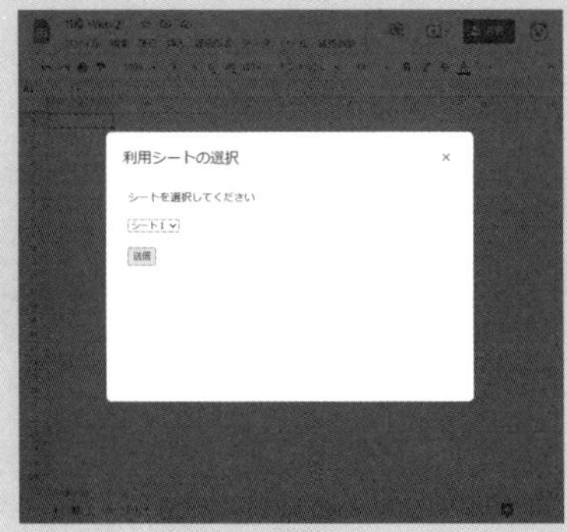

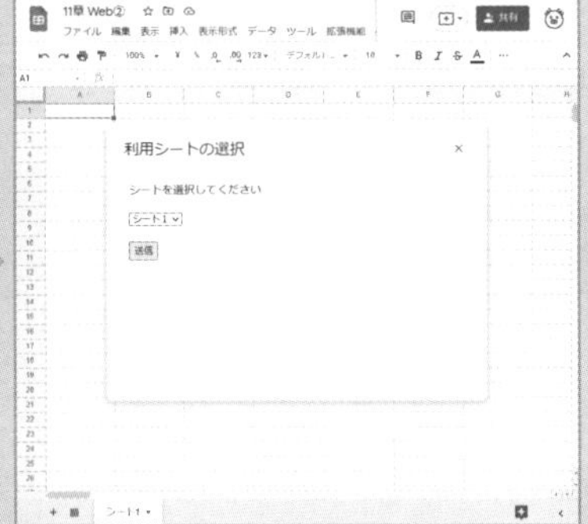

287
[11-9]

HTML

HTMLのサイドバー表示

showSidebar()

構文

```
Uiオブジェクト.showSidebar(userInterface)
```

戻り値 なし

引数

引数名	タイプ	説明
userInterface	Object	HtmlOutputオブジェクト

解説

UI（Uiオブジェクト）に引数で指定したHTMLコンテンツをサイドバーとして表示します。

例文

11-c.gs HTMLを使ったUI作成

```
const UI = SpreadsheetApp.getUi();

function onOpen() {
  UI.createMenu('カスタムメニュー')
    .addItem('モーダル', 'myFunction11_c1')
    .addItem('モードレス', 'myFunction11_c2')
    .addItem('サイドバー', 'myFunction11_c3')
    .addToUi();
}

function myFunction11_c1(){
  // モーダルダイアログにHTMLコンテンツを表示
  const html = HtmlService.createHtmlOutputFromFile('common');
  UI.showModalDialog(html, '利用シートの選択');
```

```
}

function myFunction11_c2(){
  // モードレスダイアログにHTMLコンテンツを表示
  const html = HtmlService.createHtmlOutputFromFile('common');
  UI.showModelessDialog(html, '利用シートの選択');
}

function myFunction11_c3(){
  // サイドバーにHTMLコンテンツを表示
  const html = HtmlService.createHtmlOutputFromFile('common');
  UI.showSidebar(html);
}

function msg(e){
  Browser.msgBox(`${e.selection}が選択されました！`);
  console.log(e.selection);
}
```

modal.html

```
<!DOCTYPE html>
<html>
  <head>
    <base target="_top">
  </head>
  <body>
    <form>
      <p>シートを選択してください</p>
      <select name = "selection">
        <option value = "シート1">シート1</option>
        <option value = "シート2">シート2</option>
        <option value = "シート3">シート3</option>
      </select>
      <input type = "submit" style = "display: block; margin-top: 20px;" onclick="google.script.run.msg(form);">
    </form>
  </body>
</html>
```

解説

次図のように3つのスクリプトを割り当てたカスタムメニューを作ります。

図11-13 カスタムメニューに3つの関数を割当

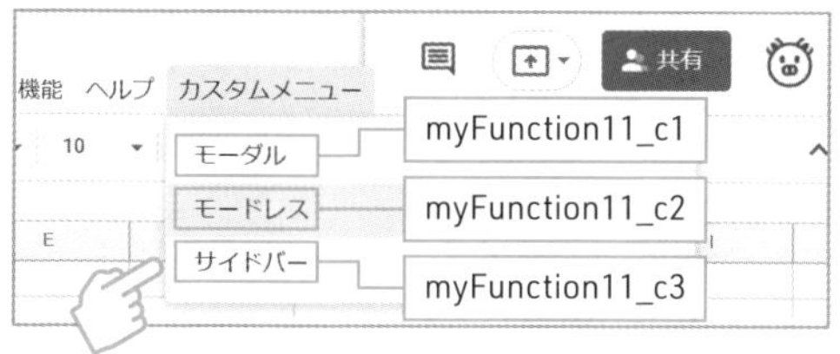

モーダルに割り当てたmyFunction11_c1()は、モーダルダイアログを表示するスクリプトです。ドロップダウンリストから項目を選択して送信を押下すると、選択した項目を含むメッセージボックスが表示されます。

モードレスに割り当てたmyFunction11_c2()は、モードレスダイアログを表示するスクリプトです。同様にドロップダウンリストで選択した項目が後続に受け渡されます。

サイドバーに割り当てたmyFunction11_c3()は、サイドバーを表示するスクリプトです。同様に選択した項目が後続に受け渡されます。3つの処理は共通して、common.htmlを表示します。

また、HTML（クライアント）側からGAS（サーバー）側の関数を呼び出すために、下表の**google.script.run クラス**を利用します。HTML側のJavaScriptから呼び出しができます。msg()を呼び出して、ユーザーが選択した値を引数（e）として渡します。

google.script.run クラス

メソッド	説明
google.script.run.関数名(引数)	クライアント側からサーバー側の関数を実行
google.script.run.withSuccessHandler(callback()).関数名(引数)	サーバー側関数失敗時のコールバック関数を設定
google.script.run.withFailureHandler(callback()).関数名(引数)	サーバー側関数成功時のコールバック関数を設定

その他にも次表のようにHTML側からGAS側を操作できるクラスがあります。

google.script.host クラス

メソッド	説明
google.script.host.close()	ダイアログ、またはサイドバーを閉じる
google.script.host.setHeight(height)	ダイアログの高さを設定
google.script.host.setWidth(width)	ダイアログの幅を設定

(例) GAS側関数成功時に (ダイアログを) 閉じる

```
google.script.run.withSuccessHandler(
  function() {google.script.host.close();}
).関数名(引数)
```

実行結果

各スクリプトの実行結果は次図のようにUIを作り出します。

図11-14 スクリプト実行結果

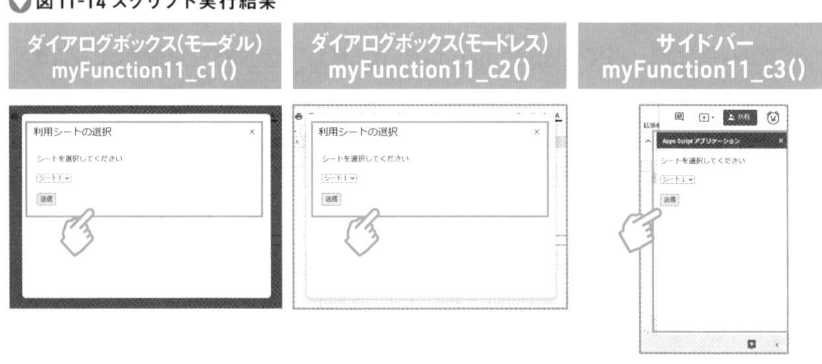

また、ドロップダウンリストより選択した項目は、次図のように後続のダイアログボックスに受け渡しされます。

図11-15 選択内容の表示

12

Script

本章では、主に排他制御とトリガーについて解説していきます。Lockサービスを利用して、スクリプトの重複実行を防ぐ排他制御をかけることができます。また、ClockTriggerBuilderクラスを利用することで、1分単位でトリガーを設定できます。

例文スクリプト確認方法

以下フォルダのスプレッドシートをコピー作成して、コンテナバインドスクリプトより例文スクリプトを確認してください。

格納先

SampleCode >
  12章 Script >
    12章 Script（スプレッドシート）

288
[12-1]

時間

スクリプト実行時間の取得

consoleクラス , time(), timeEnd()

構文

```
console.time(label)
console.timeEnd(label)
```

戻り値 なし

引数

引数名	タイプ	説明
label	string	ラベル

解説

スクリプトの実行時間を取得します。

time()は引数で指定したラベルを設定して、時間計測をスタートします。timeEnd()は引数で指定したラベルの時間計測をストップして、実行時間を取得します。双方共に引数で設定するラベルは同じにする必要があります。

289
[12-2]

時間

スクリプトの一時停止 / 遅延

Utilitiesクラス, sleep()

構文

```
Utilities.sleep(milliseconds)
```

戻り値 なし

引数

引数名	タイプ	説明
milliseconds	number（整数）	待機時間（単位：ミリ秒）

解説

引数で指定した時間だけスクリプトを一時停止します。

サーバー負荷軽減のため、Web APIリクエスト時の間隔調整で利用することがあります。

例文

12-a.gs スクリプト実行時間

```
function myFunction12_a() {

  // スクリプト実行時間を取得
  const label = 'スクリプト実行時間';
  console.time(label);

  // スクリプト一時停止
  Utilities.sleep(5000);

```

```
  // 計測終了
  console.timeEnd(label);
  // 実行ログ：スクリプト実行時間: 5002ms

}
```

解説

スクリプトの実行時間を計測します。

Utilities.sleep()を使ってスクリプトを一時停止した後に、計測終了します。

実行結果

実行ログよりスクリプト実行時間を確認できます。

スクリプトの停止時間は5秒ですが、前後の処理もあるためミリ秒単位の誤差は発生します。

290 [12-3] ロックの取得（排他制御①）

排他制御

LockServiceクラス, getDocumentLock(), getUserLock(), getScriptLock()

構文

```
LockService.getDocumentLock()
LockService.getUserLock()
LockService.getScriptLock()
```

戻り値 Lockオブジェクト

引数 なし

解説

スクリプトの重複実行を防ぐロック（Lockオブジェクト）を取得します。
ロックの違いは次表を参照してください。

図12-1 ロックの違い

メソッド	説明	利用シーン
getDocumentLock()	ドキュメントに対するロックを取得	同一ドキュメントの重複実行を制御 ⇨ドキュメントが異なれば重複実行は可
getUserLock()	ユーザーに対するロックを取得	同一ユーザーの重複実行を制御 ⇨異なるユーザーの重複実行は可
getScriptLock()	スクリプトに対するロックを取得	ドキュメント/ユーザーに関わらず重複実行を制御

※ドキュメントはスプレッドシートやスライドなどのリソースをさします。

ロックの種類に関わらず、スクリプトの排他制御は3つのステップで行います。

図12-2 3ステップのスクリプト排他制御

① ロックの取得
ドキュメント？
ユーザー？スクリプト？

Select

② ロックの有効化
①の要件通り
他プロセス制御

③ ロックの解除
他プロセス実行可能

291 [12-4] ロックの有効化（排他制御②）

排他制御

tryLock(), waitLock(), hasLock()

構文

```
Lockオブジェクト.tryLock(timeoutInMillis)
```

戻り値 boolean

引数

引数名	タイプ	説明
timeoutInMillis	number（整数）	ロック取得の待機時間（単位：ミリ秒）

解説

ロック（Lockオブジェクト）を有効化します。

引数で指定された時間内にロックが取得できなければタイムアウトします。ロックが既に有効化されている場合の戻り値はfalseになります。

構文

```
Lockオブジェクト.waitLock(timeoutInMillis)
```

戻り値 なし

引数

引数名	タイプ	説明
timeoutInMillis	number（整数）	（ロック取得の）待機する時間（単位：ミリ秒）

解説

ロック（Lockオブジェクト）を有効化します。

引数で指定された時間内にロックが取得できなければタイムアウトします。tryLock()との違いは、タイムアウトする場合に例外が発生する点です。

以下スクリプトを通して例外発生を確認します。

スクリプトエディタから手動で実行しても、スクリプトが終了されるまで再実行することができません。したがって、カスタムメニューにmySample12_a()を割り当てると複数回実行できます。結果的に例外を発生させることができます。

meun.gs カスタムメニュー

```
function onOpen() {

  const ui = SpreadsheetApp.getUi();
  ui.createMenu('カスタムメニュー')
    .addItem('例外発生', 'mySample12_a')
    .addToUi();

}
```


sample.gs 例外発生

```
function mySample12_a() {

  // ロック取得
  const lock = LockService.getScriptLock();
  try {
    lock.waitLock(3000);
  } catch (e) {
    console.log('3秒間にロック取得することはできませんでした');
    console.log(e);
  }
  // スクリプト実行遅延処理
  Utilities.sleep(10000);

}
```

例外発生時の実行ログは次図を参照してください。

図12-3 waitLock()の例外処理

2021/12/27 18:48:53	デバッグ	3秒間にロック取得することはできませんでした
2021/12/27 18:48:53	デバッグ	{ [Exception: ロックのタイムアウト: 別のプロセスがロックを保持している時間が長すぎました。] name: 'Exception' }

構文

```
Lockオブジェクト.hasLock()
```

戻り値 boolean

引数 なし

解説

ロック（Lockオブジェクト）が有効かどうか判定します。
戻り値は真偽値です。

292 [12-5] ロックの解除（排他制御③）

排他制御

releaseLock()

構文

```
Lockオブジェクト.releaseLock()
```

戻り値 なし

引数 なし

解説

ロック（Lockオブジェクト）を解除します。

解除後はスクリプトを実行できる状態になります。

例文

menu.gs カスタムメニュー

```
function onOpen() {

  const ui = SpreadsheetApp.getUi();
  ui.createMenu('カスタムメニュー')
    .addItem('ロック無', 'myFunction12_b1')
    .addItem('ロック有', 'myFunction12_b2')
    .addToUi();

}
```

12-b.gs 排他制御

```
const SH  = SpreadsheetApp.getActiveSheet();
const FMT = 'HH:mm:ss';
const NOW = Utilities.formatDate(new Date(), 'JST', FMT);

function myFunction12_b1() {

```

```
  const type = 'ロック無';
  setCurrentTimeInSheet_(type);

}

function myFunction12_b2() {

  const type = 'ロック有';

  // ロックの取得（排他制御ステップ①）
  const docLock = LockService.getDocumentLock();
  docLock.tryLock(1000);

  // ロックの有効化（排他制御ステップ②）
  if(docLock.hasLock()) {
    setCurrentTimeInSheet_(type);
    // ロックの解除（排他制御ステップ③）
    docLock.releaseLock();
  }

}

/**
 * スプレッドシートの10行10列に引数で指定した値の書き込み
 *
 * @param {string} value - 値
 */
function setCurrentTimeInSheet_(value) {

  // ロック有無をA1に入力
  SH.getRange('A1').setValue(value);
  SpreadsheetApp.flush();

  // 入力行と列の定義
  const row = 10;
  const col = 10;

  // セルへのvalue書き込み処理
```

```
  for(let i = 2; i <= row; i++) {
    for(let j = 1; j <= col; j++) {
      SH.getRange(i, j).setValue(NOW);
      Utilities.sleep(1000);
    }
    SpreadsheetApp.flush();
  }

}
```

解説

スクリプトの排他制御を確認するためにカスタムメニューに2つの関数を割り当てます。

双方共にプライベート関数のsetCurrentTimeInSheet_()を呼び出していますが、違いは排他制御の有無です。myFunction12_b2()の方にはスクリプトの排他制御があります。

プライベート関数のsetCurrentTimeInSheet_()はスプレッドシートの2-10行目A-J列に現在時刻を入力するスクリプトです。挙動を確認しやすくするために、行毎に1秒の処理間隔を置いてます。また、シートに入力した値が即時反映するように、SpreadsheetApp.flush()を使っています。

実行結果

カスタムメニューより各スクリプトを実行します。

図12-4 カスタムメニュー

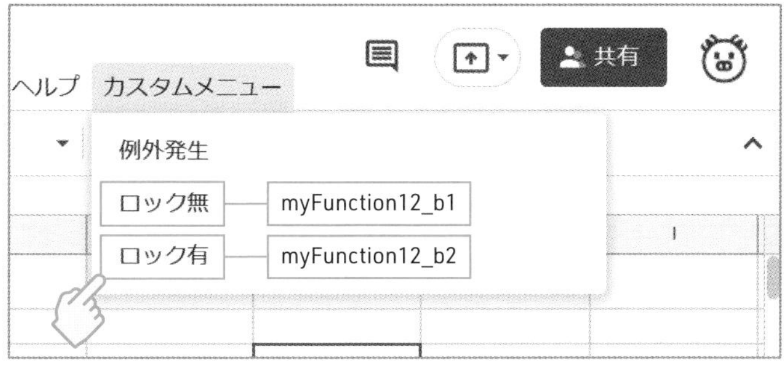

ロック無（myFunction12_b1()）は、ロックを取得していないため何度も繰り返

し実行できます。セルに入力される時刻が異なる行であれば、別のスクリプト実行と判断できます。次図の上部メッセージバーの「表示しない」を押下すると、スクリプトを重複実行することができます。

図12-5 myFunction12_b1()実行結果（ロック無）

	A	B	C	D	E	F	G	H
1	ロック無							
2	20:04:13	20:04:13	20:04:13	20:04:13	20:04:13	20:04:13	20:04:13	20:04:13
3	20:03:55	20:03:55	20:03:55	20:03:55	20:03:55	20:03:55	20:03:55	20:03:55
4	20:03:04	20:03:04	20:03:04	20:03:04	20:03:04	20:03:04	20:03:04	20:03:04
5	20:03:04	20:03:04	20:03:04	20:03:04	20:03:04	20:03:04	20:03:04	20:03:04
6	20:03:04	20:03:04	20:03:04	20:03:04	20:03:04	20:03:04	20:03:04	20:03:04
7	20:03:04	20:03:04	20:03:04	20:03:04	20:03:04	20:03:04	20:03:04	20:03:04
8	20:03:04	20:03:04	20:03:04	20:03:04	20:03:04	20:03:04	20:03:04	20:03:04
9	20:02:08	20:02:08	20:02:08	20:02:08	20:02:08	20:02:08	20:02:08	20:02:08
10	20:02:08	20:02:08	20:02:08	20:02:08	20:02:08	20:02:08	20:02:08	20:02:08

ロック有（myFunction12_b2()）は、スクリプト実行中にはロックが有効化されているため重複実行することができません。実行中のスクリプトが終了した段階でロックが解除されます。

図12-6 myFunction12_b2()実行結果（ロック有）

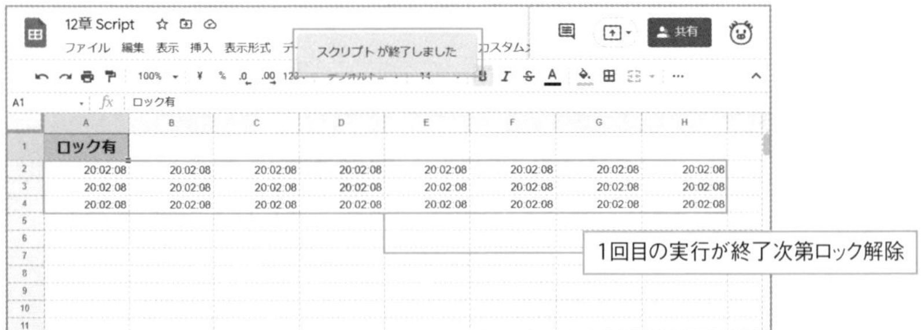

	A	B	C	D	E	F	G	H
1	ロック有							
2	20:02:08	20:02:08	20:02:08	20:02:08	20:02:08	20:02:08	20:02:08	20:02:08
3	20:02:08	20:02:08	20:02:08	20:02:08	20:02:08	20:02:08	20:02:08	20:02:08
4	20:02:08	20:02:08	20:02:08	20:02:08	20:02:08	20:02:08	20:02:08	20:02:08

293
[12-6]

トリガー

時間ベースのトリガー新規作成

ScriptAppクラス, newTrigger(), timeBased()

構文

```
ScriptApp.newTrigger(functionName)
```

戻り値 TriggerBuilderオブジェクト

引数

引数名	タイプ	説明
functionName	string	関数名

解説

引数で指定した関数を実行するトリガーを作成します。

構文

```
TriggerBuilderオブジェクト.timeBased()
```

戻り値 ClockTriggerBuilderオブジェクト

引数 なし

解説

TriggerBuilderオブジェクトに時間ベースのトリガーを設定します。
戻り値はClockTriggerBuilderオブジェクトです。

294
[12-7]

トリガー

時間ベーストリガーの起動日時設定

at()

構文

```
ClockTriggerBuilder オブジェクト.at(date)
```

戻り値 ClockTriggerBuilder オブジェクト

引数

引数名	タイプ	説明
date	Date	日時

解説

時間ベースのトリガー（ClockTriggerBuilder オブジェクト）に引数で指定した起動日時を設定します。

295
[12-8]

トリガー

PART 2

トリガーの有効化

create()

構文

```
ClockTriggerBuilderオブジェクト.create()
```

戻り値 Triggerオブジェクト

引数 なし

解説

ClockTriggerBuilderオブジェクトを有効化します。

12

Column TriggerBuilderクラスの利用シーン

トリガーは基本的にはプロジェクトのトリガーメニューより画面操作で設定できますが、時間ベースのトリガーは「毎日8～9時」のように、1時間の幅があるため、分単位の正確性を求めることはできません。特定の時間ちょうど（9:00や12:30など）にスクリプトを実行したい場合には、ClockTriggerBuilderオブジェクトを使います。定時連絡、時間報などの利用時に役立ちます。時間主導型以外にもスプレッドシート編集時や起動時などのトリガーを設定するクラスやメソッドも用意されていますが、トリガー設定画面で対応できるものをあえてスクリプトにする必要はありません。

296
[12-9]

トリガー

全トリガーの取得

getProjectTriggers()

構文

```
ScriptApp.getProjectTriggers()
```

戻り値 Triggerオブジェクト[]

引数 なし

解説

実行するプロジェクトのすべてのトリガーを取得します。
戻り値はTriggerオブジェクトを格納した配列です。

297
[12-10]

トリガー

関数名の取得

getHandlerFunction()

構文

```
Triggerオブジェクト.getHandlerFunction()
```

戻り値　string

引数　なし

解説

トリガー（Triggerオブジェクト）から関数名を取得します。

298
[12-11]

トリガー

トリガーの削除

deleteTrigger()

構文

```
ScriptApp.deleteTrigger(trigger)
```

戻り値 なし

引数

引数名	タイプ	説明
trigger	Trigger	（削除する）トリガー

解説

引数で指定したトリガー（Triggerオブジェクト）を削除します。

プロジェクトで設定できるトリガーには上限があるため、実行済みの特定日時トリガーは削除してください。特定日時のトリガーを利用する場合は、「作成」と「削除」をセットにすることがポイントです。

例文

12-c.gs トリガー作成と削除

```
function myFunction12_c1() {

  // 当日の取得
  const today   = new Date();
  // 当日18:00
  const year    = today.getFullYear();
  const month   = today.getMonth();
  const day     = today.getDate();
```

```
  const hour    = '18';
  const minute  = '00';
  // Dateオブジェクトに変換
  const setTime = new Date(year, month, day, hour, minute);
  console.log(setTime);
  // 実行ログ：Thu Nov 18 2021 18:00:00 GMT+0900 (JST)

  // 時間ベースの新しいトリガーを作成
  // 時間ベースのトリガーに起動日時を設定
  // トリガーの有効化
  ScriptApp
    .newTrigger('sampleFunction_')
    .timeBased()
    .at(setTime)
    .create();

}

function sampleFunction_() {
  console.log('呼び出されました！');
}

function myFunction12_c2() {

  // すべてのトリガーを取得
  const triggers = ScriptApp.getProjectTriggers();
  Logger.log(triggers);

  for(const trigger of triggers) {
    // 特定の関数名に一致した場合のみ処理実行
    if(trigger.getHandlerFunction() === 'sampleFunction_') {
      // トリガーの削除
      ScriptApp.deleteTrigger(trigger);
    }
  }

}
```

解説

myFunction12_c1()は、当日18:00にsampleFunction_()を起動するスクリプトです。本例文では、必要な処理をメソッドチェーンでコード記述しています。

myFunction12_c2()は、関数名「sampleFunction_()」と一致する、トリガーを削除するスクリプトです。トリガーを削除する理由は、終了後のトリガーが20を超えるとエラーが発生するからです。トリガーを取得した後に、関数名を指定して削除します。

図12-7 実行済みのトリガーが残り続けることによるエラー

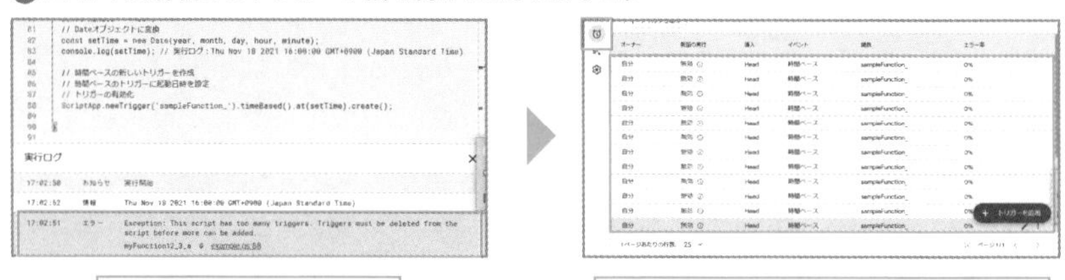

トリガー作成にエラーが発生

終了後のトリガーが20を超えるとエラー発生

エラーを防止するために、トリガーの作成と実行後の削除はセットで運用する必要があります。実務で運用する際のスケジュールは次図のようになります。

図12-8 トリガーのサイクル（例）

トリガーの作成と削除をセットで1日をスケジューリング

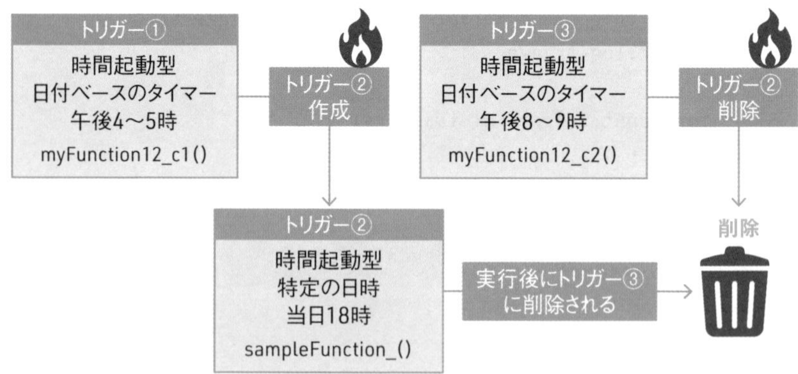

※トリガー①、③は事前にトリガー画面より設定
トリガー②はmyFunction12_c1()から作成、myFunction12_c2()から削除

トリガーは次図のように設定します。

▼図12-9 トリガー①,③の設定

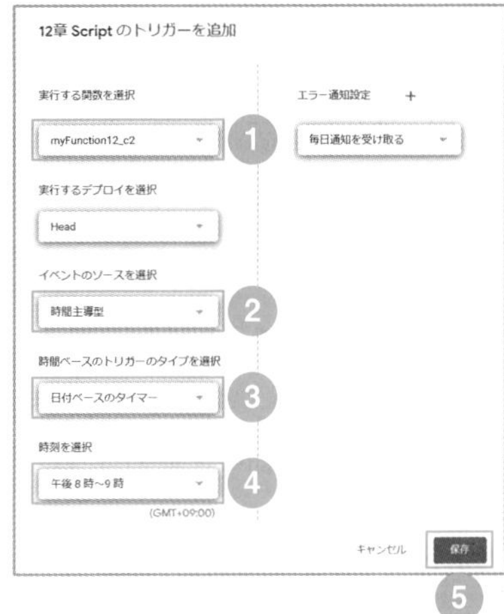

実行結果

本来トリガー実行を通して、一連の処理が正常に動作するかどうか確認すべきですが、今回は手動で確認します。

18時前にmyFunction12_c1()を実行すると、トリガー画面に関数、sampleFunction_()が反映されます。当日18時を過ぎると、次図のように実行されたことが確認できます。なお、18時過ぎにmyFunction12_c1()を実行すると、当日最短（1分後）でトリガーが設定されます。

そのあとに、myFunction12_c2()を実行すると、実行済みのトリガー（sampleFunction_()）を削除できます。

図12-10 当日18時のトリガー実行履歴

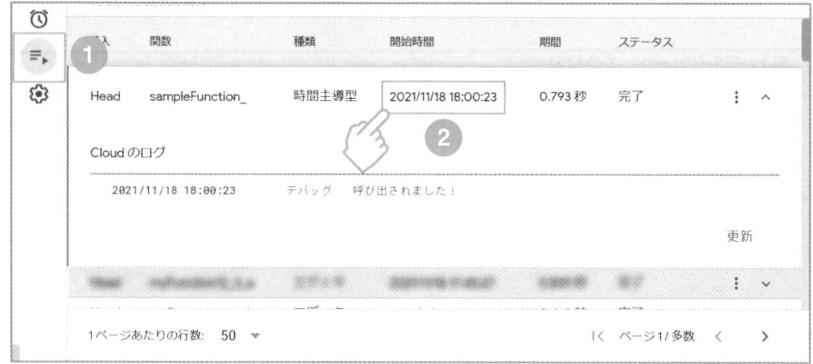

トリガー設定画面の一連の流れは次図のようになります。

図12-11 トリガー設定画面の変遷

13

Blob

本章では、サービス横断でファイルを持ち運ぶことができるBlobオブジェクトについて解説してきます。Blobオブジェクトを取得することで、メール添付やSlack投稿、ドライブ保存など、様々な形式で流用できます。

例文スクリプト確認方法

以下フォルダのスプレッドシートをコピー作成して、コンテナバインドスクリプトより例文スクリプトを確認してください。

格納先

SampleCode >
  13章 Blob >
    13章 Blob（スプレッドシート）

299
[13-1]

ファイル

ファイルの取得

getBlob(), getAs()

構文

```
Spreadsheetオブジェクト.getBlob()
EmbeddedChartオブジェクト.getBlob()
Fileオブジェクト.getBlob()
Documentオブジェクト.getBlob()
Imageオブジェクト.getBlob()
Blobオブジェクト.getBlob()
HTTPResponseオブジェクト.getBlob()
HtmlOutputオブジェクト.getBlob()
```

戻り値 Blobオブジェクト

引数 なし

解説

各オブジェクトをBlobオブジェクトとして取得します。

Blobオブジェクトは、各サービス横断的に利用可能なため、メールやSlackなどに送ることができます。

Blob（Binary large object）は、名前とMIME型を持つファイルを扱うためのオブジェクトです。テキストや画像など様々なデータをバイナリデータとして保持して、別のデータ形式に変換することができます。ただし、画像からテキストなどの変換はサポートされておりません。

また、下表のようにBlobとして扱うことができるオブジェクトをBlobSourceオブジェクトとよびます。今回の構文のように、BlobSourceオブジェクトはgetBlob()を呼び出すことで、Blobオブジェクトを取得できます。

オブジェクト	説明
Spreadsheet	スプレッドシート
EmbeddedChart	スプレッドシートのグラフ
File	ドライブのファイル
Document	ドキュメント
Image	スライドの画像
Blob	ブロブ
HTTPResponse	HTTPレスポンス
HtmlOutput	HTMLコンテンツ

構文

```
BlobSourceオブジェクト.getAs(contentType)
```

戻り値 Blobオブジェクト

引数

引数名	タイプ	説明
contentType	string	コンテンツタイプ

主なコンテンツタイプは下記の通りです。

PDF	application/pdf
GIF	image/gif
JPEG	image/jpeg
PNG	image/png

解説

BlobSourceオブジェクトを引数で指定したコンテンツタイプに変換します。

コンテンツタイプの変換とは、ファイル名を適切な拡張子（例えば、「myfile.pdf」）に変えることです。ただし、サポートされていない形式には変換できません。

300
[13-2]

ファイル

ファイルの名前取得

getName()

構文

```
Blobオブジェクト.getName()
```

戻り値 string

引数 なし

解説

ファイル（Blobオブジェクト）から名前を取得します。

301 [13-3] ファイルの名前設定

ファイル

setName()

PART 2

構文

```
Blobオブジェクト.setName(name)
```

戻り値 Blobオブジェクト

引数

引数名	タイプ	説明
name	string	(設定後の) ファイル名

解説

ファイル (Blobオブジェクト) に引数で指定した名前を設定します。

13

ファイル

ファイルのコンテンツタイプ取得

getContentType()

構文

```
Blobオブジェクト.getContentType()
```

戻り値 string

引数 なし

解説

ファイル（Blobオブジェクト）からコンテンツタイプを取得します。

例文

13-a.gs Blob取得

```
function myFunction13_a() {

  // ファイルの取得（スプレッドシート）
  const ss     = SpreadsheetApp.getActiveSpreadsheet();
  const shBlob = ss.getBlob();
  console.log(shBlob.getName()); // 実行ログ：13章 Blob.pdf
  console.log(shBlob.getContentType());
  // 実行ログ：application/pdf

  // ファイルの取得（グラフ）
  const chart    = ss.getActiveSheet().getCharts()[0];
  let imageBlob = chart.getBlob();
  console.log(imageBlob.getContentType());
  // 実行ログ：image/png

  // コンテンツタイプの変換
  imageBlob = imageBlob.getAs('image/jpeg');
  console.log(imageBlob.getContentType());
  // 実行ログ：image/jpeg
```

```
  // ファイルの名前を設定
  console.log(imageBlob.getName()); // 実行ログ：chart.jpg
  imageBlob = imageBlob.setName('売上.png');
  console.log(imageBlob.getName()); // 実行ログ：売上.png

  // ファイル確認のためメール送付
  const mailTo     = Session.getActiveUser().getEmail();
  const mailTitle = 'myFunction13_a';
  const mailBody  = '';
  const attachments = [shBlob, imageBlob];
  GmailApp.sendEmail(mailTo, mailTitle, mailBody,
    {
      attachments
    }
  );

}
```


解説

スプレッドシートとシートのグラフを各々Blobオブジェクトとして取得します。取得したBlobオブジェクトをメール送信します。

スプレッドシートは、Spreadsheetオブジェクトから getBlob() を呼び出すとPDF形式になります。グラフの方は、EmbeddedChartオブジェクトから getBlob() を呼び出すとPNG形式になりますが、getAs() を利用してJPEG形式に変換します。

図13-1 取得対象のBlobオブジェクト

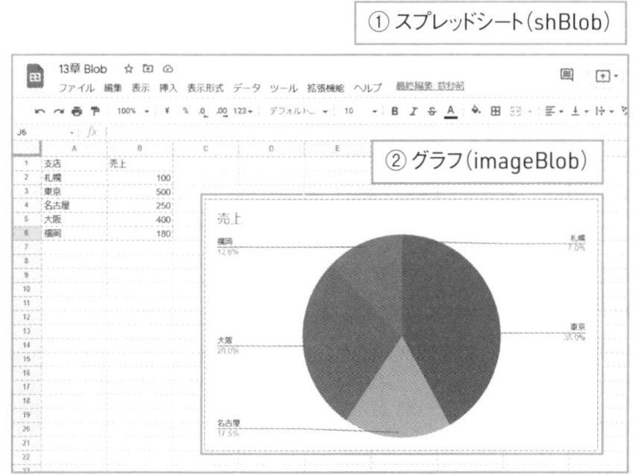

実行結果

スクリプトを実行すると、スプレッドシートとグラフが各々Blobオブジェクトに変換されて、自分自身にメールが送られます。

図13-2 myFunction13_a()実行結果

Column スプレッドシートのPDF変換の問題点

例文解説の通り、getBlob()やgetAs()は、かんたんにスプレッドシートをPDFに変換することができますが、実務では少々使いづらい点もあります。その問題点は、シートのセル範囲や幅の調整、縦/横向きなどを指定することができません。加えて、複数枚シートがある場合には、全てのシートがPDF化されます。状況によっては、特定の1つのシートのみを、PDF化したいという利用シーンもあるでしょう。

本コラムでは、その対策方法として別のPDF化の方法を紹介します。スプレッドシートはURLを組み立ててファイルをエクスポートできます。この特性を活かすと細かい条件を指定してPDFを作成することができます。「243(8-17)スライドのテキスト取得」の例文、myFunction8_d2()のスライドの画像変換も同じ方法です。

以下スクリプトは、引数で指定したシートのセル範囲（A1:B6）をPDFに変換してメール送信します。createBlobByUrlParameter_()は、引数に特定のシートIDを含むスプレッドシートのURLを渡すと、戻り値としてBlobオブジェクトを生成します。詳細パラメータで、細かい条件を設定できるため、プロパティを変更しながら動きを確認してみましょう。

column.gs

```
function createSheetBlob() {

  // 単体シートのファイル変換
  // シートIDを含むスプレッドシートのURLの設定
  const ssUrl = 'スプレッドシートのURLを入力してください';
  // ※ 実行結果のサンプルはコチラ
  // const ss    = SpreadsheetApp.getActiveSpreadsheet();
  // const ssUrl = `${ss.getUrl()}#gid=0`;

  // 詳細パラメータ
  const opt = {
    format    : 'pdf',     // 拡張子 pdf / csv / xlsx
    size      : 'A4',      // 用紙サイズ legal / letter / A4
    range     : 'A1%3AB6', // A1形式 ※ エンコード必須 :⇨%3A
    portrait  : 'false',   // true 縦向き false 横向き
    fitw      : 'true',    // 幅を用紙に合わせるか
    printtitle: 'true',    // PDFのみスプレッドシート名の表示
    sheetnames: 'true',    // PDFのみシート名の表示
    gridlines : 'true',    // グリッドラインの表示
  };
  const name = '13章 Blob コラム';

  // Blobオブジェクトの作成
  const blob = createBlobByUrlParameter_(ssUrl, opt, name);

  // Blobオブジェクトの確認
  const mail  = Session.getActiveUser().getEmail();
  const title = 'createSheetBlob()';
  GmailApp.sendEmail(mail, title, '',
    {attachments: blob}
  );

}

/**
 * シートURLをBlobオブジェクトに変換
 *
```

```
 * @param {string} url - シートのURL
 * @param {Object} opt - 詳細パラメータ
 * @param {string} name - ファイル名
 * @return {UrlFetchApp.HTTPResponse} HTTPレスポンス
 */
function createBlobByUrlParameter_(url, opt, name = false) {

  // スプレッドシートIDとシートIDの取得
  const ssId = url.split('/d/')[1].split('/edit#gid=')[0];
  const shId = url.split('#gid=')[1];
  // パラメーター作成
  let parameter = '';
  for(const key in opt) {
    parameter += `&${key}=${opt[key]}`;
  }
  const baseA = 'https://docs.google.com/spreadsheets/d/';
  const baseB = '/export?gid=';
  const fileUrl = baseA + ssId + baseB + shId + parameter;

  // OAuth認証
  const token  = ScriptApp.getOAuthToken();
  const params = {
    'headers': {'Authorization':'Bearer ' + token},
    // 'muteHttpExceptions': true
    // ↑ 利用時は、「try...catch文」をセット利用
  }

  // HTTPリクエスト
  const response = UrlFetchApp.fetch(fileUrl, params);
  // Blobオブジェクトを作成
  const blob = response.getBlob();
  // nameあるときの処理
  name && blob.setName(`${name}.${opt.format}`);
  return blob;

}
```

303
[13-5]

ファイル

PART 2

ファイルの新規作成

newBlob()

構文

```
Utilities.newBlob(data)
Utilities.newBlob(data, contentType)
Utilities.newBlob(data, contentType, name)
```

戻り値 Blobオブジェクト

引数

引数名	タイプ	説明
data	string	（変換する）文字列
contentType	string	コンテンツタイプ
name	string	ファイル名

解説

引数で指定したBlobオブジェクトを作ります。
第二引数のコンテンツタイプはMIMEタイプで指定することもできます。

例文

13-b.gs ファイル新規作成

```
function myFunction13_b() {

  // 変換する文字列（ファイルのコンテンツ）
  const csv    = 'name, age, favorite\nKana, 29, apple';
  const type01 = MimeType.CSV;
  const name01 = 'sample01.csv';

  // ファイルの新規作成①
  const blob01 = Utilities.newBlob(csv, type01, name01);

  // 新規作成したファイルの確認
  Logger.log(blob01); // 実行ログ：Blob
```

13

```
  console.log(blob01.getContentType()); // 実行ログ：text/csv
  console.log(blob01.getName()); // 実行ログ：sample01.csv

  const type02 = 'text/csv';
  const name02 = 'sample02.csv';

  // ファイルの新規作成②
  const blob02 = Utilities.newBlob(csv, type02, name02);

  // 新規作成したファイルの確認
  Logger.log(blob02); // 実行ログ：Blob
  console.log(blob02.getContentType()); // 実行ログ：text/csv
  console.log(blob02.getName()); // 実行ログ：sample01.csv

  // 目視確認のためメール送付
  const mailTo    = Session.getActiveUser().getEmail();
  const mailTitle = 'myFunction13_b';
  const mailBody  = '';
  const attachments = [blob01, blob02];
  GmailApp.sendEmail(mailTo, mailTitle, mailBody,
    {
      attachments
    }
  );

}
```

解説

コンテンツタイプの指定方法を変えて、2つのCSV形式のBlobオブジェクトを作成します。作成したBlobオブジェクトはメール送信します。

実行結果

スクリプトを実行すると、作成されたBlobオブジェクトが自分自身にメール送信されます。

Blobオブジェクトを指定するときのコンテンツタイプは違っても、2つのCSVファイルに違いはありません。

図13-3 myFunction13_b() 実行結果

14

Properties

本章では、プロパティストアを解説しています。スクリプト実行後も、データを保持することができる便利なサービスです。セキュアな情報の管理など、実務では様々なところで役に立ちます。

例文スクリプト確認方法

以下フォルダのスクリプトファイルをコピー作成して、例文スクリプトを確認してください。

格納先

SampleCode >
  14章 Properties >
    14章 Properties（スクリプトファイル）

304 [14-1] プロパティストア

プロパティストアの取得

PropertiesServiceクラス, getScriptProperties(), getUserProperties(), getDocumentProperties()

構文

```
PropertiesService.getScriptProperties()
PropertiesService.getUserProperties()
PropertiesService.getDocumentProperties()
```

戻り値 Propertiesオブジェクト

引数 なし

解説

各メソッドに対応したプロパティストアを取得します。

プロパティストアとは、プロジェクト毎に割り当てられたデータを保存するための領域のことです。オブジェクト形式（{key, value}）で保存されて、容量は各valueが9KB、全体で500KBという制限があります。valueは文字列型です。短いテキスト情報を保存するくらいであれば問題ありませんが、上限があるということだけは忘れてはいけません。

図14-1 プロパティストアのイメージ

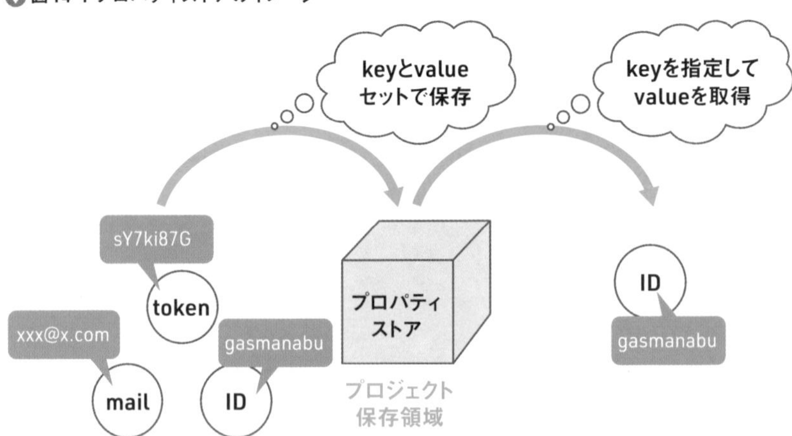

プロパティストアは、IDやパスワード、API TOKENなど主にセキュアな情報を管理するために利用されます。また、プロパティストアは変数とは違って、スクリプト実行後も情報を保持することができます。1回の実行が6分に収まらないスクリプトは、途中経過をプロパティストアに記録して、後続処理を再開することもできます。

プロパティストアの違いは次表の通りです。

アドオンを利用しない限り、一般的にスクリプトプロパティかユーザープロパティのいずれかが利用されます。

図14-2 プロパティストアの比較

種別	メソッド	有効範囲	説明
スクリプトプロパティ	getScriptProperties()	プロジェクト	プロジェクト内からアクセスできるユーザー共通の保存領域
ユーザープロパティ	getUserProperties()	プロジェクト × ユーザー	プロジェクト内からアクセスできるユーザー毎の保存領域
ドキュメントプロパティ	getDocumentProperties()	ドキュメント	開いているドキュメントのアドオンのユーザーがアクセス可能な保存領域

※スクリプトプロパティのみプロジェクトの設定画面から確認ができます。

305 [14-2] プロパティストア

プロパティストアへのプロパティ（key, value）格納

setProperty(), setProperties()

構文

```
Propertiesオブジェクト.setProperty(key, value)
```

戻り値 Properties オブジェクト

引数

引数名	タイプ	説明
key	string	プロパティ名
value	string	値

解説

引数で指定した値（key, value）をプロパティストア（Propertiesオブジェクト）に格納します。

構文

```
Propertiesオブジェクト.setProperties(properties)
Propertiesオブジェクト.setProperties(properties, deleteA
llOthers)
```

戻り値 Properties オブジェクト

引数

引数名	タイプ	説明
properties	Object	オブジェクト
deleteAllOthers	boolean	true：既存の値を削除する false：既存の値を削除しない ※ 省略時の規定値：false

解説

引数で指定したオブジェクトをプロパティストア（Propertiesオブジェクト）に保存します。

複数のkey，valueを格納する際はこちらのメソッドを利用します。第二引数でtrueを指定すると、プロパティストアの既存の値を全削除してから追加します。

306
[14-3]

プロパティストア

プロパティストアのkey全取得

getKeys()

構文

```
Propertiesオブジェクト.getKeys()
```

戻り値 string[]

引数 なし

解説

プロパティストア（Propertiesオブジェクト）からすべてのkeyを取得します。
戻り値は、文字列型のkeyを格納した配列です。

307 [14-4]

プロパティストア

プロパティストアのkeyからvalue取得

getProperty()

PART 2

構文

```
Propertiesオブジェクト.getProperty(key)
```

戻り値 string

引数

引数名	タイプ	説明
key	string	（取得する値の）プロパティ名

解説

プロパティストア（Propertiesオブジェクト）から引数で指定したプロパティ名（key）に対応する値（value）を取得します。

14

308
[14-5]

プロパティストア

プロパティストアのプロパティ全取得

getProperties()

構文

```
Propertiesオブジェクト.getProperties()
```

戻り値 Object

引数 なし

解説

プロパティストア（Propertiesオブジェクト）のすべてのkey, valueのペアを取得します。

例文

14-a.gs プロパティストア

```
function myFunction14_a() {

  // プロパティストアの取得（スクリプトプロパティ）
  const props = PropertiesService.getScriptProperties();

  // プロパティストアへkey, valueの設定
  props.setProperty('きー', 'ばりゅー');
  // プロパティストアへkey, valueの設定（複数）
  props.setProperties(
    {
      'mail': 'a@a.com',
      'token': 'abcdefg',
      'password': 'passpass'
    }
  );

  // プロパティストアのkey全取得
  const keys = props.getKeys();
```

```
  console.log(keys);
  // 実行ログ：[ 'password', 'mail', 'きー', 'token' ]

  // プロパティストアから情報の取得
  const token = props.getProperty('token');
  console.log(token); // 実行ログ：abcdefg
  // keyが存在しない場合
  const nothing = props.getProperty('nothing');
  console.log(nothing); // 実行ログ：null

  // プロパティストアのプロパティを全取得
  const allProperties = props.getProperties();
  console.log(allProperties);
  // 実行ログ：
  // { password: 'passpass', 'きー': 'ばりゅー',
  //   token: 'abcdefg', mail: 'a@a.com' }

}
```

解説

プロパティストアの取得、データ（key, value）の格納、そして格納したデータ（key, value）を取得する一連の処理を行います。

図14-3 プロパティストア利用の流れ

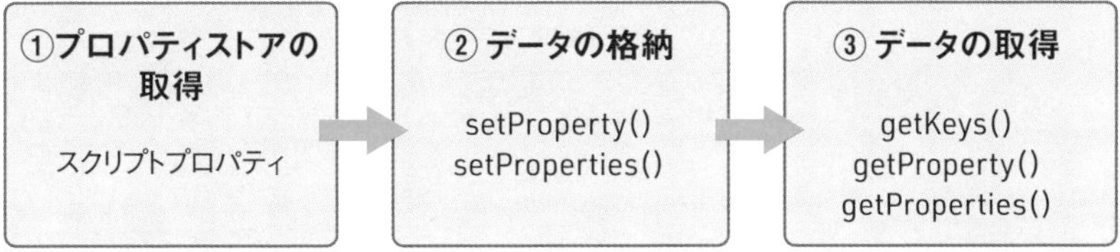

今回のように何度も繰り返し利用する場合には、取得したスクリプトプロパティを定数（props）に格納すると効率良く進められます。

実行結果

実行ログより、プロパティストアを確認できます。

nothingのような存在しないkeyを引数で指定した場合、戻り値はnullになります。props.getProperties()の戻り値（allProperties）は、オブジェクトの特性上プロパティの順番が実行毎に異なります。また、プロパティ名が全角文字の場合は引用符がつきます。プロジェクトの設定画面からスクリプトプロパティを確認できます。

図14-4 エディタからスクリプトプロパティの確認

309
[14-6]

プロパティストア

プロパティストアのkeyから プロパティ削除

deleteProperty()

構文

```
Propertiesオブジェクト.deleteProperty(key)
```

戻り値 Propertiesオブジェクト

引数

引数名	タイプ	説明
key	string	(削除する) プロパティ名

解説

プロパティストア (Propertiesオブジェクト) から引数で指定したプロパティを削除します。

プロパティストア

プロパティストアのプロパティ全削除

deleteAllProperties()

構文

```
Propertiesオブジェクト.deleteAllProperties()
```

戻り値 Propertiesオブジェクト

引数 なし

解説

プロパティストア（Propertiesオブジェクト）からすべてのプロパティを削除します。

例文

14-b.gs プロパティ削除

```
function myFunction14_b() {

  // プロパティストアの取得
  const props = PropertiesService.getScriptProperties();

  // プロパティストアのプロパティを全取得
  console.log(props.getProperties());
  // 実行ログ：
  // { 'きー': 'ばりゅー', token: 'abcdefg',
  //   password: 'passpass', mail: 'a@a.com' }

  // プロパティストアのkeyからプロパティを削除
  props.deleteProperty('token');

  // プロパティストアのプロパティを全取得
  console.log(props.getProperties());
  // 実行ログ：
  // { 'きー': 'ばりゅー', password: 'passpass',
  //   mail: 'a@a.com' }
```

```

  // プロパティストアのプロパティを全削除
  props.deleteAllProperties();

  // プロパティストアのプロパティを全取得
  console.log(props.getProperties());
  // 実行ログ：{}

}
```

解説

スクリプトプロパティを取得した後に、keyを指定してプロパティを削除します。その後に全プロパティを削除します。

実行結果

本例文はmyFunction14_a()の実行後に作成される、プロパティストアが存在することが前提です。

スクリプト実行後に、実行ログよりプロパティストアの各データが削除されていることがわかります。

15
日付・文字列・数値

本章では、業務で頻出する日付、文字列、数値の扱い方について解説していきます。各オブジェクトを操作するための便利なメソッドが多数用意されています。目的に合わせて、使えるように準備をしていきましょう。

例文スクリプト確認方法

以下フォルダのスクリプトファイルをコピー作成して、例文スクリプトを確認してください。

格納先

SampleCode >

　15章 日付・文字列・数値 >

　　15章 日付・文字列・数値（スクリプトファイル）

311
[15-1]
日付
現在日時の取得
new Date()

構文

```
new Date()
```

戻り値 Dateオブジェクト

引数 なし

解説

（引数を指定しない場合）現在日時のDateオブジェクトを生成します。

312 [15-2] 特定日時の取得

日付

new Date()

PART 2

構文

```
new Date(value)
new Date(dateString)
new Date(year, monthIndex)
new Date(year, monthIndex , day)
new Date(year, monthIndex , day , hours)
new Date(year, monthIndex , day , hours , minutes)
new Date(year, monthIndex , day , hours , minutes , seconds)
new Date(year, monthIndex , day , hours , minutes , seconds , milliseconds)
```

戻り値 Date オブジェクト

15

引数

引数名	タイプ	説明
value	number（整数）	時刻値（タイムスタンプ値）単位：ミリ秒
dateString	number（整数）	タイムスタンプ文字列 例：yyyy/MM/dd HH:mm
year	number（整数）	年
monthIndex	number（整数）	月番号 [0-11]
day	number（整数）	日
hours	number（整数）	時間
minutes	number（整数）	分
seconds	number（整数）	秒
milliseconds	number（整数）	ミリ秒

解説

引数で指定した日時のDateオブジェクトを生成します。

タイムスタンプ値は、1970年1月1日午前0時0分0秒からの経過ミリ秒数のことです。

また、業務上の利用シーンとして、Googleカレンダーのイベントを作成する場合に開始日時や終了日時をDateオブジェクトとして設定します。

図15-1 タイムスタンプ文字列

文字	説明	現在時刻（例）：2021年5月1日（金）19時8分5秒
y	年	yyyy ⇨ 2021, yy ⇨ 21
M	月	MM ⇨ 05, M ⇨ 5
d	日	dd ⇨ 01, d ⇨ 1
E	曜日	E ⇨ Fri
H	時間（24時制）	HH ⇨ 19, H ⇨ 19
h	時間（12時制）	hh ⇨ 07, h ⇨ 7
a	AM/PM	a ⇨ PM
m	分	mm ⇨ 08, m ⇨ 8
s	秒	ss ⇨ 05, s ⇨ 5

例文

15-a.gs Dateオブジェクト

```
function myFunction15_a() {

  // 実行時の現在日時の取得
  const today = new Date();
  console.log(today);
  // 実行ログ：Mon Jan 03 2022 17:00:44 GMT+0900 (JST)

  // 特定日時の取得
  // 1000ミリ秒 × 60秒 × 60分 × 24時間 × 365日 × 50年
  const calculation  = 1000 * 60 * 60 * 24 * 365 * 50;
  const timeStampVal = new Date(calculation);
  const timeStampStr = new Date('2021/08/10 13:00');
  const birthday     = new Date(1990, 11, 11);
  const eventDate    = new Date(2021, 9, 20, 14, 30);
```

```

    console.log(timeStampVal);
    // 実行ログ：Fri Dec 20 2019 09:00:00 GMT+0900 (JST)
    console.log(timeStampStr);
    // 実行ログ：Tue Aug 10 2021 13:00:00 GMT+0900 (JST)
    console.log(birthday);
    // 実行ログ：Tue Dec 11 1990 00:00:00 GMT+0900 (JST)
    console.log(eventDate);
    // 実行ログ：Wed Oct 20 2021 14:30:00 GMT+0900 (JST)

}
```

解説

様々な引数の指定方法でDateオブジェクトを生成します。

1つ目は引数の指定がないため、現在日時のDateオブジェクトを生成します。スクリプト実行時の現在日時が生成されるため、例文の実行ログと一致することはありません。

2つ目のタイムスタンプ値は、50年分をミリ秒に換算して引数に指定しています。閏年の2月29日の考慮がないため誤差が発生します。

3つ目以降は、タイムスタンプ文字列と、年、月、日、時間、分を引数で指定する方法です。

実行結果

実行ログより生成したDateオブジェクトを確認できます。

313 [15-3] 日付

日付の表示形式設定

Utilitiesクラス, formatDate(), toString(), toLocaleString(), toDateString(), toLocaleDateString(), toTimeString(), toLocaleTimeString()

構文

```
Utilities.formatDate(date, timeZone, format)
```

戻り値 string

引数

引数名	タイプ	説明
date	Date	日時
timeZone	string	タイムゾーン ※ 日本時間：'JST', 'Asia/Tokyo'
format	string	フォーマット ※ タイムスタンプ文字列

解説

引数で指定した日付（date）を、タイムゾーン（timeZone）、フォーマット（format）の文字列の表示形式に変更します。

第三引数のタイムスタンプ文字列は図15-1を参照してください。

第三引数のフォーマットは大文字と小文字が区別されます。月はM、分はmです。混同されるケースが多いので注意してください。

構文

```
Dateオブジェクト.toString()
Dateオブジェクト.toLocaleString([locales[, options]])
Dateオブジェクト.toDateString()
```

```
Dateオブジェクト.toLocaleDateString([locales[, options]])
Dateオブジェクト.toTimeString()
Dateオブジェクト.toLocaleTimeString([locales[, options])
```


戻り値 string

引数

引数名	タイプ	説明
locales	string	BCP 47 言語タグの文字列
options	Object	詳細パラメータ

解説

Date オブジェクトを文字列の表示形式に変更します。

Utilities.formatDate() のようにフォーマットを細かく指定することはできませんが、用途に合致する文字列があると利用できるシーンもあります。引数の指定などの利用方法は下表、およびスクリプトを参照してください。マニフェストファイルと異なるタイムゾーンを指定する場合には、詳細パラメータ (options) の設定が必要になります。

メソッド	説明
toString()	日時を文字列に変換
toLocaleString([locales[, options])	日時を (引数で指定した言語の) 文字列に変換
toDateString()	日付を文字列に変換
toLocaleDateString([locales[, options])	日付を (引数で指定した言語の) 文字列に変換
toTimeString()	時刻を文字列に変換
toLocaleTimeString([locales[, options])	時刻を (引数で指定した言語の) 文字列に変換

sample.gs 日時の表示形式

```
function mySample15_a() {

  // 実行時の現在日時の表示形式を指定
  const today  = new Date();
```

```
  const date01 = today.toString();
  const date02 = today
    .toLocaleString('ja-JP');
  const date03 = today.toDateString();
  const date04 = today
    .toLocaleDateString('ja-JP-u-ca-japanese');
  const date05 = today.toTimeString();
  const date06 = today
    .toLocaleTimeString('ja-JP');

  console.log(date01);
  // 実行ログ：Sat Oct 16 2021 13:25:55 GMT+0900 (JST)
  console.log(date02); // 実行ログ：2021/10/16 13:25:55
  console.log(date03); // 実行ログ：Sat Oct 16 2021
  console.log(date04); // 実行ログ：R3/10/16
  console.log(date05); // 実行ログ：13:25:55 GMT+0900 (JST)
  console.log(date06); // 実行ログ：13:25:55

}
```

例文

15-b.gs 日時の表示形式

```
function myFunction15_b() {

  // 実行時の現在日時の表示形式を指定
  const today = new Date();
  const str01 = 'yyyy/MM/dd(E) ahh:mm:ss';
  const str02 = 'yyyy/MM/dd(E) HH:mm:ss';
  const str03 = 'yyyy年MM月dd日 HH時mm分ss秒';

  const date01 = Utilities.formatDate(today, 'JST', str01);
  const date02 = Utilities.formatDate(today, 'JST', str02);
  const date03 = Utilities.formatDate(today, 'JST', str03);

  console.log(date01); // 実行ログ：2021/10/16(Sat) PM01:01:14
  console.log(date02); // 実行ログ：2021/10/16(Sat) 13:01:14
  console.log(date03); // 実行ログ：2021年10月16日 13時01分14秒
```

```

}
```

解説

現在日時のDateオブジェクトから表示形式を指定した3パターンの文字列を作成します。

第三引数の文字列は、図15-1を参照してください。

実行結果

実行ログより指定した表示形式の文字列を確認できます。

314
[15-4]

日付

年の取得/設定

getFullYear(), setFullYear()

構文

```
Dateオブジェクト.getFullYear()
```

戻り値 number(整数)

引数 なし

解説

Dateオブジェクトから西暦(4桁整数)を取得します。

構文

```
Dateオブジェクト.setFullYear(yearValue[, monthValue[, dat
eValue]])
```

戻り値 なし

引数

引数名	タイプ	説明
yearValue	number(整数)	年(4桁整数)
monthValue	number(整数)	月(0-11)
dateValue	number(整数)	日(1-31)

解説

Dateオブジェクトに引数で指定した西暦(4桁整数)を設定します。
第二引数以降は省略可能です。

315
[15-5]

日付

PART 2

月の取得/設定

getMonth(), setMonth()

構文

```
Dateオブジェクト.getMonth()
```

戻り値 number(整数)

引数 なし

解説

Dateオブジェクトから月(0-11)を取得します。

判定値	月
0	1月
1	2月
2	3月
3	4月

判定値	月
4	5月
5	6月
6	7月
7	8月

判定値	月
8	9月
9	10月
10	11月
11	12月

15

構文

```
Dateオブジェクト.setMonth(monthValue[, dayValue])
```

戻り値 なし

引数

引数名	タイプ	説明
monthValue	number(整数)	月(0-11)
dayValue	number(整数)	日(1-31)

解説

Dateオブジェクトから月(0-11)を設定します。
第二引数は省略可能です。

316 [15-6] 日の取得/設定

日付

getDate(), setDate()

構文

```
Dateオブジェクト.getDate()
```

戻り値 number(整数)

引数 なし

解説

Dateオブジェクトから日(1-31)を取得します。

構文

```
Dateオブジェクト.setDate(dayValue)
```

戻り値 なし

引数

引数名	タイプ	説明
dayValue	number(整数)	日(1-31)

解説

Dateオブジェクトに日(1-31)を設定します。

次表のように時間、分、秒も同様に取得/設定できます。

図15-2 Dateクラスの主なメソッド

構文	説明
Dateオブジェクト.getDay()	曜日(0-6)を取得
Dateオブジェクト.getFullYear()	年(4桁)を取得
Dateオブジェクト.getMonth()	月(0-11)を取得

Date オブジェクト.getDate()	日(1-31)を取得
Date オブジェクト.getHours()	時(0-23)を取得
Date オブジェクト.getMinutes()	分(0-59)を取得
Date オブジェクト.getSeconds()	秒(0-59)を取得
Date オブジェクト.setFullYear(yearValue)	年(4桁)を設定
Date オブジェクト.setMonth(monthValue)	月(0-11)を設定
Date オブジェクト.setDate(dayValue)	日(1-31)を設定
Date オブジェクト.setHours(hoursValue)	時(0-23)を設定
Date オブジェクト.setMinutes(minutesValue)	分(0-59)を設定
Date オブジェクト.setSeconds(secondsValue)	秒(0-59)を設定

※ 引数のデータ型は number

例文

15-c.gs 日時操作

```
function myFunction15_c1() {

  // 実行時の現在日時の取得
  const td01 = new Date(); // 当日が2022年2月20日の実行例
  // 年の取得
  const year = td01.getFullYear();
  console.log(year); // 実行ログ：2022
  // 月の取得
  const month = td01.getMonth() + 1;
  console.log(month); // 実行ログ：2
  // 日の取得
  const date = td01.getDate();
  console.log(date); // 実行ログ：20

  // 実行時の現在日時の翌日
  const td02 = new Date();
  console.log(`当日_${td02.toLocaleDateString('ja-JP')}`);
  // 実行ログ：当日_2022/2/20
  const tmrw = new Date(td02.setDate(td01.getDate() + 1));
  console.log(`翌日_${tmrw.toLocaleDateString('ja-JP')}`);
```

```
  // 実行ログ：翌日_2022/2/21

  // 実行時の現在日時の前月
  const td03 = new Date();
  console.log(`当月_${td03.toLocaleDateString('ja-JP')}`);
  // 実行ログ：当月_2022/2/20
  const ult = new Date(td03.setMonth(td03.getMonth() - 1));
  console.log(`前月_${ult.toLocaleDateString('ja-JP')}`);
  // 実行ログ：前月_2022/1/20

}

function myFunction15_c2() {

  // 実行時の現在日時の取得
  const td = new Date();
  console.log(`当日_${td.toLocaleDateString('ja-JP')}`);
  // 実行ログ：当日_2022/2/20

  // 当年/当月
  const y = td.getFullYear();
  const m = td.getMonth();

  // 言語タグ
  const jp = 'ja-JP';

  // 当月月初/月末
  const fd  = new Date(y, m, 1);
  const eom = new Date(y, m + 1, 0);
  console.log(`当月月初_${fd.toLocaleDateString(jp)}`);
  // 実行ログ：当月月初_2022/2/1
  console.log(`当月月末_${eom.toLocaleDateString(jp)}`);
  // 実行ログ：当月月末_2022/2/28

  // 前月月初/月末
  const fdOfUlt  = new Date(y, m - 1, 1);
  const endOfUlt = new Date(y, m, 0);
  console.log(`前月月初_${fdOfUlt.toLocaleDateString(jp)}`);
```

```
  // 実行ログ：前月月初_2022/1/1
  console.log(`前月月末_${endOfUlt.toLocaleDateString(jp)}`);
  // 実行ログ：前月月末_2022/1/31

  // 翌月月初/月末
  const fdOfProx  = new Date(y, m + 1, 1);
  const endOfProx = new Date(y, m + 2, 0);
  console.log(`翌月月初_${fdOfProx.toLocaleDateString(jp)}`);
  // 実行ログ：翌月月初_2022/3/1
  console.log(`翌月月末_${endOfProx.toLocaleDateString(jp)}`);
  // 実行ログ：翌月月末_2022/3/31

}
```

解説

myFunction15_c1()は、実行時の現在日時から年/月/日を取得、および翌日/前月を取得するスクリプトです。月の判定値が0～11のため、+1をして1～12にしてます。Dateオブジェクト.toLocaleDateString('ja-JP')の戻り値は、yyyy/MM/dd形式の文字列になります。

myFunction15_c2()は、実行時の現在日時から当月月初/月末、前月月初/月末、翌月月初/月末を取得するスクリプトです。日付に「0」を設定すると、前月最終日が取得できます。したがって、当月、2ヵ月先の日付に0を設定することで、前月月末、翌月月末を特定することができます。

実行結果

実行ログより算出した日時を確認できます。

Column 日時操作の落とし穴

Dateオブジェクトを使いまわすことで問題が発生することがあります。

mySample15_b1()は、Dateオブジェクトを使いまわして前日と翌日を取得するスクリプトです。前日こそ正常に取得できていますが、翌日は誤った日付になっています。この原因は、前日を取得する際のsetDate()がtoday（Dateオブジェクト）自体に変更を加えているからです。つまり、todayが当日から前日のDateオブジェクトに変更されているということです。

正しい処理にするためには、mySample15_b2()のように、Dateオブジェクトを各々生成して前日と翌日を取得する必要があります。Dateオブジェクトの使いまわしはリスクがあることを忘れてはなりません。前例文（myFunction15_c1()）でもDateオブジェクトを複数回生成しています。setDate()などは、呼び出し元自体が変更される特性上、**破壊的メソッド**とよばれることもあります。

最後のmySample15_b3()は、setDate()を使わない方法です。呼び出し元の変更リスクがないことから、無難な方法としておさえておきましょう。

sample.gs 日付操作の注意点

```
function mySample15_b1() {

  // 実行時の現在日時の取得
  const td = new Date();
  console.log(`当日_${td.toLocaleDateString('ja-JP')}`);
  // 実行ログ：当日_2021/12/18

  // 1回目のsetDate()利用
  const ytd = new Date(td.setDate(td.getDate() - 1));
  console.log(`前日_${ytd.toLocaleDateString('ja-JP')}`);
  // 実行ログ：前日_2021/12/17
  console.log(`1回目当日_${td.toLocaleDateString('ja-JP')}`);
  // 実行ログ：1回目当日_2021/12/17

  // 2回目のsetDate()利用
  const tmrw = new Date(td.setDate(td.getDate() + 1));
  console.log(`翌日_${tmrw.toLocaleDateString('ja-JP')}`);
  // 実行ログ：翌日_2021/12/18
  console.log(`2回目当日_${td.toLocaleDateString('ja-JP')}`);
  // 実行ログ：2回目当日：2021/12/18

}

function mySample15_b2() {
```

```

  // 実行時の現在日時Aの取得
  const tdA = new Date();
  console.log(`当日A_${tdA.toLocaleDateString('ja-JP')}`);
  // 実行ログ：当日A_2021/12/18

  // 当日AにsetDate()利用
  const ytd = new Date(tdA.setDate(tdA.getDate() - 1));
  console.log(`前日_${ytd.toLocaleDateString('ja-JP')}`);
  // 実行ログ：前日_2021/12/17
  console.log(`当日A_${tdA.toLocaleDateString('ja-JP')}`);
  // 実行ログ：当日A_2021/12/17

  // 実行時の現在日時Bの取得
  const tdB = new Date();
  console.log(`当日B_${tdB.toLocaleDateString('ja-JP')}`);
  // 実行ログ：当日B_2021/12/18

  // 当日BにsetDate()利用
  const tmrw  = new Date(tdB.setDate(tdB.getDate() + 1));
  console.log(`翌日_${tmrw.toLocaleDateString('ja-JP')}`);
  // 実行ログ：翌日_2021/12/19
  console.log(`当日B_${tdB.toLocaleDateString('ja-JP')}`);
  // 実行ログ：当日B_2021/12/19

}

function mySample15_b3() {

  // 実行時の現在日時の取得
  const td = new Date();
```

```
  console.log(`当日_${td.toLocaleDateString('ja-JP')}`);
  // 実行ログ：当日_2021/12/18

  // 現在日時から年・月・日の取得
  const y = td.getFullYear();
  const m = td.getMonth();
  const d = td.getDate();

  // 前日の取得
  const ytd  = new Date(y, m, d + 1);
  console.log(`前日_${ytd.toLocaleDateString('ja-JP')}`);
  // 実行ログ：当日_2021/12/17

  // 翌日の取得
  const tmrw = new Date(y, m, d - 1);
  console.log(`翌日_${tmrw.toLocaleDateString('ja-JP')}`);
  // 実行ログ：当日_2021/12/19
}
```

317 [15-7]

日付

PART 2

曜日の取得

getDay()

構文

```
Dateオブジェクト.getDay()
```

戻り値 number（整数）

引数 なし

解説

Dateオブジェクトから曜日（0-6）を取得します。

日付から曜日が決まるため、曜日を設定するメソッドはありません。

判定値	曜日
0	日
1	月
2	火
3	水
4	木
5	金
6	土

15

例文

15-d.gs 曜日取得

```
function myFunction15_d() {

  // 実行時の現在日時の取得
  const today = new Date();

  // 曜日の取得
```

```
  const dayOfWeek = today.getDay();
  console.log(dayOfWeek); // 実行ログ：6

  // 日本語で曜日の取得（配列）
  const list = ['日','月','火','水','木','金','土'];
  console.log(`${list[dayOfWeek]}曜日`); // 実行ログ：土曜日

  // 日本語で曜日の取得（文字列）
  const str = '日月火水木金土';
  console.log(`${str[dayOfWeek]}曜日`); // 実行ログ：土曜日

}
```

解説

スクリプト実行時の現在日時のDateオブジェクトから曜日を取得します。曜日は判定値で取得されます。

事前に配列、または文字列で曜日を作成することで、判定値をインデックスとして利用できます。結果的に一工夫することで、日本語表記の曜日を取得できます。

実行結果

実行ログより、実行時の現在日時から曜日の取得を確認できます。

318 [15-8]

文字列

文字列の位置取得

indexOf()

構文

```
Stringオブジェクト.indexOf(searchValue)
Stringオブジェクト.indexOf(searchValue, fromIndex)
```

戻り値 number(整数)

引数

引数名	タイプ	説明
searchValue	string	検索文字列
fromIndex	number(整数)	検索開始位置 ※省略時の規定値:0

解説

文字列(Stringオブジェクト)から、引数で指定した検索文字列(searchValue)が最初に現れる位置を取得します。また、検索開始は0です。

検索文字列が見つからない場合の戻り値は-1です。

319
[15-9]

文字列

文字列の有無判定

includes()

構文

```
Stringオブジェクト.includes(searchString)
Stringオブジェクト.includes(searchString, position)
```

戻り値 boolean

引数

引数名	タイプ	説明
searchString	string	検索文字列
position	number（整数）	検索開始位置 ※ 省略時の規定値：0

解説

文字列（Stringオブジェクト）に引数で指定した検索文字列が含まれるかどうか判定します。

戻り値は真偽値です。

検索文字列の有無を真偽値で判定したい場合はincludes()を使い、検索文字列の位置まで知りたいときはindexOf()を利用します。

例文

15-e.gs 文字列の検索

```
function myFunction15_e() {

  // 対象文字列
  const str = 'Google Apps ScriptをGASと省略。GASにちなんでGAS学と命名。';

  // 検索文字列がある場合
  // 文字列の位置を取得
  console.log(str.indexOf('GAS')); // 実行ログ：19
  // 文字列の有無を取得
  console.log(str.includes('GAS')); // 実行ログ：true

  // 検索文字列がない場合
  // 文字列の位置を取得
  console.log(str.indexOf('gas')); // 実行ログ：-1
  // 文字列の有無を取得
  console.log(str.includes('gas')); // 実行ログ：false

}
```


解説

対象文字列（str）に対して、検索文字列の有無や位置を確認します。半角スペースも1文字としてカウントされます。

indexOf()は、複数一致があっても、最初の検索文字列の位置が戻り値になります。

実行結果

実行ログより各メソッドの戻り値、検索文字列の有無や位置が確認できます。

320 [15-10]

文字列

検索文字列での開始判定

startsWith()

構文

```
Stringオブジェクト.startsWith(searchString)
Stringオブジェクト.startsWith(searchString, position)
```

戻り値 boolean

引数

引数名	タイプ	説明
searchString	string	検索文字列
position	number（整数）	検索開始位置 ※ 省略時の規定値：0

解説

文字列（Stringオブジェクト）が、引数で指定した検索文字列（searchString）から始まるか判定します。

第二引数で検索文字列の検索開始位置を指定できます。

321 [15-11]

文字列

検索文字列での終了判定

endsWith()

構文

```
Stringオブジェクト.endsWith(searchString)
Stringオブジェクト.endsWith(searchString, length)
```

戻り値 boolean

引数

引数名	タイプ	説明
searchString	string	検索文字列
length	number（整数）	長さ ※ 省略時の規定値：検索文字列の長さ

解説

文字列（Stringオブジェクト）が、引数で指定した検索文字列で終わるか判定します。

第二引数で文字列の長さを指定できます。

例文

15-f.gs 文字列の判定

```
function myFunction15_f() {

  // 対象文字列
  const str = 'Google Apps ScriptをGASと省略。GASにちなんでGAS学と命名。';

  // 検索文字列で始まるかの判定
  console.log(str.startsWith('Goo')); // 実行ログ：true
  console.log(str.startsWith('oogle')); // 実行ログ：false
  console.log(str.startsWith('Apps', 7)); // 実行ログ：true
```

```
  console.log(str.startsWith('Apps', 8)); // 実行ログ：false

  // 検索文字列で終わるかの判定
  console.log(str.endsWith('命名。')); // 実行ログ： true
  console.log(str.endsWith('。'));  // 実行ログ：true
  console.log(str.endsWith('省略', 26)); // 実行ログ：false
  console.log(str.endsWith('省略', 25)); // 実行ログ：true

}
```

解説

対象文字列（str）に対して、検索文字列の開始、または終了判定を行います。

第二引数を指定することで、startsWith()は検索開始位置、endsWith()は文字列の長さを変更できます。したがって、25, 26番目は「略。」のため、「str.endsWith('省略', 26)」はfalse、「str.endsWith('省略', 25)」はtrueになります。

実行結果

実行ログより検索文字列の開始、終了判定を確認できます。

322
[15-12]

文字列

PART 2

特定文字で文字列の長さ調整

padStart()

構文

```
Stringオブジェクト.padStart(targetLength)
Stringオブジェクト.padStart(targetLength, padString)
```

戻り値 string

引数

引数名	タイプ	説明
targetLength	number（整数）	（文字列の）長さ
padString	string	特定文字 ※ 省略時の規定値：半角スペース

解説

文字列（Stringオブジェクト）を引数で指定した長さまで特定文字で埋めます。

15

323
[15-13]

文字列

文字列を区切り文字で分割

split()

構文

```
Stringオブジェクト.split(separator)
```

戻り値 Arrayオブジェクト

引数

引数名	タイプ	説明
separator	string	区切り文字列

解説

文字列(Stringオブジェクト)を指定した区切り文字列で分割します。
戻り値は分割された文字列を格納する配列です。

324 [15-14] 文字列 PART 2

文字列の切り取り

slice(), substring(), substr()

構文

```
Stringオブジェクト.slice(beginIndex)
Stringオブジェクト.slice(beginIndex, endIndex)
```

戻り値 string

引数

引数名	タイプ	説明
beginIndex	number (整数)	開始位置
endIndex	number (整数)	終了位置

※ 第二引数を省略した場合は末尾まで切り取り

解説 15

文字列（Stringオブジェクト）から、引数で指定した一部分を切り出して新しい文字列を取得します。

構文

```
Stringオブジェクト.substring(indexStart)
Stringオブジェクト.substring(indexStart, indexEnd)
```

戻り値 string

引数

引数名	タイプ	説明
indexStart	number (整数)	開始位置
indexEnd	number (整数)	終了位置

※ 第二引数を省略した場合は末尾まで切り取り

解説

文字列（Stringオブジェクト）から、引数で指定した一部分を切り出して新しい文字列を取得します。

slice(), substring()とよく似たsubstr()もあります。これはECMAScriptの古いメソッドとされているため、本書では除外しました。

例文

15-g.gs 文字列操作

```
function myFunction15_g1() {

  // 対象文字列
  const str = '123';
  // 長さの指定
  const numOfDigits = 10;
  console.log(str.padStart(numOfDigits));
  // 実行ログ：       123
  console.log(str.padStart(numOfDigits, '0'));
  // 実行ログ：0000000123
  console.log(str.padStart(numOfDigits, '*'));
  // 実行ログ：*******123

}

function myFunction15_g2() {

  // 対象文字列
  const str = 'Google Apps ScriptをGASと省略。GASにちなんでGAS学と命名。';
  console.log(str.split(' '));
  // 実行ログ：[ 'Google', 'Apps', 'ScriptをGASと省略。GASにちなんでGAS学と命名。' ]
  console.log(str.split('A'));
```

```
  // 実行ログ：[ 'Google ', 'pps ScriptをG', 'Sと省略。G', 'SにちなんでG', 'S学と命名。' ]

}

function myFunction15_g3() {

  // 対象文字列
  const str = 'Google Apps ScriptをGASと省略。GASにちなんでGAS学と命名。';
  // 文字列の切り取り

  // ケース①
  console.log(str.slice(26));
  // 実行ログ：GASにちなんでGAS学と命名。
  console.log(str.substring(26));
  // 実行ログ：GASにちなんでGAS学と命名。

  // ケース②
  console.log(str.slice(19, 25)); // 実行ログ：GASと省略
  console.log(str.substring(19, 25)); // 実行ログ：GASと省略

  // ケース③
  console.log(str.slice(25, 19)); // 実行ログ：
  console.log(str.substring(25, 19)); // 実行ログ：GASと省略

  // ケース④
  console.log(str.slice(-16));
  // 実行ログ：GASにちなんでGAS学と命名。
  console.log(str.substring(-16));
  // 実行ログ：Google Apps ScriptをGASと省略。GASにちなんでGAS学と命名。

}
```


解説

myFunction15_g1()は、padStart()を使って、引数で指定した長さまで、特定文字で埋めます。引数で特定文字を指定しない場合の規定値は半角スペースです。実

務では、管理番号など発番の際に0埋め処理で用いられることがあります。

myFunction15_g2()は、split()の引数（文字）で分割して、分割された要素を格納する配列を生成します。実務では、メール本文からの検索文字列を取得する際に用いられることがあります。

myFunction15_g3()は、slice()とsubString()を使って文字列を切り取る比較です。ケース①、②に違いはありません。ケース③のように開始位置が終了位置の値より大きい場合は要注意です。subString()は2つの引数が交換されたものとして実行されますが、slice()の場合は空になります。ケース④のように引数が負の場合も同様に注意が必要です。subString()の引数が負の場合は−16が「0」と解釈されて、最後までの文字列を取得します。slice()の引数が負の場合は、最後尾からの位置を示すことになり、その位置から最後までの文字列を取得します。

実行結果

実行ログより各処理の内容を確認できます。

325
[15-15]

文字列

数値の文字列変換

toString(), String()

構文

```
Numberオブジェクト.toString()
String(Numberオブジェクト)
```

戻り値 string

引数 なし

解説

数値（Numberオブジェクト）を文字列に変換します。

Note

実務での利用シーンはあまり多くありませんが、他のプリミティブ型も文字列型に変換できます。

例文

15-h.gs 文字列変換

```
function myFunction15_h() {

  // 数値を文字列に変換
  const num = 882;
  console.log(typeof num); // 実行ログ：number

  // toString()の使い方
  console.log(num.toString()); // 実行ログ：882
  console.log(typeof num.toString()); // 実行ログ：string

  // String()の使い方
```

```
  console.log(String(num)); // 実行ログ：882
  console.log(typeof String(num)); // 実行ログ：string

  // 真偽値を文字列に変換
  const bool = true;
  console.log(typeof bool); // 実行ログ：boolean

  // toString()の使い方
  console.log(bool.toString()); // 実行ログ：true
  console.log(typeof bool.toString()); // 実行ログ：string

  // String()の使い方
  console.log(String(bool)); // 実行ログ：true
  console.log(typeof String(bool)); // 実行ログ：string

}
```

解説

数値を文字列に変換します。

表示された値からデータ型を判別することは難しいので、typeof演算子を使ってデータ型と合わせて値を取得します。

実行結果

実行ログから各値とデータ型が確認できます。

正規表現とは複数の文字列を1つの文字列パターンで表現するための方法です。正規表現を利用することで、文章の中から特定のテキストを抽出することができるため、実務での利用シーンは多々あります。正規表現はとても奥が深いので本書では詳しく解説しませんが、必要なときに調べながら文字列パターンを作成できれば問題ないでしょう。

326 [15-16] 正規表現

正規表現の利用

new RegEx(), /～/

PART 2

構文

コンストラクタ

```
new RegExp('pattern', 'flags')
```

正規表現リテラル

```
/pattern/flags
```

戻り値 RegExpオブジェクト

引数 なし

解説

引数で指定した正規表現（RegExpオブジェクト）を生成します。

メタ文字を組み合わせたり、必要に応じてフラグを追加します。一例として次図を参照してください。

15

図15-3 パターン（pattern）

メタ文字	説明	例	判定
.	（改行以外の）任意の1文字	G.S	GAS(○) GOS(○) G●S(○) GaaS(×) GS(×)
*	直前の正規表現と0回以上マッチ	G.*S	GAS(○) GOS(○) G●S(○) GaaS(○) GS(○)
+	直前の正規表現と1回以上マッチ	G.+S	GAS(○) GOS(○) G●S(○) GaaS(○) GS(×)
\	メタ文字の無効化	G\.S	GAS(×) G●S(×) G.S(○)
^	文字列の先頭、または行終端子の直後にマッチ	^GAS	GAS使いやすい(○) gas使いやすい(×) かなりGAS良い(×)

$	文字列の末尾、または行終端子の直前にマッチ	Good$	GASはGood(○) GASはGOOD(×) GASはGood!(×)
[ ]	[ ]内に指定されたいずれかの文字にマッチ	[a-z+] [^a-z+]	apple(○) Banana(○) gas2022(○) GaaS(○) GAS(×) apple(×) Banana(○) gas2022(○) GaaS(○) GAS(○)
|	または	GA|OS	GAS(○) GOS(○) GAOS(○) GAAAS(○) GS(×)
()	部分正規表現のグルーピング	G(A|O)S	GAS(○) GOS(○) GAOS(×) GAAAS(×) GS(×)
{ }	直前の正規表現と指定回数一致 ※ {min, max} {count} など	(gas){2, }	gasgas～(○) gas～(×) gasgasgas～(○) gas.gas～(×)
\d	任意の半角数値(0-9)	\d	26(○) 0(○) ２６(×) aa(×) 8a(○)
\D	任意の半角数値以外	\D	26(×) 0(×) ２６(○) aa(○) 8a(○)
\s	任意の空白文字 ※ 半角スペース/タブ/改行 など	\s	" "(○) ※ 半角スペース "　"(○) ※ 全角スペース gas(×)
\S	任意の空白文字以外	\S	" "(×) ※ 半角スペース "　"(×) ※ 全角スペース gas(○)
\w	任意のアルファベット/アンダースコア/数字	\w	26(○) 0(○) ２６(×) aa(○) 8a(○) _(○)
\W	任意のアルファベット/アンダースコア/数字以外	\W	26(×) 0(×) ２６(○) aa(×) 8a(×) _(×)

図15-4 フラグ(flags)

フラグ	説明
g	グローバル検索 ※ 指定なしの場合はマッチング1回のみ
i	小文字/大文字を区別しない検索 ※ 指定なしの場合は区別する
s	ドット(.)を改行文字と一致するようにする
d	一致した部分文字列の位置を生成
m	複数行の検索
u	Unicode対応

327 [15-17]

正規表現

文字列の置換

replace(), replaceAll()

構文

```
Stringオブジェクト.replace(pattern(regexp or substr), newSubstr)
```

戻り値 string

引数

引数名	タイプ	説明
pattern(regexp or substr)	string	正規表現 or 置換前文字列
newSubstr	string	置換後文字列

解説

文字列（Stringオブジェクト）を引数で指定した文字列の置換を行います。

検索対象の文字列を表す第一引数は、正規表現、文字列のいずれかを指定できます。

replace()とよく似たreplaceAll()があります。replaceAll()は、一致する文字列をすべて置換できますが、正規表現を利用することができません。実際にreplace()の第一引数に正規表現とフラグ（g）を設定すれば、replaceAll()同様に一致する文字列をすべて置換できます。

例文

15-i.gs 正規表現①

```
function myFunction15_i() {

```

```
  // 対象文字列
  const str = 'Google Apps ScriptをGASと省略。GASにちなんでGAS学と命名。';

  // replace()とreplaceall()
  const replacement01 = str.replace('GAS', 'ガス');
  console.log(replacement01);
  // 実行ログ：
  // Google Apps Scriptをガスと省略。GASにちなんでGAS学と命名。
  const replacement02 = str.replace(/GAS/, 'ガス');
  console.log(replacement02);
  // 実行ログ：
  // Google Apps Scriptをガスと省略。GASにちなんでGAS学と命名。
  const replacement03 = str.replaceAll('GAS', 'ガス');
  console.log(replacement03);
  // 実行ログ：
  // Google Apps Scriptをガスと省略。ガスにちなんでガス学と命名。
  const replacement04 = str.replace(/GAS/g, 'ガス');
  console.log(replacement04);
  // 実行ログ：
  // Google Apps Scriptをガスと省略。ガスにちなんでガス学と命名。

}
```

解説

対象の文字列の中の「GAS」を「ガス」に置換します。

1つ目と2つ目のように、replace()の第一引数を文字列で指定しても、正規表現で指定しても置換は1回のみです。

3つ目はreplaceAll()を使ってすべての「GAS」を「ガス」に置換します。

4つ目はreplace()の第一引数の正規表現にグローバルフラグ（g）をつけて3つ目と同様の処理を行います。

実行結果

実行ログより、各所の置換結果を確認できます。

328
[15-18]

正規表現

PART 2

文字列の一致判定

test()

構文

```
RegExpオブジェクト.test(str)
```

戻り値 boolean

引数

引数名	タイプ	説明
str	string	(対象の) 文字列

解説

正規表現(RegExpオブジェクト)と引数で指定した文字列の一致を判定します。

例文

15

15-j.gs 正規表現②

```
function myFunction15_j1() {

  // 対象文字列
  const str01 = '伝票番号はNEW0123456789です。';
  const str02 = '伝票番号は0123456789です。';

  // 正規表現
  const reg01 = /NEW\d{10}/;
  const reg02 = /[^a-zA-Z]\d{10}/;

  // str01の判定結果
  console.log(reg01.test(str01)); // 実行ログ:true
  console.log(reg02.test(str01)); // 実行ログ:false

  // str02の判定結果
  console.log(reg01.test(str02)); // 実行ログ:false
```

```
  console.log(reg02.test(str02)); // 実行ログ：true

}

function myFunction15_j2() {

  // メールアドレスの正規表現
  const regexp = /^[A-Za-z0-9]{1}[A-Za-z0-9_.-]*@{1}[A-Za-z0-9_.-]{1,}\.[A-Za-z0-9]{1,}$/;

  // 判定結果
  const address01 = 'a@a.com';
  const address02 = 'a@a';
  console.log(regexp.test(address01)); // 実行ログ：true
  console.log(regexp.test(address02)); // 実行ログ：false

}
```

解説

myFunction15_j1()は、テキストに特定の文字列が含まれているかどうか判定するスクリプトです。10桁の数字の接頭辞にアルファベットが付くかどうか2パターンの正規表現を作ります。[ ] 内の「 ^ 」は否定をあらわすため、[^a-zA-Z]はアルファベット以外を表します。

myFunction15_j2()は、メールアドレスのパターンに一致するか判定するスクリプトです。正規表現の判定はメールアドレスが実際に使えるものかどうかということではなく、メールアドレスのパターンに合うかどうかを判定します。

また、メールアドレスのような複雑な正規表現を作ることは決してかんたんではありません。例文の正規表現もすべてのメールアドレスをチェックできるものではなく、逸脱した書式をチェックできる程度と考えましょう。厳密にメールアドレスをチェックする正規表現は、奥の深い内容になるため本書では省略します。

実行結果

実行ログより各判定結果を確認できます。

329
[15-19]

正規表現

PART 2

一致文字列の取得

match(), matchAll(), exec()

構文

```
Stringオブジェクト.match(regexp)
```

戻り値 Arrayオブジェクト

引数

引数名	タイプ	説明
regexp	RegExp	正規表現

解説

文字列（Stringオブジェクト）から、引数で指定した正規表現（RegExpオブジェクト）に一致する文字列を取得します。

正規表現にgフラグが無い場合は、最初に一致する文字列とそのキャプチャグループを取得します。**キャプチャグループ**とは、部分一致するサブ文字列をさします。パターンの一部分を丸括弧（）で囲うと取得できます。詳細は例文を参照してください。

正規表現にgフラグが有る場合は、一致するすべての文字列を取得します。この場合はキャプチャグループが取得されることはありません。双方共に一致しない場合の戻り値はnullです。

正規表現との一致を真偽値で取得する場合はtest()、一致した文字列を取得する場合はmatch()を使用します。

構文

```
RegExpオブジェクト.exec(str)
```

戻り値 Arrayオブジェクト

引数

引数名	タイプ	説明
str	string	（対象の）文字列

解説

引数で指定した文字列から、正規表現（RegExpオブジェクト）に一致する文字列を取得します。

呼び出し元のクラスと引数が反転していますが、戻り値がArrayオブジェクトのため、exec()とmatch()はよく似ています。実際に正規表現にgフラグが無い場合の双方の挙動は変わりません。gフラグが有る場合のmatch()はキャプチャグループが無視されますが、exec()はキャプチャグループを取得します。exec()のgフラグの有無に関わらず、一致しない場合の戻り値はnullです。

構文

```
Stringオブジェクト.matchAll(regexp)
```

戻り値 Iterator

引数

引数名	タイプ	説明
regexp	RegExp	正規表現

解説

文字列（Stringオブジェクト）から、引数で指定した正規表現（RegExpオブジェクト）に一致する文字列を取得します。

正規表現にgフラグが必須で、キャプチャグループも取得します。戻り値は**イテレータ**です。イテレータとは、値を個々に取り出すことができるオブジェクトです。取り出す際は、next()を使います。

330 [15-20] 正規表現

一致文字列の位置取得

search()

構文

```
Stringオブジェクト.search(regexp)
```

戻り値 number（整数）

引数

引数名	タイプ	説明
regexp	string	（検索対象の）文字列

解説

文字列（Stringオブジェクト）から、正規表現で一致した文字列の位置を取得します。

gフラグが有る場合は、最初に一致する文字列の位置が戻り値になります。一致がない場合の戻り値は−1です。

例文

15-k.gs 正規表現③

```
function myFunction15_k1() {

  // gフラグ無し
  const text   = '今日は2021/12/30です。来年の今日は2022/12/30です。';
  const regExp = /(\d{4})\/(\d{2})\/(\d{2})/;

  // ① match()
  const reslut01 = text.match(regExp);
  console.log(reslut01);

  // ② exec()
```

```
  const reslut02 = regExp.exec(text);
  console.log(reslut02);
  // 実行ログ：※①と②同じ
  // [ '2021/12/30',
  //   '2021',
  //   '12',
  //   '30',
  //   index: 3,
  //   input: '今日は2021/12/30です。来年の今日は2022/12/30です。',
  //   groups: undefined ]

  // ③ matchAll()
  // const reslut03 = text.matchAll(regExp);
  // 正規表現にgフラグがないためエラー

  // ④ search()
  const reslut04 = text.search(regExp);
  console.log(reslut04); // 実行ログ：3

}

function myFunction15_k2() {

  // gフラグ有り
  const text   = '今日は2021/12/30です。来年の今日は2022/12/30です。';
  const regExp = /(\d{4})\/(\d{2})\/(\d{2})/g;

  // ① match()
  const match = text.match(regExp);
  console.log(match);
  // 実行ログ：[ '2021/12/30', '2022/12/30' ]

  // ② exec()
  let exec;
  console.log(`ループ前_${regExp.lastIndex}`);
  // 実行ログ：ループ前_0
```

```
  while((exec = regExp.exec(text)) !== null) {
    console.log(`ループ中_${regExp.lastIndex}`);
    // 実行ログ：ループ中_13, ループ中_32
    console.log(`一致_${exec[0]} 開始_${exec.index}`);
    // 実行ログ：
    // 一致_2021/12/30 start：3
    // 開始_2022/12/30 start：22
  }
  console.log(`ループ後_${regExp.lastIndex}`);
  // 実行ログ：ループ後_0

  // ③ matchAll()
  const matchAlls = text.matchAll(regExp);
  console.log(matchAlls); // 実行ログ：{}

  for(const matchAll of matchAlls) {
    console.log(matchAll);
    // 実行ログ：
    // ['2021/12/30',
    //  '2021',
    //  '12',
    //  '30',
    //  index: 3,
    //  input: '今日は2021/12/30です。来年の今日は2022/12/30です。',
    //  groups: undefined ]
    // ['2022/12/30',
    //  '2022',
    //  '12',
    //  '30',
    //  index: 22,
    //  input: '今日は2021/12/30です。来年の今日は2022/12/30です。',
    //  groups: undefined ]
    const log = `一致_${matchAll[0]} 開始_${matchAll.index}`;
    console.log(log);
    // 実行ログ：
    // match_2021/12/30 start：3
```

```
    // match_2022/12/30 start：22
  }

  // ④ search()
  const search = text.search(regExp);
  console.log(search); // 実行ログ：3

}

function myFunction15_k3() {

  // 一致した文字列の確認 match()
  const txt1   = '郵便番号は111-1111です。以前は222-2222でした。';
  const regexp = /[0-9]{3}-[0-9]{4}/g;  // 郵便番号の正規表現
  console.log(txt1.match(regexp));
  // 実行ログ：[ '111-1111', '222-2222' ]

  const txt2    = '電話番号は090-0000-0000です。メールアドレスはgasmanabu@gmail.comです。';
  const regexp1 = /[0-9]{3}-[0-9]{4}-[0-9]{4}/g;
  // 携帯電話番号の正規表現
  const regexp2 = /[a-zA-Z0-9-_/.]+@[a-zA-Z0-9-_/.]+/g;
  // メールアドレスの正規表現
  console.log(txt2.match(regexp1));
  // 実行ログ：[ '090-0000-0000' ]
  console.log(txt2.match(regexp2));
  // 実行ログ：[ 'gasmanabu@gmail.com' ]

}
```

解説

myFunction15_k1()は、正規表現のgフラグ無しの各メソッドの比較です。正規表現「/(\d{4})\/(\d{2})\/(\d{2})/」を使って、yyyy/MM/ddの文字列を取得します。

①match()と②exec()の戻り値は同じです。インデックス[1]以降にキャプチャグループを確認できます。インデックス0は完全な一致、インデックス1は最初の丸括弧のキャプチャグループ、インデックス2は2つ目の丸括弧のキャプチャグループ

…と続きます。③matchAll()は、gフラグ無しの場合はエラーが発生して利用することができません。④search()は検索文字列の開始位置が戻り値になります。

myFunction15_k2()は、正規表現のgフラグ有りの各メソッドの比較です。

①match()は、シンプルに正規表現と一致したすべての文字列が配列として取得できます。②exec()は、ループ中にRegExpオブジェクトのlastIndexプロパティ（検索開始位置）が変わることがポイントです。実際に、実行ログよりループに入る前後はRegExpオブジェクトlastIndexが0、ループ中は検索文字列の一致と共にlastIndexが変化することがわかります。

③matchAll()はfor...ofを使って正規表現に一致した文字列やキャプチャグループが確認できます。④search()は最初に一致した文字列が対象となるため、gフラグの有無で結果が変わることはありません。

myFunction15_k3()は、対象の文字列から郵便番号、電話番号、メールアドレスの正規表現に一致する文字列を抽出するスクリプトです。抽出したいキーワードの正規表現を作成できれば実務での活用シーンが広がります。

実行結果

各スクリプトの実行結果は、実行ログより確認してください。

331
[15-21]

数値

有理数の判定

isFinite()

構文

```
Number.isFinite(value)
```

戻り値 boolean

引数

引数名	タイプ	説明
value	number	値

解説

引数で指定した値が有理数かどうか判定します。
戻り値は真偽値です。

332 [15-22]

数値

整数の判定

isInteger()

PART 2

構文

```
Number.isInteger(value)
```

戻り値 boolean

引数

引数名	タイプ	説明
value	number	値

解説

引数で指定した値が整数かどうか判定します。
戻り値は真偽値です。

15

例文

15-l.gs 数値判定

```
function myFunction15_l() {

  // ケース①
  console.log(Number.isFinite(0)); // 実行ログ：true
  console.log(Number.isInteger(0)); // 実行ログ：true
  // ケース②
  console.log(Number.isFinite(4)); // 実行ログ：true
  console.log(Number.isInteger(4)); // 実行ログ：true
  // ケース③
  console.log(Number.isFinite('4')); // 実行ログ：false
  console.log(Number.isInteger('4')); // 実行ログ：false
  // ケース④
  console.log(Number.isFinite(-1)); // 実行ログ：true
  console.log(Number.isInteger(-1)); // 実行ログ：true
```

```
  // ケース⑤
  console.log(Number.isFinite(3.3)); // 実行ログ：true
  console.log(Number.isInteger(3.3)); // 実行ログ：false

}
```

解説

有理数と整数は同じではありません。

ケース①、②、③、④の実行結果は同じですが、ケース⑤は異なります。小数は有理数であっても、整数ではありません。ここが使い分けのポイントです。

実行結果

実行ログより各値の判定結果を確認できます。

333
[15-23]

数値

文字列の数値変換

parseInt(), parseFloat(), Number()

構文

```
parseInt(string)
parseFloat(string)
Number(string)
```

戻り値 number

引数

引数名	タイプ	説明
string	string	（文字列型の）数値

解説

文字列（Stringオブジェクト）を数値型に変換します。
parseInt()は小数には対応していません。

例文

15-m.gs 数値変換

```
function myFunction15_m() {

  // 文字列を数値に変換
  const str1 = '882';
  const str2 = '1.1';
  const str3 = 'あいうえお';

  // ケース①
  console.log(parseInt(str1)); // 実行ログ：882
  console.log(parseFloat(str1)); // 実行ログ：882
  console.log(Number(str1)); // 実行ログ：882

```

```
    // ケース②
    console.log(parseInt(str2)); // 実行ログ：1
    console.log(parseFloat(str2)); // 実行ログ：1.1
    console.log(Number(str2)); // 実行ログ：1.1

    // ケース③
    console.log(parseInt(str3)); // 実行ログ：NaN
    console.log(parseFloat(str3)); // 実行ログ：NaN
    console.log(Number(str3)); // 実行ログ：NaN

}
```

解説

引数で指定した文字列型を数値型に変換します。整数の場合は問題ありませんが、小数点を含む数値にparseInt()を使うことはできません。

また、数値型に変換できない場合の戻り値は**NaN**（Not A Numberの略）です。

実行結果

実行ログより各所の戻り値を確認できます。

334
[15-24]

数値

PART 2

小数点の切り上げ

ceil()

構文

```
Math.ceil(x)
```

戻り値 number（整数）

※ 小数点を切り上げた整数

引数

引数名	タイプ	説明
x	number	（変換前の）数値

解説

引数で指定した数値の小数点を切り上げた値を取得します。

15

335
[15-25]

数値

小数点の切り捨て

floor()

構文

```
Math.floor(x)
```

戻り値 number（整数）

※ 小数点を切り捨てた整数

引数

引数名	タイプ	説明
x	number	（変換前の）数値

解説

引数で指定した数値の小数点を切り捨てた値を取得します。

336
[15-26]

数値

小数点の四捨五入

round()

PART 2

構文

```
Math.round(x)
```

戻り値 number（整数）

※ 四捨五入した整数

引数

引数名	タイプ	説明
x	number	（変換前の）数値

解説

引数で指定した数値を四捨五入した値を取得します。

15

例文

15-n.gs 小数点

```
function myFunction15_n() {

  // 対象の数値
  const num = 1.35;
  // 小数点の切り上げ
  console.log(Math.ceil(num)); // 実行ログ：2
  // 小数点の切り捨て
  console.log(Math.floor(num)); // 実行ログ：1
  // 小数点の四捨五入
  console.log(Math.round(num)); // 実行ログ：1
  // 小数第一位までの計算方法
  console.log(Math.round(num * 10) / 10); // 実行ログ：1.4

}
```

解説

小数点の切り上げ、切り捨て、四捨五入を行っています。

小数第一位まで残したい場合は、一度10倍して桁を繰り上げした後に四捨五入を行い、最後に1/10倍する必要があります。

実行結果

実行ログより各処理の内容を確認できます。numの値を変えて動きを確認してみましょう。

16

配列

本章では、Google Apps Scriptを活用するためには欠かせない配列について解説していきます。スプレッドシートのセル範囲のデータや、Gmailのスレッド、メッセージなど、配列を扱うシーンは数多く存在します。配列を便利に操作するためのメソッドは必ず習得しましょう。

例文スクリプト確認方法

以下フォルダのスクリプトファイルをコピー作成して、例文スクリプトを確認してください。

格納先

SampleCode >
　16章 配列 >
　　16章 配列（スクリプトファイル）

337 [16-1]

配列

配列メソッド

Arrayクラス

3パターンの配列メソッド

スプレッドシートのセル範囲のデータや、Gmailのスレッド、メッセージなどのGoogleサービスは、配列として取得されるものが多いため、GASを扱う上で配列を理解することは非常に重要です。

Arrayクラスのメソッドは、下表のように主に3パターンに分類されます。変更メソッドは配列自体に変更が加わるため、**破壊的メソッド**とよばれることがあります。

また、反復メソッドには繰り返し制御構文より便利な処理が用意されています。

メソッド	説明
アクセサ（非破壊的）	配列には変更を加えずに戻り値を返す
変更（破壊的）	配列自体に変更を加える
反復	配列内の各要素に対して処理を行う

338 [16-2]

配列

要素数の取得

length

構文

```
Arrayオブジェクト.length
```

戻り値 number(整数)

解説

配列(Arrayオブジェクト)の要素数を取得します。

例文

16-a.gs 配列の要素数

```
function myFunction16_a() {

  // 要素数の取得
  const array01 = ['1', '2', '3', '4', 5, 6];
  console.log(array01.length); // 実行ログ:6
  const array02 = [['1', '2'], ['3', '4'], [5, 6]];
  console.log(array02.length); // 実行ログ:3
  const array03 = ['1', '2', '3', '4', [5, 6]];
  console.log(array03.length); // 実行ログ:5

}
```


解説

lengthプロパティを使って配列の要素数を取得します。

要素は必ずカンマ区切りのため、要素自体が配列(入れ子)になっていても1つの要素とみなされます。

実行結果

実行ログより各配列の要素数が確認できます。

339
[16-3]

アクセサメソッド

配列の結合

concat()

構文

```
Arrayオブジェクト.concat()
```

戻り値 Arrayオブジェクト

引数

引数名	タイプ	説明
[value1[, value2[, ...[, valueN]]]]	Array	結合したい配列

解説

配列（Arrayオブジェクト）と引数で指定した配列を結合します。
戻り値は、結合後の新しい配列です。

スプレッドシートのセル範囲のデータは二次元配列で取得されるため、同一表形式のデータ結合に利用されます。

例文

16-b.gs 配列の結合

```
function myFunction16_b() {

  // ケース① 一次元配列の結合
  const oldArray = ['1', '2', '3', '4'];
  const addArray = ['5', '6', '7', '8'];
  const newArray = oldArray.concat(addArray);
  console.log(newArray);
  // 実行ログ： [ '1', '2', '3', '4', '5', '6', '7', '8' ]
```

```
    // ケース② 二次元配列の結合
    const oldArray2d = [['a', 'b', 'c'], ['d', 'e', 'f']];
    const addArray2d = [['1', '2', '3'], ['4', '5', '6']];
    const newArray2d = oldArray2d.concat(addArray2d);
    console.log(newArray2d);
    // 実行ログ：
    // [ [ 'a', 'b', 'c' ], [ 'd', 'e', 'f' ],
    //   [ '1', '2', '3' ], [ '4', '5', '6'] ]

    // ケース③ スプレッド構文
    const otherArray2d = [...oldArray2d, ...addArray2d];
    console.log(otherArray2d);
    // 実行ログ：
    // [ [ 'a', 'b', 'c' ], [ 'd', 'e', 'f' ],
    //   [ '1', '2', '3' ], [ '4', '5', '6'] ]

}
```

解説

2つの配列の要素を結合します。

ケース①は一次元配列、ケース②は二次元配列の要素を結合してます。

ケース③のようにconcat()を使わずに、スプレッド構文で代用することもできます。

実行結果

実行ログより各配列同士の結合結果を確認ができます。

340
[16-4]

アクセサメソッド

二次元配列を一次元配列に変更（フラット化）

flat()

構文

```
Arrayオブジェクト.flat()
Arrayオブジェクト.flat(depth)
```

戻り値 Arrayオブジェクト

引数

引数名	タイプ	説明
depth	number（整数）	深さ ※ 省略した場合の規定値：1

解説

多次元配列（Arrayオブジェクト）を引数で指定した深さの分だけ階層変更します。

主に二次元配列を一次元配列にフラット化するために利用します。
また、配列内の空要素を削除することもできます。

本書執筆時点では、flat()はコードの入力補完候補として表示されません。バグの可能性もあるため、今後修正されるかもしれません。

例文

▼16-c.gs 配列のフラット化

```
function myFunction16_c() {

  // ケース① 二次元配列を一次元配列に変換
```

```
  const array01    = [['a', 'b', 'c', 'd'], ['e', 'f', 'g']];
  const newArray01 = array01.flat();
  console.log(newArray01);
  // 実行ログ：[ 'a', 'b', 'c', 'd', 'e', 'f', 'g' ]

  // ケース③ 空要素の除外
  const array02    = [4, 10, , 'a', '', 89, ];
  const newArray02 = array02.flat();
  console.log(newArray02); // 実行ログ：[ 4, 10, 'a', '', 89 ]

  // ケース② 多次元配列のフラット化
  const array03 = [
    [['a'], ['b']],
    [['c'], ['d']],
    [['e'], ['f']]
  ];
  const newArray03 = array03.flat();
  console.log(newArray03);
  // 実行ログ：[['a'], ['b'], ['c'], ['d'], ['e'], ['f']]

  const newArray04 = array03.flat(2);
  console.log(newArray04);
  // 実行ログ：[ 'a', 'b', 'c', 'd', 'e', 'f' ]

  const newArray05 = array03.flat(Infinity);
  console.log(newArray05);
  // 実行ログ：[ 'a', 'b', 'c', 'd', 'e', 'f' ]

}
```


解説

多次元配列をフラット化します。

ケース①では二次元配列を一次元配列にフラット化しています。

ケース②は階層とは関係ありませんが、flat()の特性から空要素を削除しています。「''」は空要素ではないため、flat()実行後も残ります。

ケース③は多次元配列を扱うケースです。実務であまり利用する機会は多くありませんが、階層が不明な場合は、引数にInfinityを指定すると一次元配列にフラット化されます。

実行結果

実行ログよりフラット化された新しい配列を確認できます。

341 [16-5]

アクセサメソッド

要素を特定文字で結合

join()

構文

```
Arrayオブジェクト.join()
Arrayオブジェクト.join(separator)
```

戻り値 string

引数

引数名	タイプ	説明
separator	string	結合文字列 ※ 省略時の規定値：カンマ（,）

解説

配列（Arrayオブジェクト）の要素を引数で指定した結合文字列でつなぎ、新しい文字列を作ります。

メールアドレスをカンマ（,）つなぎの新しい文字列を生成して、メール送信の宛先として利用することがあります。

例文

16-d.gs 配列要素の結合

```
function myFunction16_d() {

  // 要素を特定文字で結合
  const array = ['a', 'b', 'c', 'd', 'e', 'f', 'g', 'h'];
  const newString01 = array.join();
  console.log(newString01); // 実行ログ：a,b,c,d,e,f,g,h
```

```

  const newString02 = array.join('&');
  console.log(newString02); // 実行ログ：a&b&c&d&e&f&g&h

  const mail = ['a@a.com', 'b@b.com', 'c@c.com', 'd@d.com'];
  const mailTo = mail.join();
  console.log(mailTo);
  // 実行ログ：a@a.com,b@b.com,c@c.com,d@d.com

}
```

解説

配列の各要素を引数で指定した特定文字で結合します。
引数を指定しない場合には、カンマ（ , ）で結合されます。

実行結果

実行ログより結合された新しい文字列が確認できます。

342
[16-6]

アクセサメソッド

文字列の位置取得

indexOf()

構文

```
Arrayオブジェクト.indexOf(searchElement)
Arrayオブジェクト.indexOf(searchElement, fromIndex)
```

戻り値 number（整数）

※ 存在しない場合の戻り値：−1

引数

引数名	タイプ	説明
searchElement	number（整数）	検索文字列
fromIndex	number（整数）	検索開始位置 ※ 省略時の規定値：0

解説

配列（Arrayオブジェクト）の要素から、引数で指定した検索文字列に一致する要素のインデックスを取得します。

複数一致する場合の戻り値は、最初に一致するインデックスです。また、Arrayオブジェクトが多次元配列の場合は取得できません。

343 [16-7]

アクセサメソッド

文字列の有無判定

includes()

構文

```
Arrayオブジェクト.includes(valueToFind)
Arrayオブジェクト.includes(valueToFind, fromIndex)
```

戻り値 boolean

引数

引数名	タイプ	説明
valueToFind	string	検索文字列
fromIndex	number（整数）	検索開始位置 ※ 省略時の規定値：0

解説

配列（Arrayオブジェクト）の要素から、引数で指定した検索文字列に一致するかを判定します。

例文

16-e.gs 文字列検索

```
function myFunction16_e() {

  // 配列
  const arrayA = ['favorite', 'gas', 'interest', 'gas'];
  // ケース① 完全一致
  console.log(arrayA.indexOf('gas')); // 実行ログ：1
  console.log(arrayA.includes('gas')); // 実行ログ：true
  // ケース② 大文字小文字
  console.log(arrayA.indexOf('Gas')); // 実行ログ：-1
  console.log(arrayA.includes('Gas')); // 実行ログ：false
  // ケース③ 部分一致
```

```
  console.log(arrayA.indexOf('ga')); // 実行ログ：-1
  console.log(arrayA.includes('ga')); // 実行ログ：false

  // 二次元配列
  const arrayB = [['favorite', 'gas'], ['interest', 'gas']];
  // ケース④ 要素が入れ子
  console.log(arrayB.indexOf('gas')); // 実行ログ：-1
  console.log(arrayB.includes ('gas')); // 実行ログ：false

}
```

解説

対象の文字列から引数で指定した検索文字列があるかどうか確認します。

ケース①は配列の要素に、引数で指定した検索文字列を含みます。indexOf()は最初に一致する要素のインデックスが戻り値になるため、1(2つ目の要素)です。

ケース②の大文字/小文字、ケース③の部分一致は不一致とみなされます。

ケース④は多次元配列のケースです。一致する要素があっても多次元配列の場合は不一致とみなされます。一次元配列にしてから判定処理してください。

実行結果

実行ログより各判定結果が確認できます。

344 [16-8]

変更メソッド

末尾への要素追加

push()

構文

```
Arrayオブジェクト.push(element1, ..., elementN)
```

戻り値 number (整数)

引数

引数名	タイプ	説明
element1, ..., elementN	-	追加する要素

解説

配列 (Arrayオブジェクト) の末尾に要素を追加します。

変更メソッドのため、呼び出し元の配列 (Arrayオブジェクト) 自体が変更されます。戻り値は変更後の配列 (Arrayオブジェクト) の要素数です。

345
[16-9]

変更メソッド

先頭への要素追加

unshift()

構文

```
Arrayオブジェクト.unshift(element1, ..., elementN)
```

戻り値 number（整数）

引数

引数名	タイプ	説明
element1, ..., elementN	-	追加する要素

解説

配列（Arrayオブジェクト）の先頭に要素を追加します。

変更メソッドのため、呼び出し元の配列（Arrayオブジェクト）自体が変更されます。戻り値は変更後の配列（Arrayオブジェクト）の要素数です。

例文

16-f.gs 配列に要素追加

```
function myFunction16_f() {

  // 最初の配列
  const array = ['bbb', 'ccc'];

  // 末尾に要素追加
  const newArrayLength01 = array.push('ddd');
  console.log(array);
  // 実行ログ：[ 'bbb', 'ccc', 'ddd' ]
  console.log(newArrayLength01); // 実行ログ：3

  // 先頭に要素追加
  const newArrayLength02 = array.unshift('aaa');
```

```
  console.log(array);
  // 実行ログ：[ 'aaa', 'bbb', 'ccc', 'ddd' ]
  console.log(newArrayLength02); // 実行ログ：4

  // 戻り値が不要な場合
  array.push('eee');
  console.log(array);
  // 実行ログ：[ 'aaa', 'bbb', 'ccc', 'ddd', 'eee' ]

}
```

解説

Arrayオブジェクト（array）に対して配列の要素を追加します。

push()を使って最後尾に要素追加、unshift()を使って先頭に要素追加します。双方共に変更メソッドのため、array自体が変更されます。

戻り値は変更後の配列の要素数です。戻り値が不要な場合は、変数へ格納する必要はありません。

実行結果

実行ログより、配列（array）の要素の変化や戻り値が確認できます。

346
[16-10]

変更メソッド

末尾から要素の抜き取り

pop()

構文

```
Arrayオブジェクト.pop()
```

戻り値 抜き取られた要素

引数 なし

解説

配列(Arrayオブジェクト)の末尾から要素を抜き取ります。

変更メソッドのため、配列(Arrayオブジェクト)自体が変更されます。戻り値は抜き取った要素です。空要素の場合の戻り値は、undefinedです。

変更メソッド

先頭から要素の抜き取り

shift()

構文

```
Arrayオブジェクト.shift()
```

戻り値 抜き取られた要素

引数 なし

解説

配列（Arrayオブジェクト）の先頭から要素を抜き取ります。

変更メソッドのため、配列（Arrayオブジェクト）自体が変更されます。戻り値は、抜き取られた要素です。

スプレッドシートから二次元配列のデータを取得する場合に、1行目の項目名と2行目以降のデータの分割にshiht()はよく利用されます。

例文

16-g.gs 配列の要素抜き取り

```
function myFunction16_g1() {

  // 最初の配列
  const array      = ['aaa', 'bbb', 'ccc', 'ddd'];

  // 末尾から要素抜粋
  const endElement = array.pop();
  console.log(array); // 実行ログ：[ 'aaa', 'bbb', 'ccc' ]
  console.log(endElement); // 実行ログ：ddd

  // 先頭から要素抜粋
```

```
  const headElement = array.shift();
  console.log(array); // 実行ログ：[ 'bbb', 'ccc' ]
  console.log(headElement); // 実行ログ：aaa

}

function myFunction16_g2() {

  // 二次元配列
  const array = [
    ['no', 'name', 'age'],
    [1, 'Taro', 25],
    [2, 'Jro', 19]
  ];

  // 先頭から要素抜粋
  const header = array.shift();
  console.log(header); // 実行ログ：[ 'no', 'name', 'age' ]
  console.log(array);
  // 実行ログ：[ [ 1, 'Taro', 25 ], [ 2, 'Jro', 19 ] ]

}
```


解説

myFunction16_g1()は、Arrayオブジェクト（array）から要素を抜き取るスクリプトです。

pop()を使って末尾の要素を抜き取り、shift()を使って先頭から要素を抜き取ります。変更メソッドのため、Arrayオブジェクト自体が変更されます。戻り値は抜き取った要素です。

myFunction16_g2()は、二次元配列から要素を抜き取るスクリプトです。

実行結果

実行ログより、配列の要素の変化や戻り値を確認できます。

348 [16-12]

変更メソッド

要素の反転

reverse()

構文

```
Arrayオブジェクト.reverse()
```

戻り値 なし

引数 なし

解説

配列（Arrayオブジェクト）の要素を反転します。変更メソッドのため、配列（Arrayオブジェクト）自体が変更されます。戻り値はありません。

例文

16-h.gs 配列要素の反転

```
function myFunction16_h() {

  const array01 = [1, 2, 3, 4, 5, 6, 7, 8, 9];
  array01.reverse();
  console.log(array01);
  // 実行ログ：[ 9, 8, 7, 6, 5, 4, 3, 2, 1 ]

  const array02 = [['a', 'b'], ['c', 'd'], ['e', 'f']];
  array02.reverse();
  console.log(array02);
  // 実行ログ：[ [ 'e', 'f' ], [ 'c', 'd' ], [ 'a', 'b' ] ]

}
```

解説

reverse()を使って配列の要素を反転します。二次元配列も同様に配列の要素が反転します。

実行結果

実行ログより、配列の要素が反転された新しい配列を確認できます。

349
[16-13]

反復メソッド

（配列各要素）コールバック実行 ※ 戻り値無し

forEach()

PART 2

構文

```
Arrayオブジェクト.forEach(callback(element))
Arrayオブジェクト.forEach(callback(element, index))
Arrayオブジェクト.forEach(callback(element, index, array))
```

戻り値 なし

引数

引数名	タイプ	説明
element	-	要素
index	number（整数）	インデックス
array	Array	呼び出し元のArrayオブジェクト

16

解説

配列の各要素に対してコールバック関数を呼び出します。

従来、配列の各要素に対する繰り返し処理はfor文やfor...of文が利用されていましたが、ES6以降、配列にいくつか便利な反復メソッドが追加されました。アロー関数などと組み合わせるとよりシンプルにコードの記述ができます。

350 [16-14]

反復メソッド

（配列各要素）コールバック実行 ※ 戻り値有り

map()

構文

```
Arrayオブジェクト.map(callback(element))
Arrayオブジェクト.map(callback(element, index))
Arrayオブジェクト.map(callback(element, index, array))
```

戻り値 Arrayオブジェクト

引数

引数名	タイプ	説明
element	-	要素
index	number（整数）	インデックス
array	Array	呼び出し元のArrayオブジェクト

解説

配列の各要素に対してコールバック関数を呼び出し、戻り値から新しい配列を生成します。

戻り値が不要な場合はforEach()、必要な場合はmap()を利用します。

例文

16-i.gs 配列各要素のコールバック実行

```
function myFunction16_i1() {

  // （配列各要素）コールバック実行 ※ 戻り値なし
```

```
  const items = ['a01', 'b02', 'c03', 'd04'];

  // ケース① function
  items.forEach(function(item, index, array){
    console.log(`${index + 1}回目_${item}`);
    // 実行ログ：1回目_a01, 2回目_b02, 3回目_c03, 4回目_d04
    console.log(array);
    // 実行ログ：[ 'a01', 'b02', 'c03', 'd04' ] ※ 4回すべて
  });

  // ケース② アロー関数
  items.forEach((item, index) => {
    console.log(`${index + 1}回目_${item}`);
    // 実行ログ：1回目_a01, 2回目_b02, 3回目_c03, 4回目_d04
  });

  // ※アロー関数の省略記法
  items.forEach((a, b) => console.log(`${b + 1}回目_${a}`));
  // 実行ログ：1回目_a01, 2回目_b02, 3回目_c03, 4回目_d04

}

function myFunction16_i2() {

  // （配列各要素）コールバック実行 ※ 戻り値あり
  const items = [2, 3, 4, 5];

  // ケース③ function
  const result = items.map(function(item){
      return item ** 2; // 2乗
  });
  console.log(result); // 実行ログ：[ 4, 9, 16, 25 ]

  // ケース④ アロー関数
  const other = items.map(item => item ** 2);
  console.log(other); // 実行ログ：[ 4, 9, 16, 25 ]

}
```

解説

myFunction16_i1()はforEach()を使い、配列の各要素をログ出力するスクリプトです。ケース①は、配列（items）の各要素を確認します。第二引数を指定して配列インデックスを取得することで、実行回数もカウントできます。第三引数は毎回同じ呼び出し元の配列が出力されます。ケース②は、アロー関数に書き換えたものです。シンプルに一行で記述することもできます。

myFunction16_i2()はmap()を使い、配列の各要素を演算した戻り値から新しい配列を作るスクリプトです。ケース③は、配列の各要素を二乗した戻り値から新しい配列を作成しています。ケース④は、アロー関数に書き換えたものです。とてもシンプルになります。

実行結果

実行ログより、各要素の繰り返し処理、または新しく作成される配列が確認できます。

351 [16-15] 反復メソッド

（配列各要素）すべての要素が条件を満たすか判定

every()

構文

```
Arrayオブジェクト.every(callback(element))
Arrayオブジェクト.every(callback(element, index))
Arrayオブジェクト.every(callback(element, index, array))
```

戻り値 boolean

引数

引数名	タイプ	説明
element	-	要素
index	number（整数）	インデックス
array	Array	呼び出し元のArrayオブジェクト

解説

配列（Arrayオブジェクト）のすべての要素がコールバック関数の条件を満たすかを判定します。

戻り値は真偽値です。

例文

16-j.gs 配列各要素の判定

```
function myFunction16_j() {

  // （配列各要素）全要素が条件を満たすか判定
  const items = [5, 10, 2, 3];

  // ケース①
  const result01 = items.every(function(item) {
```

```
    return item > 0;
  });
  console.log(result01); // 実行ログ：true

  // ケース②
  const result02 = items.every(function(item) {
    return item > 3;
  });
  console.log(result02); // 実行ログ：false

}
```

解説

every()を使ってArrayオブジェクトの全要素がコールバック関数の条件を満たすかどうかを判定します。

ケース①は配列（items）の全要素がコールバック関数の条件（0より大きい）をクリアしているため、戻り値はtrueです。

ケース②は配列（items）の要素2、3がコールバック関数の条件（3より大きい）をクリアしていないため、戻り値はfalseです。

実行結果

実行ログより判定結果が確認できます。

352 [16-16]

反復メソッド

（配列各要素）最低1つの要素が条件を満たすか判定

some()

構文

```
Arrayオブジェクト.some(callback(element))
Arrayオブジェクト.some(callback(element, index))
Arrayオブジェクト.some(callback(element, index, array))
```

戻り値 boolean

引数

引数名	タイプ	説明
element	-	要素
index	number（整数）	インデックス
array	Array	呼び出し元のArrayオブジェクト

解説

配列（Arrayオブジェクト）の少なくとも 1つの要素がコールバック関数の条件を満たすかを判定します。

戻り値は真偽値です。

例文

16-k.gs 配列1つの要素の判定

```
function myFunction16_k() {

  // （配列各要素）1つの要素が条件を満たすか判定
  const items = [5, 10, 2, 3];

  // ケース①
  const result01 = items.some(function(item) {
```

```
    return item > 8;
  });
  console.log(result01); // 実行ログ：true

  // ケース②
  const result02 = items.some(function(item) {
    return item > 20;
  });
  console.log(result02); // 実行ログ：false

}
```

解説

some()を使ってArrayオブジェクトの1つの要素でも、コールバック関数の条件を満たしているかどうかを確認します。

ケース①は1つ以上の要素がコールバック関数の条件（8より大きい）をクリアしているため、戻り値はtrueです。

ケース②は条件をすべての要素がコールバック関数の条件（20より大きい）をクリアしていないため、戻り値はfalseです。

実行結果

実行ログより判定結果が確認できます。

353
[16-17]

反復メソッド

PART 2

(配列各要素)条件を満たす要素で新しい配列を生成

filter(), find()

構文

```
Arrayオブジェクト.filter(callback(element))
Arrayオブジェクト.filter(callback(element, index))
Arrayオブジェクト.filter(callback(element, index, array))
```

戻り値 Arrayオブジェクト

引数

引数名	タイプ	説明
element	-	要素
index	number(整数)	インデックス
array	Array	呼び出し元のArrayオブジェクト

16

解説

配列(Arrayオブジェクト)の要素のうち、コールバック関数の条件を満たす要素で新しい配列を作成します。

戻り値はコールバック関数を満たす要素、つまり「true」と評価された要素から作成される新しい配列です。

このコールバック関数の条件を利用して、nullやundefinedなどを削除することもできます。

よくに似た配列メソッドでfind()があります。基本的にはfilter()と同じ使い方ですが、find()は条件を満たす最初の要素のみを戻り値にします。単一の要素であることから、データ型は配列ではありません。

```
Arrayオブジェクト.find(callback(element[, index[, array]]))
```

例文

16-l.gs 条件満たす要素の新しい配列

```
function myFunction16_l() {

  // （配列各要素）条件を満たす要素で新しい配列を生成
  const items = [5, 10, null, , 2, 3, undefined];

  // ケース①
  const result01 = items.filter(function(item) {
    return item > 0;
  });
  console.log(result01); // 実行ログ：[ 5, 10, 2, 3 ]

  // ケース②
  const result02 = items.filter(function(item) {
    return item > 3;
  });
  console.log(result02); // 実行ログ：[ 5, 10 ]

}
```

解説

filter()を使ってコールバック関数の条件を満たす要素で新しい配列を生成します。

ケース①は0より大きい要素が条件クリアとなるため、数値の要素が新しい配列の要素になります。もちろん、null、空要素、undefinedは除外されます。

ケース②は3より大きい要素が条件クリアとなるため、2、3、null、空要素、undefinedは不合格となり、5、10が新しい配列の要素になります。

実行結果

実行ログよりコールバック関数の条件を満たす要素で作成された新しい配列を確認できます。

354
[16-18]

反復メソッド

PART 2

（配列各要素）ユニークな値の生成

reduce(), reduceRight()

構文

```
Arrayオブジェクト.reduce(
  callback(previousValue, currentValue))
Arrayオブジェクト.reduce(
  callback(previousValue, currentValue, currentIndex))
Arrayオブジェクト.reduce(
  callback(previousValue, currentValue, currentIndex, array))
Arrayオブジェクト.reduce(
  callback(previousValue, currentValue, currentIndex, array),
           initialValue)
```

戻り値 Array オブジェクト

16

引数

引数名	タイプ	説明
previousValue	-	前回の結果（値）
currentValue	-	現在の要素（値）
currentIndex	number（整数）	現在のインデックス
array	Array	呼び出し元のArrayオブジェクト
initialValue	-	初期値

解説

配列（Arrayオブジェクト）の要素を**左**から順番にコールバック関数を実行してユニークな値を生成します。

配列の要素を逆の右から順番にコールバック関数を実行して単一の値を生成するreduceRight()もあります。

例文

16-m.gs 配列から単一の値を生成

```
function myFunction16_m() {

  // ケース① 数値
  const array01 = [1, 2, 3, 4, 5, 6, 7, 8, 9];

  const val01 = array01.reduce((pre, cur) => pre + cur);
  console.log(val01); // 実行ログ：45

  const val02 = array01.reduce((pre, cur) => pre + cur, val01);
  console.log(val02); // 実行ログ：90

  // ケース② 文字列
  const array02 = [
    'reduce()は',
    '様々なところで',
    '利用できそう。',
  ];

  const val03 = array02.reduce((pre, cur) => `${pre}\n${cur}`);
  console.log(val03);
  // 実行ログ：
  // reduce()は
  // 様々なところで
  // 利用できそう。

}
```

解説

reduce()を使って配列から単一の値を生成します。

ケース①は、配列が数値の場合に要素の和を単一の値として生成します。val02は、reduce()の第二引数に初期値としてval01を指定しています。したがって、val01とは結果が異なります。

ケース②は、文字列に改行コード（\n）を追加して結合します。

実行結果

実行ログよりreduce()の戻り値、単一の値を確認できます。

ダウンロード増補コンテンツについて

本書の読者のために、「実践テクニック」として、ダウンロード増補コンテンツを用意しました。

「社内推進」など、Google Apps Scriptを実際に業務で使うため、社内に広めるための知識は必要となってきます。本書リファレンスの活用とともに、さらにダウンロードして学習していただけたら幸いです。

●本書ウェブページ

本書の学習用サンプルデータなどをダウンロード提供しています。

https://www.shuwasystem.co.jp/support/7980html/6991.html

章番号	章名	主な内容	カテゴリ
※17章、18章、19章は、PDFによるダウンロード増補コンテンツです。			
17章	社内推進	GASを社内で推進する方法、ライブラリ	実践テクニック
18章	ワンポイントテクニック	実務で役に立ったノウハウ	
19章	サンプルスクリプト	実務で利用されたサンプルコード	

おわりに

私がプログラミングを始めたのは35歳のときでした。世間一般ではプログラマー35歳定年説とまことしやかにささやかれることもあったため、決して早いスタートではなかったでしょう。

様々なプログラミング言語に挑戦しては挫折を繰り返す日々を送っていましたが、その時に出会ったのがGoogle Apps Script（GAS）でした。日常的にスプレッドシートやGmailを使う機会が多かったため、GASへの抵抗はありませんでした。かんたんにプロジェクト（環境構築）を作ることができて、短いコードを書きながら動きを確かめられることが良かったと今では感じます。

また、プログラミング思考を理解することで、業務上のデータの持ち方であったり、シンプルな設計を心がける癖付けもできてたと実感します。そうこうしているうちに、挫折したはずのPythonやRubyなどの他のプログラミング言語、RPAなども難なく理解できるようになりました。GASを通して、様々なSaaSのAPIとの連携もとても楽しくなりました。結果的に現在必要とされるスキル、DXの基礎ができあがったことを実感します。

実経験より身近なところからプログラミングを始めるのが一番だと確信を持ちました。そういった成功体験もあり、社内のGAS勉強会では未経験者がGASを習得するのが当たり前のようになってきました。数百名の規模感でしょうか。

GASをきっかけにプログラミングの楽しさを体験してもらい、DXを活用する方が1名でも増えることを切に願います。

2023年3月
SBモバイルサービス株式会社 事業開発本部 事業開発部 DX事業課
課長 近江 幸吉

Index

索引

協力

SBモバイルサービス株式会社

著者紹介

近江 幸吉(おうみ こうきち)

大学卒業後、ソフトバンク株式会社に入社。組織の業務効率向上をミッションとして日々活動中。全体管理、ツール導入、開発、技術支援、仕組み構築など幅広くカバー。主はRPA、プログラミング、SaaS。ここ最近は、各部署自走のための技術フォローに注力。一方、社外では知見を活かして様々なイベントに登壇したり、IT全般に関わるコンサルティングを実施。

佐藤 香奈(さとう かな)

大学卒業後、メガバンク、コンサルティング会社、SBモバイルサービス株式会社を経てソフトバンク株式会社へ転職。前職でのソフトバンクショップの店舗システム設計や運営、コールセンターの財務管理に係る業務効率化の経験を活かし、現在はソフトバンク社内のRPA推進を担当。勉強会や研修を開催し、RPA育成にも注力している。

一政 汐里(いちまさ しおり)

大学卒業後、ソフトバンク株式会社に入社し、法人営業に従事。その後、教育系JVにて学校へのiPad導入支援やアプリの企画職を経て、2018年より現在のRPA事業に携わる。現在はGAS、RPA、SaaSを用いた業務効率化の実現や、社内のGAS開発者を育成している。

パスワード　7682

本書サポートページ

●秀和システムのウェブサイト

https://www.shuwasystem.co.jp/

●本書ウェブページ

本書の学習用サンプルデータなどをダウンロード提供しています。

https://www.shuwasystem.co.jp/support/7980html/6991.html

Google Apps Script
目的別リファレンス
実践サンプルコード付き 第3版

発行日 2023年 5月20日 第1版第1刷
2024年 3月11日 第1版第2刷

著 者 近江 幸吉／佐藤 香奈／一政 汐里

発行者 斉藤 和邦

発行所 株式会社 秀和システム
〒135-0016
東京都江東区東陽2-4-2 新宮ビル2F
Tel 03-6264-3105（販売）Fax 03-6264-3094

印刷所 三松堂印刷株式会社 Printed in Japan

ISBN978-4-7980-6991-3 C3055

定価はカバーに表示してあります。
乱丁本・落丁本はお取りかえいたします。
本書に関するご質問については、ご質問の内容と住所、氏名、電話番号を明記のうえ、当社編集部宛FAXまたは書面にてお送りください。お電話によるご質問は受け付けておりませんのであらかじめご了承ください。